教授、崔亚莉教授、张秋兰教授百忙之中审阅了书稿，并提出了许多宝贵意见和具体修改建议，谨在此表示诚挚的谢意。此外，对教材编写中给予帮助的所有人员（包括帮助核对书稿的研究生叶瀛韬、赵含、侯明月、李云霄、李昕潼等）和所有参考文献的作者表示诚挚的谢意。教材的出版得到了中国地质大学（北京）教务部门以及编者所在的水资源与环境学院的大力支持，中国水利水电出版社隋彩虹、李潇培编辑为本教材的出版付出了辛勤的劳动，在此一并表示衷心的感谢！教材编写过程中引用了大量参考文献和相关资料，因疏漏可能未全部列出，对此深表歉意。

由于本教材涉及内容较多，编者水平有限，难免存在错误和不足，恳请读者批评指正。

编者

2023 年 9 月

课件

U0166888

“十四五”时期水利类专业重点建设教材

中国地质大学（北京）“十四五”本科规划教材

水资源评价与开发利用

主　编　李占玲

参　编　童菊秀　高　冰　黄俊雄

主　审　徐宗学

中国水利水电出版社

www.waterpub.com.cn

·北京·

内 容 提 要

本书全面介绍了水资源评价与开发利用的基本原理、技术和方法,内容包括:我国水资源概况及水资源开发利用现状,水文循环与水资源系统,地表水资源、地下水资源数量评价与质量评价的常用方法,常规水资源与非常规水资源开发利用原理与技术,节水理论与技术,水资源保护等。

本书结合了大量新理念、新数据、新方法,具有较强的时代性和系统性,内容丰富,特色鲜明。可作为高等院校水文与水资源工程、地下水科学与工程、水利水电工程等相关专业教材,亦可作为相关专业技术人员的参考用书。

图书在版编目(CIP)数据

水资源评价与开发利用 / 李占玲主编. -- 北京:
中国水利水电出版社, 2023.12
ISBN 978-7-5226-1289-8

Ⅰ.①水… Ⅱ.①李… Ⅲ.①水资源-资源评价-高
等学校-教材②水资源开发-高等学校-教材③水资源利
用-高等学校-教材 Ⅳ.①TV211.1②TV213

中国国家版本馆CIP数据核字(2023)第254274号

书 名	水资源评价与开发利用 SHUIZIYUAN PINGJIA YU KAIFA LIYONG
作 者	主编 李占玲 参编 童菊秀 高 冰 黄俊雄 主审 徐宗学
出版发行	中国水利水电出版社 (北京市海淀区玉渊潭南路1号D座 100038) 网址:www.waterpub.com.cn E-mail:sales@mwr.gov.cn 电话:(010)68545888(营销中心)
经 售	北京科水图书销售有限公司 电话:(010)68545874、63202643 全国各地新华书店和相关出版物销售网点
排 版	中国水利水电出版社微机排版中心
印 刷	清淞永业(天津)印刷有限公司
规 格	184mm×260mm 16开本 19.5印张 475千字
版 次	2023年12月第1版 2023年12月第1次印刷
印 数	0001—1500册
定 价	59.50元

凡购买我社图书,如有缺页、倒页、脱页的,本社营销中心负责调换

前 言

近半个世纪以来,随着我国人口的增长、城市化进程的加快和社会经济的发展,部分地区由于不合理的水资源开发利用,导致了一系列生态、环境、地质问题。面对水资源开发利用中存在的一系列问题,2012年以来,我国提出了最严格的水资源管理制度、加快推进水生态文明建设、全面推进节水型社会建设等理念,提出"节水优先、空间均衡、系统治理、两手发力"治水思路、山水林田湖草沙生命共同体思想,全面推行河长制、湖长制,强调水资源、水环境、水生态"三水融合",出台了一系列相关法律、法规及国家、地方和行业标准,这些都为新形势下水资源评价、合理开发利用与保护指明了方向。

为了适应新时期水资源开发利用与保护的发展趋势,及时把这些新政策、新变化吸收到教材中,编写团队在综合国内外相关教材优势的基础上,融合近年来在课程建设方面的实践,编写了本教材。

本教材共分为9章,主要包括:绪论、水文循环与水资源系统、地表水资源数量评价、地下水资源数量评价、水质评价、常规水资源开发利用、非常规水资源开发利用、节水理论与技术、水资源保护等。教材在内容编排上,突出系统性和时代性的特点,强调地表水与地下水相结合、水资源开发利用与保护相结合,增加水资源评价、开发利用与保护的新思想、新理念、新方法,补充新数据、新成果;在章节设置上,从概念到方法再到实践,层层递进;在整体设计上,注重理论与实践相结合,专业知识和课程思政相结合。

本教材由中国地质大学(北京)李占玲副教授担任主编,中国地质大学(北京)童菊秀副教授、高冰副教授及北京市水科学技术研究院黄俊雄教授级高工担任参编。其中:第1~5章,第6章6.1节、第7章7.2节由李占玲编写;第6、7章其余部分由高冰、黄俊雄编写;第8、9章由童菊秀、黄俊雄编写;附录部分由李占玲、童菊秀、黄俊雄编写。北京师范大学徐宗学教授担任主审,李占玲负责全书统稿。

书稿完成后,北京师范大学徐宗学教授,中国地质大学(北京)王旭升

目 录

第 1 章

绪　论

1.1　水资源的概念及特性

1.1.1　水资源的概念及其发展历史

人类与水打交道已经有漫长的历史，但明确提出水是一种自然资源，赋予水资源的名称并以系统的观点加以研究，则是 20 世纪 70 年代以后的事情。

国外较早采用"水资源"这一概念的是美国地质调查局（United States Geological Survey，USGS）。1894 年，该局设立了水资源处，其主要业务范围是对地表河川径流和地下水的观测。《大不列颠大百科全书》中定义的水资源是：全部自然界任何形态的水，包括气态水、液态水和固态水。这一解释为"水资源"赋予了十分广泛的含义。1963 年，英国水资源法中将水资源定义为：地球上有足够数量的可利用水，强调了其在量上的可利用性。1977 年，联合国教科文组织（United Nations Educational，Scientific and Cultural Organization，UNESCO）建议水资源应指可资利用或有可能被利用的水源，这个水源应具有足够的数量和可用的质量，并能在某一地点为满足某种用途而可被利用。1988 年，联合国教科文组织和世界气象组织（World Meteorological Organization，WMO）《水资源评价——国家能力评估手册》，定义水资源为：作为资源的水应当是可供利用或有可能被利用，具有足够数量和可用质量，并可适合某地水的需求而能长期供应的水源（刘庆杰，2005）。这一定义的核心主要包括两个方面：一是应有足够的数量，二是强调了水资源的质量；有"量"无"质"，或有"质"无"量"均不能称之为水资源。1985 年，《日本水资源手册》中称：水资源系指多年平均有效降水量，即降水量扣除损失量（蒸发蒸腾量）后的数据，实际上即指逐年可以得到恢复的淡水量，包括河川径流量和地下水补给量。

《中国大百科全书》是国内具有权威性的工具书，但在不同卷册中对水资源给予了不同解释。在大气科学、海洋科学、水文科学卷中，水资源被定义为地球表层可供人类利用的水，包括水量（水质）、水域和水能资源，一般指每年可更新的水量资源；在水利卷中，水资源则被定义为自然界各种形态（气态、固态或液态）的天然水，并将可供人类利用的水资源作为供评价的水资源。《环境科学大辞典》中，水资源的定义是在当前经济技术条件下可为人类利用的地表水、地下水和土壤水，这三部分构成一个完整的陆地水循环体系。1987 年，由原水利电力部水文局组织编写、水利电力出版社出版的我国第一部水资源评价专著《中国水资源评价》中，定义水资源为逐年可以得到恢复的淡水量，包括河川径流量和地下水补给量，而大气降水则是它们的补给来源。《中国资源科学百科全书》中，把水资源定义为可供人类直接利用、能不断更新的天然淡水，主要指陆地上的地表水和地下水。《中华人民共和国水法》中所称水资源是指地表水和地下水。

1991 年，我国《水科学进展》编辑部以"水资源的定义和内涵"为题，组织了国内知名专家学者的讨论。其中较有代表性的几种关于水资源内涵的观点如下（王浩 等，2002）。

（1）降水是大陆上一切水分的来源，但降水只是一种潜在的水资源，只有降水量中可被利用的那一部分才是真正的水资源。

（2）从自然资源的观念出发，水资源可定义为与人类生产、生活资料有关的天然水源。

（3）水资源是指可供国民经济利用的淡水资源，它来源于大气降水，其数量为扣除降水期蒸发后的总降水量。

（4）一切具有利用价值，包括各种不同来源或不同形式的水，均属水资源范畴。

（5）不能笼统地把降水、土壤水或地表水称为水资源，水资源数量上应具有一定的稳定性且可供利用。

（6）水资源主要指与人类社会用水密切相关而又能不断更新的淡水，包括地表水、地下水和土壤水，其补给来源为大气降水。

（7）作为维持人类社会存在和发展的重要自然资源之一的水资源，应具有下列特性：①可以按照社会的需要提供或有可能提供的水量；②这个水量有可靠的来源，且这个来源可以通过水循环不断得到更新或补充；③这个水量可以由人工加以控制；④这个水量及其水质能够适应人类用水要求。

1998 年，姜文来在《水资源价值论》一书中指出，以往的水资源定义中，基本上都是围绕着水的形态、利用和水量等展开论述，很少涉及水质。然而，水质对于水资源而言是十分重要的，如果不考虑水质而研究水资源，必将导致水资源开发利用的失误。基于这一认识，给出了水资源的定义：水资源包含了水量与水质两个方面，是人类生产、生活及生命生存不可替代的自然资源和环境资源，是在一定的经济技术条件下能够为社会直接利用或待利用，参与自然界水分循环，影响国民经济的淡水。

随着可持续发展理念在水资源方面的延伸，水资源内涵的认识不断拓展。成立等（2000）认为，基于水资源的可再生性，水文循环的不同组分沿不同路径以不同的速率运动，因此有着不同的更新时间。更新较快的组分（如河流）其资源价值常常远大于它的"静止"储量，而更新迟缓的组分（如地下水）其资源价值则靠它静储量的调配；另外，受降水影响，水资源在不同研究时间段（如不同的水平年，一年中的枯、雨季）数量也不同；考虑这些方面，如果仅用"可供人类利用"来界定时间范围，是非常含糊的。因为水分不是静止的，某一刻它可供人类利用，属于资源成分，可能另一刻又不属于，可见水分是否是水资源，完全隶属于它在时间上的变化。鉴于此，其将水资源定义为：在一定时段内，存在于河流、湖泊、湿地和含水层系统内以现有手段和经济合理的条件可被人们所开发利用的那部分资源量，就是该时段上的水资源量。

王浩等（2002）从水资源承载的双重客体——人类社会和生态环境角度分析，结合可持续发展理念，引出对水资源的有效性、可控性与可再生性的描述。

有效性即它是否对于人类社会存在一定的效用。从水资源的有效性出发定义的水资源包括：①与人类社会经济发展密切相关的淡水，其补给来源主要为大气降水，赋存形式为地表水、地下水和土壤水；②与生态环境具有密切关系的水分，这是因为有效水分不仅是国民经济和社会发展的基础性资源，而且还滋养了对人类生存具有重要意义的生态系统；③对生态环境具有效用的水分不仅是径流性水资源，还包括部分降水资源，即有效降水，有效降水是指降水中对于生态环境和人类社会具有效用的那一部分降水，也就是可能为生态系统和社会经济系统利用的水量，包括各种消耗于天然生态系统（包括各类天然林草和天然河湖）和人工生态系统（包括人工林草、农田、鱼塘、水库、城市、工业区和农村等）的降雨和河川径流量。例如，我国西北地区降雨中大约有70%是能够直接和间接为人类及生态环境所利用的有效降水，30%是对生态环境和人类社会不具有效用的无效降水，如消耗于高寒裸地、沙漠戈壁和天然盐碱地的蒸发等。

可控性是指对于以不同形式赋存的水资源，人类社会只有通过对其开发利用才能实现从自然资源向实物资源的转变。有效降水可为天然生态系统和人工生态系统所直接利用，这部分水量难以被工程所调控，但可以调整发展模式，增加对这部分水分的利用；径流性水资源，包括地表水、地下含水层中的潜水和承压水，这部分水量可通过工程进行开发利用；因此，从可控性出发定义的水资源主要是径流性水资源。

从可再生性出发研究水资源，是对径流性水资源在可持续利用意义下再做进一步的划分，即划分为生态需水量和国民经济可利用量。传统的水资源评价中直接用径流性水资源评价结果来代替国民经济水资源可利用量。在这种思想的指导下，引发了一系列不恰当的水资源开发利用方式和行为，造成许多不良后果，如河流断流、地下水超采等。

相对于特定的学科和研究领域而言，上述对水资源内涵的理解都具有合理的因素，但是如果从宏观角度系统地认识水资源，水资源定义又很模糊。

对于"水资源"这一名词的概念及其内涵，仁者见仁，智者见智，究其原因，主要原因如下：

（1）不同部门、不同行业对水资源的理解有差异，甚至相反。

（2）水的表现形式多种多样，如地表水、地下水、降水、土壤水等，且具有运动性，各种类型的水体具有相互转化的特性。

（3）水的物理、化学性质具有较强的地域性，它至少包含水量和水质两方面，这两方面在自然因素或社会因素影响下是可变的。

（4）水资源的开发利用，受自然、社会、经济、环境等多种因素的影响和限制，水资源利用效率受上述诸多因素的影响也是在不断地发生变化。

（5）水资源系统是一个复杂的耦合系统，它涉及众多学科，如数学、物理学、化学、地质学、气象学、水文学等，并且与人类社会发展和生存环境相结合。

基于以上原因，人们从不同角度认识水资源，造成对水资源一词理解的不一致性及认识的差异性。

以上对水资源概念的认识过程大致可以归纳为以下几个特点：①从只注重水量的描述到水量和水质相结合；②从只注重水对社会经济发展的描述到对生态需水量的关注；③从只注重静态水储量的描述到注重时间维的界定；④从只注重可控性水资源描述到关注水资源的可持续利用。

总体而言，水资源的定义或者说对水资源内涵的认识是随着社会经济的发展而不断发生变化的，它具有一定的时代烙印，并且出现了从非常广泛外延向逐渐明确内涵的方向演变的趋势。随着时代的进步，其内涵也在不断地丰富和发展。

正确理解水资源的概念，是正确评价和合理开发的前提。综上所述，可以把有关水资源的定义概括为两类，即广义水资源和狭义水资源。

广义水资源是指在一定的经济技术条件下能够直接或间接使用的各种水和水中物质，在社会生活和生产中具有使用价值和经济价值的水都可以称为水资源。广义水资源强调了水资源的经济、社会和技术属性，突出了社会、经济、技术发展水平对于水资源开发利用的制约与促进。因而水资源量具有相对的动态性。一些暂时无法利用的水，如南极的冰山，尽管暂时对国民经济没有影响，但当经济技术发展到一定阶段可以开发利用时，它就属于水资源的范畴。原本造成环境污染、失去使用价值的工业、生活污水等划归到水资源行列，也成为构成水资源的重要组成部分，目前的污水资源化、再生水利用等为解决水资源短缺、缓解水资源供需矛盾、减轻水环境污染、提高水资源利用综合效益等发挥了重要作用；近些年来再生水的大力推广及应用已经成为传统水资源的有力补充。

狭义水资源是指人类在一定的经济技术条件下能够直接使用的淡水，主要包括河流、湖泊、地下水等淡水。水资源的这种开发利用，不仅目前在技术上是可行的，而且经济上合理，且对生态环境造成的影响也是可以接受的。与海水相比，这种淡水资源虽然所占比例很小，但却是目前研究的重点。

1.1.2　水资源的特性

水是自然界的重要组成物质，是环境中最活跃的要素。它不停地运动且积极参与自然环境中一系列物理的、化学的和生物的过程。在改造自然的同时，其自身的物理化学与生物学特性也在不断发生改变。作为国民经济发展中不可缺少的一种重要自然资源，水资源有其独特的性质特征。

（1）不可替代性。有的自然资源可以被替代或者说可以部分被替代。例如，石油、煤炭缺乏的国家，可以多发展核电以替代石化能源。但是，水资源对于人类生活、工农业生产、社会经济发展，是一种不可缺少的自然资源。水是一切生命形式生存与发展的重要物质基础，是一切生命的命脉。生物体内含有大量的水分。如植物含水量占其重量的 $75\%\sim90\%$；新生儿体内水分含量占其体重的比例高达 85%，成年人体内水分含量占其体重的 60% 左右。水不仅是构成生物体内细胞、血液的重要物质，而且还参与消化食物、吸收营养、机体的新陈代谢。在现代工业中，水又被誉为工业的血脉，它参与工矿企业生产的一系列重要环节，在制造、加工、冷却、净化、洗涤等方面发挥着重要作用。同时，水又是构成生态环境的基本要素和重要组成部分。

目前，人类还无法找到水资源的替代品，这也是水资源区别于其他自然资源的一个显著特点。因此，保护水资源、节约用水，是一个永恒的话题，也是我国生态文明建设和经济社会可持续发展的必然要求。2019 年，由国家发展改革委、水利部联合印发的《国家节水行动方案》中提出"总量强度双控""农业节水增效""工业节水减排""城镇节水降损""重点地区节水开源"和"科技创新引领"六大重点行动，从国家层面统筹推动节水工作，抓大头、抓重点地区、抓关键环节，提高各领域、各行业用水效率，提升全民节水意识，把水资源节约贯穿到经济社会发展全过程和各领域，为建设生态文明、推动绿色高质量发展、实现"两个一百年"奋斗目标奠定基础。

（2）循环性与可再生性。地球上的水在太阳辐射和重力作用下，以降水、蒸发、径流等方式进行周而复始的运动，该运动过程即水文循环。在水文循环过程中，大气水、地表水、土壤水、地下水等相互转化、不断更新。水资源开发利用以后，能够得到大气降水的补给，形成了资源消耗和补给间的循环。不同于矿产资源，水资源是在循环中形成并具有可再生性的一种动态资源。

水资源的循环性与可再生性，使得它不像煤、石油、天然气、森林等资源，一旦开采利用，将被用一点少一点，用完就会消失。水资源在人类使用以后的一段时间内，它会如约而来，供人类再次利用。但是水资源的这种循环性和可再生性是有限度的，是一个动态概念。人类合理利用水资源，就可以得到良性循环；反之，如果过度开采利用，或污染水体，就会导致水资源系统处于失衡状态，从而破坏水资源的循环性及其周期性，导致可更新水资源不能如期而至，乃至减少。虽然水资源遵循水循环的规律可以不断更新，但也并非"取之不尽，用之不竭"。

（3）有限性。水资源的循环过程是无限的，但是某一时间和空间范围内，大气降水的补给却是有限的，这就决定了区域水资源的有限性。另外，水资源的有限性还表现在，人类可以直接利用的淡水资源量是有限的。目前人类比较容易利用的淡水资源仅占到全球水量的 0.77%。

（4）时空分布的不均匀性。水资源数量不仅有限，而且时空分布极不均匀。水资源在时间分布上的不均匀性，表现为水资源量年际、年内变化幅度很大。区域年降水量因水汽条件等多种因素影响使得丰、枯年水资源量相差悬殊，丰、枯水年交替出现，有些河流还存在连丰连枯的情况。水资源的年内变化也很不均匀，汛期水量集中，枯季水量锐减。如，珠江流域汛期（4—9 月）6 个月的水量占到全年水量的 80% 左右，海河流域汛期（7—10 月）4 个月的水量占到全年的 50%～80%；而且各年年内变化的情况也各不相同。

水资源在空间上也呈现不均匀性，如亚洲水资源量非常丰富，径流模数可达 10.5L/(s·km²)，大洋洲为 51.0L/(s·km²)，非洲仅为 4.8L/(s·km²)。水资源在空间上的不均匀性主要是由于大气降水的地带性分布所导致的，水资源的补给来源为大气降水，多年平均年降水量的地带性变化导致了水资源量在地区分布上的不均匀性。水资源地区分布的不均匀，使得各地区在水资源开发利用条件上存在巨大的差别。

水资源时空分布的不均匀性，使得水资源开发利用时需要采取各种工程和非工程的措施加以调节，例如修建水库、水渠、跨流域调水等，以满足人类生活、生产的需要。

（5）利用的多样性和综合性。水资源可用于农业灌溉、工业生产用水、居民生活用水、水力发电、航运、水产养殖、观光旅游、环境保护等各个方面，水资源的广泛用途决定了水资源开发利用的多样性和综合性特点。随着人类社会对水的需求越来越大，水的使用价值也与时俱进。另外，作为自然生态系统中极其活跃的因子，水还可以调节气候、改善环境，具有独特的环境资源价值。

（6）利害双重性。水资源是维持人类社会生存不可缺少和不可替代的物质资源，同时也是一种环境资源，是生态系统中最活跃的因子，是自然界能量转换和物质运输的主要载体。水资源利用的多样性和综合性，正是充分发挥了水资源"利"的一方面，但同时，水多、水少、水浑和水脏等水问题，也会带来水"害"的一面。不同的水问题具有不同的特征。

近些年来，我国的"水多"问题主要包括洪涝灾害发生频率增大、河流小水大灾现象不断发生、河流洪涝灾害治理不平衡、城市防洪排涝问题凸现等；"水少"问题包括干旱缺水严重、干旱发生频率提高、持续时间加长等；"水浑"问题主要包括江河输沙量大幅度减少以及由于人类活动频繁、江河输沙量大幅减少所带来的新问题；"水脏"问题包括流域水污染严重、复合型污染和面源污染加重、工业污染向生活污染为主转变等（王延贵等，2015）。以上四大水问题严重制约了我国生态文明建设。另外，水资源开发利用的不当也会引起一系列"害"的问题，如过度开采地下水，可能会引起地下水位持续下降、水质恶化、水量减少、地面沉降等，不仅会影响生产发展，而且会威胁到人类生存。正是由于水资源的利害双重性质，因此，在水资源的开发利用过程中，尤其强调合理利用、有序开发，以达到兴利除害的目的。

1.2   全球水储量

1.2.1   地球上水的分布

地球表面分布着各种各样的水体，包括江河、湖泊、海洋、深层地下水、浅层地下水、沼泽水、土壤水、冰川、大气水、冰雪等。这些水中，有些是咸水，有些是淡水。地球水体总储量约为 13.86 亿 km^3；其中，海洋面积占全球总表面积 71%，而海水占全球水体总储量的比例高达 96.5%；陆地面积占全球总表面积的 29%，但陆地水储量仅占地球水储量的 3.5%。

在陆地有限的水体中也并不全是淡水。陆地上的淡水量仅约为 0.35 亿 km^3，占全球水储量的 2.53%；其中，固体冰川约占总储量的 1.74%，主要分布在两极地区，在目前的技术水平下，人类还难以利用这部分水量；液体形式的淡水水体，绝大部分是深层地下水，开采利用的比例也很小。当前，人类比较容易利用的淡水资源量为 0.1065 亿 km^3，主要是河流水、淡水湖泊水以及浅层地下水，储量约占全球水储量的 0.77%，占全球淡水总量的 30%。地球上各种水体的储量见表 1.1。

全球淡水资源不仅短缺，而且各地区分布也极不平衡。从各大洲淡水资源的分布来看，年径流量亚洲最多，其次为南美洲、北美洲、非洲、欧洲、南极洲、大洋洲，各大洲年径流量、径流系数、径流模数等信息详见表 1.2（李广贺 等，2021）。

表1.1 全 球 水 储 量

类 别		水储量/$\times 10^{13}\,m^3$	占总储水量/%
海洋水		1338000	96.5
地下水	地下咸水	12870	0.93
	地下淡水	10530	0.76
土壤水		16.5	0.001
冰川与永久积雪		24064.1	1.74
永冻土底冰		300	0.022
湖泊水	咸水	84.8	0.006
	淡水	91.6	0.007
沼泽水		11.47	0.0008
河流水		2.12	0.0002
生物水		1.12	0.0001
大气水		12.9	0.001
总计		1385984.6	100
其中淡水		35029.81	2.53

表1.2 世界各大洲淡水资源分布

名称	面积 /$\times 10^4\,km^2$	年降水量		年径流量		径流系数	径流模数 /$[L/(s \cdot km^2)]$
		mm	km^3	mm	km^3		
欧洲	1050	789	8290	306	3210	0.39	9.7
亚洲	4347.5	742	32240	332	14410	0.45	10.5
非洲	3012	742	22350	151	4750	0.2	4.8
北美洲	2420	756	18300	339	8200	0.45	10.7
南美洲	1780	1600	28400	660	11760	0.41	21.0
大洋洲[①]	133.5	2700	3610	1560	2090	0.58	51.0
澳大利亚	761.5	456	3470	40	300	0.09	1.3
南极洲	1398	165	2310	165	2310	1.0	5.2
全部陆地	14900	800	119000	315	46800	0.39	10.0

① 不包括澳大利亚,但包括塔斯马尼亚岛、新西兰岛和伊里安岛等岛屿。

从国家来看,各国拥有的水资源量相差很大,多者达到 $5 \times 10^{12}\,m^3/a$,例如巴西 $5.67 \times 10^{12}\,m^3/a$、俄罗斯 $3.904 \times 10^{12}\,m^3/a$、加拿大 $2.85 \times 10^{12}\,m^3/a$,少者不到 $1 \times 10^9\,m^3/a$。其中,世界上拥有水资源量最多的 9 个国家是巴西、俄罗斯、加拿大、美国、印度尼西亚、中国、印度、哥伦比亚、扎伊尔,这 9 个国家的水资源量占世界总水资源量的 60%。一些最干旱的国家或某些孤岛的水资源量仅以百万计,其中,科威特几乎没有可恢复的淡水资源,马耳他可开采的水资源量为 $2.5 \times 10^7\,m^3/a$,新加坡 $6.6 \times 10^8\,m^3/a$,阿曼 $6.6 \times 10^8\,m^3/a$,利比亚 $7 \times 10^8\,m^3/a$,约旦 $7 \times 10^8\,m^3/a$,塞浦路斯 $1 \times 10^9\,m^3/a$(栾远新,1994)。

如果以人均水资源量表示，人均水资源量最多的国家是赤道附近的国家和北欧国家，名列榜首的是苏里南，人均水资源量约为 200 万 m^3/a。欧洲人均水资源量最大的国家是冰岛，约为 70.8 万 m^3/a，大约有 10 个国家人均达到 10 万 m^3/a。人均水资源量最少的是干旱地区的国家或人口较多的孤岛，有 12 个属于贫水国家（或群岛），包括科威特、马耳他、卡塔尔、巴哈马群岛、巴林、也门、沙特阿拉伯、利比亚、安地列斯群岛、阿拉伯联合酋长国、新加坡、约旦。根据人均年占有水资源量，世界各国可分为超级富水国、富水国、水充足国、贫水国和非常贫水国，这 5 种情况的人均年占有水资源量分别为大于 10 万 m^3、1 万 ～ 10 万 m^3、2000 ～ 10000 m^3、500 ～ 2000 m^3、小于 500 m^3（栾远新，1994）。截至 2020 年 8 月，全球共有 78 亿人口，联合国粮农组织发布的《2020 年粮食及农业状况》报告指出，当前全球有 32 亿人口面临水源短缺问题，约 12 亿人生活在严重缺水和水资源短缺的农业地区；预计到 2050 年，全球人口增长将达到 97 亿，人均可用淡水资源还将持续下降。

1.2.2　陆地水储量及其变化

陆地水储量（Terrestrial Water Storage，TWS）包含了冰雪、湖泊、河流、生物含水量、土壤水和地下水等，尽管仅占全球水储量的 3.5%，但它是陆地和全球水循环中一个重要的组分，能对水、能量和生物地球化学通量进行重要控制，因此在地球气候系统中发挥着重要作用。陆地水储量及其组分在不同的时空尺度上控制着各种水文气象、生态和生物地球化学过程，在全球范围内存在很大的时空差异性。

在过去的几十年中，由于气候变化和人类活动等因素的影响，造成了全球范围内陆地水储量呈现出超正常范围的变化。胡宝怡等（2021）基于 GRACE（Gravity Recovery and Climate Experiment）数据研究表明，2003—2016 年全球陆地水储量变化存在显著的空间差异性。2003—2016 年间，美国高平原（High Plains）南部和得克萨斯州东部、印度北部、中东地区、我国华北地区、非洲东南部和北部的陆地水储量呈现显著下降的趋势，而巴西中部和西部、欧亚大陆北部、印度中部、青藏高原等地的陆地水储量呈现显著上升的趋势。2003—2013 年，中亚地区的陆地水储量也呈现出下降趋势（Deng et al.，2017）。2002—2021 年，我国内陆河流域、松辽流域、淮河流域、海河流域、西南诸河、黄河流域陆地水储量也呈现出下降趋势（褚江东 等，2022）。

不同区域陆地水储量变化的驱动因素是存在差异的。例如，美国伊利诺伊州（Illinois）、高平原（High Plains）、中央谷地（Central Valleys）、印度北部、中东地区、我国华北地区，地下水储量呈显著下降趋势是由过度开采地下水造成的，而美国高平原南部和得克萨斯州东部、巴西、非洲东南部和北部土壤水和地下水储量呈显著下降趋势是由于严重干旱导致的（胡宝怡 等，2021）。中亚北部陆地水储量下降的主要原因是气候变暖，温度上升，导致蒸散发量增加，进而使得土壤水存储减少；而在中亚北部山区，气候变化则是通过影响冰川和积雪变化而对陆地水储量产生影响；咸海地区、塔里木河盆地北部陆地水储量下降主要是由人类活动导致的（Deng et al.，2017）。我国干旱半干旱地区和华北地区陆地水储量变化主要受地下水储量变化的影响，而湿润半湿润地区的陆地水储量变化则受冠层水储量变化和土壤水储量变化的影响较大（褚江东 等，2022）。研究陆地水储量的变化对于深入了解变化环境下的区域水循环过程、加强水资源管理以及促进水资源的可持续利用方面具有重要意义。

目前，应用于监测和探究陆地水储量变化的研究手段主要有 GRACE 卫星、陆面模型（如 Global Land Data Assimilation System，GLDAS）、水文模型（如 WaterGAP Global Hydrology Model，WGHM）等。其中，由美国国家航空航天局（National Aeronautics and Space Administration，NASA）和德国航空航天中心（DLR）联合实施的 GRACE 卫星，主要目的是以高精度获得地球重力场的时间变化序列。通过 GRACE 重力卫星反演得到的地球重力场提取区域水储量变化信息，不仅有效避免了传统方法的缺点，也为全球范围内的陆地水储量研究提供了新的思路。

1.3　我国水资源概况

1.3.1　水资源总量

我国水资源总量 $2.8\times10^{13}\,\mathrm{m^3}$，其中地表水 $2.7\times10^{13}\,\mathrm{m^3}$，由于地表水和地下水相互转化，互为补给，扣除两者重复计算量 $0.70\times10^{13}\,\mathrm{m^3}$，与河川径流不重复的地下水资源量为 $0.1\times10^{13}\,\mathrm{m^3}$。我国水资源总量仅次于巴西、俄罗斯、加拿大、美国、印度尼西亚，居世界第 6 位。

根据《中国水资源公报》统计数据，1997—2021 年，我国水资源总量占降水总量的45.5%；水资源总量随时间有比较明显的变化，1997—2011 年整体呈下降趋势，2011 年以后开始波动上升；2011 年水资源总量最小，为 $2.3\times10^{13}\,\mathrm{m^3}$，比多年平均值低 17%；1998 年水资源总量最丰富，达 $3.4\times10^{13}\,\mathrm{m^3}$，比多年平均值高 21%。1997—2021 年我国地表水资源量、地下水资源量、水资源总量、人均水资源量信息详见表 1.3。

表 1.3　　　　　　　　　1997—2021 年我国水资源量概况

年份	降水量/mm	地表水资源量/亿 m³	地下水资源量/亿 m³	重复计算量/亿 m³	水资源总量/亿 m³	人均水资源量/m³
1997	614.3	26835.4	6942.4	5923.0	27854.8	2253.6
1998	714.2	32726.0	9400.0	8109.0	34017.0	2725.7
1999	630.5	27204.0	8387.0	7395.0	28196.0	2241.3
2000	634.6	26562.0	8502.0	7363.0	27701.0	2186.0
2001	613.8	25933.0	8390.0	7455.0	26868.0	2099.1
2002	661.2	27243.0	8697.0	7685.0	28255.0	2207.4
2003	638.0	26251.0	8299.0	7090.0	27460.0	2128.7
2004	601.0	23126.0	7436.0	6432.0	24130.0	1856.1
2005	644.3	26982.0	8091.0	7020.0	28053.0	2141.5
2006	610.8	24358.0	7643.0	6671.0	25330.0	1933.6
2007	610.0	24242.0	7617.0	6604.0	25255.0	1913.3
2008	654.8	26377.0	8122.0	7065.0	27434.0	2062.7
2009	591.0	23125.2	7267.0	6212.0	24180.2	1818.1

续表

年份	降水量 /mm	地表水资源量 /亿 m³	地下水资源量 /亿 m³	重复计算量 /亿 m³	水资源总量 /亿 m³	人均水资源量 /m³
2010	695.4	29797.6	8417.0	7308.2	30906.4	2306.4
2011	582.2	22213.6	7214.5	6171.4	23256.7	1722.7
2012	688.0	28373.3	8296.4	7140.9	29528.8	2187.3
2013	661.9	26839.5	8081.1	6962.7	27957.9	2055.7
2014	622.3	26263.9	7745.0	6742.0	27266.9	1900.3
2015	660.8	26900.8	7797.0	6735.2	27962.6	2041.1
2016	730.0	31273.9	8854.8	7662.3	32466.4	2352.6
2017	664.8	27746.3	8309.6	7294.7	28761.2	2069.2
2018	682.5	26323.2	8246.5	7107.2	27462.5	1961.6
2019	651.3	27993.3	8191.5	7143.8	29041.0	2074.4
2020	706.5	30407.0	8553.5	7355.3	31605.2	2241.5
2021	691.6	28310.5	8195.7	6868.0	29638.2	2053.9
多年平均	650.2	26936.3	8107.8	7020.6	28023.5	2101.4

注   数据来源于《中国水资源公报》。

地表水资源量：指河流、湖泊、冰川等地表水体逐年更新的动态水量，即当地天然河川径流量。

地下水资源量：指地下饱和含水层逐年更新的动态水量，即降水和地表水入渗对地下水的补给量。

水资源总量：指当地降水形成的地表和地下产水总量，即地表产流量与降水入渗补给地下水量之和。

另外，2019—2020 年，中国地质调查局组织完成了我国全国地下水资源年度评价工作，首次查明了我国地下水年度变化量，为地下水超采治理、地面沉降防治与水资源合理开发提供重要依据。与 2019 年相比，2020 年全国主要平原盆地地下水总储存量年度增加 10.9 亿 m³，其中浅层地下水储存量年度增加 28.4 亿 m³，深层地下水储存量年度减少 17.5 亿 m³；三江平原、四川盆地等 11 个平原盆地地下水储存量年度整体增加；华北平原、黄淮平原等地下水储存量仍呈亏损状态；全国 17 个主要平原盆地浅层地下水位多数稳中有升，江汉洞庭湖平原、长江三角洲、柴达木盆地等 7 个平原盆地浅层地下水位以上升为主，塔里木盆地、松嫩平原等 7 个平原盆地浅层地下水位基本稳定；华北平原地下水超采治理取得成效，京津冀主要城区地下水位止跌回升，广大农灌区地下水位下降速率减缓[1]。

1.3.2   人均水资源量

我国水资源总量丰富，但人均水资源量远低于全球平均水平。1980 年人均水资源量 2836m³，1990 年人均水资源量 2448m³，2000 年人均水资源量 2186m³，2015 年人均水资源量 2041m³。2001—2021 年多年平均人均水资源量不足 2100m³/a，不足世界人均水资源量的 1/4（表 1.3）。根据 1993 年"国际人口行动"提出的"持续水-人口和可更新水的供给前景"报告采用的人均水资源量评价标准（陈志恺，2000），人均水资源量少于 1700m³/a 的为用水紧张国家，少于 1000m³/a 的为缺水国家，少于 500m³/a 的为严重缺

---

[1] 《人民日报》2021 年 1 月 31 日第 4 版。

水国家。

我国降水量受海陆分布、水汽来源、地形地貌等因素的影响，在地区分布上极不均匀，同时受季风气候的影响，降水量年内分配也极不均匀，因此，实际上，现在我国许多地区用水已经非常紧张，处于缺水或严重缺水的状态。根据水利部统计数据，全国600多座城市中有400多座城市供水不足，其中比较严重缺水的有110座。在32个百万人口以上的特大城市中，有30个长期受缺水困扰。尽管近些年来我国在水资源开发、利用、配置、节约、保护和管理等方面取得了显著成效，但人多水少、水资源时空分布不均仍是我国的基本国情和水情。

1.3.3　水资源时空分布特征

1.3.3.1　空间分布

我国水资源在时间和空间上都呈现出分布不均的特点。例如，在我国水资源一级分区中（表1.4），2021年南方四区水资源总量占全国的75%，而北方六区水资源总量仅占全国的25%。从各省级行政区水资源量来看（图1.1），2021年水资源总量最丰富的地区是西藏，水资源总量达到4408.9亿 m^3；其次是四川，水资源总量为2923.4亿 m^3；湖南、云南、广西、江西、浙江等地区水资源总量也比较丰富，均超过1300亿 m^3。水资源总量较少的地区包括甘肃、山西、上海、天津、北京、宁夏等，年总量均少于200亿 m^3；其中最少的地区是宁夏，2021年宁夏拥有地表水资源量仅7.5亿 m^3，加上不重复计算的地下水资源量，水资源总量仅9.3亿 m^3。

表1.4   2021年我国水资源一级分区水资源总量

水资源一级区	降水量/mm	地表水资源量/$\times 10^9 m^3$	地下水资源量/$\times 10^9 m^3$	地下水与地表水资源不重复量/$\times 10^9 m^3$	水资源总量/$\times 10^9 m^3$
全国	691.6	28310.5	8195.7	1327.7	29638.2
北方六区	405.7	6273.1	2928.6	1187.0	7460.1
南方四区	1197.2	22037.4	5267.1	140.7	22178.1
松花江区	633.3	2043.3	582.7	278.8	2322.0
辽河区	725.9	584.8	231.4	112.3	697.1
海河区	838.5	473.2	405.2	261.5	734.8
黄河区	555.0	860.0	461.8	141.0	1000.9
淮河区	1059.3	1064.4	503.0	289.3	1353.7
长江区	1152.8	11079.0	2624.8	107.1	11186.2
其中：太湖流域	1419.0	250.5	51.24	19.4	269.9
东南诸河区	1748.3	1981.0	64.1	16.2	1997.2
珠江区	1371.1	3625.7	888.7	17.3	3643.0
西南诸河区	1036.0	5351.8	1289.5	0.0	5351.8
西北诸河区	172.6	1247.5	744.4	104.1	1351.6

注　数据来源于《中国水资源公报》。

水资源一级分区：北方六区指松花江区、辽河区、海河区、黄河区、淮河区、西北诸河区，南方四区指长江区（含太湖流域）、东南诸河区、珠江区、西南诸河区。

水资源一级分区包含范围详见3.1.3。

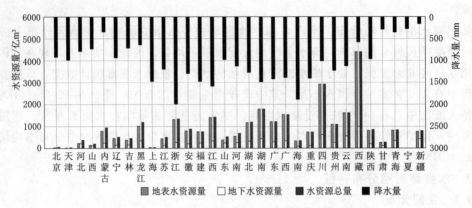

图 1.1　2021 年我国各省级行政区水资源总量

我国水资源空间分布上存在着差异性，主要是由于我国地形、地貌、气候条件的差异所导致。综合考虑地表水和地下水，用每平方千米拥有水资源量（多年平均年产水模数）划分，可将我国 77 个流域划分为以下 5 种类型（任伯帜 等，2007）：

（1）产水十分丰富的流域：多年平均年产水模数不小于 $1.2 \times 10^6 \, \text{m}^3/\text{km}^2$，有粤东沿海、台湾诸河、藏南诸河、滇西诸河。

（2）产水丰富的流域：多年平均年产水模数在 $(0.9 \sim 1.2) \times 10^6 \, \text{m}^3/\text{km}^2$，包括北江、东江、珠江三角洲、桂南粤西沿海诸河、海南岛及南海诸岛、浙南诸河、闽江、闽东沿海诸河、闽南诸河。

（3）产水充足的流域：多年平均年产水模数在 $(5.0 \sim 9.0) \times 10^5 \, \text{m}^3/\text{km}^2$，包括岷江、沱江、乌江、长江上游干流区间、洞庭湖水系、鄱阳湖水系、长江中游干流区间、红水河与黔柳江、左右郁江、西江下游、赣江、钱塘江、浙东诸河、雅鲁藏布江、怒江、元江等。

（4）产水不足的流域：多年平均年产水模数在 $(1.0 \sim 5.0) \times 10^5 \, \text{m}^3/\text{km}^2$，包括嫩江、松花江三岔河以上、松花江三岔河以下、黑龙江干流区间、乌苏里江、滦河、海河北系、海河南系、徒骇河、湟水、洮河、黄河兰州以上干流区间、渭河、伊洛河、沁河、黄河三门峡至花园口干流区间、黄河下游、淮海、沂沭泗河、山东沿海诸河、金沙江、嘉陵江、汉江、太湖水系、长江下游干流区间、南北盘江、澜沧江、中亚细亚内陆河、额尔齐斯河。

（5）产水贫乏的流域：多年平均年产水模数小于 $1 \times 10^5 \, \text{m}^3/\text{km}^2$，包括额尔古纳河、黄河三门峡至河口镇、黄河河口镇至龙门、汾河、泾河、洛河、黄河龙门至三门峡干流区间、鄂尔多斯内江区、藏西诸河、内蒙古内陆河、青海内陆河、羌塘内陆河流域。

在水质方面，以地表水为例，我国许多河流以多沙著称。以流经第四纪黄土大面积分布地区的河流含沙量最大，如黄河（潼关站）多年平均含沙量为 $27.5 \text{kg}/\text{m}^3$（表 1.5），是中国输沙量最大的河流，多年平均输沙量达 92100 万 t。长江（大通站）的含沙量不高，多年平均含沙量仅为 $0.392 \text{kg}/\text{m}^3$，但因长江年总径流量很大，因而其多年平均总输沙量也达 35100 万 t，仅次于黄河，位居全国第二位。海河（滦县站）和辽河（六间房站）多年平均含沙量分别为 $2.70 \text{kg}/\text{m}^3$ 和 $1.19 \text{kg}/\text{m}^3$，多年平均输沙量分别为 785 万 t 和 337 万 t。

12

松花江流域各河和东南沿海河流含沙量较小，如松花江（哈尔滨站）多年平均含沙量只有 $0.140kg/m^3$，闽江（竹岐站）更小，多年平均含沙量只有 $0.097kg/m^3$。流经石灰岩地区的河流含沙量也很小，如珠江（高要站）多年平均含沙量只有 $0.258kg/m^3$。西北干旱地区的河流，因集水面积小，年径流总量也不大，即使含沙量较大的河流，年总输沙量也不大。如塔里木河支流叶尔羌河（卡群站）多年平均含沙量为 $4.35kg/m^3$，但其多年平均输沙量仅为 3070 万 t。我国主要河流的泥沙特征值见表 1.5。

表 1.5　　　　　　　　　　我国主要河流泥沙特征值

河流	测站	控制流域面积 /万 km^2	年径流量/亿 m^3			年输沙量/万 t			年平均含沙量 /(kg/m^3)	
			多年平均	近10年平均	2021年	多年平均	近10年平均	2021年	多年平均	2021年
长江	大通	170.54	8983	9397	9646	35100	12200	10200	0.392	0.106
黄河	潼关	68.22	335.3	314.6	395.1	92100	18300	17100	27.5	4.33
淮河	蚌埠	12.13	261.7	242.9	397.7	808	327	444	0.309	0.112
海河	滦县	4.41	29.12	17.35	46.97	785	27.9	1.70	2.70	0.004
珠江	高要	35.15	2186	2222	1436	5650	1710	474	0.258	0.033
松花江	哈尔滨	38.98	407.4	464.1	826.9	570	418	957	0.140	0.116
辽河	六间房	13.65	28.27	27.99	46.23	337	152	236	1.19	0.510
钱塘江	兰溪	1.82	172.0	204.0	199.3	227	308	235	0.132	0.118
闽江	竹岐	5.45	539.7	567.2	377.0	525	182	126	0.097	0.033
塔里木河	卡群	5.02	67.46	73.93	62.29	3070	3120	293	4.35	0.469
黑河	莺落峡	1.00	16.67	20.57	17.42	193	102	330	1.15	0.024
疏勒河	党城湾	1.43	3.734	4.174	4.033	73.0	58.3	33.4	1.96	0.891
青海湖	布哈河口	1.43	9.344	16.24	11.61	41.5	66.6	31.2	0.439	0.269

注　数据来源于《中国水资源公报》。

　　除泥沙外，地表水中化学组分也具有明显的地域分布特点。例如，我国河水的溶解性总固体和硬度分布从东南沿海湿润地区到西北内陆干旱地区逐渐增加。随溶解性总固体的变化，河水化学组成亦发生相应变化。

　　我国大致在沿淮河、秦岭往西经武都、阿坝、索县到黑河连线以南的广大地区，河水溶解性总固体较小，为 200mg/L 以下，硬度约为 3mgN/L 以下，水化学组成变化不大，多为重碳酸盐水。其中东南沿海地区的溶解性总固体多在 50mg/L 以下，硬度小于 0.5mgN/L。由此向北向西随着降水的减少，溶解性总固体和硬度均逐渐增加（局部地区除外）。溶解性总固体由 50～100mg/L 依次增至 100～200mg/L、200～300mg/L，硬度由 0.5mgN/L 增至 0.5～1mgN/L、1～2mgN/L、2～3mgN/L。有些地区由于岩性影响，溶解性总固体较其周围地区高。如，云贵高原石灰岩地区，溶解性总固体达 300～500mg/L，局部地区甚至高达 500～1000mg/L，硬度亦上升至 3～6mgN/L，成为淮河、秦岭以南溶解性总固体和硬度最高的地区。河水化学组成亦由东南沿海的重碳酸盐钠质水向西向北转变为重碳酸盐钙质水。云贵高原还可能有少量硫酸钙、硫酸钠，甚至氯化钙、氯化钠出现。

华北地区河水化学性质的水平和垂直地带性规律都很显著，降水较少的平原地区，溶解性总固体多为 400～500mg/L，硬度多为 3～6mgN/L。周围山地降水较多，溶解性总固体较低，为 200～300mg/L，硬度为 2～3mgN/L。水化学组成亦由周围山地向平原依次变化为重碳酸盐钙质水及含有少量硫酸盐和氯化物的重碳酸盐钙质水。由华北向东北河水溶解性总固体和硬度也逐渐减小。大部分山地溶解性总固体不到 100mg/L，硬度为 0.5～1.0mgN/L，为重碳酸盐钙质水。松辽平原溶解性总固体增至 300～400mg/L，硬度增至 2～3mgN/L，主要为重碳酸盐钙质水。

黄土高原南部河水溶解性总固体为 300～400mg/L，西北部上升到 500～1000mg/L，硬度亦由 2～3mgN/L，上升到 3～6mgN/L，主要为重碳酸盐钙质水和重碳酸盐、碳酸钠钙质水。西部受含盐地层影响的河流，溶解性总固体常可达每升数千毫克，如祖厉河郭城驿站溶解性总固体高达 7263mg/L，硬度高达 54mgN/L，两者均为全国最高，多为硫酸盐钠质水和氯化物钠质水。

西北地区河流水化学的垂直地带性非常明显，4000m 以上高山地区溶解性总固体在 200mg/L 以下，硬度为 1～2mgN/L，属重碳酸盐钙质水及重碳酸盐、碳酸钠钙质水。随高度下降，气候变干，溶解性总固体逐渐增高至 300～500mg/L 甚至 1000mg/L，硬度亦增至 6～9mgN/L，水化学组成亦变为硫酸盐钠质水。至下游进入干旱荒漠地区，溶解性总固体上升到每升数千毫克，硬度增到 9mgN/L 以上，属氯化物钠质水[1]。

1.3.3.2 时间分布

年内尺度上，受季风气候的影响，我国大部分地区都有雨季、旱季之分。雨季形成的地表水流量大，一般占全年地表径流总量的 70%～80%，有些地区可达 90%；而旱季地表水流量也锐减，一般仅占全年地表径流总量的 20%～30%，有的地区甚至小于 5%。

年际尺度上，常用年径流量的变差系数 C_V 值来衡量径流量的年际变化。C_V 值越大，表示径流量年际变化也越大。我国年径流量变差系数 C_V 值的地区分布大体是：秦岭以南年 C_V 值在 0.5 以下；淮河流域大部分地区 C_V 值在 0.6～0.8 之间；华北平原地区 C_V 值可超过 1.0，个别河流 C_V 值可达 1.3 以上，是我国年径流量变差系数最大的地区；东北地区山地年径流量的 C_V 值一般在 0.5 以下，松辽平原和三江平原较大，C_V 值在 0.8 以上；黄河流域除甘肃省北部、宁夏回族自治区和内蒙古自治区的 C_V 值较大外，一般在 0.6 以下，上游更小；内陆河流域山区的 C_V 值一般在 0.2～0.5 之间，盆地 C_V 值在 0.6～0.8 之间；内蒙古高原西部 C_V 值一般大于 0.1，最大可达 1.2 以上（任伯帜 等，2007）。

从多年时间尺度上，我国许多河流还存在连续多年丰水或枯水的现象。例如黄河（陕县站）在 1922—1932 年连续 11 年枯水，1943—1951 年连续 9 年丰水，1972—1999 年又连续 28 年枯水；黄河源区 1991—2004 年连续 14 年枯水，2005—2012 年连续 8 年丰水（王道席 等，2020）。海河流域 1954—1963 年连续 10 年以涝为主，而 1964—2008 年则连续 45 年以旱为主（卢路 等，2011）。

---

[1] 来源：《中国大百科全书》。

水质随时间也呈现出一定的变化特征。例如，通过分析黄河流域 8 个监测断面2004—2018 年的水质数据可以发现，黄河流域整体水质逐渐改善，以 2010 年为关键时间节点，汛期水质优于非汛期；汛期和非汛期主要污染指标均为氨氮和高锰酸盐指数（刘彦龙 等，2022）。根据 1998—2018 年《长江流域及西南诸河水资源公报》数据可知，1998—2002 的长江流域水质Ⅰ～Ⅱ类河长占比呈波动变化，2002—2009 年呈下降趋势，而 2010—2018 年呈上升趋势（李姗泽 等，2021）；"十三五"期间长江水质逐年变好，到2020 年干流所有断面均满足Ⅱ类水质（邱文婷 等，2021）。2010—2019 年我国南宁市主要河流水质总体趋势向好，主要河流多年平均水质为Ⅱ类，水质优良，为清洁水体；除磷和阴离子表面活性剂的浓度呈上升趋势，其他项目为下降或无趋势；但凤亭河水库处于中营养状态，总氮、总磷、氨氮、BOD_5、COD 和营养状态指数均呈上升趋势（毛小英 等，2021）。近些年来各大河流的水质变好与我国开展的一系列污染治理、生态恢复和环境保护工作密切相关。

1.4　我国水资源开发利用现状及存在的主要问题

[课程思政]

水资源是人类赖以生存和社会经济发展不可缺少的物质基础。我国水资源总量丰富，但人均占有量低，水资源时空分布不均；在水资源开发利用中，水资源供需矛盾突出，水资源利用率偏低，浪费严重；水资源的不合理利用导致一系列生态环境问题。

党的十八大以来，习近平总书记深刻洞察我国国情水情，从实现中华民族永续发展的战略高度，就治水发表一系列重要讲话、作出一系列重要指示批示，提出"节水优先、空间均衡、系统治理、两手发力"治水思路，擘画国家江河战略，推动建设国家水网，为新时代治水提供了强大思想武器和科学行动指南。

1.4.1　开发利用现状

根据水利部《中国水资源公报》，1997—2021 年，我国多年平均供水总量达 5831.40亿 m^3，占到全国水资源总量的 21.1%；其中地表水源（蓄水工程、引水工程、提水工程、调水工程四种形式）供水量 4737.00 亿 m^3，占总供水量的 81.2%；地下水供水量1046.40 亿 m^3，占总供水量的 18.0%；其他水源（主要包括再生水厂、集水工程、海水淡化设施供水量及矿坑水利用量）供水量 47.80 亿 m^3，占总供水量的 0.8%。1997—2021 年我国供水量以及不同水源的供水情况见表 1.6。

表 1.6　　　　　　　　　　　　　1997—2021 年我国供水量概况

年份	地表水		地下水		其他		供水总量	
	水量/亿 m^3	占比/%	水量/亿 m^3	占比/%	水量/亿 m^3	占比/%	水量/亿 m^3	占当年水资源总量比例/%
1997	4565.94	81.2	1031.49	18.3	25.70	0.5	5623.00	20.2
1998	4419.76	80.8	1028.36	18.8	21.90	0.4	5470.00	16.7
1999	4514.00	80.5	1075.00	19.1	24.00	0.4	5613.00	19.9

续表

年份	地表水		地下水		其他		供水总量	
	水量/亿 m³	占比/%	水量/亿 m³	占比/%	水量/亿 m³	占比/%	水量/亿 m³	占当年水资源总量比例/%
2000	4440.00	80.3	1069.00	19.3	21.00	0.4	5531.00	20.0
2001	4448.03	79.9	1096.70	19.7	22.30	0.4	5567.00	20.7
2002	4403.10	80.1	1071.90	19.5	22.00	0.4	5497.00	19.5
2003	4287.90	80.6	1016.10	19.1	16.00	0.3	5320.00	19.4
2004	4505.00	81.2	1026.40	18.5	16.60	0.3	5548.00	23
2005	4574.00	81.2	1036.50	18.4	22.50	0.4	5633.00	20
2006	4705.50	81.2	1066.30	18.4	23.20	0.4	5795.00	23
2007	4724.00	81.2	1069.00	18.4	23.30	0.4	5819.00	23
2008	4796.00	81.2	1085.00	18.3	29.60	0.5	5910.00	21.5
2009	4839.50	81.1	1094.90	18.4	31.20	0.5	5965.20	24.7
2010	4883.80	81.1	1108.00	18.4	30.10	0.5	6022.00	19.5
2011	4953.30	81.1	1109.10	18.2	44.80	0.7	6107.20	26.3
2012	4954.00	80.8	1134.20	18.5	42.90	0.7	6131.20	20.8
2013	5008.20	81.0	1125.30	18.2	49.50	0.8	6183.00	22.1
2014	4921.00	80.8	1117.00	18.3	57.00	0.9	6095.00	22.4
2015	4969.50	81.4	1069.20	17.5	64.50	1.1	6103.20	21.8
2016	4912.40	81.3	1057.00	17.5	70.80	1.2	6040.20	18.6
2017	4945.50	81.8	1016.70	16.8	81.20	1.4	6043.40	21.0
2018	4952.70	82.3	976.40	16.2	84.40	1.5	6015.50	21.9
2019	4982.50	82.8	934.20	15.5	104.50	1.7	6021.20	20.7
2020	4792.30	82.4	892.50	15.4	128.10	2.2	5812.90	19.6
2021	4928.10	83.2	853.80	14.4	138.30	2.3	5920.20	20.0
多年平均	4737.00	81.2	1046.40	18.0	47.80	0.8	5831.40	21.1

注 数据来源于《中国水资源公报》。
 1. 供水量指各种水源提供的包括输水损失在内的水量之和，分地表水源、地下水源和其他水源。
 2. 地表水源供水量指地表水工程的取水量，按蓄水工程、引水工程、提水工程、调水工程四种形式统计。
 3. 地下水源供水量指水井工程的开采量，按浅层淡水、深层承压水和微咸水分别统计。
 4. 其他水源供水量包括再生水厂、集水工程、海水淡化设施供水量及矿坑水利用量；直接利用的海水另行统计，不计入供水量中。

从变化趋势看，2003—2013 年，供水总量、地表水源供水量、地下水源供水量整体呈上升趋势；2013 年以后，地表水源供水量整体平稳，而地下水源供水量则整体呈下降态势，其他水源供水量则呈上升趋势。地下水供水量 2013 年以前占比都在 18% 以上，2013 年以后占比有所降低，2021 年占比为 14.4%；同时，其他水源供水量比例则从 2013 年以前的不足 1% 增加至 2021 年的 2.3%。这说明地下水的使用与开采开始逐渐受到控制，我国地下水超采综合治理发挥了积极作用，其他形式的供水比例逐渐增加。

　　用水量方面，1997—2021 年我国多年平均用水总量达 5825.6 亿 m³，其中农业用水量 3731.6 亿 m³，占用水总量的比例最高，达 64.1%；其次是工业用水量 1263.5 亿 m³，占用水总量的 21.7%；生活用水量 721.4 亿 m³，占用水总量的 12.3%；另外，还有一部分人工生态环境补水量 143.5 亿 m³，占用水总量的 2.4%（表 1.7）。

　　通过表 1.7 中数据的变化趋势来看，1997 年以来，全国用水总量总体呈缓慢上升趋势，2013 年后基本持平；其中生活用水呈持续增加态势，工业用水从总体增加逐步趋稳，近年来略有下降；我国农业用水比例目前仍超过 60%，但整体呈现出明显的下降态势，从 1997 年的 70.4% 下降至 2021 年的 61.6%，这与我国大力推广节水农业、节水灌溉技术密不可分。2003 年，我国开始实施生态补水，生态补水是流域生态环境修复的重要内容，也是恢复水资源可持续利用的重要环节，能助推正常的水循环和水体功能，促进水资源的可持续利用，保护生态环境。人工生态环境补水总量呈不断增加趋势，从 2003 年的 79.8 亿 m³ 增加至 2021 年的 316.9 亿 m³，增加了将近 4 倍。生态环境补水对于解决河流水资源、水生态问题，修复生态环境，提升生态环境质量发挥了重要作用。

表 1.7　　　　　　　　　　　　1997—2021 年我国用水量概况

年份	生活用水		工业用水		农业用水		人工生态环境补水		全年总用水量 /亿 m³
	总量 /亿 m³	占比 /%	总量 /亿 m³	占比 /%	总量 /亿 m³	占比 /%	总量 /亿 m³	占比 /%	
1997	525.0	9.4	1121.0	20.2	3920.0	70.4	—	—	5566.0
1998	543.0	10.0	1126.0	20.7	3766.0	69.3	—	—	5435.0
1999	563.0	10.1	1159.0	20.7	3869.0	69.2	—	—	5591.0
2000	575.0	10.5	1139.0	20.7	3784.0	68.8	—	—	5498.0
2001	600.0	10.8	1142.0	20.5	3825.0	68.7	—	—	5567.0
2002	619.0	11.3	1143.0	20.8	3735.0	67.9	—	—	5497.0
2003	633.1	11.9	1175.7	22.1	3431.4	64.5	79.8	1.5	5320.0
2004	651.0	11.7	1229.0	22.2	3586.0	64.6	82.0	1.5	5548.0
2005	675.1	12.0	1285.2	22.8	3580.0	63.6	92.7	1.6	5633.0
2006	693.8	12.0	1343.8	23.2	3664.4	63.2	93.0	1.6	5795.0
2007	710.4	12.2	1404.1	24.1	3598.5	61.9	105.7	1.8	5818.7
2008	729.2	12.3	1397.1	23.7	3663.4	62.0	120.2	2.0	5909.9
2009	748.2	12.6	1390.9	23.3	3723.1	62.4	103.0	1.7	5965.2
2010	765.8	12.7	1447.3	24.0	3689.1	61.3	119.8	2.0	6022.0
2011	789.9	12.9	1461.8	23.9	3743.6	61.3	111.9	1.9	6107.2
2012	739.7	12.1	1380.7	22.5	3902.5	63.6	108.3	1.8	6131.2
2013	750.1	12.1	1406.4	22.8	3921.5	63.4	105.4	1.7	6183.4
2014	767.0	12.6	1356.0	22.2	3869.0	63.5	103.0	1.7	6095.0
2015	793.5	13.0	1334.8	21.9	3852.2	63.1	122.7	2.0	6103.2
2016	821.6	13.6	1308.0	21.6	3768.0	62.4	142.6	2.4	6040.2

续表

| 年份 | 生活用水 | | 工业用水 | | 农业用水 | | 人工生态环境补水 | | 全年总用水量/亿 m³ |
	总量/亿 m³	占比/%	总量/亿 m³	占比/%	总量/亿 m³	占比/%	总量/亿 m³	占比/%	
2017	838.1	13.9	1277.0	21.1	3766.4	62.3	161.9	2.7	6043.4
2018	859.9	14.3	1261.6	21.0	3693.1	61.4	200.9	3.3	6015.5
2019	871.7	14.5	1217.6	20.2	3682.3	61.2	249.6	4.1	6021.2
2020	863.1	14.8	1030.4	17.7	3612.4	62.1	307.0	5.3	5812.9
2021	909.4	15.4	1049.6	17.7	3644.3	61.6	316.9	5.4	5920.2
多年平均	721.4	12.3	1263.5	21.7	3731.6	64.1	143.5	2.4	5825.6

注　数据来源于《中国水资源公报》。
1. 用水量指各类河道外用水户取用的包括输水损失在内的毛水量之和，按生活用水、工业用水、农业用水和人工生态环境补水四大类用户统计，不包括海水直接利用量以及水力发电、航运等河道内用水量。
2. 生活用水包括城镇生活用水和农村生活用水，其中城镇生活用水由城镇居民生活用水和公共用水（含第三产业及建筑业等用水）组成；农村生活用水指农村居民生活用水。
3. 工业用水指工矿企业在生产过程中用于制造、加工、冷却、空调、净化、洗涤等方面的用水，按新水取用量计，不包括企业内部的重复利用水量。
4. 农业用水包括耕地和林地、园地、牧草地灌溉，鱼塘补水及牲畜用水。
5. 人工生态环境补水仅包括人为措施供给的城镇环境用水和部分河湖湿地补水，不包括降水、径流自然满足的水量。

表 1.8 给出了近些年来我国的主要用水指标。我国多年平均人均综合用水量 438.0m³，万元国内生产总值用水量 276.9m³，耕地实际灌溉亩均用水量 424.8m³，城镇居民人均生活用水量 213.2m³，农村居民人均生活用水量 81.8m³，万元工业增加值用水量 109.0m³。

表 1.8　　　　　我国主要用水指标

| 年份 | 人均综合用水量/m³ | 万元国内生产总值用水量/m³ | 耕地实际灌溉亩均用水量/m³ | 人均生活用水量/m³ | | 万元工业增加值用水量/m³ |
				城镇生活居民（含公共用水）	农村居民	
1997	458.0	726.0	492.0	220.0	84.0	103.0
1998	435.0	683.0	488.0	222.0	87.0	94.0
1999	440.0	680.0	484.0	227.0	89.0	91.0
2000	430.0	610.0	479.0	219.0	89.0	288.0
2001	436.0	580.0	479.0	218.0	92.0	268.0
2002	428.0	537.0	465.0	219.0	94.0	241.0
2003	412.0	448.0	430.0	212.0	68.0	222.0
2004	427.0	399.0	450.0	212.0	68.0	196.0
2005	432.0	304.0	448.0	211.0	68.0	—
2006	442.0	272.0	449.0	212.0	69.0	—
2007	442.0	229.0	434.0	211.0	71.0	131.0

续表

年份	人均综合用水量/m³	万元国内生产总值用水量/m³	耕地实际灌溉亩均用水量/m³	人均生活用水量/m³		万元工业增加值用水量/m³
				城镇生活居民（含公共用水）	农村居民	
2008	446.0	193.0	435.0	212.0	72.0	108.0
2009	448.0	178.0	431.0	212.0	73.0	103.0
2010	450.0	150.0	421.0	193.0	83.0	90.0
2011	454.0	129.0	415.0	198.0	82.0	78.0
2012	454.0	118.0	404.0	216.0	79.0	69.0
2013	456.0	109.0	418.0	212.0	80.0	67.0
2014	447.0	96.0	402.0	213.0	81.0	59.5
2015	445.0	90.0	394.0	217.0	82.0	58.3
2016	438.0	81.0	380.0	220.0	86.0	52.8
2017	436.0	73.0	377.0	221.0	87.0	45.6
2018	432.0	66.8	365.0	225.0	89.0	41.3
2019	431.0	60.0	368.0	225.0	89.0	38.4
2020	412.0	57.2	356.0	207.0	100.0	32.9
2021	419.0	51.8	355.0	124.0	52.0	28.2
多年平均	438.0	276.9	424.8	213.2	81.8	109.0

注　数据来源于《中国水资源公报》。"—"表示数据缺失。

从变化趋势来看，1997年以来，我国用水效率明显提高。万元国内生产总值用水量和万元工业增加值用水量均呈显著下降趋势。例如，2021年万元国内生产总值用水量不足1997年的8%。耕地实际灌溉亩均用水量也呈下降趋势，从1997年的492.0m³下降至2021年的355.0m³，降幅达28%。人均综合用水量基本维持在400~450m³/a之间。近年来我国用水效率的提高是坚持"节水优先"方针、积极推动节水型社会建设、不断强化节水监督管理、加强节水科技创新和市场活力、大力实施国家节水行动的结果。

1.4.2　存在的主要问题

水安全是未来数十年深刻影响全球可持续发展的重要议题，人类的生命健康、城乡发展、工农业生产、经济发展和自然生态系统的维系都高度依赖水资源。早在1977年，联合国就曾向全世界发出严正警告：水危机不久将成为继石油危机之后的下一个危机。联合国水机制（UN-water）在2020年的世界水日发布了《世界水发展报告》。报告显示，全球用水量在过去的100年里增长了6倍，水资源的需求正在以每年1%的速度增长；并根据世界各地区地表水、地下水抽取的水量与可用总水量的比值，制作了全球年度基准水压力图：目前全球有36亿人口（将近全球一半的人口）居住在缺水地区。到21世纪中叶，将有超过20亿人生活在水资源严重短缺的国家，约40亿人每年至少有一个月的时间遭受严重缺水的困扰，且将会有22个国家面临严重的水压力风险。

虽然我国水资源总量比较丰富，近些年来供水和用水结构也逐渐趋向合理，但用水量长期居高不下，水资源现状也不容乐观。目前，我国水资源在开发利用中仍然存在一系列问题。主要表现在以下几个方面。

1. 水资源短缺，水资源供需矛盾突出

所谓水资源短缺是相对水资源需求而言，水资源供给不能满足生产生活的需求，导致生产开工不足，饮用发生危机，造成巨大社会经济损失。国家发展改革委在 2019 年发布的《国家节水行动方案》中提到：我国人多水少，水资源时空分布不均，供需矛盾突出，全社会节水意识不强、用水粗放、浪费严重，水资源利用效率与国际先进水平存在较大差距，水资源短缺已经成为生态文明建设和经济社会可持续发展的瓶颈制约。我国 31 个省份中有 16 个面临水资源短缺问题，300 个城市存在不同程度的缺水。

水资源短缺具体又分为资源性缺水、水质性缺水、工程性缺水。

资源性缺水是指当地的河流、湖泊、降水、地下水等水资源总量少，不能满足当地工农业生产、城市生活、经济社会发展的需要的现象，如我国华北地区、西北地区、辽河流域等地区均属于资源性缺水。

水质性缺水是指当地虽然有水，但是由于天然的水源（河流、湖泊、地下水等）淡水含有超标的盐、碱、氟、硫、重金属等有毒有害成分或由于工农业生产、城市生活污水排入水源中造成污染导致有水不能用，水源不能满足当地工农业生产、城市生活的需要的现象。以上海为例，上海是全国典型的水质性缺水城市之一。上海市地处长江和太湖流域下游、河湖众多、水网密布，从水量上说，上海水资源量丰富，但本地河网水质普遍较差，水功能区达标率低，面临着严重的水质性缺水问题。最为典型的例证就是近百年来上海市水源地由于水质恶化而不得不数次搬迁，由苏州河迁到黄浦江，由黄浦江下游转移到上游。从上海市主要河湖黄浦江、苏州河和淀山湖的水质变化分析可知，随着上海快速工业化、城镇化进程，随着人口的大量增加，上海市水体水质主要呈现恶化趋势。直到 20 世纪 90 年代，上海市政府加大水环境综合治理力度，这种恶化趋势才得以遏制。但由于历史上污染过多积累、现状排污量大且污水处理标准偏低、城市面源污染严重，加之太湖流域上游省界地区来水水质较差，在短期内上海市水体水质难以明显改观。

工程性缺水是指地区的水资源总量并不短缺，但由于工程建设滞后于用水需求造成的水资源短缺的现象。例如贵州水资源丰沛，多年平均降雨量达 1179mm，水资源总量达 1062 亿 m^3，居全国第 9 位。但贵州山地、丘陵占国土面积 92.5%，是典型的喀斯特岩溶山区，山高坡陡、有水难留，水资源利用率仅为全国平均水平的一半。工程性缺水已成为制约当地经济社会发展的瓶颈。云南也是水资源大省，全省水资源总量超 2000 亿 m^3，居全国第 3 位；但水资源时空分布不均，工程性缺水矛盾突出，让云南面对"天上水"蓄不了、"地表水"留不住、"地下水"用不上的尴尬局面，屡遭区域性干旱。解决工程性缺水问题的重要途径即是加强水利工程的建设及管理。从 2011 年初到 2020 年上半年，贵州已经投入水利资金 2600 余亿元，建设大中小型水库 426 座，年供水保障能力达 124.5 亿 m^3，工程性缺水难题逐步得到破解[1]。云南省也作出了大力实施"兴水润滇"工程的决策部署，初步规划了总投资超过 9000 亿元的水利项目，力争到"十四五"末基本解决云南工程性缺水的瓶颈，基本消除区域性的大面积干旱。

---

[1] 《人民日报》，2020 年 9 月 7 日 14 版。

2. 水资源利用率偏低，浪费问题严重

虽然自实施最严格水资源管理制度以来，我国水资源利用效率近年来持续提高，全国平均大体上接近世界平均水平，但与发达国家相比，仍存在较大差距。农业、工业、城镇生活用水浪费现象仍然比较严重。

2021 年，我国农业年用水量约 3644 亿 m^3，占全国总用水量近 61.6%。我国农业灌溉用水的利用系数为 0.568，而发达国家早在 20 世纪 40—50 年代就开始采用节水灌溉，现在许多国家都已实现了输水渠道防渗化，管道化，大田喷灌、滴灌化，灌溉科学化、自动化，灌溉水的利用系数达到了 0.7～0.8。2021 年，我国万元工业增加值用水量约 28.2m^3，虽然较以前用水量呈显著下降趋势，但与发达国家相比，仍存在一定的差距。

另外，我国城镇居民用水浪费现象也十分普遍，在城镇用水中，仍然存在着没有安装水表的水龙头、非法安装供水管、水管漏水、水表失灵等现象，全国多数城市自来水管的跑、冒、滴、漏损失率达 15%～20%，国际先进损失率水平大概是 6%～8%。与发达国家的用水管理水平相比，我国的用水效率还偏低。

针对当前水资源利用率不高，农业、工业、城镇生活用水浪费突出的问题，我们需要加快推进节水立法，通过强化主体节水的责任，把节水全面纳入法制化轨道，加快推进国家的节水条例。

3. 水资源过度开发利用，引发一系列生态环境问题

2021 年 12 月 22 日，中国社会科学院生态文明研究所与社会科学文献出版社共同发布的《城市蓝皮书：中国城市发展报告 No.14》（简称《蓝皮书》）中指出，虽然我国供水和用水结构逐渐趋向合理，但用水量长期居高不下，水资源过度开发利用问题十分突出。

目前，国际上一般采用 40% 作为地表水资源开发利用限值，用地下水可更新量作为地下水资源开发利用限值。但就我国的水资源开发利用现状而言，大部分地区的水资源开发利用率已经远超 40% 的国际限值，尤其是在北方一些水资源相对缺乏的地区，如我国水资源最为短缺的海河流域，水资源开发利用率已经达到 90% 以上。辽河、黄河、淮河等河流的开发利用率也均超过了最大允许开发利用率。

地表水资源的过度开发使得我国很多河流出现了断流现象，不仅仅是干旱少雨的西北部地区，在地表水资源相对较为丰富的西南地区也时有发生。根据生态环境部的卫星遥感监测，2018 年秋京津冀地区的 352 条河流中，有 292 条出现干涸断流现象，占河流总数的 83%，干涸断流河道占河道总长度近 1/4。在我国各大流域各级支流的近 10000km 河长中，已经有约 4000km 河道长年干涸，另有一些河道虽然看似有水，却主要是由城市废水、污水和灌溉退水组成，也基本没有了天然径流。我国地表水开发利用率，在全国大部分地区都远超限值，对流域内的生态环境造成了巨大的影响，很多河流的超限开发，使水生环境、生物多样性等遭到破坏，很多水生动、植物消失、退化，河流纳污能力减弱，水质污染严重。

近 20 年来，我国地下水开采量以平均每年 25 亿 m^3 的速度增加。根据相关统计，我国全国地下水超采量已由 20 世纪 80 年代的 100 亿 m^3 增加到了现在的 228 亿 m^3，地下水超采面积由 5.6 万 km^2 扩展到了 18 万 km^2。全国 400 多个城市开采利用地下水，在城市用水总量中地下水占比达到了 30%。北方城市大多以开采地下水为主，其中华北、西北

城市利用地下水的比例分别达到了72%和66%。《蓝皮书》还指出，在我国600多座城市中，存在浅层地下水超采情况的城市有111座，存在开发利用深层地下水的城市有61座，存在挤占生态环境用水的城市有193座，水资源过度开发利用问题非常普遍。

地下水的过量开采导致地面发生沉降。目前，我国有95个城市出现地面沉降，华北地区地面沉降量超过200mm的区域已达6万多km^2，占华北平原面积的近一半，北京、天津、沧州等沉降最为严重。我国苏州市区近30年内最大沉降量达到1.02m。有些地方还造成了建筑物的严重损毁问题。除地面沉降外，由于地下水超采形成的生态环境问题还包括地下漏斗、地裂缝以及海水入侵等。地下水的超额开采，改变了岩土体原来的应力状态和平衡条件，使岩土体结构和稳定性遭到破坏，形成地下漏斗，进而导致地面沉降、塌陷。据我国18个省（自治区、直辖市）的统计，已发现地面塌陷点700多处，有塌陷坑3万多个，其中因超采地下水而造成的塌陷点占27.5%。海咸水入侵是由于过量开采地下淡水，导致淡水水头低于附近咸水或海水水头时而引起的咸、淡水界面向陆地推移扩散的现象。如海河流域近几十年来，随着河流季节化的不断发展和地下水位的急剧下降，在下游平原区及沿岸地区引发了海咸水入侵（周明华 等，2019）。地下水过量开采往往形成恶性循环，破坏地下含水层的同时，使地下含水层供水能力下降，人们为了满足用水需求进一步加大开采量，从而使开采量与可供水量之间的差距进一步加大，破坏进一步加剧，最终引起严重的生态退化。

4. 水生态、水环境破坏问题普遍

根据2017年第二次全国污染源普查数据，全国废污水排放总量756亿t，另外有约1300亿m^{3}的农田退水，累计排放COD 2144万t，氨氮96.3万t，总氮304.1万t，总磷31.5万t，重金属182.5t。虽然全国约2.7万亿m^{3}的地表径流量具有较大的自净能力，但由于污染排放在空间和时间上的集中性，以及污染物的累积效应，我国地表水和地下水环境不容乐观，突出表现在全国近10年河流水质逐步好转，但作为水体末端汇集区的湖泊和地下水水质恶化严重。

根据《中国水资源公报》数据，2009—2018年，全国水质评价河长从15.4万km增加到26.2万km，Ⅰ~Ⅲ类水质河长占比从58.9%增加到81.6%，劣Ⅴ类水质河长占比从19.3%降低到5.5%，河流水质明显好转。但近10年，湖泊水质评价个数从71个增加到124个，评价面积从2.5万km^{2}增加到3.3万km^2，富营养化数量占比从64.8%增加到73.5%，2018年Ⅰ~Ⅲ类水质湖泊数量占比仅25%，而劣Ⅴ类水质湖泊占比达到16.1%，湖泊整体水质较差。2018年，对全国8965个地下水监测井水质进行评价，符合Ⅰ~Ⅲ类地下水质量的监测井2463个，占比27.4%；Ⅳ~Ⅴ类地下水质量的监测井6502个，占比72.6%（王浩 等，2021a）。

近些年来，尽管水生态环境保护取得了显著成效，但对标2035年美丽中国建设目标，仍然存在不少突出问题和短板，主要表现如下：

（1）水环境治理任务艰巨，一些地方发展方式比较粗放，城市建成区、工业园区以及港口码头等环境基础设施欠账较多；一些地方入河排污口底数不清，管理不规范，违法排污现象时有发生；一些地方氮磷上升为首要污染物，城乡面源污染防治瓶颈亟待突破。

（2）水生态破坏问题比较普遍，一些河湖水域及其缓冲带水生植被退化，水生态系统严重失衡；一些地方生态用水难以保障，河湖断流干涸现象比较普遍。

（3）水环境风险不容忽视，一些地方高环境风险工业企业密集分布，与饮用水源犬牙交错，企业生产事故引发的突发环境事件居高不下；一些地方河湖底泥污染较重，存在环境隐患；太湖、巢湖、滇池等重点湖泊蓝藻水华居高不下，成为社会关注的热点和治理难点。

1.4.3　解决措施

"开源""节水""治水"等措施是解决和治理我国水资源短缺、水资源浪费严重、水污染、生态环境破坏等问题的重要举措，对于助力新发展理念的落实、保障经济社会可持续发展具有重要作用。

1. 开源

大力发展非常规水资源的利用。非常规水资源包括再生水、海水、雨水、矿井水等。各地区由于区位及降雨条件不同，非常规水资源利用的侧重点也不同，但总体来讲，非常规水资源的充分利用将有效补充常规供水，缓解水资源供需矛盾。

推进非常规水资源开发利用的途径如下：

（1）实施非常规水资源配额管理。科学设定全国非常规水源配置总体目标。按照非常规水源利用潜力，确定全国非常规水源利用量目标值。分解确定区域非常规水源配额指标。以全国非常规水源配置总体目标为约束，制定省级行政区的非常规水源利用目标，并进一步分解到市县。

（2）加强非常规水源利用基础设施规划与建设。将非常规水源开发利用基础设施作为区域总体规划、城市建设的强制性内容，纳入市政供排水体系。配套建设再生水处理设施与供水管网，使再生水接入供水体系，也可直接回补河湖生态用水。海水利用规划要与海洋开发规划、供水管网规划协调。雨水利用规划需要结合海绵城市建设规划、海绵流域规划，做好公共设施、小区的内部利用小循环。矿井水利用规划与能源开发以及配套的下游产业链条建设规划相结合，配套建设矿井水处理设施，替代矿山生产常规水源或满足下游产业园区用水（王浩　等，2021a）。

2. 节水

在构建资源节约型社会和环境友好型社会的进程中，应该通过各种途径加大宣传力度，使人们客观清醒地认识到目前我国水资源的现状及未来发展中的严峻形势，把节约用水、保护水资源提升到关系中华民族生死存亡的战略高度，从而产生紧迫感和忧患意识，并最终转化为自觉的行为。

从目前的水资源浪费情况来看，没有形成有效的水价形成机制，是致使水价长期偏低，从而出现严重的体制性浪费的原因之一。因此，应切实把"补偿成本、合理收益、公平负担"作为制定水利工程供水价格的原则，尽快实现完全成本化。以防洪等社会效益为主的水利工程，其运行维护费用由各级财政预算支付；用于供水、发电、养殖等多种经营、能产生效益的水利工程，其供水成本由商品水补偿，促进"以水养水"。当然还应根据不同用户的不同承受能力、当地的资源状况以及物价指数的变动做出相应调整。

要坚持节水优先，强化水资源刚性约束，全面贯彻"四水四定"原则，建立健全节水制度政策，深入实施国家节水行动，全面提升水资源集约节约安全利用水平。

3. 治水

加快完善由河道及堤防、水库、蓄滞洪区等组成的现代化流域防洪工程体系，强化预报、预警、预演、预案"四预"措施，贯通雨情、水情、险情、灾情"四情"防御，牢牢守住水旱灾害防御底线。

以自然河湖水系、重大引调水工程和骨干输配水通道为纲，以区域河湖水系连通工程和供水渠道为目，以控制性调蓄工程为结，构建"系统完备、安全可靠，集约高效、绿色智能，循环通畅、调控有序"的国家水网。

深入实施国家"江河战略"，推进流域统一规划、统一治理、统一调度、统一管理，开展"母亲河"复苏行动，深入推进地下水超采治理，扎实推进水土流失综合治理，开展数字孪生流域建设，实施数字孪生水利工程建设。

强化体制机制法治管理，强化河湖长制，持续清理整治河湖突出问题，健全水行政执法与刑事司法的衔接机制、与检察公益诉讼的协作机制，坚持政府作用和市场机制协同发力，加快破解制约水利发展的体制机制障碍，努力推动新阶段水利高质量发展。

综上，我国水资源正面临着经济社会快速发展与水资源短缺的尖锐矛盾，水资源的节约与可持续利用问题事关全局，关系到整个中华民族的生存和发展。遵循习近平总书记"节水优先、空间均衡、系统治理、两手发力"治水思路，通过统筹推进水灾害防治、水资源节约、水生态保护修复、水环境治理，已解决了许多长期想解决而没有解决的治水难题。今后，将继续把节约用水放在首位，努力建设节水防污型社会，力求实现需水量零增长和污水量零排放，将水资源开发利用与水环境保护相协调，保证水资源的可持续利用。

【思　考　题】

1. 我国水资源的时空分布特征如何影响到水资源的开发利用？
2. 近年来我国水资源开发利用过程中存在哪些问题，采取了哪些措施？成效如何？
3. 现阶段我国水资源开发利用面临的挑战有哪些？

第 2 章

水文循环与水资源系统

2.1 水文循环与水量平衡

2.1.1 自然水文循环

2.1.1.1 自然水文循环的概念

在太阳辐射和重力作用下，地球上各种形态的水通过蒸发蒸腾、水汽输送、凝结降水、植被截留、地表填洼、土壤入渗、地表径流、地下径流和湖泊海洋蓄积等环节，不断地发生相态转换和周而复始运动，这种运动过程称为自然界的水文循环。水文循环是地球上一个重要的自然过程，它将大气圈、水圈、岩石圈和生物圈相互联系起来，并在它们之间进行水分、能量和物质的交换，是自然地理环境中最主要的物质循环。

根据循环途径和规模，自然界的水文循环又分为水文大循环和水文小循环。水文大循环是指由海洋表面蒸发的水汽，随气流带到大陆上空，形成降水落回地面，再通过径流（地表及地下）返回海洋的过程，这种发生在海陆之间的循环过程称为水文大循环。水文小循环是指由海洋表面蒸发的水汽，又以降水形式落入海洋；或者由大陆表面（包括陆地水体表面、土面及植物叶面等）蒸发的水汽，仍以降水形式落回陆地表面，这种发生在局部范围内的水文循环过程称为水文小循环，如图 2.1 所示。

自然水文循环主要包括两大主要分支，分别是大气分支和陆地分支。大气中水汽的输送不断改变着全球水汽的时空分布特征，在大气中产生水汽源区和汇区，并通过相变产生潜热交换反过来影响大气环流的形态。陆地分支中地表径流、地下水动态等使得水分及其携带的热量在陆地上发生改变，调节着全球以及陆地能量和水分的分布。降水和蒸发将大气分支和陆地分支联系在一起，使得它们互为水分和热量的源汇，成为一个整体（姜彤等，2020）。

自然水文循环是地球上一个重要的自然过程。与人类最直接相关的是其中的陆地分支，即发生在陆地的水循环。发生在陆地上一个集水流域的水循环，称为流域水循环，流域尺度的水循环是陆地水循环的基本形式，除了大气过程在流域上空有输入输出外，陆地水循环的地表过程、土壤过程和地下过程基本都以流域为基本单元（王浩 等，2016）。

2.1.1.2 自然水文循环的意义

水文循环是自然界物质运动、能量转化和物质循环的重要方式之一，它对自然环境的

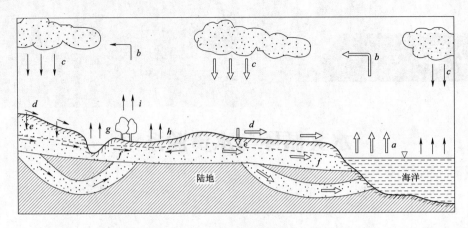

图 2.1　水文循环示意图

a—海洋蒸发；b—大气中水汽转移；c—降水；d—地表径流；e—入渗；

f—地下径流；g—水面蒸发；h—土面蒸发；i—叶面蒸发（蒸腾）

⇨表示水文大循环；→表示水文小循环

形成、演化和人类的生存产生巨大的影响（徐恒力，2005）：

（1）直接影响气候变化。通过蒸散发进入大气的水汽，是产生云、雨和闪电等现象的主要物质基础。蒸发产生水汽，水汽凝结成雨（冰、雪），吸收或放出大量潜热。空气中的水汽含量直接影响气候的湿润或干燥，调节地面气候。

（2）改变地表形态。降水形成的径流冲刷和侵蚀地面，形成沟溪江河；水流搬运大量泥沙，可堆积成冲积平原；易溶解的岩石受到水流强烈侵蚀和溶解作用，可形成岩溶等地貌。

（3）造成再生资源。水文循环造成巨大的、可以重复使用的再生水资源，使人类获得永不枯竭的水源和能源，为一切生物提供不可缺少的水分；大气降水把天空中游离的氮素带到地面，滋养植物；陆地上的径流又把大量的有机质送入海洋，供养海洋生物；而海洋生物又是人类食物和制造肥料的重要来源。

2.1.1.3　自然水文循环与水资源的关系

自然水文循环与水资源的关系具体表现为（徐恒力，2005）：

（1）水文大循环决定着水资源的宏观地域分布。自然水文循环中，大气环流使一些地区成为水汽源区，那里蒸发大于降水；使另外一些地区成为水汽集聚区，那里蒸发小于降水。最典型的水汽源区和水汽集聚区就是海洋和大陆。大陆降水量的 89% 来自海洋提供的水汽，11% 来自大陆本身蒸发的水汽。海洋蒸发的水汽进入大陆上空后，先在海洋边缘地区致雨，其余的水汽随气流向内陆推进，并在中途不断形成降水过程，于是越向内陆大气中的海洋水汽越少。内陆腹地的降水主要靠当地的水循环维持。所以，那里降水稀少，径流量小，成为干旱区。

（2）水文小循环使区域水资源分布状况复杂化。在大陆、海洋这种宏观层次的水汽源区和水汽集聚区中，也存在水文小循环形成的低级别的水汽源区和集聚区。所以，在湿润多雨区也存在降水偏少的小区域，在干旱的内陆也有雨量稍多的小区域。因此，在干旱的戈壁沙漠也常见到植被茂盛的绿洲。

（3）水文循环对水质的交替更新发挥重要作用。水文循环不仅维持地球上各种水体数量上的周转平衡，而且对水的年龄和水质的交替更新也具有重要作用。各种水体的更新周期长短不一，见表2.1。所谓更新周期，是针对新水趋替老水的现象，即某一水体中某一年龄的水被年轻的水排挤，最终丧失全部赋存空间的过程。其水动力性质是水质点的运移，水质点运移路径越长，运移速度越小，老水储留的时间越长，更新周期就越长。永久积雪、高山冰川、深层地下水等水体的更新周期均达数千年以上，湖泊水、沼泽水、土壤水等更新周期也是数年以上。因此，在水资源开发利用过程中，应当充分考虑各种水体的循环周期和活跃程度，合理开发，以防止由于更替周期长或补给不及时，造成水资源的枯竭。

表 2.1　　　　　　　　　　　各种水体的更新周期

水体	更新周期	水体	更新周期
永久积雪	9700a	沼泽水	5a
海水	2500a	土壤水	1a
高山冰川	1600a	河流	16d
深层地下水	1400a	大气水	8d
湖泊水	17a	生物水	几小时

2.1.2　自然-社会二元水循环

2.1.2.1　自然-社会二元水循环的概念

人类活动已成为影响水文循环的重要因素。抽取地下水、拦截河水、修建水库、引水灌溉在客观上可以改变天然水分的运移途径和各要素之间的水量交换关系；森林砍伐荒地垦荒在一定程度上影响天然的水分蒸腾蒸发强度以及土壤水分的分布状况；废气排放产生温室效应和酸雨，影响水文循环中化学物质的迁移过程。总之，由于人类活动的影响和加剧，流域自然水循环系统原有的规律和平衡被打破，降水、蒸发、入渗、产流和汇流等水循环各个过程发生了极大改变，使原有的流域水循环系统由单一的受自然主导的循环过程转变为受自然和社会共同影响、共同作用的新的水循环系统，这种水循环系统称为自然-社会二元水循环系统或者流域天然-人工二元水循环系统（王浩 等，2016）。

【延伸阅读】
气候变化对
自然水文循
环的影响

2.1.2.2　自然-社会二元水循环与自然水文循环的差异

与自然水文循环相比，二元水循环在水循环的驱动力、水循环的结构、水循环的功能属性、水循环的演变效应等方面存在差异（王浩 等，2016）。

（1）水循环的驱动力。自然水循环的驱动力是太阳辐射和重力等自然驱动力。二元水循环除了受自然驱动力作用外，还受人工驱动力的影响，尤其是人口流动、城市化、经济活动及其变化梯度等因素对二元水循环的直接影响更大、更广泛。因此，研究二元水循环必然要与社会学和经济学交叉，水与社会系统的相互作用与协同演化是研究焦点。

（2）水循环的结构。自然状态下，"降水—坡面—河道—地下"四大路径形成自然水循环结构，是典型的由面到点和线的"汇集结构"。随着人类社会发展，"自然-社会"二元水循环结构逐步形成。初期，社会水循环有取水、用水、排水三大主要环节，现在发展成取水、给水、用水装置内部循环、排水、污水收集与处理、再生利用等复杂的路径。与自然水循环的四大路径相对应，社会水循环也形成了"取水—给水—用水—排水—污水处理—再生回用"六大路径，它是典型的由点到线和面的"耗散结构"。自然水循环的四大路径与社会水循环的六大路径交叉耦合、相互作用，形成了自然-社会二元水循环的复杂系统结构。

（3）水循环的功能属性。自然水循环的功能比较单一，主要是生态功能，养育着陆地植被生态系统、河流湖泊湿地水生生态系统等。流域二元水循环中，又增加了环境、经济、社会与资源属性，强调了用水的效率（经济属性）、用水的公平（社会属性）、水的有限性（资源属性）和水质与水生陆生生态系统的健康（环境属性），因此从水循环功能属性上看，流域水循环也演变成了自然-社会二元水循环。

（4）水循环的演变效应。流域水循环的演变，特别是二元水循环的形成与发展带来了一系列的资源效应、环境效应和生态效应。首先，水循环驱动力条件的变化、下垫面的改变、城市化进程加快以及社会水循环通量的不断加大，对流域水循环的健康和再生维持带来了不利影响，造成流域水资源的衰减，产生强烈的资源效应。其次，社会水循环在其各个路径上都带来了相应的污染物，带来水环境的污染，产生强烈的环境效应。最后，人类社会经济大量取水、用水和耗水，造成河湖生态系统和河口海岸生态系统缺乏必需的淡水，产生了强烈的生态效应。为解决这些问题，就需要从基础层面上研究二元水循环的演变机理与演变规律，提出流域二元水循环的研究方法与技术，进而提出应对措施与调控方案。

在气候变化与人类活动影响下，流域水循环系统正在发生前所未有的迅速改变，自然-社会二元水循环多时空尺度的耦合日益紧密、系统复杂性日益增强。二元水循环的科学认知、量化与调控涉及资源、环境、生态、经济、社会等多个学科，因此需要来自相关学科研究者们更多的共同努力，以保持流域水循环系统的健康和经济社会发展的可持续性。

2.1.3　水量平衡

水量平衡是指任意选择的区域（或水体），在任意时段内，其收入的水量与支出的水量之间的差额等于该时段区域（或水体）内蓄水的变化量，即水在循环过程中，从总体上说收支平衡。水量平衡方程式为

$$\sum W_{补} - \sum W_{排} = \Delta S_{储}$$

式中　$W_{补}$——研究区研究时段内水资源的补给量，m^3；

　　　$W_{排}$——研究区研究时段内水资源的排泄量，m^3；

　　　$\Delta S_{储}$——研究区研究时段内水资源储存量的变化量，m^3。

从本质上说，水量平衡是质量守恒原理在水循环过程中的具体体现，也是地球上水循环能够持续不断进行下去的基本前提，是研究区域空间水量的收支状况、估算水资源数量的基本出发点。水循环是地球上客观存在的自然现象，水量平衡是水循环内在的规律。水量平衡方程式则是水循环的数学表达式，而且可以根据不同水循环类型，建立不同水量平衡方程。如通用水量平衡方程、全球水量平衡方程、海洋水量平衡方程、陆地水量平衡方程、流域水量平衡方程等。

2.1.3.1　全球水量平衡方程

全球水量平衡是由海洋和陆地水量平衡联合组成。当研究对象为陆地时，其水量平衡方程式为

$$P_L - E_L - R = \Delta S_L$$

式中　P_L——陆地降水量，m^3；

　　　E_L——陆地蒸发量，m^3；

　　　R——入海径流量，m^3；

　　　ΔS_L——研究时段内陆地蓄水量的变化量，m^3，在短时间内可正可负，但多年平均趋近于零。

多年平均陆地水量平衡方程为

$$\overline{E_L} = \overline{P_L} - \overline{R}$$

式中　$\overline{E_L}$——陆地多年平均蒸发量，m^3；

　　　$\overline{P_L}$——陆地多年平均降水量，m^3；

　　　$\overline{R}$——多年平均入海径流量，m^3。

当研究对象是海洋时，多年平均海洋水量平衡方程为

$$\overline{E_S} = \overline{P_S} + \overline{R}$$

式中　$\overline{E_S}$——海洋多年平均蒸发量，m^3；

　　　$\overline{P_S}$——海洋多年平均降水量，m^3。

当研究对象是全球时，其多年平均水量平衡方程为

$$\overline{E_L} + \overline{E_S} = \overline{P_L} + \overline{P_S}$$

即 $\overline{E} = \overline{P}$，全球多年平均蒸发量 $\overline{E}$ 与全球多年平均降水量 $\overline{P}$ 相等。

降水、蒸发和径流是自然水文循环中三个重要环节，在水量平衡中也是三个重要因素。有学者综合了多种观测资料，对全球水文循环过程进行了定量评估，结果表明，海洋平均每年蒸发水汽量 $4.13 \times 10^{15}\ m^3$，其中有 $3.73 \times 10^{15}\ m^3$ 用于海洋降水，$0.4 \times 10^{15}\ m^3$ 输送到陆地，为陆地降水提供水汽；陆地平均每年降水 $1.13 \times 10^{15}\ m^3$，其中 $0.73 \times 10^{15}\ m^3$ 用于植被蒸散发，$0.4 \times 10^{15}\ m^3$ 转变为地表径流（图 2.2）（姜彤 等，2020）；全球的水量得以保持动态平衡。

需要指出的是，虽然在水循环过程中，全球总水量不变，但近百年来随着气温升高，观测到的全球尺度降水、蒸散发、水汽及径流的分布、强度和极值都发生了变化。通过探空、GPS 及卫星等观测结果发现，1970 年以来，全球对流层和地表水汽含量呈增加趋势，近 40 年大气的水汽含量上升了 3.5% 左右；气候变暖背景下，中高纬度地区平均极端降雨事件增加；大部分地区干湿地区间和干湿季节间的降水差异增大（姜彤 等，2020）。同时，过去 100 年，全球变暖加速了全球海平面上升的速率，1902—1990 年间全球平均海平面上升的线性趋势为 1.6mm/a，而 1993—2012 年间全球平均海平面上升的趋势则达到 3.3mm/a（赵宗慈 等，2019）。

2.1.3.2　区域水量平衡方程

全球水量平衡和区域水量平衡是建立在不同概念系统上。全球水量平衡以封闭系统为

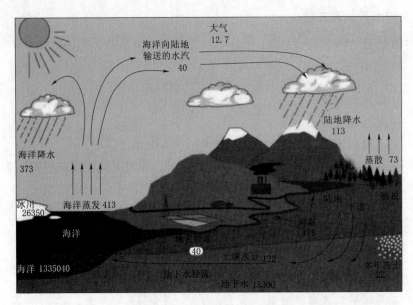

图 2.2　全球水文循环平均状况（姜彤 等，2020）

（注：图中的数字表示各类水量；白色字单位为 10^3km^3，黑色字单位为 $10^3 \text{km}^3/\text{a}$。）

讨论的前提，忽略了地球深部和浅部的水量交换关系，以及可能来自地球外部的水分补充，水仅在地球表部层圈中周转循环，不断改变水的形态和分布状况。表部层圈的总水量不会增加也不会减少。区域水量平衡则是以开放系统为前提，即某一区域或系统不仅与其外界有着能量的交换，还存在着物质（水量、溶质）的交换。在任一时间段内，该区域或系统获得的水量和失去的水量不可能总是相等，系统中会有水量的积累和释放。所以，水量的收支状况需要用收入、支出、储存的变化量这三者的关系来刻画。

　　阐明区域水量平衡的关键是正确圈定平衡区、合理选择平衡要素、适当规定平衡期。平衡区是具有一定范围和上下界面的立体空间。平衡要素是指通过平衡区边界，对平衡区水量收支状况造成影响的水文要素，如蒸发、降水、地下水的流入和流出等；在水量平衡方程中，平衡要素的作用具有方向性，使平衡区水量增加的要素为收入项，反之为支出项。平衡期的长短和具体时间段，可根据研究目的和资料的情况确定。

　　现以陆地上任一地区为研究对象，设想沿该地区边界作一垂直柱体，以地表作为柱体的上界，以地面下某深度处的平面为下界（以界面上不发生水分交换的深度为准），在计算时段内其区域水量平衡方程为

$$P + R_{上入} + R_{下入} = E + R_{上出} + R_{下出} + q + \Delta S$$

式中　　　　　　　　P——区域内计算时段的降水量，m^3；

$R_{上入}$、$R_{下入}$、$R_{上出}$、$R_{下出}$——计算时段内经地面、地下流入和流出区内的径流量，m^3；

E——区域内计算时段的净蒸发量，m^3；

q——区域内计算时段内的总用水量，m^3；

ΔS——区域内计算时段蓄水量的变化量，m^3。

　　区域水量平衡方程也称为通用水量平衡方程。其简繁程度与所研究的对象以及时段长

短有关。例如，对于多年平均来说，$\Delta S \to 0$，可忽略不计；但对于短时段水量平衡方程式而言，蓄水量的变化量 ΔS 不但不可忽略，而且必须细分为地表水体蓄水变量、土壤蓄水变量、地下水蓄水变量等，因而水量平衡方程式具有较繁杂的形式。

有学者以我国大陆为研究区，对 1961—2018 年我国大陆地区的水量平衡各要素进行了估算（姜彤 等，2020）。结果表明，该时段内我国多年平均水汽年总输入量为 1681.8mm，输出量为 1283.5mm，水汽收支 398.3mm；降水量为 616.4mm，蒸散发量为 480.8mm，地表水资源量为 273.7mm。输入水汽约 32% 形成降水，68% 为过境水汽。可见，16% 的蒸散发通过内循环过程重新形成降水，84% 随气流输出；降水的 87% 是由输入水汽形成，13% 是由区域内部蒸发的水汽形成（图 2.3）。

在区域水量计算和水资源系统的资源量估算中，应用最广的是流域水量平衡方程和地下水水量平衡方程。

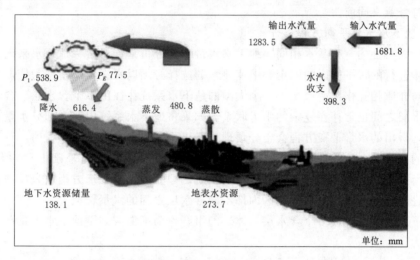

图 2.3 1961—2018 年我国大陆水文循环概念模型（姜彤 等，2020）
P_1—水汽循环形成的降水；P_E—蒸散发循环形成的降水

2.1.3.3 流域水量平衡方程

流域的水量平衡关系中以流域范围作为平衡区。对于闭合流域，由于不可能有水从外流域经地表或地下流入，因此 $R_{上入} = R_{下入} = 0$，由此得到

$$P = E + R + q + \Delta S$$

式中 R——流出总水量，$R = R_{上出} + R_{下出}$，m^3；

   q——流域内总用水量，m^3，其中灌溉用量消耗于蒸发，可计入流域总蒸发 E 之中；工业用水水量一部分消耗于蒸发，一部分是产品带水，消耗于蒸发部分也计入 E 之中；而产品带水则数量相对很小，可忽略不计。

于是，对闭合流域给定时段的水量平衡方程可写为

$$P = E + R + \Delta S$$

式中 P——流域平均年降水量，m^3；

   R——流域年径流量，m^3；

ΔS——年终与年初流域蓄水量的变化量，m^3，正值表示年内的降水一部分消耗于径流和蒸发，其余则储蓄在流域之内，负值表示年径流和蒸发不仅来源于降水，还有一部分取自流域原有的蓄水量。

如果计算时段为一年，则上式为闭合流域年水量平衡方程。

对于多年平均情况，正负值可抵消，故 ΔS 的多年平均值近于零，即

$$\overline{R}=\overline{P}-\overline{E}$$

式中 $\overline{P}$——流域多年平均降水量，m^3；

$\overline{R}$——流域多年平均径流量，m^3；

$\overline{E}$——流域多年平均蒸散发量，m^3。

对于非闭合流域，则有

$$P+R_{下入}=E+R_{上出}+R_{下出}+q+\Delta S$$

式中，各符号意义同前。

2.1.3.4 地下水水量平衡方程

方程形式与上述方程基本相同。地下水水量平衡分析是针对某一地下水系统或局部的含水地质体进行的，平衡区的圈定和平衡要素的选择必须以水文地质条件为依据。地下水系统是水与介质相互作用的系统。一个大型的地下水系统往往由多个含水层（含水体）组成，各含水层之间也常存在复杂的水力联系。如果将地下水系统内部各部分水量交换关系加以考虑，得出的水量平衡方程会十分烦琐。所以，在建立水量平衡方程前，首先要明确研究的目的和要解决的问题，然后进行水文地质条件分析，在此基础上确定研究的主体——平衡区，并阐明平衡区各边界的水力性质。建立的水量平衡方程应只反映各边界两侧的水量进出情况，对发生在平衡区内部不同含水层之间的水量转换过程，不予考虑。

以地下水含水系统或多个含水层（体）的组合作为平衡区，则地下水水量平衡方程通常可表示为

$$P+R_{上渗}+R_{下补/越流}=E+R_{侧排}+R_{表补}+\Delta S$$

式中 P——平衡区大气降水的入渗补给总量，m^3；

$R_{上渗}$——平衡区上界面由地表渗入的总水量，m^3；

$R_{下补/越流}$——平衡区下界面越流或补给的地下水总量，m^3；

E——平衡区上界面蒸腾蒸发的地下水量，m^3；

$R_{侧排}$——通过平衡区侧边界流出的地下水总量，m^3；

$R_{表补}$——地下水补给地表水的总量，m^3；

ΔS——平衡期始末平衡区内地下水储存量的变化量，m^3。

2.1.3.5 研究水量平衡的意义

水量平衡研究是水文、水资源学科的重大基础研究课题，同时又是研究和解决一系列实际问题的手段和方法，因而具有十分重要的理论意义和实际应用价值。

（1）了解各水文要素的作用，有助于对水分循环进行定性、定量认识。水量平衡是人们认识和掌握河流、湖泊、海洋、地下水等各种水体的基本特征、空间分布、时间变化以及今后发展趋势的重要手段；是研究水循环系统内在结构和运行机制，分析系统内蒸发、降水及径流等各个环节相互之间的内在联系，揭示自然界水文过程基本规律的主要方法；

通过水量平衡的研究，可以定量揭示水循环过程与全球地理环境、自然生态系统之间的相互联系、相互制约的关系，揭示水循环过程对人类社会的深刻影响，以及人类活动对水循环过程的消极影响和积极控制的效果。

（2）研究水量平衡是进行水文分析计算与水资源评价的基础。利用水量平衡方程可以确定降水、蒸发、径流等水文要素间的数量关系，估计研究地区的水资源数量等。水量平衡分析又是水资源现状评价与供需预测研究工作的核心。从降水、蒸发、径流等基本资料的代表性分析开始，到进行径流还原计算，到研究大气降水、地表水、土壤水、地下水等转换的关系，以及区域水资源总量评价，基本上都是根据水量平衡原理进行的。通过水量平衡分析，还能对水文测验站网的布局，观测资料的代表性、精度及其系统误差等做出判断，并加以改进。

（3）研究水量平衡是进行水资源规划设计、管理与配置的基础。在流域规划、水资源工程系统规划与设计工作中，也离不开水量平衡工作，它不仅为工程规划提供基本设计参数，而且可以用来评价工程建成以后可能产生的实际效益。在水资源工程正式投入运行后，水量平衡方法又往往是合理处理各部门不同用水需要，进行合理调度，科学管理，充分发挥工程效益的重要手段。

2.2　地表水系统与地表水资源

2.2.1　系统与水资源系统

20世纪40年代，美籍奥地利理论生物学家和哲学家路德维希·冯·贝塔朗菲（Ludwig von Bertalanffy）提出一般系统论以来，特别是五六十年代应用系统工程解决复杂问题取得重大成功以来，系统思想与系统方法广泛地渗透到各个学科领域。人们从各种角度研究系统，目前对系统的定义不下几十种，不同人对系统的定义各有侧重。目前国内比较普遍接受的定义是：系统是由相互作用和相互依赖的若干组成部分结合而成的具有特定功能的整体。系统方法认为，系统即各组成部分（要素）以一定规则组织起来并共同行动的整体，系统内部各要素相互联系和作用的方式是系统的结构。系统的组成不仅包括系统结构，还包括输入、输出以及相对于系统之外的其他系统，即环境。一个系统不仅内部诸要素存在着相互作用，而且还与外部环境发生相互作用。系统接受环境的物质、能量或信息的输入，经过系统的变换，再向环境产生物质、能量或信息的输出。环境的输入经过系统的变换而产生对环境的输出，这种变换取决于系统的结构。系统论思想与方法的核心是把所研究的对象看作一个有机的整体，并从整体的角度去考察、分析与处理事物。

水资源系统是系统的概念在水资源中的具体体现。水资源系统的分类是研究和认识水资源系统的基础。根据研究对象、研究目的不同，水资源系统可以分为几种：①从水资源分类上来划分，水资源系统可以分为地表水系统、地下水系统、土壤水系统、非常规水资源系统；②从用途上进行划分，水资源系统可以分为农业水资源系统、工业水资源系统、生活水资源系统；③从城市化角度进行划分，水资源系统可以分为城镇水资源系统、农村水资源系统等（姜文来 等，2005）。所以，水资源系统具有明显的层次结构。

2.2.2　地表水系统

2.2.2.1　地表水系统的组成要素和结构

地表水系统是由地表水体和流域两个要素组合而成的统一整体，是地表水资源评价的基本单位。地表水体与流域的空间形态及其相互作用、相互联系的方式即是地表水系统的结构。在地表水系统中，地表水体与流域始终保持着相互依存的共生关系。这种关系表现为地表水在运动时，通过侵蚀、搬运、堆积等作用改造着流域，使河道沟谷的坡降、宽度、长度不断变化，坡面形态改观，甚至会因溯源侵蚀过度发展，造成河流袭夺，扩大流域的范围。与此同时，流域的形态和产流条件也会影响着河网的形态、水量及泥沙的数量。两者的反馈是地表水系统形成与发展的内在原因。

2.2.2.2　地表水系统的形态结构特点

地表水系统的形态结构主要有以下特点：河道的分支性、流域的嵌套性、水流运动的单向性和河槽的多变性。

1. 河道的分支性

河流分干流和支流，支流有一级、二级、三级等等级之分。支流的级别有两种划分方法：一种是把流入干流的支流称为一级支流，流入一级支流的支流称为二级支流，依此类推；另一种是把没有分汊的最小的河流称为一级支流，一级支流汇合成二级支流，二级支流汇合成三级支流，依此类推。不同的河流分支有多有少，级别层次有高有低。

河系的分支特征可以用分叉系数来描述，分叉系数是任一级河流的数目与低一级河流数目的比值，一般为 2.0～4.0。河流的级别越高，纳入的低级别支流数目越多，汇流区的范围越大，相应的断面流量也越大。此外，河系的发育程度还可以用河系发育系数和河网密度等指标来描述。河系发育系数即各级支流总长度与干流长度之比。一级支流总长度与干流长度之比称为一级河系发育系数，二级支流总长度与干流长度之比称为二级河系发育系数，等等。河系发育系数越大，表明支流长度超过干流长度越多，对径流的调节作用越有利。河网密度即水系的干流和支流总长度与流域面积的比值，表示单位流域面积河流发育的平均长度，可以用来描述河道的密集程度。其大小与地区的气候、岩性、土壤、植被覆盖等自然环境以及人类改造自然的各种措施有关。在相似的自然条件下，河网密度越大，河水径流量也越大，流域蓄水、排水能力也越强。我国东南部水乡的河网密度远高于北方地区。长江三角洲河网密度达 $6.4～6.7km/km^2$，杭嘉湖平原河网密度达 $12.7km/km^2$，而广阔的内流区河网密度几乎都小于 $0.1km/km^2$。

2. 流域的嵌套性

任何一个级别的支流都有相应的汇水流域。河流的分支级别与流域级别一致。一个大的流域包含若干个中等流域，每个中等流域又包含众多小流域。不同级别流域叠置、嵌套的结构现象被称为嵌套性。任何一级流域都有相对的独立性，表现为有自己的汇水范围和河网（或河床体系），具有独立的补给、径流、排泄的水文过程，与毗邻的同级别流域没有水量和其他物质（泥沙、溶质）的交换关系，某一流域都可视为高一级别流域的子系统。

3. 水流运动的单向性

地表水的运动受地形的控制，呈现出由高处向低处流动。雨季时，当降水强度超过地表岩土的渗透能力时，会产生地面径流。这种超渗产流沿坡向进入沟谷、河道，再从低级别支流向高级别支流传递，最后汇入干流，最终由干流的下游出口排出。旱季时，河道的水量主要由地下水的排泄量维持，基本没有坡面产流。此时，水流仍然保持由低级别向高级别支流的单项运动。任一河道断面流量的大小，只取决于上游河道的来水量。没有沿途渗漏情况下，上游来多少水，该断面就通过多少水。从上游河道流入下游河道，不会因下游取水而激发上游来水量，也不会发生下游水回流的现象。

4. 河槽的多变性

河槽又称河床，是河谷中经常有水流的部分。山区河流河谷的形成兼受地壳构造运动和水流侵蚀的作用，发育过程一般以下切为主。山区河槽横断面多呈 V 形或 U 形，断面狭窄，切割深，河床宽深比一般小于 100，在峡谷段甚至小于 $10\sim20$。洪水、平水和枯水河床无明显分界。山区河流平面形态决定于流经地区的地貌和地质特征，河中常见巨石突起，岸线极不规则，急弯卡口众多，开阔段与峡谷段相间出现。我国广东省连江，在全长 150km 的河道内，峡谷达 10 处，占总长的 22%。山区河流河床纵剖面陡峻，形态极不规则，急滩深槽上下交错，河道中常出现台阶，南美洲奥里诺科河在支流卡罗尼河上有著名的安赫尔瀑布，落差达 979m。

平原河流的河槽主要受水流横向侵蚀作用形成的。其平面形态常分为四种：顺直型或边滩平移型，弯曲型或蜿蜒型，分汊型或交替消长型，散乱型或游荡型。每种类型的前一个命名指平面形态，后一个指演变特征，它们彼此对应。这四种河型常依次被称为顺直型、蜿蜒型、分汊型和游荡型。

（1）顺直型。如图 2.4 所示，河床总体呈顺直形态，是中、小型河流常见的河床。在平水期深槽、浅滩交替出现，两侧边滩犬牙交错，而在洪水期河水淹没犬牙交错分布的边滩，河水顺直奔流，并推动着水下边滩、浅滩缓缓下移。洪水过后，边滩出水，水流归槽，仍在河床内的弯曲水道中流动。河槽横断面多为抛物线形或矩形。

（2）蜿蜒型。由正反相间、曲率达到一定程度的弯道和介于之间长短不等的过渡直段连接而成，河道向下游蜿蜒蛇行。在河床纵剖面上呈深槽、浅滩相间分布。我国渭河下游、汉江下游和素有"九曲回肠"之称的长江下游荆江河段都是典型的蜿蜒型河段。

（3）分汊型。在较大的河流中常有分汊型河段。在其江心存在的只有洪水期才被淹没的泥沙堆积体称江心洲。河道被江心洲隔开分为若干河汊。如长江中游城陵矶以下、松花江下游河段中经常出现江心洲分隔的汊河。长江自城陵矶至江阴河段全长 1120km，有分汊河段 41 处，长 817km，占区间河长的 78%。其河槽断面多呈马鞍型。

（4）游荡型。这类河床往往出现在大河下游地段，地势平坦，河床很宽，水流较浅，心滩较多，水流散乱，河道变化无常。洪水季节，河水冲刷破坏了原来的心滩和边滩，洪水过后，多数老滩已不存在，形成很多新的心滩和边滩，许多汊河重新出现，有时主流和汊河很难分辨。河口区一般表现为三角洲形态。黄河下游花园口河段和永定河下游卢沟桥至梁各庄河段都是著名的游荡型河段。近入海口段是典型的游荡型河床，河槽断面呈不规则形状。

地表水系统是不断发展和演化的。所谓发展演化主要是指水系和下垫面条件等的宏观变化。在天然条件下，这种变化比较缓慢，往往在数十年甚至数百年的时间才可以显现出来。但是，随着人类活动干预的增加，尤其是城市化的推进，地表水系统的结构及形态可

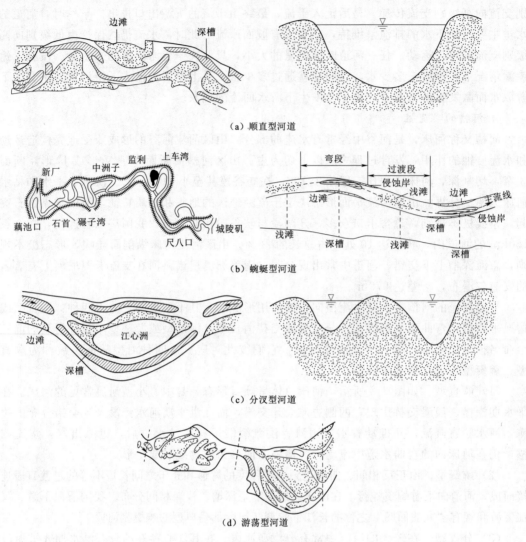

（a）顺直型河道

（b）蜿蜒型河道

（c）分汊型河道

（d）游荡型河道

图 2.4　平原河流的河槽形态

能在较短的时间内就会发生变化。例如，Sear 等研究发现，受到城市化强烈干扰，世界上 60％的河流其发育过程都发生了变化；Chin 等将河流对城市化的适应过程划分为反应阶段、张弛阶段和平衡阶段；Gregory 等总结出在城市化的影响下英国 Monk 河流域河槽特征发生显著改变（李子贻 等，2021）。余铭婧（2013）通过分析 1990 年、2003 年、2010 年三期数字水系图，对浙江省甬江流域鄞奉平原河流水系的结构和功能进行了评价，结果表明，20 年期间，河流长度、面积缩减，结构单一化、简单化，河道连通性下降，调蓄能力弱化，且在城镇化发展程度越高的区域变化越明显。李子贻等（2021）基于获取的 1980s 与 2010s 水系数据和遥感影像等资料，研究发现，快速城市化背景之下，杭嘉湖地区水系变化较为剧烈；在数量特征上，河网密度与水面率均呈减小的趋势，近 30 年衰减幅度分别为 10％和 13％；2010s 相比于 1980s 水系分布均匀性降低，空间集中程度增加；形态特征上，河流干流面积长度比在中、高度城市化区域增幅较大。

2.2.3　地表水资源分类

地表水指分布于地球表面的各种水体，如海洋、江河、湖泊、沼泽、冰川、积雪等。从供水角度讲，地表水资源指那些赋存于江河、湖泊和冰川中的淡水；从航运和养殖角度来讲，地表水资源主要指河道和水域中所赋存的水；从能源利用角度来讲，地表水资源主要指具有一定落差的河川径流。

对水资源进行分类的目的是为了更好地理解水资源的概念，以便指导水资源的评价以及进行合理的开发利用与保护。地表水资源的分类见表 2.2。按自然形态分，地表水资源分为河川径流量、湖泊储存量、冰川储存量等。按资源属性分，地表水资源分为补给资源量和储存资源量；补给资源量又包括河川径流补给资源量、湖泊补给资源量、冰川补给资源量，储存资源量又包括湖泊储存量、冰川储存量。

表 2.2　　　　　　　　　　　　　　地 表 水 资 源 分 类

分类依据	分　　类	
自然形态	河川径流量 湖泊储存量 冰川储存量	
资源属性	补给资源量	河川径流补给资源量 湖泊补给资源量 冰川补给资源量
	储存资源量	湖泊储存量 冰川储存量

2.2.3.1　河流

1. 河川径流量

河流是地表水体中最主要和最具代表性的水体。在地表水资源量评价中，河川径流量是一个重要指标。河川径流量通常用流域中有代表性的水文站实测的断面流量来表示。由于人类取用水活动会使河流的天然状况发生变化，实测资料不能真实地反映天然径流的水文过程，因此往往需要进行还原处理。还原的河川径流量包括了大气降水转化为地表水的量，地下水出露（出渗）形成的地表水量，并扣除了沿途蒸发、河流渗漏流失的水量，其多年平均值表征了该流域从外界获得补给量的平均水平。通常所说的地表水资源量主要是指这一部分水量，即补给资源量。在气候正常、产流条件相对稳定的情况下，河川径流量的多年平均值基本是个常数。

然而，近些年来气候变化已成为不争的科学事实，其对水资源等自然系统产生了重要的影响。根据 1980 年前后两个水文序列的对比分析，我国北方江河实测河川径流量总体呈下降趋势，海河流域、辽河流域减少了 35%～80%。根据全国第二次水资源调查评价结果，海河、辽河、黄河、淮河流域地表水资源分别减少 47.2%、13.4%、15.4% 和 11.0%（吕彩霞 等，2020）。

2. 河流的补给

河流补给是指河流中水的来源。河流的补给来源有多种形式，包括雨水补给、季节性积雪融水补给、冰川融水补给、地下水补给等。

雨水补给是大多数河流的补给来源，雨水的多少是由当地气候类型决定的。一般来说，热带、亚热带、温带地区的河流补给来源多是雨水，流域年降水量的多少很大程度上会决定河流的年径流量，如位于热带雨林气候区的亚马孙河、刚果河等河流年径流量就十分惊人。降水量的季节变化，也会引起河流径流量的季节变化，如我国长江流域以亚热带季风气候为主，降水集中在夏季，所以长江就有夏汛；而位于地中海沿岸的地中海气候区，降水主要集中在冬季，河流以冬汛为主。雨水补给型的河流，河川径流量的变化过程随着降雨的变化而变化，河水位的变动次数与降雨次数保持一致，径流月分配过程也基本上与降水月分配过程一致。雨水补给是我国最普遍最主要的河流补给形式，由我国东南向西北地区，雨水补给所占比例逐渐减少：淮河、秦岭以南，青藏高原以东地区，70%～90%的径流量来自雨水补给；东北、黄土高原地区，50%～60%的径流量来自雨水补给；而西北地区雨水补给比例较低。

季节性积雪融水补给是指有些地区由于冬季气候寒冷，所以冬季的降雪并不会融化，这些积雪将会在春季气温回升时融化，从而进入河道进行补给，有时甚至会形成一定的洪涝灾害，称为春汛。比如，我国东北和西北地区冬季平均气温多在－10℃以下，降雪容易积累，特别是降水相对较多的东北地区，如黑龙江、松花江的河流，季节性积雪融水补给十分明显，其补给比例可占到总补给量的10%～15%。季节性积雪融水补给是我国北方部分河流的补给方式之一。

冰川融水补给是内陆地区河流的主要补给方式之一。冰川融化的水要成为河流的补给水源，首先流域内要有冰川的存在，全球山岳冰川的分布地区主要有喜马拉雅山脉、天山山脉、阿尔卑斯山脉、科迪勒拉山系等。我国的长江发源于青藏高原，所以长江水中有一部分来自冰川融水。冰川融水补给对于内陆地区的河流来说非常重要，比如，我国最大的内陆河塔里木河的主要补给来源就是来自天山和昆仑山的冰川融水。冰川融水补给占一定比例的河流，其水情与气温关系密切，径流季节分配与热量同步；汛期发生在暖季，枯水期在冬季；春汛径流量较大有时也容易形成洪水。

地下水补给是河流水量补给的一种普遍形式，全球几乎所有河流都有一定的地下水补给量，由于自然的河道底部通常是透水的，也就是河流水能够下渗成为地下水，而地下水也可以渗入河道成为河流水，这是地表水和地下水之间的一种转化。一般来说，当河流处于丰水期时，河流水位高，通常是河水补给地下水，而当河流处于枯水期时，两侧的地下水水位较高，通常是地下水补给河流。地下水和河水之间存在互补关系，不过也有例外。比如黄河下游河段，由于河床抬升使其成为"地上河"，所以只有河流水补给地下水，而不存在地下水补给河流水。我国北方雨水较少的地区，地下水补给河流所占的比例较大，如黄土高原区、西北干旱地区，地下水补给量可超过40%，但以地下水补给为主的河流（补给比例超过50%）并不多。地下水补给的河流其径流年内分配比较均匀。

实际上，几乎所有的河流都有两种或两种以上的补给来源，如我国东南地区河流补给形式有降雨和地下水补给，以降雨补给为主；东北地区以降雨补给为主，有一定量地下水和季节性积雪融水补给；西北地区冰川融水补给和地下水补给占比较大，降雨补给较小。对于高程变化较大的河流，不同高程补给来源存在差异，如在新疆天山发育的河流，在高山带主要是冰雪融水补给，中山带以降雨补给为主，平原区冲洪积扇溢出带河流得到地下水补给。另外，不同季节，河流的补给来源也有变化，如雨季以降雨补给为主，旱季以地下水补给为主，东北、西北地区春季还存在季节性积雪融水和冰川融水补给。

3. 我国河流的类型

根据河流补给形式，将我国河流分为 8 种类型。

（1）东北地区以雨水补给为主并有季节冰雪融水补给的河流。主要包括黑龙江、松花江、鸭绿江、图们江和辽河的大部分支流。雨水补给约占年径流量的 50%～70%，集中在夏季，形成夏汛；地下水补给占 20%～30%；季节性冰雪融水补给一般占 10%～15%，形成春汛。具有夏汛和春汛是这类河流的主要特征。

（2）华北地区以雨水或地下水补给为主的河流。华北地区以雨水或地下水补给为主，并有少量季节性冰雪融水补给的河流。主要包括黄河中下游、海河水系、淮河北岸支流及山东半岛各河。本区内，地下水补给的比重从东向西逐渐增加，由以雨水补给为主逐渐转为以地下水补给为主。例如华北平原雨水补给约占 90%，太行山地区地下水补给增至30%～40%，山西和陕西境内的黄土高原地下水补给达 40% 以上。

（3）内蒙古自治区、新疆维吾尔自治区雨水补给的河流。主要指荒漠、草原地区内的内陆河流。因气候干燥，蒸发和下渗强烈，只有遇到暴雨才能产生径流，因此多属季节性河流，除雨水补给外，几乎别无其他补给。

（4）西北高山地区冰雪融水和雨水补给的河流。西北高山地区永久性冰雪融水或季节性冰雪融水补给及雨水补给的河流，包括阿尔泰山、天山、昆仑山及祁连山等高山地区的河流。除部分雨水补给外，永久性冰雪融水和季节性冰雪融水补给占有较大比重，并且有不少河流以这两种补给为主要水源。

（5）华中地区以雨水补给为主的河流。主要包括长江中下游支流、珠江流域北部支流及淮河南岸支流。降雨主要受东南季风控制，梅雨显著。雨水补给占 70%～80%，其余是地下水补给。

（6）东南沿海地区有台风雨水补给的河流。包括钱塘江、闽江、东江、北江、西江的中下游及沿海岛屿上的河流。雨水补给占绝对优势，其次得到少量的地下水补给。除在春末夏初东南季风带来的大量降雨形成春汛、夏汛外，夏末秋初台风带来的急骤暴雨可形成台风汛。双峰现象是其主要特征。

（7）西南地区以雨水补给为主的河流。包括怒江、澜沧江、金沙江下游支流、元江和西江上游支流。该地区受西南季风影响，雨季开始得晚，结束得迟，降雨量集中在夏秋两季，春季最为干旱。雨水补给占 60%～70%，地下水补给占 30%～40%。

（8）青藏高原地区高山冰雪融水和地下水补给的河流。包括黄河、长江、澜沧江、怒江、雅鲁藏布江等河的上游支流，主要是以永久性冰雪融水补给为主，地下水补给也占一定的比重。

2.2.3.2 湖泊

湖泊是四周陆地所围的洼地，是与海洋不发生直接联系的水体，由湖盆、湖水、水中所含各种物质（无机质、有机质、溶解质等）共同组成。湖泊是地表水体的重要组成成分，它在人类生活生产中扮演着重要角色。湖泊的天然补给方式包括上游入湖水量、湖面获得降水量和地下水潜流入湖量三部分，这三部分的多年平均值之和即为湖泊的补给资源量。由于湖泊往往与河流相连，在多年平均的前提下，其补给量与排泄量的动态平衡过程已纳入流域内部的水量总平衡之中，所以，在流域的补给资源评价中一般不单独提出。湖泊水位随着季节的变化有年内最高水位和最低水位之分。当湖泊处于年内最低水位时，湖盆所蓄的水量就是当年的储存量。在天然条件下，储存量的多年平均值趋于一个定值，该值称为湖泊储存资源量。天然条件下它们不参与湖水量的多年补、排均衡过程，可视为地表水流域储存资源的主要存在形式。

湖泊也常被视为地球的哨兵，因为湖泊的动态与气候变化和人类活动息息相关。随着全球气候变暖以及人类活动的综合作用，1992—2020 年间，全球有 54% 的湖泊水位有上涨趋势；其中，亚洲湖泊水位整体上升最快（上升速率为 0.01m/a），大洋洲湖泊水位整体下降最快（速率为 -0.02m/a）；从国家的统计结果看，莫桑比克（速率为 0.19m/a）和埃及（速率为 -0.55m/a）是湖泊水位平均上升速度最快和下降速度最快的两个国家；从流域的统计结果来看，位于有"亚洲水塔"之称的青藏高原之上的羌塘盆地其湖泊水位上升最快，平均上升速率达 0.18m/a，泰格里斯河—幼发拉底河流域的湖泊水位下降最快，速率为 -0.13m/a（袁翠，2021）。

我国青藏高原湖泊数量多、分布广、所占面积大，是亚洲水塔的重要组成部分，其受到人类活动的干扰较少，是气候变化敏感的指示器。在全球变暖背景下，青藏高原湖泊总数量从 20 世纪 70 年代的 1080 个增加到 2018 年的 1424 个，增加了 32%，湖泊总面积从 4 万 km^2 扩张到 5 万 km^2，增加了 25%，湖泊平均水位上升了约 4m，湖泊水储量增加了近 1700 亿 t。青藏高原地区降水增加是该地区湖泊扩张的主要驱动因素，其次冰川消融也加剧了该地区的湖泊扩张（张国庆 等，2022）。

2.2.3.3 冰川

冰川是一种由多年降雪不断积累变质形成的，具有一定形状和运动着的，较长时间存在于地球寒冷地区的天然冰体。冰川不同于一般天然或人工冻结的冰，它能够在自身重力作用下，沿着一定的地形向下滑动。每年的降雪和冰川消融是冰川水系统水量的输入、输出形式。在气候相对稳定的条件下，冰川消融量和降雪补给量大体保持均衡。多年平均降雪量或多年平均冰川消融量可以表征为冰川补给资源量。另外，冰川水系统中仍有相当大的固体水量是在数千年甚至上万年的历史中积存下来的，它们属于储存资源的范畴。

全球冰川总体积约 2.6×10^7 km^3，其分布面积约占陆地面积的 10%。我国第一次冰川编目完成于 2002 年，调查表明当时共有冰川 46377 条，总面积 59425km^2，估计冰储量约 5600km^3。2014 年完成的第二次冰川编目则显示，我国有冰川 48571 条，总面积为 51840km^2，估计冰川储量为 4494km^3。近年来，有学者基于 Landsat 遥感影像，结合我国第二次冰川编目数据与 Google Earth 软件，通过人工目视解译等方法调查了我国冰川的分布与变化，结果表明，2018 年我国现存冰川 53238 条，总面积为（47174.21 ± 19.93)km^2，72% 的冰川面积小于 0.5km^2，规模在 1~32km^2 的冰川的面积占我国冰川总面积的 60%。2008—2018 年，我国冰川总面积减少 1393.97km^2，面积变化率为 -0.43%/a（赵华秋 等，2021）。

冰川水系统对气候变化非常敏感，其面积变化已经成为研究高海拔地区气候变化的指示器。全球气温的升高导致冰川融化加剧，从而使冰川厚度普遍减薄、冰川面积普遍退缩。气候变化、人为活动等会使得冰川水系统原先的补排均衡关系被打破，会导致冰川储存资源减少。同时，冰川储存资源的减少不仅仅是水资源的问题，其长期、大量的消耗还可能会引起气候变化和生态失衡。

2.2.4 地表水资源时空分布特点

地表水系统是一个开放系统，与外界有着物质和能量的交换。大气降水和地下水的输入是其物质和能量输入的主要方式，地表水系统的结构对系统内部水量起着再分配的作用，它们的共同作用决定了地表水的时空分布特点。

2.2.4.1 水量

地表水资源在空间上和时间上都呈现分布不均的特点。各大洲中，亚洲和南美洲的地表水资源最为丰富，亚洲多年平均地表水资源量达 $12200 \sim 14410 km^3/a$，南美洲的多年平均地表水资源量达 $10380 \sim 13588 km^3/a$，分别占到全球地表水资源总量的 $28\% \sim 34\%$ 和 $26\% \sim 33\%$（严登华 等，2020）。我国不同地区地表水资源的空间分布状况详见 1.3.3。

大气降水与地表水的关系极为密切。从空间上，一个地区大气降水的多寡直接影响着当地地表水资源的丰富程度。表 2.3 给出了我国降水及径流分区。我国东南沿海降水量最大，多年平均降水量超过 1600mm，属于多雨区，其年径流深超过 900mm，属于丰水区；而我国西北地区多年平均降水量最小，小于 200mm，属于干旱区，其对应的年径流深小于 10mm，属于缺水区。降水的空间分布是导致地表水水量在空间上分布不均匀的重要因素。

表 2.3　　　　　　　　　　　　　　我国降水及径流分区

降水分区	年降水量 /mm	年径流深 /mm	径流分区	大概范围	地形位置	区域地下水补给模数 /[万 m^3/(km² · a)][a]
多雨	>1600	>900	丰水	海南、广东、福建、台湾大部、湖南山地、广西南部、云南西南部、西藏东南部、浙江	第三台阶的东南部	30~50（岩溶发育区）
湿润	800~1600	200~900	多水	广西、云南、贵州、四川、长江中下游地区	第三台阶的东北部、第二台阶的东南部	20~25
半湿润	400~800	50~200	过渡	黄河、淮海大平原、山西、陕西、东北大部、四川西北部、西藏东部	第三台阶东北、与中部、第二台阶局部	5~15
半干旱	200~400	10~50	少水	东北西部、内蒙古、甘肃、宁夏、新疆西部和北部、西藏北部	第一台阶、第二台阶局部	1.9~6.9
干旱	<200	<10	缺少	内蒙古、宁夏、甘肃的沙漠、柴达木盆地、塔里木和准噶尔盆地		

a　数据来源于徐恒力（2005）。

　　地表水在空间分布不均匀的特点不仅表现在全球、全国范围内，在一个流域内如黄河流域、长江流域甚至更小的流域中的表现也十分突出。具体到一个中等流域，各地降水量的差异不一定很大，但地表产流的数量及河网形态却可以相差很远。这主要是由于地表岩土的渗透性、流域坡度的陡缓及其组合形态、植被覆盖度和植被种类等局部条件的不同所导致。

　　另外，地表水与地下水的补排关系也会对地表水的空间分布有影响。在降水不足以形成坡面产流的旱季，地表水的水量主要由地下水的排泄量提供。河流、湖泊是流域地势最低的地方，在一定条件下，可以成为地下水的排泄基准面，为地下水补给地表水提供条件。由于河湖高程不一，有可能地下水的排泄基准面位于河流的下游，此时，上游流域不仅得不到地下水的补给，河流、湖泊反而成为地下水的补给源。于是，有些小流域有常年性水流，有些小流域在旱季无地表水，或出现某一河段有水，某些河段无水的现象。在山区和内陆河流域，这种情况十分常见。

　　在时间上，降水分配的不均匀也是造成地表水资源的年内、年际以及多年变化的主要原因之一。我国大部分地区为季风气候区，降雨多集中在雨季，冬天仅有少量降雪，因此，径流量的年内变化在很大程度上受降水量年内分配的控制。如长江水系上游支流汛期出现于 7—8 月，中下游支流汛期出现于 5—8 月，均与雨量最大的 4 个月相呼应。在我国北方，因河流冬季冻结，流域内往往有少量积雪，春天融雪和解冻补给河流一部分水量，形成与降雨过程不相应的涨水过程，即所谓"春汛"。

　　除降水等气象因素外，与流域调蓄能力有关的自然地理因素也会影响地表水在时间上的分布。例如，如果流域的土壤吸水性很强，在雨季大量的雨水下渗到深层，蓄积在土壤之中，使流域土壤蓄水及地下蓄水量增加；在雨季过后，蓄积在土壤和地下的水分慢慢流出补给河流，从而使径流的年内分配趋于均匀。土壤蓄水能力越强，径流量的年内变化越小。流域内如有调蓄作用较大的湖泊、水库等，径流的年内变化更趋于均匀。需要说明的是，一般流域越大，流域内自然条件的差异越显著，某个因素对径流的影响程度越小，从而使径流的年内变化减弱。

　　地表水系统缺乏水量调节功能也是地表水在时间上分布不均的主要原因。在这方面，流域的结构形式起着至关重要的作用。在天然流域中，坡面面积占流域面积的比例远远超过河床与水体，可达 $80\% \sim 90\%$，地表水量主要靠大气降水转化的坡面漫流提供。粗糙的地面、渗透性强的表土、平缓的坡度和茂盛的植被，均可以延缓漫流的形成。然而，坡面细沟、冲沟、河道的广泛分布，限制了各坡面的长度，所以漫流的流程一般很短。降雨过后不久，随着漫流阶段的结束，坡面调节水量的作用也就终止，水量的输移由河流的汇流取代。由于河水流量集中，流速快，河床狭窄，河流在空间上的调蓄能力不强。因此，从整体上说，地表水系统的水量调节功能不强。汛期河水汹涌，非汛期水量较小且相对平稳。

　　另外，当地表水与地下水存在季节性的互补关系时，地表水的流量极差可以较小。例如，雨季地表水补给地下水，旱季地下水补给地表水，地表水的宏观动态将相对平缓。此时，地表水系统水量的调节是通过地表水系统和地下水系统的水量耦合关系来实现的。

当研究的时间尺度较小且没有外界条件的严重干预时，地表水系统可认为是宏观稳定的，这时，系统中的地表水量在时空分布上也具有相对稳定的分布格局。但在受到外界严重干预时，例如，在人类活动的影响下，地表水量的时空分布格局则可能发生较大的变化。黄河是中华文明的摇篮，也是世界上含沙量最大、落差最大的河流。虽然黄河仅占我国水资源的3%，却灌溉了我国约13%的耕地。历史时期黄河水患无穷，给沿河的农业、社会繁荣以及人民生命财产带来极大的损失。20世纪60年代以来，多个规模宏大的拦水大坝的兴建以及引黄灌溉规模的扩大，使得黄河径流量大大偏离了正常波动范围。90年代以后，黄河实际观测径流完全处于枯水区间，降到了史无前例的水平，比历史上最低的20年代末还要低，引起下游多次发生严重断流，对当地的农业、工业和人民生活带来极大影响。黄河的管理已经从以前的防洪变为目前的防断流（刘禹，2020）。

2.2.4.2 水质

地表水的天然水质包括水中的化学组分和水流挟带的不溶性物质，主要是河流泥沙。我国各地不同河流的含沙量差异很大，以流经第四纪黄土大面积分布地区的河流含沙量最大，其次是流经较易侵蚀的云南高原红色岩系和四川盆地松散紫色岩系的河流，含沙量最小的是黑龙江流域和东南沿海的河流。我国不同河流的泥沙特征详见1.3.3。

影响河流挟沙的因素主要有两大类：一类是气候因素，另一类是下垫面因素。气候因素中影响最大的是降水。降水强度大、持续时间长，会导致地面径流增加，侵蚀加剧，河水中的泥沙含量增多。下垫面条件，如植被的覆盖度、土壤质地、地形条件等，也会影响河流泥沙含量的多少。我国有1/3的国土面积处于干旱半干旱地区，这些地区植被覆盖度较低，且多为山地丘陵，土壤含水量不足，土壤质地较为疏松，受到暴雨侵蚀后，泥沙很容易被地面径流冲到河中，因此，这些地区水土流失现象严重，河流中的泥沙含量相对较高。

除泥沙外，地表水中化学组分也具有明显的地域分布特点，且与降水、流域下垫面的物质成分、地表水与地下水的关系紧密相连。我国地表水的溶解性总固体、硬度及酸碱度在区域上呈现出从东南到西北递增的总趋势。

地表水中的化学组分主要来自表层土壤风化母岩中的盐分以及生物活动形成的有机质，它们通过地表产流和径流过程带入地表水体中。在地下水排泄的河段，地下水中的化学组分会随着水量的排出进入地表水，由于流域内各地段岩性不同，水岩相互作用的条件、作用的充分程度有差别，生物活动和地下水补排条件不一，因此，各支流、甚至不同河段的水质也有明显的差异。

在时间上，地表水水质的分布特点主要表现为季节性和年际间的变化规律。降水作为地表水的主要补给源，对地表水水质的影响是显而易见的。旱季雨水含盐量较高，而雨季雨水含盐量较低。如，华北平原旱季雨水含盐量一般在40mg/L以上，雨季则在15～30mg/L。受其影响，雨季河水的溶解性总固体相对较低。但这种关系不是绝对的，有些常年性河流旱季的水量主要由地下水提供，因此，河水的水质在相当大的程度上取决于地下水的水质。除此之外，蒸发作用、土壤积盐和生物作用的活跃程度也对地表水水质的动态变化产生影响。

总之，地表水水量和水质的时空变化规律取决于大气降水、地表水系统的结构特征以及地表水系统与地下水水量水质的交换关系。鉴于地表水系统调节能力较差、地表水时空分布不均的特点，地表水资源的开发利用往往需要通过修建水库等水利工程来增强水量的稳定性。

2.3   地下水系统与地下水资源

2.3.1   地下水系统

"地下水系统"这一术语的出现，既是系统思想与方法渗入水文地质领域的结果，也是水文地质学发展的必然产物。

水文地质学发展的初期，主要是解决"找水"问题，即确定井位以打出水量足够大的井。这时人们关注的是水井附近小范围内含水层的状况。随着地下水开采规模的增长，长期以井群集中开采地下水时，人们发现采水井群使周边地下水位下降，影响波及的含水层范围随时间延续而不断扩展，地下水的运动是非稳定的。不过，当时人们仍然认为，地下水的流动仅仅局限于含水层。但在许多情况下，井群中所抽出的水量远远超过了含水层所能供给的量，于是人们又注意到"越流"的存在。此时，在研究地下水时，则开始将若干个含水层连同其间的弱透水层（相对隔水层）合在一起看作一个系统。于是，便出现了"含水层系统""含水系统"等术语。大规模开发利用地下水，不仅会产生地下水资源枯竭问题，同时也会导致地面沉降、海水入侵、生态恶化等一系列与地下水有关的生态环境问题。如果说，水文地质学发展的前期集中于解决水量的问题，那么后来越来越多的问题则与地下水水质有关。海水入侵、地下水污染的预测与防治，归根结底，都是地下水中溶质运移的问题。与此相关，有人提出了作为地下水流动单元的地下水流动系统。

回顾这一段历史，可以看到人们的视野在不断开阔，最初只看到一口井附近小范围的含水层，然后扩展到整个含水层，随后又扩展到地下水含水系统与地下水流动系统，现在看到的是地下水系统只是更高级别生态环境系统的一个组成部分。人们心目中的研究对象、人们所面对的是一个越来越复杂的系统。地下水系统的概念正是在这一背景下形成的。

因此，在进行水资源的开发利用与保护时，要建立起系统的思维方式，强调水资源及其赋存环境的系统性、整体性、协同性、关联性。

2.3.1.1   地下水系统的定义

20 世纪 80 年代后期，我国引入"地下水系统"的概念。在水文地质文献中，不同的使用者赋予地下水系统的含义也不尽相同。陈梦熊院士认为，地下水系统是由若干个具有统一独立性而又互有联系、互相影响的不同级次的亚系统或子系统组成，是水文系统的一个组成部分，与降水、地表水系统存在密切联系，互相转化，具有各自的特征与演变规律，包括水动力系统和水化学系统等。也有学者将地下水系统理解为地下水含水系统，有的理解为地下水流动系统，有的则认为地下水系统既包括地下水含水系统也包括地下水流动系统。不同学者对地下水系统理解的差异，导致其划分依据及相应的划分结果也存在着较大的差别。

实际上，可以从广义和狭义两个层面来理解地下水系统。从广义角度讲，地下水系统包括地下水含水系统和与之相关的社会、经济、环境要素的总体，可以从以下方面理解其内涵：

（1）地下水系统是由若干具有一定独立性而又相互联系、互相影响的不同等级的亚系统或次亚系统所组成。

（2）地下水系统是水文系统的一个组成部分，与降水和地表水系统存在密切联系，互相转化，地下水系统的演化很大程度上受地表水输入和输出系统的控制。

（3）每个地下水系统都包括各自的含水层系统、水循环系统、水动力系统、水化学系统等，都有其相对独立的特征和演变规律。

（4）地下水系统的时空分布与演变规律，既受天然条件的控制，又受社会环境，特别是人类活动的影响而发生变化。

从狭义角度讲，地下水系统是地下水含水系统和地下水流动系统的统一。

2.3.1.2　地下水含水系统和地下水流动系统

1. 地下水含水系统

地下水含水系统是指由隔水或相对隔水岩层圈闭的，具有统一水力联系的含水岩系。一个含水系统往往由若干含水层和相对隔水层（弱透水层）组成，其中的相对隔水层并不影响含水系统中的地下水呈现统一的水力联系。含水系统中既包括饱水带又包括非饱水带。根据不同的地质背景条件，地下水含水系统又可分为基岩构成的含水系统和以松散堆积物为主的含水系统。

含水系统的发育主要受到地质结构的控制。基岩构成的含水系统与松散堆积物构成的含水系统有一系列不同的特征。前者总是发育于一定的地质构造之中，或是褶皱，或是断层，更多的情况下两者兼而有之；后者发育于近代构造沉降的堆积盆地之中，其边界通常为不透水的坚硬基岩。含水系统内部一般不存在完全隔水的岩层，仅有黏土、亚黏土层等构成的相对隔水层，并包含若干由相对隔水层分隔开的含水层。含水层之间既可以通过"天窗"，也可以通过相对隔水层越流产生广泛的水力联系。但是，在同一含水系统中，各部分的水力联系程度有所不同。如山前洪积平原多由粗颗粒的卵砾石构成，极少黏性土层，水力联系较好；远离沉积物源区的冲积湖积平原，黏性土层比例较大，水力联系减弱；且越往深部，水流途径越长，需要穿越的黏性土层越多，水力联系越弱。

另外，含水系统是由隔水或相对隔水岩层圈闭的，并不是说它的全部边界都是隔水或相对隔水的。除了极少数构造封闭的含水系统以外，通常含水系统总有某些向环境开放的边界，以接受补给与进行排泄。这种开放边界不仅出现于表面，也可能存在于地下。如，不同地质结构的含水系统以透水边界邻接是常见的。虽然这时相邻含水系统之间水力联系相当密切，但是由于两者水的赋存与运动规律不同，仍然有必要区分为不同的含水系统。

2. 地下水流动系统

地下水流动系统是由源到汇的流面群构成的，具有同一时空演变过程的地下水体。地下水从补给区向排泄区的运动，由连接源和汇的流面反映出来。流面有方向，且长度不一，流面群有疏有密，根据这些特点可以判断出地下水质点的运移方向、径流途径和强度。源与汇有等级的差别，区域的源对应区域的补给区，局部的源对应局部的补给区。汇，包括天然的地下水渗出带、泉和人工抽水的井等，也有等级的差别。在一个稍复杂的地下水系统中，存在着由不同流面群外包面圈闭的局部流动子系统、中间流动子系统和区域流动子系统，如图 2.5 所示。区域流动系统中嵌套着中间流动系统，中间流动系统嵌套着局部流动系统，从而表现出地下水系统软结构的嵌套特点。由于流面是一种没有水流穿越的界面，各级源汇间最长的流面即流面群的外包面，就是各级子系统的不透水边界。

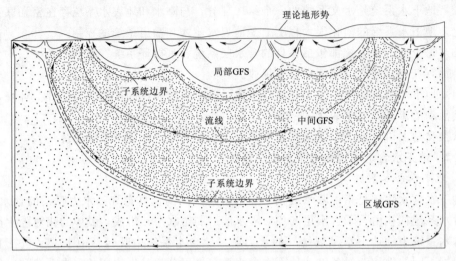

理论地形势

局部GFS

子系统边界

流线

中间GFS

子系统边界

区域GFS

图 2.5 地下水流动系统示意图

3. 地下水含水系统与地下水流动系统的比较

虽然含水系统与流动系统是内涵不同的两类地下水系统，但两者也有共同点，两者都摆脱了长期以来水文地质界的"含水层思维"，不再以含水层作为基本的功能单元。前者超越了单个含水层，将包含若干含水层与相对隔水层的整体作为所研究的系统；后者摆脱了传统的地质边界的制约，以地下水流作为研究实体。两者都力求用系统的观点去考察、分析与处理地下水问题，从不同角度揭示地下水赋存与运动的系统性。但两者之间也存在着一些区别。

(1) 整体性。两者都属于地下水系统，都具有整体性，但含水系统的整体性体现在它具有统一的水力联系上。存在于同一含水系统中的水是个统一的整体，在含水系统中的任何一部分加入（补给）或排出（排泄）水量，其影响均将波及整个含水层系统。也就是说，含水系统作为一个整体对外界的激励做出响应。含水系统是一个独立而统一的水均衡单元，是一个三维系统，可用于研究水量乃至盐量和热量的均衡。含水系统通常以隔水或相对隔水的岩层作为系统边界，属于地质零通量面边界，系统的边界是不变的。而地下水流动系统的整体性则体现在它具有统一的水流，沿着水流方向，盐量、热量和水量发生有规律的演变，呈现统一的时空有序结构。因此，流动系统是研究水质（水温、水量）时空演变的理想框架与工具。流动系统以流面为边界，属于水力零通量面边界，边界是可变的。从这个意义上说，与三维的含水系统不同，流动系统是时空四维系统。

(2) 等级性。两者均具有等级性，可分为区域、中间和局部的含水或流动系统。任一含水系统或流动系统都可能包含不同等级的子系统。图 2.6（a）为一由隔水基底所限制的沉积盆地，构成一个含水系统。由于其中存在一个比较连续的相对隔水层，因此，此含水系统可划分为两个子含水系统Ⅰ、Ⅱ。此沉积盆地中发育了两个流动系统A、B。其中一个为简单的流动系统A，另一个为复杂的流动系统B。后者可进一步划分为区域流动系统B_R、中间流动系统B_I及局部流动系统B_L。从图上可以看出，在同一空间中，含水系统与流动系统的边界是相互交叠的。两个流动系统A、B均穿越了两个子含水系统Ⅰ、Ⅱ。同时，由于子含水系统的边界是相对隔水的，或多或少限制了流线的穿越。在流动系统B中，除了区域流动系统的流线穿越两个子含水系统外，局部流动系统与中间流动系统的发育均限于上部的子含水系统Ⅰ之中。

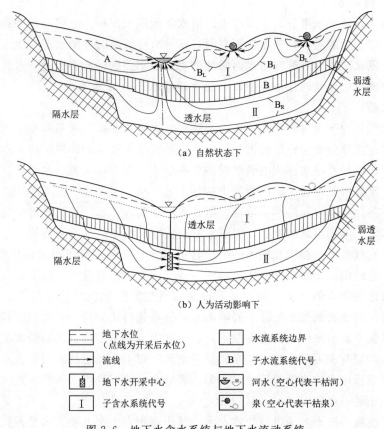

（a）自然状态下

（b）人为活动影响下

	地下水位 （点线为开采后水位）		水流系统边界
	流线		子水流系统代号　B
	地下水开采中心		河水（空心代表干枯河）
	子含水系统代号　Ⅰ		泉（空心代表干枯泉）

图2.6　地下水含水系统与地下水流动系统

（3）控制因素。控制含水系统发育的，主要是地质结构；而控制地下水流动系统发育的，主要是水势场。在天然条件下，自然地理因素（地形、水文、气候）控制着水势场，是控制流动系统的主要因素。但在人为影响下，流动系统会发生很大变化。图2.6（b）表示的是图2.6（a）这一沉积盆地在强烈的人工开采条件下，地下水含水系统与地下水流动系统之间的关系。可以看出，整个含水系统中形成了一个新的流线指向盆地中心的地下水流动系统，原来的流动系统全都消失了。显然，由于强烈的势场变化，流线普遍穿越了相对隔水层。不过，无论人为影响加强到什么程度，新的地下水流动系统的发育范围，不会超越大的含水系统的边界。

有关地下水系统的更多内容可参考《水文地质学基础》等相关教材。

2.3.1.3　地下水系统的组成要素

地下水主要是指赋存于岩石空隙中的水，包括重力水、毛细水和结合水。重力水在岩石圈浅层分布最为普遍，数量最多，并以水流的形式在岩石中运动，它是人类生活和生产供水的取用对象。地下水同样以系统的形式分布在自然界中，但系统结构和水流的运动方式与地表水有着很大区别。

地下水系统的组成要素有两个：一是赋存于岩石空隙中并不断运动着的水，二是具有空隙的岩层。

1. 地下水的分类

按埋藏条件，地下水可分为上层滞水、潜水和承压水三种。上层滞水即存在于地面以下局部不透水层上面的滞水，分布范围有限，是季节性或临时性的水源。潜水是埋藏于地面以下第一个隔水层以上具有自由水面的地下水。潜水面的标高称为地下水位。承压水则是充满于两个隔水层之间的含水层中，承受有超静水压力的地下水。承压水不易被污染，可作为供水水源。

按含水介质，地下水可分为孔隙水、裂隙水、岩溶水。孔隙水是存在于土层或岩层孔隙中的地下水，主要分布于松散的沉积层中，也存在于半胶结的碎屑沉积岩中。在第四纪的冲积、洪积、湖积及冰水沉积的砂层或砂砾石层中，常有水量大、水质好、可作供水水源的孔隙水。裂隙水是存在于岩层裂隙中的地下水。岩溶水原称"喀斯特水"，是存在于可溶性岩层的溶蚀空隙（如溶洞、溶隙、溶孔等）中的地下水。岩溶水可分为潜水、承压水。可溶性岩层大面积出露的地区，岩溶水常是潜水。由于岩溶发育不均匀，岩溶潜水分布亦不均匀。它既可以具有相互联系的统一自由水面，又存在径流相对集中的暗河通道。在岩溶强烈发育的山区，岩溶潜水比较集中存在于地下暗河系统中，地下水位较深，常形成地下富水而地表缺水的现象。而在平原地区以及受某些地质结构控制所形成的汇水地区，由于暗河、溶蚀孔洞发育相连，岩溶潜水的分布相对比较均匀，水位也较浅。岩溶潜水的特点是水量丰富而集中、富水程度不均、与地表水联系密切、具有较大的动态变化幅度。在可溶性岩层与非可溶性岩层相互成层的地区，则主要是层状岩溶承压水。与一般承压水相比，岩溶承压水的水量大且含水均匀。岩溶水是良好的供水水源。但大量抽取岩溶水时要注意防止地面坍陷。

从成因角度看，地下水又可分为渗入水、沉积水和内生水。渗入水是现代大气降水和地表水下渗补给形成的地下水。这类水大部分位于陆地的浅部，具有水量交替活跃、积极、运动速度较快的特点。沉积水是沉积过程中与沉积物同时保存下来的地下水，它可被渗入水驱替、排出，但速度缓慢。在沉积过程中，随着上覆堆积物厚度不断增大，下部沉积水也会因地层骨架压密固结而被挤入上部含水层中，所以这类水又称沉压水、埋藏水。内生水是地球深部地质作用，如岩浆分异等原因形成的地下水，对这类水的形成规律和分布特点目前研究得还不够深入。

2. 具有空隙的岩层

地下水不能离开岩石而独立存在，它的赋存形式与运动状态都与岩层的空隙特征有着极为紧密的联系。正因如此，空隙岩层被称为介质，并成为地下水系统不可或缺的组成部分。介质的空隙有孔隙、裂隙、溶穴三种基本形态。它们以一定的组合方式存在于岩石中。

由于地层的岩性与空隙的种类、发育程度有一定的内在联系，人们可以根据岩性大略鉴别哪些是透水的，哪些是隔水的。不同岩石或地层的透水性存在差异。透水性好，其中的地下水在重力作用下可自由移动的地层或岩石称为含水层，即含水层指能够给出并透过相当数量水的岩体。这类含水的岩体大都呈层状，如砂层、砾石层和碳酸盐类岩石都是很好的含水层。透水性差的地层或岩石称为隔水层，即那些既不能给出又不能透过水的岩层，或者它给出或透过的水量都极少。但含水层与隔水层的划分是相对的，任何一种岩石都不可能是绝对不透水的，所谓的隔水层只不过透水能力较差而已。在一定条件下两者可以相互转化。如黏土层在一般条件下，由于孔隙细小，饱含结合水，不能透水与给水，起隔水层的作用；但在较大的水头压力作用下，部分结合水发生运动，从而转化为含水层。

另外，在地下水系统中，含水介质与隔水介质并非都是以连续稳定的层状形态分布的，而是由地层的形成条件及内外力地质作用所决定，地下水系统中的空隙分布格局是极其复杂的，远远不是传统的层状模式所能概括和描述的。正因如此，地下水系统内部的水流运动特征、水量及水质的分布规律也因地而异，不可能依据某种通用的标准进行调查研究，要具体问题具体分析，而深入研究地下水系统的结构则是问题的关键。

2.3.1.4 地下水系统的结构

地下水系统的结构即地下水系统中各组成部分的构成形式或格局以及它们相互联系、相互作用的方式。地下水系统的结构可以形象地概括为硬结构和软结构。

（1）硬结构指的是介质的空隙特征及其空间分布格局，它与地层的成因、岩相分布、岩性、地质构造及地貌特征有直接的关系。之所以把介质的空间格局称为硬结构，是因为与地下水水量水质的时空变化相比，它们显得更为稳定、固化。如阿克苏河、渭干河流域山前倾斜平原由十几条大小不同的河流形成的由北向南的冲洪积扇相连而成，扇的上部砂砾石带介质为卵砾石和砂砾石，岩性较为单一，为良好的含水介质，向南过渡到细土平原，介质为细砂、粉砂、夹黏性土，含水介质不均匀程度加剧，其过渡带为潜水溢出带；塔里木河冲积平原沉积物主要来自西部，其介质主要为粉、细砂夹薄层亚黏土和亚砂土，由西向东呈条带状分布，整个地区无连续的区域隔水介质。

（2）软结构指的是地下水的运动形式、水量与水质的空间分布格局（渗流场、化学场、温度场等）及不同子系统间水量、水质的交换关系。由于地下水具有动态变化特点，而且在人为活动的干扰下，地下水的补给、径流、排泄特征以及各种水量水质交换关系会发生改变，显得较"软"，所以称为软结构。地下水含水系统在概念上更侧重于介质的透水性和不同介质的空间组合形态，即硬结构。而地下水流动系统的概念则是以对地下水系统软结构的认识为基础的。

实际上，在地下水系统中，两种结构是密不可分的。无论是研究地下水系统的水量、含盐量、热量的均衡和时空变化规律，还是评价地下水资源、制定开发利用方案等，都需将两者一并考虑。由于研究目的的不同，在实际工作中，有时会侧重硬结构的分析，有时会侧重软结构的分析，这些属于处理方法的问题，并不能说明两种结构单独存在（徐恒力，2005）。

2.3.1.5　我国北方地下水系统划分

对地下水系统进行划分，可以为地下水资源评价、开发利用与管理提供重要依据。近几十年来，很多学者对我国塔里木盆地、河西走廊、黄河流域、鄂尔多斯盆地、关中盆地、松嫩盆地、三江平原、华北平原、海河平原等地区进行过地下水系统的划分。由于对地下水系统概念理解各有侧重，划分依据与标准不统一，划分结果存在差异。

杨会峰等（2014）综合了以往的研究成果，归纳了地下水系统划分的原则和依据，提出了以自然状态不同级别的地下水流系统为首要依据，以含水层系统为判断水力联系和流动系统内部结构的重要基础，给出了一套划分中国北方地下水系统的方案。该方案将我国北方地下水系统划分为 4 个地下水系统区块、10 个一级地下水系统和 56 个二级地下水系统。

4 个地下水系统区块包括黑龙江—松辽地下水系统区块、黄淮海流域地下水系统区块、西北内陆盆地地下水系统区块和蒙古高原地下水系统区块。各个区块内划分若干一级地下水系统，又进一步划分出二级地下水系统。

黑龙江—松辽地下水系统区块划分以地表流域为主，同时考虑宏观地貌格局。该区块主要由周边山地和中间嵌套的松嫩平原、辽河平原、三江平原组成，黑龙江、松花江、辽河分别穿过 3 个平原，形成三大地表流域，地下水主要接受各自流域分水岭以内降水、地表水及基岩裂隙水补给，向各自流域内低平原区或平原中间的河谷区径流，最终通过河流排泄出区外，形成 3 个具有相似区域水循环特征且在地域上毗邻的地下水系统，划分为独立的地下水系统区块。该区块北界为雅布洛诺夫山脉和斯塔诺夫山脉，东界为锡霍特山脉，南界为辽东半岛海岸线及燕山山脉，西边界为大兴安岭山脉，西南边界为克鲁伦河分水岭。

黄淮海流域地下水系统区块划分以地表流域为主，同时考虑宏观构造地貌格局。黄河上游地区，地表水与地下水交换频繁，对地下水循环影响大，地表分水岭与地下分水岭基本一致，依照地表流域范围来确定系统区块边界；黄河中、下游及淮河、海河、滦河流域在构造上属于阴山—燕山褶皱带与秦岭褶皱系之间的中朝准地台，为一完整的构造单元，其在地貌上主要包括鄂尔多斯黄土高原和黄淮海平原，由于黄河穿越，影响着地下水的补给和排泄，使两个地貌单元地下水具有一定的水力联系，形成了一个统一的地下水系统区块。该区块北界为阴山—燕山山脉，南界为秦岭及大别山，东界为海岸线，西界为贺兰山脉及昆仑山东段。

西北地区在昆仑褶皱带、祁连褶皱带、天山褶皱带、阿尔泰—蒙古南戈壁褶皱带之间嵌套着塔里木、柴达木、准噶尔以及河西走廊四个构造盆地，盆地周边基本都为高山，地下水资源起源于山区降水和融雪，以地表或地下径流形式汇入盆地平原，经多次转化，最终消耗于盆地中心的沙漠地带。这几个盆地在地域上毗邻，具有相似的构造地貌和区域水循环特征，划为一个独立的地下水系统区块。该区块北界为阿尔泰山和蒙古国的戈壁阿尔泰山，南界为昆仑山脉，东界为贺兰山脉，西界为帕米尔高原及哈萨克丘陵。

蒙古高原处于阿尔泰—南戈壁褶皱带、内蒙古阴山褶皱带、大兴安岭褶皱带及蒙古国杭爱山褶皱带之间，为一独立的构造单元。蒙古高原除西北部为孔隙含水层外，其他大部分地区为裂隙含水层，富水性差。区内地下水补给来源主要为山区地表水、沟谷潜流及基岩裂隙水，总体流向是由山区、丘陵区向洼地、湖泊汇集，形成独立完整区域水循环体系。根据构造地貌和区域水循环特征，划分为一个独立的地下水系统区块。该区块西以阿尔泰山脉为界，南界为戈壁阿尔泰山脉和阴山山脉，东界为大兴安岭山脉，北界为杭爱山脉。

以上地下水系统的划分可以为我国北方地区地下水资源评价、地下水资源管理、地下水与环境等相关问题的研究提供地下水系统的框架基础。

2.3.2　地下水资源分类

地下水资源分类不仅是为了弄清地下水资源的一些基本概念，更重要的是使分类能客观地反映地下水资源形成的基本规律及它的经济意义，便于在实践中进行研究和定量评价。正确地进行地下水资源分类，是地下水资源评价的重要理论基础。长期以来，国内外学者对地下水资源的分类进行了研究，提出了各种分类方案，下面介绍几种有代表性的分类方法。

2.3.2.1　国外地下水资源分类

1. 普洛特尼柯夫分类法

该分类法由苏联普洛特尼柯夫提出，20 世纪 50 年代初期在我国水文地质勘察中曾广泛采用。这种分类方法把地下水资源分为静储量、动储量、调节储量、开采储量四类。

（1）静储量。指天然条件下，储存于地下水最低水位以下含水层中的重力水的体积，即该含水层全部疏干后所能获得的地下水的数量，它不随水文、气象因素的变化而变化，只随地质年代发生变化，因为该体积仅随地质年代发生变化，故称静储量或永久储量。

（2）动储量。指通过含水层某一断面上的天然径流量，是单位时间内通过垂直于流向的含水层断面的地下水体积。通过测定含水层的平均渗透系数、地下水流的水力坡度和过水断面面积，用达西公式进行计算。

（3）调节储量。指储存于地下水潜水位变动带内含水层中的重力水体积。它与水文、气象因素密切相关，其数值等于潜水位变动带的含水层体积和给水度的乘积。静储量、动储量、调节储量代表天然条件下含水层在一定时期内所具有的地下水的量，故称天然储量。

（4）开采储量。指在一定的经济技术条件下，用合理的取水工程从含水层中取出的水量，并在预定的开采期内，不会发生水量减少、水质恶化等不良现象。开采储量的大小一方面取决于水文地质条件特别是地下水的补给条件，另一方面取决于取水建筑物的类型、结构和布置方式，其含义和允许开采量相同。

普氏分类法采用地下水储量这一概念来表示某一个地区地下水量的丰富程度。这种分类法借用固体矿产的储量概念，只考虑地下水的储存形式，忽略系统输入、输出对系统的控制作用，不能确切地反映地下水资源的形成规律，且没有考虑开采对地下水系统产生的影响。地下水资源与固体矿产不同，它具有流动性和可恢复性，地下水始终处于补给和消耗的变动过程中。从 20 世纪 70 年代以后，在我国对地下水储量一词较少使用。

2. 宾德曼分类法

苏联宾德曼等人 1973 年将地下水储量和资源划分为天然的、人工的、诱导的、开采的四大类。

天然储量指天然条件下含水层中所储存的重力水体积，在承压含水层中由于弹性释放而获得的那一部分水量又称为弹性储量。天然资源即在天然条件下，通过大气降水入渗、河流的渗漏、越流及来自邻区的侧向径流等途径进入含水层中的水量。

人工储量是由灌排渠系与水库渗漏、灌溉回归、地下水人工补给等因素储藏在含水层中的水量。人工资源是利用渠道和水库的渗漏，加强地下水的再补给后能够进入含水层的水量。

诱导资源是当地下水的补给区与排泄区（包括人工排泄区）一致的情况下，开采后，由于水动力条件的变化，加强了河湖的渗漏、相邻含水层越流的补给等而使地下水补给增加的那部分水量。

开采储量与开采资源是同义词。

3. 法国的地下水储量和资源分类法

地下水储量是指储存于含水层空隙中的重力水体，是一个单纯的物理量。地下水资源是指从含水层中能提取出来的水量，它不仅与储量有关，而且又受一定技术经济条件的限制，所以资源又含有经济的概念。研究储量的目的是为合理的确定资源，由此地下水储量又可分为地质储量、天然储量、调节储量和开采储量四类。地下水资源分为理论潜在资源、实际潜在资源和可采资源三种。

2.3.2.2　我国地下水资源分类

随着地下水资源评价理论和方法的不断研究和实践，我国也提出了许多地下水资源分类方法。但由于地下水资源的划分是地下水研究中一个非常重要而又十分复杂的理论问题，所以至今我国尚无统一的分类标准。下面仅就几种具有代表性的地下水资源分类予以介绍。

1. 《供水水文地质手册》中的分类

1983 年《供水水文地质手册》中将地下水资源划分为补给量、储存量、消耗量。

补给量指单位时间进入含水层的水量。补给量根据其形成阶段的不同，又可分为天然补给量、开采补给量和人工补给量。天然补给量是指在天然条件下进入含水层的水量，一般包括大气降水入渗补给量、地表水入渗补给量、越流补给量和径流补给量等。开采补给量是指在开采条件下，除天然补给量外，由于地下水开采条件和循环条件的改变所增加的补给量。它包括夺取河水水量的补给、夺取泉水排泄量的补给、增大的降水入渗补给量、增大的越流补给量等。人工补给量是指采用人工回灌、引渗等方式进入含水层的水量。

补给量的计算是地下水资源评价的重要内容。从理论上讲，上述三类补给量应分别计算。但实际上，由于许多地区的地下水都已不同程度的开采，很少有天然状态存在。因此，计算补给量时，首先是计算现状条件下的地下水补给量，然后再计算扩大开采后可能增加的补给量。开采补给量的大小，除了与含水层的导水能力、地下水流域的大小、边界性质和水源有关外，还与具体的地下水开采方案（取水建筑物的形式、布置方式等）及开采强度有关。当开采方案合理，开采强度较大时，可以夺取大量补给量。如在傍河地段取水，沿河岸布置井群，开采时可以获得大量的地表水补给，补给增量可远远大于原来的天然补给量，成为可采量的主要组成部分。但是，开采时的补给增量并不是无限制的，必须从全区水资源循环转化和合理开发利用的观点出发，制定合理的开采方案，以便获得合理的开采补给增量，否则，将会造成顾此失彼、掠夺开发的不良后果。我国有些地区河流基流量大幅减少，甚至干涸，使已建水利工程不能发挥应有的效益，甚至产生一些生态环境问题，究其原因，往往和地下水的不合理开采有关。人工补给量的确定，首先必须研究各种补给源的水在含水层中的运移规律，再确定人工补给水量与含水层实际获得的补给量之间的数量关系，以便确定所需的人工补给水量。

储存量指储存在含水层中的重力水体积。按其埋藏条件可分为容积储存量和弹性储存量。容积储存量是指含水层空隙中所容纳的重力水体积，即含水层疏干时能得到的重力水体积。潜水含水层的储存量主要是容积储存量。弹性储存量是指将承压含水层的水头降至隔水底板时，由于含水层的弹性压缩和水的弹性膨胀所释放出的水量。由于地下水位受补给条件和排泄条件的制约，所以地下水储存量与其补给量和消耗量是密切相关的。若地下水的补给量大于消耗量，则多余的水量便在含水层中储存起来。相反，补给量小于消耗量，则动用储存量来满足地下水的消耗。所以，地下水资源的调蓄性是通过储存量来体现的。

消耗量指单位时间流出含水层的地下水量。它包括天然消耗量和允许开采量两部分。天然消耗量包括潜水蒸发、泉和排入河流的基流量、越流排泄量及侧向径流排泄量等。允许开采量是指通过技术经济合理的取水建筑物，在整个开采期内地下水水质、水量的变化保持在允许范围内，不影响已建水源地的开采，不发生危害性的工程地质现象的前提下，单位时间从水文地质单元（或取水地段）中能够取出的水量，也称为可开采量。允许开采量与开采量的概念是不同的。允许开采量代表在一定范围平衡单元内含水层中，单位时间内以最优取水方案可以取出的最大水量，而且这个允许开采量在技术经济上既要合理又要可行，同时也不会引起其他的一些不良后果。而开采量是指目前实际正在开采的水量或预计开采的水量，它仅代表取水工程的产水能力。开采量应小于允许开采量，否则会引起一些不良后果。

允许开采量的确定是地下水资源评价的核心问题。一般来说，允许开采量的大小是由地下水的补给量和储存量大小决定的，同时还要受到技术经济条件的限制。由于地下水的排泄量或多或少总是存在的，所以，允许开采量要比补给量小。如果开采后产生较大的开采补给量时，允许开采量有可能大于天然补给量。

上述地下水资源分类方案以水量平衡为基础，尤其是突出了地下水补给量的计算，同时还注意到了开采前后补给量和排泄量的变化，从而使地下水资源评价成果更加接近于实际。但是该分类方法也有不足之处，主要是对允许开采量的定义比较概念化，影响允许开采量的众多因素在实践中往往难以同时考虑，因此，有必要针对不同情况对允许开采量再做进一步的研究。

2.《地下水资源分类分级标准》（GB 15218—94）中的分类

1994年，国家技术监督局颁布实施了《地下水资源分类分级标准》（GB 15218—94）。该标准中，根据我国当前开采地下水的技术经济条件和现行法规的规定，并考虑远景发展的需要与可能，地下水资源被分为两类：允许开采资源（能利用的地下水资源）和尚难利用的地下水资源。允许开采资源与能利用的地下水资源是同义词，允许开采量是允许开采资源量的简称。

允许开采资源是具有现实经济意义的地下水资源，即通过技术经济合理的取水构筑物，在整个开采期内出水量不会减少，动水位不超过设计要求，水质和水温变化在允许范围内，不影响已建水源地正常开采，不发生危害性的环境地质问题并符合现行法规规定的前提下，从水文地质单元或水源地范围内能够取得的地下水资源。

尚难利用的地下水资源是具有潜在经济意义的地下水资源，指在当前的技术经济条件下，在一个地区开采地下水，将在技术、经济、环境或法规方面出现难以克服的问题和限制，目前难以利用的地下水资源。这些问题如下：地下水的补给资源和储存资源有限，在整个开采期出水量得不到保证；宜井区或水源地位置偏远，输水工程耗资过大；含水层埋藏过深，施工水井工程耗资过高；含水层导水极不均匀，施工水井的成功率过低；地下水水位埋藏过深，提水困难或不经济；含水层的导水性过差，单井的出水量过小；地下水的水质或水温不符合要求；新建水源地将对原有水源地采水量或泉水流量产生过大的削减；地下水开采后，将会产生危害性的环境地质问题；建设取水构筑物，在地质或法规方面存在难以克服的问题或限制等。

该国家标准的最大特点是将地下水开采的技术经济与环境方面的可行性，作为地下水资源评价时必须考虑的一个因素，并首次提出了尚难利用的资源类型，表明国家要求在地下水资源评价中加强安全意识，提高地下水开发利用的水平。

3. 《地下水资源储量分类分级》(GB/T 15218—2021) 中的分类

2021 年，由自然资源部提出的《地下水资源储量分类分级》(GB/T 15218—2021) 替代了《地下水资源分类分级标准》(GB 15218—94)。新标准中对地下水资源储量进行了定义，并按照水量属性对地下水资源储量进行了分类。地下水资源储量即在当前经济技术环境条件下，经过勘查工作，一定程度上查明含水层中的地下水资源的数量。它包括储存量、补给量与可开采量三类。储存量是指储存于含水层或含水系统内水位变动带以下的水量，分为容积储存量和弹性储存量。补给量是指天然或开采条件下，单位时间内以各种方式进入到含水层中的水量。可开采量是指经勘查或经开采验证，当前能够从含水层中开采出来的水量。可开采量是地下水补给量和储存量的一部分。

2020—2021 年，自然资源部制定了《地下水资源评价技术要求》，组织实施了新一轮全国地下水资源评价。在该技术要求中，首次将地下水储存量纳入了地下水资源评价中。地下水储存量根据含水层的封闭程度又分为可更新储存量和难以更新储存量。可更新储存量是地下水补排差逐年累积形成的，不同程度地参与现代水循环的水体的量，赋存于潜水含水层或弱承压含水层中；难以更新储存量是地质历史时期累积形成的，几乎不参与现代水循环的水体的量，多赋存于深层承压含水层或深部热水系统中。在该技术要求中，地下水可开采量被定义为：技术经济合理且不引发生态地质环境问题，每年在地下水系统中可以开采的最大水量。地下水允许开采量被定义为：技术经济合理且不引发生态地质环境问题，或规定开采时限内且不发生严重生态地质环境问题，依法审核批准许可水源地每年开采的地下水量。

2.3.3　地下水资源时空分布特点

地下水资源以系统的形式埋藏、分布。作为开放系统，地下水的数量和质量与气候、水文、地质条件有密切关系，表现出地域性的分区特点。同时，在地下水系统的结构控制下，地下水分布又具有一定的分带性。受降水、地表水在时间上分配不均匀的影响，地下水还呈现出一定的动态变化特征。

2.3.3.1 地下水分布的地域性

自 1999 年以来，中国地质调查局开展了全国地下水资源与环境调查评价工作。调查显示，分布在长江以北的北方地区地下水资源量占全国的 32.3%，在长江以南的南方地区地下水资源量占全国的 67.7%。

降水作为地下水的重要补给来源，其数量的多寡直接影响地下水资源的数量。我国年降水量空间分布不均，呈现出东南部地区湿润多雨，向西北内陆地区逐步递减的趋势。从表 2.3 可以看出，全国区域地下水的补给模数也具有大体相同的分布特点。

除受到降水这一因素的影响外，地形和地质条件等因素也会影响到地下水类型以及水量的分布状况。孔隙水主要分布于各大平原、山间盆地和大型河谷平原的第四系含水岩层之中，天然补给资源量为 $2810.38 \times 10^8 \, m^3/a$，占全国地下水天然补给资源总量的 30.40%。如秦岭、淮河以北地区多分布有大型中、新生代构造盆地和平原，有巨厚的松散沉积，地下水蕴藏丰富，如松辽平原、黄淮海平原、塔里木盆地、准噶尔盆地、柴达木盆地等以及汾渭盆地、银川盆地、南阳盆地、河西走廊等。中国南方则多为小型山间盆地和河谷平原，松散沉积较薄，含水相对较差。在北方西部多为内陆盆地，降水和常年积雪融化汇集于盆地边缘的巨厚砾石层中，在地下水溢出带形成绿洲，而盆地中心则远离水源，降水又少，多为沙丘覆盖。东部为平原地区，新老河道纵横，沉积了厚层的第四系松散沉积，地下水蕴藏丰富。在上述东部平原和西部内陆盆地之间的黄河中游地区，分布有巨厚的黄土沉积，形成中国独特的黄土高原黄土孔隙-裂隙水。

岩溶水在我国有广泛分布，分布面积达 $253.60 \times 10^4 \, km^2$。以长江为界岩溶水的分布大致可以分为两个区。在南方，岩溶水主要赋存在晚生古代和早中生代的碳酸盐层地层中。该区地质结构多为短轴紧密褶皱，降水充沛，植被茂密，岩溶化强烈且分异明显，碳酸盐层地层的含水层极不均匀。地下水往往集中在溶洞和暗河管道中，并以小型构造为单元形成相对独立的岩溶水系统，地下水补给模数高达 30 万～50 万 $m^3/(km^2 \cdot a)$；但在地表岩溶发育的地区，往往因为降水和地表水的严重漏失而成为缺水地区。我国北方岩溶水主要分布在早古生代寒武纪和奥陶纪的碳酸盐岩中，岩溶化程度较南方低，含水介质兼有岩溶和裂隙的双重结构，呈溶隙网络状。溶隙连通性好，整个网络系统具有密切的水力联系，可形成统一的流场。岩溶水系统一般规模较大，水量丰富，动态稳定，是许多城市和企业的主要取水对象。据新一轮地下水资源评价结果，全国岩溶水天然补给资源量为 $2115.89 \times 10^8 \, m^3/a$，占全国地下水天然补给资源总量的 22.9%；淡水可开采资源量为 $870.02 \times 10^8 \, m^3/a$，占全国地下淡水可开采资源量的 24.7%。

裂隙水主要蕴藏于丘陵山区的基岩风化裂隙或构造裂隙中。由于各地区的含水层性质及所经受的内外营力不同，裂隙发育程度也有所差异。一般来说基岩裂隙水不甚丰富，地下水资源模数小，但由于分布面积广，所以该类型地下水的总量较大。天然补给资源量为 $4308.44 \times 10^8 \, m^3/a$，占全国地下水天然补给资源量的 46.7%，可开采资源量为 $971.67 \times 10^8 \, m^3/a$，占全国地下淡水可开采资源量的 27.54%。

2021 年，中国地质调查局基于近 70 年水文地质调查成果、国家地下水监测工程和全国地下水位统一测量工作，组织 25 家水资源调查专业单位和 31 个省级地质环境监测机构，首次完成了全国地下水储存量评价。调查结果显示，全国地下水总储存量约 52.1 万亿 m^3；北方地下淡水总储存量约 35.5 万亿 m^3，占全国的 95%，主要分布于鄂尔多斯盆地、东北平原、河西走廊、华北平原等地区，可为保障北方水安全提供战略储备；南方地下淡水总储存量约 1.9 万亿 m^3，仅占全国的 5%，主要分布于江汉洞庭平原、长江三角洲、成都平原等地区；此外全国还有约 14.7 万亿 m^3 的地下咸水储存量，主要分布在塔里木盆地、准噶尔盆地、柴达木盆地等地区。

在水质方面，南北方浅层地下水的水质也有所不同。北方地下水溶解性总固体一般大于 1g/L，西北内陆盆地有时可高达几十克每升；而在秦岭以南的广大地区，溶解性总固体多小于 1g/L。此外，在北方不论平原地区或大型内陆盆地，由山区到平原均具有较明显的地下水水化学水平分带与垂直分带。而在南方一些山间盆地中，这种分带现象不明显。

2.3.3.2 地下水在系统中的分带性

1. 参与现代水循环的地下水主要集中在流动系统的浅部

由山区、丘陵到盆地，甚至到滨海平原，既存在宏观的由源到汇的运动，又存在低级别由源到汇的径流过程。不同级别的流动系统都存在流线的下降区、近水平区和上升区，但是，反映地下水侧向径流的水平区的发育程度却不同。区域流动系统的水平区范围较大，流线稀疏，说明水流通量较小，流动缓慢。局部流动系统的水平区较小，流线密集，说明水流通量较大，流速快，水交替积极。这些现象表明，来自地表的补给水量（大气降水和河流的下渗水量）在局部汇的控制下，只需要较短的渗透流程即可返回地表（排泄），真正进入地下深处，经区域流动系统排出的水量十分有限。我国北方地区，由山区到平原地下水化学水平分带和垂直分带现象尤为明显。

陈宗宇等（2010）采用同位素水文学方法以及传统水文地质方法研究发现，我国松嫩平原地下水以局部水流系统和区域水流系统为主要特征，其中，局部地下水流系统存在于整个平原的浅部，为现代水循环系统，以垂向流动为主，循环深度一般为 50m，山前区可达 100m 以下；区域水流系统存在于深部承压含水层，参与现代水循环较少，主要以侧向水平径流为主要运动特征。

2. 深层地下水大多具有沉压水的性质且数量有限

在沉陷（或断陷）盆地中心以及大型冲洪积平原的中下游地区，地下深处存在一个相对封闭的水力圈闭区。该区的水量来自沉积物中的沉积水，其年龄较现代渗入水要古老，而且溶解性总固体相对较高。在地层的沉压作用下，沉积水会被挤压上升，甚至可达到地表。根据水化学研究和同位素分析，我国许多内陆盆地的中部及黄淮海平原中下游地区深层地下水大多数属于此类水。

何丹等（2014）应用环境同位素水文地球化学方法并结合区域沉积演化史研究表明，我国关中盆地固市凹陷华阴地下热水的同位素、水文地球化学特征基本符合沉积水的特征，咸阳—礼泉断阶和西安凹陷地下热水的同位素和水文地球化学特征部分接近沉积水的特征，部分介于古入渗水和沉积水之间。

天然条件下，新生沉积物的沉积速率与下伏古老沉积物的压密速率基本保持平衡，沉积水的排泄量大体稳定。人为开采条件下，深层水加速排出，会打破这种平衡，从而引起地面沉降和深层水量的急速减少。这种沉积水水量有限，而且属于储存资源，不宜作为供水水源。

3. 流动系统中水化学类型的递变与地下径流方向的宏观同一性

无论是区域流动系统还是局部流动系统，地下水总是由各自的源区向各自的汇区运移。在这个过程中，随着流程的增加和作用时间的增长，水、岩土的相互作用会越来越充分，水中的含盐量会逐渐增高。源区（流线下降区）往往是溶质运移最活跃的地段，地下水溶解性总固体较低；与此相反，汇区则是溶质集聚的场所，在该地段，溶质的迁移强度可在很短的距离内急剧降低，导致水化学组分的浓集，所以地下水溶解性总固体较高。例如，位于我国新疆东天山南缘的哈密盆地地下水水化学特征呈明显分带性，沿地下水流动方向，水化学类型逐渐由碳酸氢根型演化为硫酸根型、最终演化为氯型，水体溶解性总固体含量不断升高，地下水由淡水逐渐演化为微咸水、咸水。沿地下水径流方向，地下水经盐分溶滤、盐分迁移并在排泄区附近形成盐分聚集带，盐分迁移沿程溶滤作用逐渐减弱，蒸发浓缩作用逐渐增强（孙厚云 等，2018）。

4. 水化学分区（带）的嵌套现象

作为溶剂和溶质载体的地下水，总是在一定的渗流场中运动。由于不同级别流场的嵌套性是许多大型地下水系统普遍的结构形式，所以，水质的空间分布也具有区域水化学场和局部水化学场嵌套的特点。结合地下水动力特点和介质结构特征对水化学场的嵌套结构进行分析，是认识水质时空分布规律的重要方法，也有助于正确解释区域水化学特征的水平分区、垂直分带的复杂现象。例如，大面积淡水区中散布零星咸水闭合区，原因是，区域流动系统的源区或以淡水为主的近水平区之上，浮托着局部流动系统的高矿化汇区（因地表蒸发强烈形成的浅层高矿化水带），也可能是深层咸水呈楔状上升地表的缘故。

2.3.3.3　地下水的动态变化

受降水、地表水在时间上分配不均匀的影响，地下水的水量、水位、水温、水质等也有年内和年际的变化。但与地表水相比，地下水的变化要稳定得多。例如，我国北方岩溶系统，由于大部分地下水通过岩溶大泉（群）排泄，岩溶水的宏观动态可以用泉水的动态来反映。根据山西、河北、山东等地的统计资料，岩溶大泉各月流量占全年总出流量的比例平均为 7%～10%，表现出极强的稳定性。而我国河流的月均水量却相差数十倍，甚至更大。如大部分河流 1 月、2 月径流量一般占全年总径流量的 1%～2%，7 月、8 月的径流量占比可高达 20% 以上。另外，地表水的水文变化与降水的时间分配往往是同步的，稍大的降水就可引起河流水位、流量的上涨，而地下水对降水变化的反应没有这么敏感，即使在潜水区（地下水动态变化相对剧烈），径流量和水位虽然会因为降水的及时补给而增大，也难以见到降水与地下水同步变化和明显的一一对应关系。这是因为地下水在岩石空隙中运动，属于有介质水流，渗透速度较地表水缓慢；另外，地下水系统具有较大的储存空间，渗透、排泄能力有限，地下水水量的输移和水压的传递表现出明显的延迟和叠加效应。

由于各地降水特点的不同以及地下水系统结构的差异，不同的地下水系统以及同一地下水系统的不同地点、深度的地下水动态也各异。一般来说，潜水对外界补给的反应较为敏感，而承压水的动态变化则相对稳定；在宏观稳定的降水规律和地下水系统结构的控制下，不同地下水系统的水量、水位的动态有其宏观的特定波动周期和波动值域；水质的动态变化与水量、水位的变化密切关联，如果地下水流场宏观稳定，水质的动态变化规律及系统内部水质的分布格局也是宏观稳定的；在开采条件下，地下水流场的变化会导致地下水水位、流量周期、变幅的改变，同时，水化学场也会受到影响。例如，刘君等（2017）研究表明，在大规模开采后，我国北方浅层地下水水化学类型向重碳酸型水转变，地下水硬度增高，这种情况在地下水大规模开发利用时间比较早的山西盆地、华北平原和东北平原变化明显；深层地下水水化学类型由重碳酸型水转变为其他类型，地下水溶解性总固体增大，水质变差，在新疆准噶尔盆地、山西盆地和华北平原及东北平原变化明显；同时，在地下水强烈开采区的潜水和承压含水层及主要城市区，其地下水水化学特征均表现出常量组分升高，溶解性总固体增大，污染组分和污染程度增加。殷秀兰等（2021）分析表明，在地下水位变化较大的地区，地下水水质状况随着地下水位变化较为明显，而在地下水位波动较小的地区，地下水水质状况则变化较小。一般来说，水质变化较水量变化要相对滞后，会表现出明显的延迟效应。

【思　考　题】

1. 自然-社会二元水循环与自然水循环有何异同？
2. 气候变化和人类活动对流域水文循环、水资源系统、水资源有哪些影响？
3. 如何定量识别气候变化和人类活动对流域水文循环及水资源的影响？
4. 黄河断流的原因有哪些？
5. 如何理解地下水可开采量、允许开采量和开采量？

第 3 章

地表水资源数量评价

3.1 水资源评价概述

水资源评价作为水资源规划、开发、利用、保护和管理的基础工作，在水资源开发利用和可持续发展中起着重要的作用。《中国资源科学百科全书·水资源学》中定义水资源评价为"按流域或地区对水资源的数量、质量、时空分布特征和开发利用条件作出全面的分析估价，是水资源规划、开发、利用、保护和管理的基础工作，为国民经济和社会发展提供水决策依据"。水资源评价其实质是服务于水资源开发利用实践，是水资源合理开发利用的前提，是科学规划水资源的基础，是保护和管理水资源的依据，能够为实现水资源可持续利用提供重要保障（王浩 等，2010）。

3.1.1 水资源评价的发展历程

3.1.1.1 国外水资源评价

国外水资源评价始于 19 世纪末期，主要是水文观测资料整编和水量统计方面的工作。随着经济社会的发展，许多国家出现不同程度的缺水、水生态退化和水污染加剧等水资源问题，于是，许多国家纷纷开始探求水资源可持续利用的实践途径。作为水资源规划和管理的基础性工作，水资源评价开始逐渐受到重视。1968 年和 1978 年美国完成了两次国家水资源评价。1975 年，西欧、日本、印度等地区相继提出了自己的水资源评价成果。1977 年，联合国在阿根廷召开的世界水会议的第一项决议中指出，"没有对水资源的综合评价，就谈不上对水资源的合理规划与管理"，强调了水资源评价的重要性。1988 年，联合国教科文组织和世界气象组织在澳大利亚、德国、加纳、马来西亚、巴拿马、罗马尼亚和瑞典等国家开展实验项目以及在非洲、亚洲和拉丁美洲进行专家审定的基础上，共同制定了《水资源评价活动——国家评价手册》，促进了不同国家水资源评价方法趋向一致，同时有力地推动了水资源评价工作的进程。随着水资源评价与管理需求形势的发展，1997 年，联合国教科文组织和世界气象组织再次对《水资源评价活动——国家评价手册》进行了修订，出版了《水资源评价——国家能力评估手册》。

在 2000 年第 2 届世界水论坛中，联合国约定各国要进行周期性的淡水资源评价，并以《世界水发展报告》的形式出现（王浩 等，2010）。《世界水发展报告》是联合国水机制关于水和卫生问题的旗舰报告，每年关注一个不同的主题。该报告由教科文组织代表联合国水机制发表，其编制工作由教科文组织世界水评估计划负责协调。该报告在世界水日当天发布，为决策者提供制定和实施可持续水政策的知识和工具。

3.1.1.2　国内水资源评价

我国水资源评价起步略晚于国外。但受水资源短缺实践需求的驱使，水资源评价理论与方法发展较快，主要分为以下三个评价阶段（王浩　等，2010）。

1. 早期评价阶段

20 世纪 50 年代，我国就已经针对有关大河开展了较为系统的河川径流量的统计，但统计项单一，仅限于河川径流量。60 年代，进行了较为系统的全国水文资料整编工作，对全国的降水、河川径流、蒸散发、水质、侵蚀泥沙等水文要素的天然情况统计特征进行了分析，编制了各种等值线图和分区图表等，具有了水资源评价的雏形。

2. 中期评价阶段

20 世纪 80 年代，根据全国农业自然资源调查和农业区划工作的需要，开展了第一次全国水资源评价工作。当时主要借鉴了美国提出和采用的水资源评价方法，同时根据我国实际情况做了进一步发展，包括提出了不重复的地下水资源概念及其评价方法等，最后形成了《中国水资源初步评价》和《中国水资源评价》等成果，初步摸清了我国水资源的家底。随后，由于华北水资源问题突出，国家"六五"和"七五"重大攻关研究还专门对华北地区进行了水资源评价及相关问题研究。1999 年，水利部以行业标准的形式发布了《水资源评价导则》（SL/T 238—1999），对水资源评价的内容及其技术方法做了明确规定，形成了较为稳定的水资源评价理论方法体系。

3. 现代评价阶段

自 20 世纪 80 年代开展第一次全国水资源评价工作以来，近些年来由于全球气候变化、土地开发利用和下垫面条件改变等人类活动影响以及水资源开发利用的影响，我国水资源形势发生了显著变化。例如，水资源形成与转化关系发生了显著变化，水资源的数量、质量、可利用量、可供水量及其时空分布均发生了一定程度的变化，缺水较为严重的北方地区变化尤为突出；随着经济社会的快速发展，用水量的不断增长和供用水结构的变化，使水资源开发利用过程中的取、供、用、排、耗等关系发生了较大改变，水资源供需矛盾日益突出，水资源短缺、水污染和水生态环境恶化等问题已经成为我国国民经济和社会发展以及生态文明建设的严重制约因素。

2002 年 4 月，由国家发展改革委、水利部牵头，会同国土资源部、建设部、农业部、国家环境保护总局、国家林业局和中国气象局等有关部门，布置在全国范围内开展水资源综合规划编制工作。在综合规划工作中，对水资源评价的技术和方法做了进一步的修改和完善：采用"一致性"修正方法来处理下垫面条件变化对径流的影响；在评价内容上也较第一次评价有所增加，具体包括水资源数量评价、水资源质量评价、水资源开发利用情况评价、水污染状况调查和生态环境状况调查评价以及水资源及其开发利用的综合评价等（图 3.1）；水资源评价方法有了进一步发展，水资源评价模型技术逐步发展起来，包括基于新安江模型和地下水动力学的地表-地下水资源联合评价模型等。随着 3S 技术和计算机的不断发展，分布式水文模型逐渐引入到水资源评价中（王浩　等，2010；《中国水资源及其开发利用调查评价》，2014）。

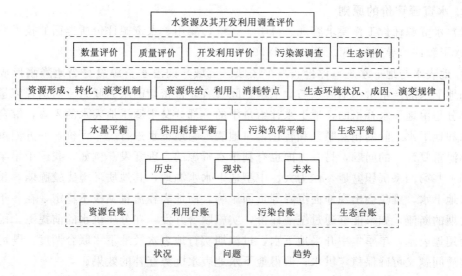

图 3.1　我国水资源及其开发利用调查评价的主要内容与总体思路
（《中国水资源及其开发利用调查评价》，2014）

与以往评价工作相比，目前水资源评价在评价基础、评价模式、评价对象和评价技术等方面都随着时代的前进而不断丰富和完善，具体表现如下：

在评价基础方面，以往采取的是"实测—还原—修正"思路，评价的出发点是通过"剔除"人类活动影响的处理方式，将实测到的水循环通量还原到天然状态，以此为基础评价水资源量。随着人类活动逐渐加强，需要还原和修正的水循环通量比例越来越高，这种一元静态的评价思路已经不适合现实实际。当前水资源评价已经开始向"实测—分离—耦合—建模—评价"的二元动态评价模式发展。

在评价模式方面，国内外长期一直采取地表水—地下水分离评价、水量—水质分离评价的模式，这种评价模式割裂了地表水与地下水之间复杂的相互转化关系，无法反映水质对于资源有效性的影响，不利于水资源的系统配置、联合调度和综合管理。当前地表水—地下水、水量—水质联合评价逐渐受到重视，成为水资源评价方法的重要方向。

在评价对象方面，以往主要包括地表水和地下水在内的径流性水资源。而事实上，处于地表和地下之间的非饱和带中的土壤水资源，在农业生产、生态环境等方面都发挥着重要的作用。随着水资源稀缺性的凸现，人们开始关心不同赋存形式水资源的综合利用，因此土壤水资源已逐渐引起学术界和相关部门的广泛关注。世界粮农组织已将作为植物生产环节之一的蒸汽流又回到大气的"绿水"作为重要的研究内容。因此，水资源评价的对象逐渐从径流性水资源向多种赋存形式的水资源方面拓展。

评价手段方面，自 20 世纪 80 年代以来，水资源评价方法逐渐发展为流域水量均衡方法，联合国粮农组织为了促进各国水资源评价的一致性，进一步提出了基于 GIS 的水均衡模型。近年来，一些学者尝试将分布式水文模型技术引入水资源评价中来，成为水资源评价方法发展的重要内容。随着 3S 技术和计算机的进一步发展，具有物理机制的分布式水资源动态评价模型已成为发展趋势。

3.1.2　水资源评价的原则

（1）水资源评价工作要求客观、科学、系统、实用。水资源评价所遵循的技术原则如下［《水资源评价导则》（SL/T 238—1999）］：

1）地表水与地下水统一评价。一个区域（流域）的总水资源量是当地降水形成的地表水和地下水的产水量，地表水与地下水之间具有非常密切的水力联系。河川径流量中的基流部分是由地下水补给的，地下水补给量中的一部分又来源于地表水的入渗，综合考虑地表水和地下水之间的相互联系和转化，对地表水与地下水进行统一评价，一方面可以避免水资源重复计算的问题，另一方面也有利于水资源的合理开发。例如，我国干旱半干旱地区的一些第四系沉积盆地，作为大、中型地下水水源地，其地质环境比较脆弱，长期集中开采地下水，难免会出现地面沉降等负面影响，而地表径流量又极不稳定，在一年中有一定时期的断流，如果能够通过统一评价，实施联合开发，在分质供水的前提下，雨季尽可能使用地表水，旱季集中开采地下水，过渡期实行地表水及地下水联合调度，既可避免环境地质问题又可确保稳定供水，取得地下水地表水优势互补的效果。

2）水量水质并重。水量和水质是水资源不可分割的两方面属性，质以量为载体，量的多少又直接影响其环境承载力的大小。水资源的使用价值取决于质量和数量两个方面，缺一不可。以往工作中，重水量调剂而轻水质变化、重水量供给而轻水质保护，这种认识上的偏差导致水量与水质问题矛盾突出。在我国当前水资源短缺、水污染严重的背景下，综合考虑水量水质，在客观评价流域或区域不同使用功能水资源数量的同时，也要客观的评价其对应的水质状况。水资源评价中遵循二者并重的原则，是保障用水安全、对水资源进行合理开发利用的重要基础。

3）水资源可持续利用与社会经济发展和生态环境保护相协调。水资源是社会经济发展过程中不可缺少的重要自然资源，但人类对水资源的开发利用必须保持在一个合理的限度内，否则将会制约社会经济的发展，导致生态环境的破坏。水资源、社会经济、生态环境之间既相互联系、相互依赖，又相互影响、相互制约，它们组成一个有机整体。在这个有机整体中，应以水资源的可持续利用支持经济社会和生态环境的可持续发展，不仅满足人民日益增长的优美生态环境的需要，而且推动实现更高质量、更有效率、更加公平、更可持续、更为安全的经济发展，走出一条经济发展、生活富裕、生态良好的文明发展道路。

4）全面评价与重点区域评价相结合。水资源评价是对特定区域（全球、全国、某地区、某流域等）地表水和地下水的水资源数量、质量、综合利用等进行全面评价，为合理开发、利用和保护水资源提供依据；同时，评价时还需要关注一些重点区域，尤其是兼顾经济社会发展与生态环境保护进程中水资源供需矛盾突出的地区，如国家重大战略区、重要经济发展区与大型平原盆地、高原湖泊集中分布区、生态脆弱区、气候变化敏感区等。

以上原则是开展水资源评价工作所遵循的通用原则。

（2）在开展地下水资源评价时，通常还需要考虑以下原则（《水文地质手册》第二版，中国地质调查局主编）：

1）"以丰补欠"的原则。地下水系统有别于地表水系统的一个最大区别是具有可调节的储存资源量。地下水补给量具有年内、年际变化。受气象要素周期变化的影响，地下水补给量的年内、年际差异性明显,尤其那些以降水补给为主或有季节性地表水补给的地区,更是如此。在补给量极不稳定的地区,维持地下水的持续稳定开采,储存量调节作用是不可忽视的。

采用以丰补欠的原则评价地下水资源,即在枯水年份、枯水期借用一些储存量,而在丰水年份、丰水期再偿还,充分利用储存量的调节作用,可以扩大地下水的允许开采量。

按照以丰补欠的原则评价地下水资源,要注意的是可开采资源量不能大于多年平均补给资源量,另外也要考虑取水设备的能力。

2) 不同目的和不同水文地质条件区别对待的原则。不同供水目的对水质、水量、水温的要求各异。评价时应按照相应的标准区别对待。不同水文地质条件,其评价的方法和要求也不相同。如补给充足、水交替积极的开放系统,可用稳定流方法;而水交替滞缓的封闭系统,宜采用非稳定流方法。又如地下水盆地,可利用储存量的调节作用,以丰补欠、评价开采资源;而山区阶地,则可利用夺取地表水的转化量,评价开采资源。地质环境稳定的基岩地区,可根据水量均衡条件,评价开采资源;而地质环境脆弱的第四纪平原地区必须考虑环境容量、限制水位降深、地质环境保护、地质灾害防治等条件,评价开采资源。

3) "动态"评价的原则。应以"动态"的观点分析、研究自然因素和人为因素的变化所导致的地下水补给、径流、排泄条件的变化及其对地下水资源数量的影响。

3.1.3　水资源分区

由于影响河流径流的许多因素,如气象因素、流域下垫面因素等具有地域性分布变化的规律,致使水资源相应地也呈现地域性分布的特点。即在相似的地理环境条件下,水资源的时空分布具有相似性;反之,在不同的地理环境条件下,水资源的时空分布往往差别很大。因此进行水资源评价时,水资源分区十分重要。

3.1.3.1　分区原则

为了保证水资源分区具有科学性、合理性,结合实际便于应用,分区时应遵守水资源地域性分布的规律,同时能充分反映水资源利用与管理的基本要求,水资源分区应遵循的基本原则包括:

(1) 区域地理环境条件的相似性与差异性。河流水文现象所具有的地域性分布规律是建立在地理环境条件相似与差异性之上的,是多种因素相互影响下长期发展演变的结果,因而具有相对的稳定性与继承性。例如,长江三角洲地区与黄土高原地区相比较,两者之间自然地理条件差异很大,社会经济条件也明显不同,但各自区域内部的气候水文植被以及社会经济条件具有相似性,这种区域地理环境条件的相似性与差异性,为各自然区划、经济区划提供了前提条件,也成为水资源分区需要遵守的重要原则。

(2) 流域的完整性。水资源分区计算需要大量的江河、湖泊水文观测资料,而水文现象的观测以及资料的分析整编,通常是以流域为单元进行的,此外,各种水利工程设施的规划设计与施工,包括水资源开发利用工程,也往往是以流域为单元组织实施的。所以,水资源分区要尽可能保持流域的完整性。

(3) 考虑行政与经济区划界线。水资源分区除了考虑自然因素外,还必须考虑各部门对水资源综合开发利用与水资源保护的要求,而各级职能机构包括水利机构、国民经济计划管理单位、工矿企业、用水单位等均按行政区划和经济区划等级系统来设置,即使是水文气象监测单位的设置以及资料的整编，除了按流域分设外，同时也按行政区划考虑。水资源的供需平衡更是与国民经济发展计划密切联系，不能脱离行政区划。所以在实际工作中，除了要遵循流域完整性原则外，还必须考虑行政区划与经济区划的界线。

（4）与其他区划尽可能协调。水资源评价涉及多个领域及部门，与其他自然区划、水利区划、流域规划、供水计划等紧密相关，许多分析数据需要其他区划提供，水资源的供需平衡分析更要与流域规划、国民经济发展计划、各部门用水需要相联系。因此水资源分区如能与其他分区协调一致，既为水资源分析评价工作提供方便条件，又可提高水资源评价的使用价值，使评价结果便于应用。

3.1.3.2 分区方法

进行水资源评价，首先需要进行水资源分区，根据各地的具体自然条件，按照上述原则，对评价范围进行一级或几级分区，常用的分区方法如下：

（1）根据各地气候条件和地质条件分区。可以根据各地的气候条件和地质条件对评价区进行分区，如将评价区分为湿润多沙区、湿润非多沙区、干旱多沙区和干旱非多沙区，或仅根据气候条件分为湿润区、半湿润区、半干旱区和干旱区等。

（2）根据天然流域分区。由于河川径流量是水资源的主要部分，因此通常以各大河流天然流域作为一级分区，然后参考气候和地质条件，再进行次一级的分区。根据《水资源评价导则》（SL/T 238—1999）规定，水资源评价应按江河水系的地域分布进行流域分区。全国性水资源评价要求进行一级流域分区和二级流域分区，区域性水资源评价可在二级流域分区的基础上，进一步分出三级、四级流域分区。

（3）根据行政区划分区。《水资源评价导则》（SL/T 238—1999）规定，水资源评价还应按行政区划进行行政分区。全国性水资源评价可按省（自治区、直辖市）和地区（市、自治州、盟）两级划分。区域性水资源评价可按省（自治区、直辖市）、地区（市、自治州、盟）和县（县级市、自治县、旗、区）三级划分。

3.1.3.3 分区概况

为保持大江大河的完整性，当前我国划分为 10 个水资源一级区：

（1）松花江区。包括松花江流域以及额尔古纳河、黑龙江、乌苏里江、图们江、绥芬河等跨界河流中国境内部分。

（2）辽河区。包括辽河流域、辽宁沿海诸河以及鸭绿江流域中国境内部分。

（3）海河区。包括海河流域、滦河流域及冀东沿海地区。

（4）黄河区。

（5）淮河区。包括淮河流域及山东沿海诸河地区。

（6）长江区。含太湖流域。

（7）东南诸河区。包括钱塘江、浙东诸河、浙南诸河、闽东诸河、闽江、闽南诸河及台澎金马诸河。

（8）珠江区。包括珠江流域、华南沿海诸河、海南岛及南海各岛诸河。

（9）西南诸河区。包括红河、澜沧江、怒江、伊洛瓦底江、雅鲁藏布江等跨界河流中国境内部分以及藏南、藏西诸河地区。

（10）西北诸河区。包括塔里木河等西北内陆河以及额尔齐斯河、伊犁河等跨界河流中国境内部分。

按基本保持河流水系完整性的原则，在一级区的基础上，又划分 80 个二级区。在河流水系分区的基础上，结合流域分区与行政区域，进一步划分为 213 个三级区。水资源分布图详见《中国水资源及其开发利用调查评价》。

3.2　地表水资源量评价的内容

地表水体包括河流、湖泊、冰川等，地表水资源量是这些水体中由当地降水形成的可以逐年更新的动态水量。由于河川径流量是地表水资源最主要的组成部分，因此在地表水资源评价中常用河川径流量来表示地表水资源量。

地表水资源的数量评价包括以下内容：

（1）单站径流资料统计分析。凡资料质量较好、观测系列较长的水文站均可作为选用站，包括国家基本站、专用站、委托观测站。各河流控制性测站为必须选用站。统计大河控制站、区域代表站历年逐月天然径流量，分别计算长系列和同步系列年径流量的统计参数；统计其他选用站的同步期天然年径流量系列，并计算其统计参数。

（2）主要河流年径流量计算。主要河流一般指流域面积大于 $5000 \mathrm{km}^2$ 的大河，选择河流出口控制站的长系列径流量资料，分别计算长系列和同步系列的平均值及不同频率的年径流量。

（3）分区地表水资源量计算。分区地表水资源数量是指区内降水形成的河川径流量，不包括入境水量。分区地表水资源评价即计算各分区和全评价区同步系列的统计参数和不同频率的年径流量。一般采用代表站法、等值线法、年降雨径流相关法、水文比拟法等来计算分区地表水资源量及其时空分布。

当区域内河流有水文站控制时，可以选择控制站或代表站分析实测及天然径流量。如果区域内河流没有水文站控制，则可以利用水文模型或自然地理特征相似地区的降水径流关系，由降雨系列推求径流系列；或者借助邻近分区同步期径流资料，经合理性分析后，利用水文比拟法进行推求。

（4）地表水资源时空分布特征分析。分析地表水资源的地区分布特征，径流量的年内分配、年际变化及多年变化情况。

（5）出境、入境、入海地表水量计算。入境水量是天然河流经区域边界流入区内的河川径流量；出境水量是天然河流经区域边界流出区域的河川径流量；入海水量是天然河流从区域边界流入海洋的水量。在水资源分析评价计算中，一般应当分别计算多年平均及不同频率年（或其他时段）出境、入境、入海水量，同时，要研究出境、入境、入海水量的时间分配规律，以满足水资源供需分析的需要。

（6）地表水资源可利用量估算。通过分析各地区的蓄、引、提等地表水工程措施，估算可能控制利用的河道外一次性最大水量。

（7）人类活动对河川径流的影响分析。查清水文站以上控制区内水土保持、水资源开发利用及农作物耕作方式等各项人类活动状况，综合分析人类活动对当地河川径流量及其时程分配的影响程度，对当地实测河川径流量及其时程分配做出修正。

3.3　河流年径流量计算与评价

3.3.1　河流多年平均径流量

评价地表水资源量应对评价范围内的水文站进行单站径流统计分析和主要河流的年径流量计算。河流年径流量即一个年度内通过河流某断面的水量。河流的多年平均径流量即河流年径流量的多年平均值。一般随着统计实测资料年数的增加，年径流量的均值将趋于一个稳定的数值，此值称为河流正常年径流量。

正常年径流量反映的是天然条件下河流蕴藏水资源的理论数量，代表能最大限度开发利用的地表水资源量，是水文、水力计算中的一个重要特征值。但由于人们难以获取河流年径流量的总体数据，因此，一般情况下，只要有一定长度的系列资料，就可以用年径流量平均值代替正常年径流量。

河流多年平均年径流量的推算，根据资料的多少，可采用以下方法。

3.3.1.1　有长期实测资料情况

所谓长期实测资料，指实测系列足够长，并具有一定的代表性，即在观测系列中应包含丰、平、枯水年的典型年观测资料。当满足以上条件时，可用算术平均法直接计算。

由于各个流域的特性不同，其平均值趋于稳定所需的时间也不相同。对于那些年径流变差系数值变化较大的河流，所需观测系列要长一些，反之则短些。根据我国河流的特点和资料条件，一般具有 30 年以上可作为有长期资料处理。另外，此法的关键还在于分析资料的代表性，即在实测资料的系列中必须包含河川径流变化的各种特征值。

3.3.1.2　有短期实测资料情况

短期实测资料一般指仅有 20 年以下的实测资料，代表性较差。如果直接根据这些资料进行计算，求得的结果可能有较大误差。这种情况下，为了提高精度，保证计算结果的可靠性，必须首先对实测径流资料进行相关延展，然后再用上述方法进行计算。通常采用相关法来延展径流系列。

用相关法延展年径流系列的关键是选择合适的参证变量。一般可根据下列条件来选择参证变量：①参证变量与年径流量之间应有密切的联系，如本地降雨系列，或上、下游站的径流系列等，这样才能保证延展成果的可靠性；②参证变量应具有足够长的实测资料，以用来延展出代表性较好的径流系列；③参证变量与年径流系列之间应具有一定长度的同期观测资料，以便用来建立相关关系。

在水资源分析中，通常利用径流量或降雨量作参证资料来延展设计站的年、月径流系列。

（1）利用径流资料插补延展系列：就是在本流域上下游、干支流域或相邻流域上，选取具有长系列实测年径流量的测站作为参证站，经过分析后，如果证明它们之间同期的年径流量关系密切，则可用二者之间的相关图或相关方程来插补延展研究站的短期年径流量资料系列。当年径流量资料系列很短，不足建立年相关时，也可用月相关插补延展月径流量，然后计算年径流量。但用月资料，往往精度较低。

（2）利用降雨资料插补延展系列：如果在研究站的上下游或邻近地区找不到具有长系

列径流量资料的参证站，而在研究站邻近有较长时间的年降水资料的测站，也可选择降水量作为参照变量与研究站短期的实测径流量资料建立相关关系。然后利用较长时间的年降水资料进行插补延展研究站的径流量资料。在分析降水和径流关系时，一般是在同一张方格纸上点绘年降雨量与径流量的过程线，再用相关分析法插补延展研究站的径流系列。

一般来说，在我国南方湿润地区，由于降水多，降雨与径流关系密切，相关性较好；而在北方干旱、半干旱地区，由于降雨大部分耗于蒸发，相关性较差。

3.3.1.3　缺乏实测资料情况

在中、小河流的水文计算中，经常会遇到缺乏实测径流资料的情况，甚至连降雨资料也没有。有些河流虽然有一些实测资料，但因系列过短，不能用相关分析法来延展。这种情况下可以通过间接途径来推求年径流量。

1. 等值线图法

在地图上把观测到的水文特征值标记出来，然后把相同数值的各点连成等值线，即可构成该特征值的等值线图。水文特征值的等值线图表示水文特征值的地理分布规律。

闭合流域多年平均年径流量的主要影响因素是气候因素，而气候因素有地区性，即降雨量与蒸发量具有地理分布规律。因此，受降雨量和蒸发量影响的多年平均年径流量也具有地理分布规律。所以，利用这一特点可以绘制多年平均年径流量的等值线图，并用它来推算无实测资料地区的多年平均年径流量。

由于径流量的多寡与流域面积的大小有直接关系，为了消除这项影响，多年平均年径流量等值线图一般以径流深或径流模数为度量单位。目前，各省（自治区）编制的水文手册一般都绘有本省（自治区）的多年平均年径流深和各种频率的年径流深等值线图。该法是以各省（自治区）编制的本省（自治区）多年平均年径流深和各种频率的年径流深等值线图为依据。

应用等值线图推求多年平均年径流深时，先在等值线图上画出所求河段设计断面的控制流域面积，即勾绘出研究流域的分水线，再找出流域的形心（即确定流域面积的重心位置，重心位置可通过平分流域面积的相互垂直的两条直线的交点来确定），然后根据等值线用直线内插法读出形心处的多年平均年径流深的值。该值乘以设计断面控制的流域面积就可作为设计断面的多年平均（正常年）径流量的估计值。

等值线图法一般对大流域查算的结果精度高一些。对于小流域，因小流域可能不闭合和河槽下切不深，不能汇集全部地下径流，所以使用等值线图有可能导致结果偏大或偏小，应结合具体条件加以适当修正。

2. 水文比拟法

与研究流域有相似自然地理特征的流域称为相似流域，也称参证流域。水文比拟法就是以流域间的相似性为基础，将相似流域的水文资料移用至研究流域的一种简便方法。

如前所述，水文现象具有地区性，如果某几个流域处在相似的自然地理条件下，则其水文现象也具有相似的发生、发展、变化规律和相似的变化特点。移用相似流域研究资料的方法较多，如选择相似流域的径流模数、径流深度、径流量、径流系数以及降水径流相关图等。若相似流域与研究流域之间仅在个别因素上有差异时，可考虑不同的修正系数加以修正。

若研究流域与相似流域的气象条件和下垫面因素基本相似，仅流域面积不同，这时只考虑面积的影响，则研究流域的正常年径流量有如下关系式：

$$\frac{W_研}{F_研}=\frac{W_参}{F_参}$$

式中　$W_研$、$W_参$——研究流域与参证流域的正常年径流量，m^3；

　　　　$F_研$、$F_参$——研究流域与参证流域的流域面积，km^2。

若两流域的年降水量不同时，则

$$\frac{W_研}{P_研}=\frac{W_参}{P_参}$$

式中　$P_研$、$P_参$——研究流域与参证流域的年降水量，mm。

如果使用径流深或径流模数，则不需修正即可直接使用。

水文比拟法是在缺乏等值线图时一个比较有用的方法。即使在具有等值线图的条件下，当研究流域面积较小，它的年径流量受流域自身特点的影响很大，因此对研究流域影响水文特征值的各项因素进行一些分析，可以避免盲目地使用等值线图而未考虑局部下垫面因素所产生的较大误差。因此，对于较小流域，水文比拟法更有实际意义。

3. 径流系数法

当小流域内（或附近）有年降水资料，且降水与径流关系密切时，可利用多年平均降水与径流的定量关系计算年径流量，即利用年降水量的多年平均值乘以径流系数推求多年平均年径流量。

$$W=1000\alpha PF$$

式中　W——多年平均年径流量，m^3；

　　　　α——该地区年径流系数，与研究区植被、地形、地质、主河道长度等因素有关，可通过调查并参考省、地区《水文手册》确定；

　　　　P——研究地区多年平均年降雨量，mm，可从省、地区的《水文手册》查出，或向附近水文站、雨量站查询；

　　　　F——研究流域的集水面积，km^2。

4. 经验公式法

可利用经验公式推求研究流域的多年平均年径流量。由于经验公式都是根据各地实测资料分析得出的，有其局限性，这些经验公式一般可以在当地的《水文手册》中查得。

$$W=KF^n$$

式中　W——多年平均年径流量，m^3；

　　　　F——流域面积，km^2；

　　K、n——地区性参数，取值可查当地《水文手册》。

5. 水文查勘法

对于完全没有资料，也找不到相似流域的小河或间歇性河流，此时可进行水文查勘，收集水文资料，进行正常年径流量的估算。这项任务一般是通过野外实地查勘、访问，了解多年期间典型水位过程线、河道特性，建立水位流量关系曲线，从而推算出近似的流量过程线，并估算其正常年径流量。水文查勘工作，不仅对完全无资料的小河有必要，对有资料的大流域也是不可缺少的。

需要指出的是，为了满足工程设计或规划的需要，为慎重起见一般不只用一种方法计算，往往运用几种方法推算的成果相互验证，以确保计算成果的精度。

3.3.2　频率分析

在进行水资源量评价时，除了计算径流系列的平均值以外，还需要计算出不同频率的年径流量。另外，在水资源利用工程中，也需要计算出某河流的水文特征值（如水位、年径流量、降水量等）在工程运营期内或今后若干年内可能出现的概率，因此也需要对水文资料进行频率分析。在河流水文计算中，频率均指累积频率，即等量或超量值的累积频数与总观测次数的比值。

频率分析的方法如下：

（1）用实测的某河流水文特征值作为随机样本，计算各特征值相对应的频率，并将各组数据点绘于二维坐标图上，用目估的方法通过点群中心绘制一条光滑的曲线，称为经验频率曲线。

（2）根据概率论的原理，选用某种由一定数学公式表示的频率曲线，称为理论频率曲线，并通过调整参数选配一条与经验频率曲线配合最好的理论频率曲线。

（3）以该理论频率曲线作为外延的工具，得出不同频率条件下的水文特征值。

当实测资料的时间跨度较长或设计标准要求较低时，经验频率曲线能够解决一些实际问题。但目前，实测资料的时间跨度一般最多不过几十年，由此计算出来的经验频率点会偏少。在实际应用中，如果需要推求一些小概率事件，则会由于经验频率曲线上端部分往往没有实测点据控制，而导致曲线延长时误差增大，从而会使设计水文数据的可靠程度受到影响。另外，水文要素的统计规律有一定的地区性，但是很难直接利用经验频率曲线把这种地区性的规律综合出来，没有这种地区性规律，就无法解决缺测资料地区的水文计算问题。

为了解决这些问题，人们提出用数学方程式表示的频率曲线来配合经验点据，即寻求理论频率曲线。寻求河流水文某特征值的频率分布线型一直是水文分析计算中的难点。河流水文随机变量究竟服从何种分布规律，目前还没有充分的论证，只能用某种理论线型近似代替。迄今为止，国内外采用的线型至少有十几种。多年使用经验表明，P-Ⅲ型曲线比较符合我国多数地区水文现象的实际情况，因此在我国降雨、径流、枯（洪）水流量等频率分析中应用较多。近年来，广义极值分布（Generalized Extreme Value，GEV）、广义帕累托分布（Generalized Pareto Distribution，GPD）等频率曲线在极端气候水文要素的频率分析中应用也日趋广泛。当理论频率曲线确定后，即可推求任意频率下的水文特征值。

有关经验频率曲线计算、理论频率曲线参数推求等详见《水文统计》等相关书籍。

3.3.3　径流还原

水资源分析评价中，降水、径流等水量平衡要素的分析、不同设计保证率下水资源量的确定等，都采用数理统计的方法，这种方法的基本要求是水文统计样本要具有某种相同的基础，即所运用的资料系列要具有一致性和代表性。也就是说，在所研究的时段内，水文情势不受或极少受到人为活动的干扰，其所取得的资料系列基本上要能够反映天然的状况。

但是随着社会经济的发展，人类活动对自然界的影响越来越大，开垦农田、砍伐森林、大规模兴建水利工程、大量引水、提水灌溉，以及城市工矿企业取水等使流域自然地理条件和江河水文情势发生了很大的变化，影响了地表水的产流过程及循环路径，从而影响径流在时间和空间上的变化，使水文站实测水文资料不能真实地反映地表径流的固有规律。此外，有些实测资料是在不同的基础条件下获取的，资料之间缺乏一致性，因而不能直接用于数理统计方法的计算。为了全面、准确地估算各流域、各地区的河川径流量，需要对实测水文资料进行还原计算，来消除人类活动对水文资料带来的影响。

所谓还原计算，就是消除人为影响，将水文资料序列回归到天然状态的一种方法。常用的径流还原计算的方法有分项调查法、流域蒸发差值法、降雨径流模式法、水文模型法等。

3.3.3.1 分项调查法

分项调查法又被称为水量平衡法。根据径流还原计算的要求，原则上应消除各种人类活动对径流的影响，即对测站以上灌区耗水量，蓄水工程的蓄变量和渗漏量、引入水量、引出水量，工业和城市生活用水量，因水面变化而引起蒸发量的变化量等，应直接采用实测或调查资料，并尽量按年逐月还原计算。

分项调查法是针对影响径流变化的各项人类活动，逐项进行调查分析，确定各自影响径流的程度，然后逐项还原计算。在各种还原计算方法中，分项调查法理论上严格，概念上明确，方法上具体，是还原计算中最基本的方法。但是这种方法要求有比较充分的分项调查统计资料，工作量大。

根据水量平衡原理，可建立如下实测径流与各项还原水量间的水量平衡方程：

$$W_{天然}=W_{实测}+W_{灌溉}+W_{工业}+W_{蓄}+W_{引}+W_{蒸}+W_{渗}+W_{分洪}$$

式中 $W_{天然}$——还原后的天然径流量，m^3；

       $W_{实测}$——水文站实测径流量，m^3；

       $W_{灌溉}$——灌溉耗水量，m^3；

       $W_{工业}$——工业和城市生活耗水量，m^3；

       $W_{蓄}$——计算时段始末蓄水工程蓄水变量，蓄水量增加该值为正，蓄水量减少则该值为负，m^3；

       $W_{引}$——跨流域（地区）引水增加或减少的测站控制水量，增加水量为负值，减少水量为正值，m^3；

       $W_{蒸}$——蓄水工程水面蒸发量和相应陆地蒸发量的差值，m^3；

       $W_{渗}$——蓄水工程渗漏量，m^3；

       $W_{分洪}$——河道分洪水量，m^3。

在计算过程中，理论上应将所有影响径流的形成因素进行还原，但是这将导致计算工作量加大，因此在满足工程或研究精度需要的情况下，结合实际情况有目的删除一些对径流形成影响较小的因素，可使计算量大大减少。例如，在实际计算中，水库的蒸发渗漏、各水库蓄水变量等，一般所占比重较小，有时可不予考虑。一般情况下，还原项目中，农业用水量占比较大，在水量还原计算中，需要着重考虑这部分水量的还原。然而，用于农业灌溉的水量大多缺乏实测资料，使得调查过程中难以取得灌水定额、灌水次数及灌溉面积等比较准确的资料，因而对计算精度会产生一定的影响。

一般来说，对还原计算的水量需进行合理化检验后，才能应用于河流水文计算。检验的方法包括：

（1）对工农业、牧业、城市用水量定额和实际耗水量，应结合工农业的特点，发展情况以及气候、土壤、灌溉方式等因素，进行部门之间、城市之间和年际之间的比较，以检查其合理性。

（2）对还原计算后的年径流量进行上下游、干支流、地区之间的综合平衡，以分析其合理性。

（3）对还原计算前后的降雨径流关系进行对比分析，考察还原计算后降雨径流关系是否改善。

3.3.3.2 流域蒸发差值法

在天然（人类活动前）和现状（人类活动后）条件下，流域多年平均的降水、径流、蒸发三要素的水量平衡方程分别为

$$P_{天然}=W_{天然}+E_{天然}$$
$$P_{现状}=W_{现状}+E_{现状}$$

式中 $P_{天然}$、$W_{天然}$、$E_{天然}$——天然情况下的多年平均降水量、径流量和蒸发量，m^3；

$P_{现状}$、$W_{现状}$、$E_{现状}$——现状情况下的多年平均降水量、径流量和蒸发量，m^3。

若近似认为人类活动前后的多年平均降水量相等，即 $P_{天然}=P_{现状}$，则

$$W_{天然}-W_{现状}=E_{现状}-E_{天然}$$

那么，多年平均的还原水量：

$$W_{还原}=E_{现状}-E_{天然}$$

上述公式表明，多年平均还原水量等于人类活动前后多年平均流域蒸发量的差值。该方法易于理解，计算简单。但由于各流域的蒸发资料比降雨、径流资料更难获得，很多流域几乎没有相关的蒸发资料，因此该方法在实际径流还原计算中运用较少（魏茹生，2009）。

3.3.3.3 降雨径流模式法

根据自然界水分循环过程与降雨径流形成的基本规律，流域径流量与降水量之间存在密切关系，因此可以根据同步降雨径流资料建立降雨和径流的关系模式，将历年降水资料视为处于天然状态下的实际降水资料，历年资料之间具有一致性。将径流资料划分为未受人类活动显著影响的资料和受到显著影响的资料两部分，通过建立未受人类活动显著影响时期的降雨径流之间的关系来修正因受人类活动显著影响而改变的径流量值，得到天然径流量，该值与实测径流量的差值即为还原水量。

最简单的降雨径流模式是降雨、径流两个因子之间的单相关关系。但由于径流是在降雨、蒸发及下渗等因子的共同作用下形成的，因此为了提高模型精度，还应根据各地区不同情况，适当考虑影响径流的其他因子，例如：反映降水集中程度的汛期降水量，反映影响流域蒸发的年平均气温，反映前期影响的前一年 10～12 个月总降水量等。具体情况要具体分析，由此计算的径流还原水量可能会更接近实际。

降雨径流模式法是一种比较切实可行的计算方法，应用比较广泛。在实际运用中，首

先考虑流域下垫面条件，分析河川径流的形成机理，并按实际情况合理的选择模型参数（魏茹生，2009）。

3.3.3.4　水文模型法

近些年来，也有学者采用概念性以及具有物理机制的水文模型、基于数据的机器学习等方法开展不同流域径流还原的研究。不同方法适用性有所差异，优势也各不相同。具体研究中，需要根据研究目的、流域情况、数据资料情况等选择适当的方法进行径流还原。

在采用水文模型法进行径流还原时，通常选用流域内受人类活动影响较小、能大致反映流域天然径流情况的子流域，进行子流域的水文模型建模，具体包括参数率定、验证，然后根据地理位置的就近性与气候水文、下垫面等条件的相似性原则，把水文模型参数移用到其他子流域，再通过验证后的水文模型分析计算整个流域（或其他子流域）的径流量，该径流量即为还原后的径流量。具体可查阅参考文献（陈佳蕾 等，2016；范辉 等，2017）。

3.4　地表水资源时空分布特征

3.4.1　年内变化

河流的天然径流量在一年内的变化过程，称为径流量的年内分配。受气候和下垫面因素的综合影响，不同流域上的两条河流即使年径流量相差不大，但若年内分配形式不同，对水资源开发工程及工农业和城市生活用水也有很大影响。天然河流的径流量在一年之内的变化，一方面呈现出明显的洪、枯水季节交替的规律；另一方面，这种交替对于不同河流或同一河流不同年份都不一致，即各时段的径流量以及洪、枯水季节的起止时间，由于受各种自然因素综合的影响，而带有一定的偶然性。通常采用以下指标来分析径流的年内分配特征。

（1）径流量分配百分比。年内各月径流量占全年径流总量的百分比及月分配率（%）。地表水资源开发利用中，一般要计算某些典型年如丰水年、平水年、枯水年以及正常年的逐月径流量和月分配率。此外，通常用连续最大四个月径流量占全年径流总量的百分比来反映一年中河流汛期的径流形势。

（2）流量年内分配不均匀系数。流量年内分配不均匀系数 C_L 表示河流水量年内分配的不均匀程度，计算公式如下：

$$C_L = \frac{\sum\limits_{i=1}^{k} Q_i - K\overline{Q}}{12\overline{Q}}$$

式中　Q_i——大于年平均流量值的月平均流量，m^3/s；

　　　　K——月平均流量超过年平均流量的月数；

　　　　$\overline{Q}$——年平均流量，m^3/s。

C_L 值越大，表示河流水量年内分配越不均匀。我国流量年内分配不均匀系数 C_L 的值呈现出北高南低的特点，长江干流以南一般为 0.25~0.35，以北一般为 0.35~0.50。C_L 值的大小与河流径流的补给来源有着密切关系，以雨水或冰雪消融水补给为主的河流 C_L 值一般较大，以地下水补给为主的河流 C_L 值一般较小。

3.4.2　年际变化

正常年径流量反映了河流拥有水量的多少，但并不反映具体某一年的水量，这是因为径流量是一个随机变量，每年的数值都不相同，即径流量具有年际变化。由于河川径流是气候因素、流域自然地理因素等综合影响的产物，而气候因素具有明显的年际变化特征，即使较为稳定的下垫面条件，由于每年的气候条件不尽相同，因此，受其影响的河川径流量也具有明显的年际变化。在降水丰沛的地区，如我国东南沿海及华南一带，年降水量变化小，因而年径流变化也小；而在降水相对较少且在时间分配上相对集中的地区，如华北、西北地区，降水量的年际变化大，径流量的年际变化也大。另外，河流径流量的年际变化也与其补给来源的性质、下垫面条件、集水面积大小等有关。

径流量的年际变化通常用年径流变差系数和年径流量不稳定系数来表示。

（1）变差系数。变差系数 C_V 值越大，表明年径流量的年际变幅越大；反之，年际变化缓和。我国河流径流量年际变化的一般规律是：南方地区河流的 C_V 值小于北方河流，沿海地区河流的 C_V 值小于内陆地区，降水多的地区年径流量的 C_V 值小于降水量少的地区，流域面积大的河流年径流量 C_V 值小于流域面积小的河流，冰川、融雪或地下水补给的河流其 C_V 值小于降水补给的河流。

（2）年径流量不稳定系数。年径流量不稳定系数 r 可以反映径流年际变化的幅度，是最大年径流量 $W_{最大}$ 与最小年径流量 $W_{最小}$ 的比值，即

$$r = \frac{W_{最大}}{W_{最小}}$$

r 值越大，说明该河流径流年际变化幅度越大。通常，r 值与 C_V 值成正比，C_V 值大的河流，r 值也大。根据统计，我国长江、珠江、松花江的年径流量不稳定系数 r 为 2~3 倍，黄河为 4 倍，淮河为 15 倍，海河则高达 20 倍。

3.4.3　多年变化

大量观测资料和研究表明，我国主要江河的年径流量存在着准周期性的变化规律。所谓河川径流变化的准周期性是指河川径流的年径流量的大小在各年各不相同，在丰水年份径流量大，而在枯水年份径流量小，这种丰水年组和枯水年组往往循环交替出现，其交替周期不是固定的，是在一定幅度内变化，故称准周期性。一般情况下，年径流量多年变化周期分析可采用差积分析、累积平均过程线分析、滑动平均值过程线分析、最大熵谱分析、小波分析等方法。年径流量的连丰连枯的变化规律可以通过频率计算来分析。

（1）差积分析。差积分析也称为距平累积曲线分析，其表达式为

$$u_t = \sum_{i=1}^{t}(W_i - \overline{W})$$

式中　W_i——任意单位时段的径流实测值，m^3；

$\overline{W}$——某一时段径流的平均值，$t=1, 2, 3, \cdots, n$，m^3；

u_t——累积离差。

差积曲线是以累积离差为纵坐标，时间为横坐标，绘制出累积离差随时间变化的过程线。在过程线上，当离差为正值时，在累积离差曲线为上升线段，反之则是下降的线段。

曲线上升段表示丰水期，下降段表示枯水期。通过丰水期、枯水期的判断即可粗略反映径流变化的准周期性。

（2）小波分析。因为径流序列的周期变化具有多时间尺度特性，使用一般方法很难详细诊断其变化的复杂结构，小波分析在时域、频域上具有局部辨识力，可诊断出时间序列变化的多层次特征，从而得到周期变化在各个时间尺度上的详细信息，因而在气象、水文等领域研究中得到了广泛应用（李占玲 等，2008；张健 等，2016）。

在选择小波函数时，复 Morlet 小波可消除虚假变化，时间序列的时频局部化能力更强，从而使结果更为准确，在实际中应用更为广泛。复 Morlet 小波变换的模和实部是两个重要变量，模的大小表示不同特征时间尺度信号的强弱，实部表示不同特征时间尺度信号在不同时间上的分布和位相两方面的信息，小波系数实部为正时，表示径流量偏多，为负时表示径流量偏少，从小波系数的实部可以看出不同尺度下的径流丰枯结构。小波系数反映的是不同时间尺度对信号的响应，小波方差表示的是时间序列在某一尺度下周期波动的强弱，小波方差图对应峰值处的尺度即为该时间序列的主要时间尺度，即主要周期（张健 等，2016）。

（3）径流连丰、连枯变化规律分析。选择实测资料较长的代表站，对年径流量系列进行频率计算，并将年径流分为丰（$P < 12.5\%$）、偏丰（$P = 12.5\% \sim 37.5\%$）、平（$P = 37.5\% \sim 62.5\%$）、偏枯（$P = 62.5\% \sim 87.5\%$）、枯水（$P > 87.5\%$）五级，进而分析年径流丰、枯连续出现的情况。

黄河 1922—1932 年连续 11 年的平均年径流量比正常年少 30%；海河北系 1980—1984 年的平均年径流量比正常年少 1/2；松花江在近 80 年中出现过连续 11 年和连续 13 年的枯、丰年组，1916—1928 年的平均年径流量比正常年少 41%，而 1953—1966 年又比正常年多 41%。

3.4.4 地区分布特征

受年降水量时空分布以及地形、地质条件的综合影响，年降水量的区域分布既有地域性的变化，又有局部的变化，河流径流的等值线图可以反映地表水资源的地区分布特征。

在水资源评价中，可以选择汇水面积为 $300 \sim 5000 \text{km}^2$ 的水文站（测站稀疏地区可适当放宽要求），根据还原后的天然年径流系列，计算各分区及全评价区的平均年径流深和 C_V 值，点据不足时，可以辅以较短系列的平均年径流深和 C_V 值，绘制平均年径流深和 C_V 值等值线图，以此分析地表水资源的地区分布特征。

3.5 出境、入境、入海地表水量计算与评价

3.5.1 多年平均及不同频率计算

出境、入境、入海水量计算应选取评价区边界附近的或河流入海口水文站，根据实测径流资料，采用不同方法换算为出入境断面的或入海断面的逐年水量，并分析其年际变化趋势，应该注意的是，出境、入境、入海水量的计算必须在实测径流资料已经还原的基础上进行。

当区域内只有一条河流过境时，若其入境或出境入海处恰好有径流资料年限较长且具

有足够精度的代表站，该站多年平均及不同频率的年径流量即为计算区域相应的入境或出境入海水量。

多数情况下，代表站并不恰好处于区域边界上。如果入境代表站位于区域内，则其集水面积与本区面积有一定重复，这时需要首先计算出重复面积上的逐年产水量，然后从代表站对应年份的水量中予以扣除，从而组成入境的逐年水量系列。若入境代表站位于区域的上游，则需在代表站逐年水量系列的基础上，加上代表站以下至区域入境边界部分面积的逐年产水量，组成入境逐年水量系列。然后再经过频率计算得到多年平均及不同频率的年入境水量。多年平均及不同频率年出境、入海水量按以上同样方法进行计算。

3.5.2　时空分布

出境、入境、入海水量的时间分布主要用年内分配、年际变化等来反映，可参照前面介绍的有关方法分析。在一般情况下，出境、入境、入海水量的年内分配可用正常年水量的月分配过程或连续最大四个月枯水期水量占年水量的百分率等来反映。也可分析指定频率年出境、入境、入海水量的年内分配形式。出境、入境、入海水量的年际变化可用代表站年出境、入境、入海水量的变差系数来表示，也可通过出境、入境、入海水量的周期变化规律和连丰连枯变化规律来反映。

3.6　地表水资源可利用量估算及评价

在水资源评价工作中，不仅要评价地表水资源的数量，还要搞清地表水资源的可利用量，为合理的配置地表水资源提供科学依据。

3.6.1　地表水资源可利用量概述

水资源可利用量是区域水资源总量的一部分，它具有独立性与整体性交织、动态性、模糊性和时空变异性等特征。尽管水资源可利用量在水资源评价、规划与管理工作中非常重要，且国内也开展了大量的研究工作，但对水资源可利用量的概念的认识尚没有统一的定论。

《水资源评价导则》（SL/T 238—1999）明确"地表水资源可利用量是指在经济合理、技术可能及满足河道内用水量顾及下游用水的前提下，通过蓄、引、提等地表水工程措施可能控制利用的河道外一次性最大水量（不包括回归水的重复利用）"。《全国水资源综合规划技术细则》确定的地表水资源可利用量是"指在可预见的时期内，统筹考虑生活、生产和生态环境用水，协调河道内与河道外用水的基础上，通过经济合理、技术可行的措施可供河道外一次性利用的最大水量（不包括回归水的重复利用）"。郭周亭通过总结分析，认为国内关于水资源可利用量的概念较一致的共识为：在经济合理、技术可行和环境容许的前提条件下，通过各种工程措施最大可能地控制利用不重复的一次性水量。引申理解即天然水资源量中能够通过水利工程措施最大可能地提供给工农业生产、城乡居民生活、生态环境等部门符合水质要求的水量。所谓经济合理、技术可行和环境容许的前提，说明水资源可利用量不单纯取决于当地水资源量的多寡，还受控于当时的社会经济和技术发展以及可持续发展战略的要求。同时，还表明水资源可利用量是个动态概念，随着科学技术的发展，可利用量在一定程度上会有所增加，随管理水平和开发利用工艺的提高也将得到合理、充分、有效地利用，但应以不破坏生态环境、经济持续发展、水资源可持续利用为原则（徐德龙 等，2007）。

影响地表水资源可利用量的主要因素如下（《全国水资源综合规划技术细则》）：

（1）自然条件。包括水文气象条件、地形地貌、植被、包气带和含水层岩性特征、地下水埋深、地质构造等下垫面条件。这些条件的优劣，直接影响地表水资源量和地表水资源可利用量的大小。

（2）水资源特征。地表水资源数量、质量及其时空分布、变化特征以及由于开发利用方式等因素的变化而导致的未来变化趋势等，直接影响地表水资源可利用量的定量分析。

（3）经济社会发展及水资源开发利用技术水平。经济社会的发展水平既决定水资源需求量的大小及其开发利用方式，也是水资源开发利用资金保障和技术支撑的重要条件。随着科学技术的进步和创新，各种水资源开发利用措施的技术经济性质也会发生变化。显然，经济社会及科学技术发展水平对地表水资源可利用量的定量也是至关重要的。

（4）生态环境保护要求。地表水资源可利用量受生态环境保护的约束，为维护生态环境不再恶化或为逐渐改善生态环境状况都需要保证生态用水，在水资源紧缺和生态环境脆弱的地区应优先考虑生态环境的用水要求。可见，生态环境状况也是确定地表水可利用量的重要约束条件。此外，地表水体的水质状况以及为了维护地表水体具有一定的环境容量均需保留一定的河道内水量，这些都会影响地表水资源可利用量的定量。

在估算地表水资源可利用量时，应从以下方面加以分析：

1）必须考虑地表水资源的合理开发，所谓合理开发是指要保证地表水资源在自然界的水文循环中能够继续得到再生和补充，不致显著地影响到生态环境。地表水资源可利用量的大小受生态环境用水量多少的制约，在生态环境脆弱的地区，这种影响尤为突出。将地表水资源的开发利用程度控制在适度的可利用量之内，既会对经济社会的发展起到促进和保障作用，又不至于破坏生态环境。

2）必须考虑地表水资源可利用量是一次性的，回归水、废污水等二次性水源的水量均不能计入地表水资源可利用量内。

3）必须考虑确定的地表水资源可利用量是最大可利用量。所谓最大可利用水量是指根据水资源条件、工程和非工程措施以及生态环境条件，可被一次性合理开发利用的最大水量。地表水资源可利用量不应大于本区河川径流量与入境水量之和再扣除相邻地区分水协议规定的出境水量。

地表水资源可利用量与水利工程、经济实力、技术进步、水污染状况、生态环境等因素有关，具有动态的概念。

3.6.2　地表水资源可利用量估算方法

常用的地表水资源可利用量估算方法包括倒算法和正算法（也称扣损法和直接计算法）。

3.6.2.1　倒算法

倒算法是用多年平均水资源量减去不可以被利用水量和不可能被利用水量中的汛期下泄洪水量的多年平均值。不可以被利用水量是指不允许利用的水量，以免造成生态环境恶化及被破坏的严重后果，即必须满足的河道内生态环境需水量。不可能被利用水量是指受各种因素和条件的限制，无法被利用的水量，主要包括：超出工程最大调蓄能力和供水能力的洪水量、在可预见时期内受工程经济技术性影响不可能被利用的水量、在可预见时期内超出最大用水需求的水量，即

$$W_{地表水可利用量} = W_{地表水资源量} - W_{河道内需水量外包} - W_{洪水弃水}$$

倒算法一般适用于北方水资源紧缺地区。

1. 河道内生态环境需水分类及其计算

河道内生态环境需水量主要包括：河流维持河道基本功能的最小流量、改善城市景观河道内需水量、维持湖泊湿地生态功能的最小水量、保持一定水环境容量的水量、维持河湖水生生物生存的水量、河道冲沙输沙水量、冲淤保港水量、防止河口淤积、海水入侵、维系河口生态平衡的入海水量等。各类生态环境需水量的计算方法如下：

（1）河流最小生态环境需水量。河流最小生态环境需水量即维持河道基本功能（防止河道断流、保持水体一定的稀释能力与自净能力）的最小流量，是指维系河流的最基本环境功能不受破坏所必须在河道中常年流动着的最小水量阈值。需要考虑河流水体维持原有自然景观，使河流不萎缩断流，并能基本维持生态平衡。通常采用的计算方法如下：

以多年平均径流量的百分数（北方地区一般取 10%～20%，南方地区一般取 20%～30%）作为河流最小生态环境需水量。计算公式为

$$W_r = \frac{1}{n}\left(\sum_{i=1}^{n} W_i\right) \times K$$

式中　W_r——河流最小生态环境需水量，m^3/a；

　　　W_i——第 i 年的径流量，m^3/a；

　　　K——选取的百分数，%；

　　　n——统计年数。

也可根据近 10 年最小月径流量或 90%保证率最小月径流量，计算多年平均最小生态环境需水量。计算公式为

$$W_r = 12\min(W_{ij})$$
$$W_r = 12\min(W_{ij})_{P=90\%}$$

式中　$\min(W_{ij})$——近 10 年最小月径流量，m^3；

　$\min(W_{ij})_{P=90\%}$——90%保证率最小月径流量，m^3。

（2）城市河湖景观需水量。城市景观河道内生态环境需水量是与水的流动有关联的穿城河道与通河湖泊，为改善城市景观需要保持河湖水体流动的河道内水量，根据改善城市生态环境的目标和水资源条件确定。城市河湖景观需水量计算方法如下：

城市水面面积比例法，即

$$W_{河湖} = 10^3 \beta_n SE$$

式中　$W_{河湖}$——城市河湖景观需水量，m^3/a；

　　　β_n——城市河湖水面面积占城市市区面积的比率；水面面积一般应占城市市区面积的 1/6 为宜，如果考虑城市绿地的效应，则该指标应适当降低，一般在 5%～15%较为合适；

　　　S——城市市区面积，km^2；

E——河湖水面蒸发量，mm/a。

或者

$$W_{河湖}=10^3\lambda S_g PE$$

式中　λ——绿地折合成水面面积的折算系数，若按通常在计算绿化面积时将水面面积的一半计为绿化面积，则 λ 为 2；

S_g——城市市区人均绿地面积，我国推荐的城市绿地面积为 $7\sim11m^2/$人；

P——城市（包括县级市）城镇人口；

E——河湖水面蒸发量，mm/a；

其他符号意义同前。

人均水量法，即根据城市河湖建设情况，为满足城市景观和娱乐休闲的需要，推算城市河湖景观需水量：

$$W_{河湖}=\alpha P$$

式中　α——人均城市河湖需水基准值，一般为 $20m^3/$人；

P——城市（包括县级市）城镇人口；

其他符号意义同前。

城市河湖景观需水量计算，需要收集城市市区规划面积、城市人口、水面面积等资料，并根据改善城市生态环境的目标和水资源条件来确定城市河湖景观最小需水量。有些城市利用处理后的污废水改善城市河湖水环境，这部分水量不是一次性用水，这些河湖可不计生态需水。

（3）通河湿地恢复与保护需水量。湿地生态环境需水一般为维持湿地生态和环境功能所消耗的、需补充的水量。由于通河湿地这些水量是靠天然河道的水量自然补充的，可以作为河道内需水考虑。湿地生态环境需水量包括湿地蒸发渗漏损失的补水量、湿地植物需水量、湿地土壤需水量、野生生物栖息地需水量等。根据湿地、湖泊洼地的功能确定满足其生态功能的最低生态水位，具有多种功能的湿地需进行综合分析确定，据此确定相应的水面和容量，并推算出在维持最低生态水位情况下的水面蒸发耗水量及渗漏损失水量，确定湖泊、洼地最小生态需水量。在计算出湿地的各项需水量后，分析确定通河湿地恢复与保护需水量。

（4）环境容量需水量。环境容量需水量是维系和保护河流的最基本环境功能（保持水体一定的稀释能力、自净能力）不受破坏，所必须在河道中常年流动着的最小水量。环境容量需水计算方法同河流最小生态环境需水量计算。

（5）冲沙输沙及冲淤保港水量。冲沙输沙水量是为了维持河流中下游冲刷与侵蚀的动态平衡，须在河道内保持的水量。输沙需水量主要与输沙总量和水流的含沙量的大小有关。水流的含沙量则取决于流域产沙量的多少、流量的大小以及水沙动力条件。一般情况下，根据来水来沙条件，可将全年冲沙输沙需水分为汛期和非汛期输沙需水。对于北方河流而言，汛期的输沙量约占全年输沙总量的 80%。但汛期含沙量大，输送单位泥沙的用水量比非汛期小得多。根据对黄河的分析，汛期输送单位泥沙的用水量为 $30\sim40m^3/t$，非汛期为 $100m^3/t$。

汛期输沙需水量计算公式为

$$W_{m1} = S_1 C_{ws1}$$

或

$$W_{m1} = \frac{S_1}{C_{max}}$$

$$C_{max} = \frac{1}{N} \sum_{i=1}^{N} \max(C_{ij})$$

式中 W_{m1}——汛期输沙需水量，m^3；

　　S_1——多年平均汛期输沙量，t；

　　C_{ws1}——多年平均汛期输送单位泥沙用水量，m^3/t；

　　C_{max}——多年最大月平均含沙量的平均值，t/m^3；

　　C_{ij}——第 i 年 j 月的平均含沙量，t/m^3；

　　N——统计年数。

非汛期输沙需水量计算公式为

$$W_{m2} = S_2 C_{ws2}$$

式中 W_{m2}——非汛期输沙需水量，m^3；

　　S_2——多年平均非汛期输沙量，t；

　　C_{ws2}——多年平均非汛期输送单位泥沙用水量，m^3/t。

全年输沙需水量 W_m 为汛期与非汛期输沙需水量之和。

$$W_m = W_{m1} + W_{m2}$$

（6）水生生物保护水量。维持河流系统水生生物生存的最小生态环境需水量，是指维系水生生物生存与发展，即保存一定数量和物种的生物资源，河湖中必须保持的水量。采用河道多年平均年径流量的百分数法计算需水量，百分数应不低于 30%。此外，还应考虑河道水生生物及水生生态保护对水质和水量的一些特殊要求，以及稀有物种保护的特殊需求。

对于较大的河流，不同河段水生生物物种及对水质、水量的要求不一样，可分段设定最小生态需水量。

（7）最小入海水量。入海水量指维持河流系统水沙平衡、河口水盐平衡和生态平衡的入海水量。保持一定的入海水量是维持河口生态平衡（包括保持一定的生物数量与物种）所必需的。

最小入海水量的确定要重点分析枯水年的入海水量，即在历史系列中选择未出现较大河口生态环境问题的最小月入海水量作为参照；非汛期入海水量与河道基本流量分析相结合，汛期入海水量应与洪水弃水量分析相结合。

感潮河流为防止枯水期潮水上溯，保持河口地区不受海水入侵的影响，必须保持河道一定的防潮压咸水量。可根据某一设计潮水位上溯的影响，分析计算河流的最小入海压咸水量。也可在历史系列中，选择河口地区未受海水入侵影响的最小月入海水量，计算相应的入海月平均流量，作为防潮压咸的控制流量。

另外，水利部于 2021 年发布了《河湖生态环境需水计算规范》（SL/T 712—2021），该规范里详细给出了河流、湖泊、沼泽生态环境需水量的计算方法。在进行本节河道内生态环境需水量的计算时可供参考。

2. 河道内生产需水量

河道内生产需水量主要包括航运、水力发电、水产养殖等部门的用水。河道内生产用水一般不消耗水量，可以"一水多用"，但要通过在河道中预留一定的水量给予保证。

（1）航运需水量。航运需要根据航道条件保持一定的流量，以维持航道必要的深度和宽度。在设计航运基流时，根据治理以后的航道等级标准及航道条件，计算确定相应设计最低通航水深保证率的流量，以此作为河道内航运用水的控制流量。

航运需水量要与河道内生态环境需水量综合考虑，其超过河道内生态环境需水量的部分，要与河道外需水量统筹协调。

（2）水力发电需水量。水力发电用水指为保持梯级电站、年调节及调峰等电站的正常运行，需要向下游下泄并在河道中保持一定的水量。水力发电一般不消耗水量，但要满足在特定时间和河段内保持一定水量的要求。在统筹协调发电用水与其他各项用水的基础上，计算确定水力发电需水量。

（3）水产养殖需水量。河道内水产养殖用水主要指湖泊、水库及河道内养殖鱼类及其他水产品需要保持一定的水量。一般情况下，在考虑其他河道内生态环境和生产用水的条件下，河道内水产养殖用水的水量能得到满足，水产养殖用水对水质也有明确的要求，应通过对水源的保护和治理，满足其要求。

3. 河道内总需水量

河道内总需水量是在上述各项河道内生态环境需水量及河道内生产需水量计算的基础上，分月取外包并将各月外包值相加得出多年平均情况下的河道内总需水量。计算公式如下：

$$W_{河道内总需水量} = \sum_{j=1}^{n} \max W_{ij}$$

式中　W_{ij}——上述第 i 项第 j 月河道内需水量，$n=12$。

4. 下泄洪水量分析计算

（1）下泄洪水量的概念。下泄洪水量是指汛期不可能被利用的水量。汛期水量中一部分可供当时利用，还有一部分可通过工程蓄存起来供以后利用，剩余水量即为不可能被利用的下泄洪水量。对于支流而言，其下泄洪水量是指支流泄入干流的水量，对于入海河流是指最终泄弃入海的水量。下泄洪水量是根据最下游的控制节点分析计算的，不是指水库工程的弃水量，一般水库工程的弃水量到下游还可能被利用。

由于洪水量年际变化大，在几十年总弃水量长系列中，往往一次或数次大洪水弃水量占很大比重，而一般年份、枯水年份弃水较少，甚至没有弃水。因此，多年平均情况下的下泄洪水量计算，不宜采用简单的选择某一典型年的计算方法，而应以未来工程最大调蓄与供水能力为控制条件，采用天然径流量长系列资料，逐年计算汛期下泄的水量，在此基础上统计计算多年平均下泄洪水量。

（2）下泄洪水量的计算方法与步骤。将流域控制站汛期的天然径流量减去流域调蓄和耗用的最大水量，剩余的为下泄洪水量。

1）确定汛期时段。各地进入汛期的时间不同，工程的调蓄能力和用户在不同时段的需水量要求也不同，因而在进行汛期下泄洪水量计算时所选择的汛期时段不一样。一般来说，北方地区，汛期时段集中，7—8月是汛期洪水出现最多最大的时期，8—9月汛后是水库等工程调蓄水量最多的时期，而5—6月是用水（特别是农业灌溉用水）的高峰期。因此，北方地区计算下泄洪水量，汛期时段选择7—9月为宜。南方地区，汛期出现的时间较长，一般在4—10月，且又分成两个或多个相对集中的高峰期。南方地区中小型工程、引提水工程的供水能力所占比例大，同时用水时段也不像北方那样集中。因此，南方地区下泄洪水量计算，汛期时段宜分段选取，一般4—6月为一汛期时段，7—9月为另一汛期时段，分别分析确定各汛期时段的控制下泄水量。

2）计算汛期最大的调蓄和耗用水量。对于现状水资源开发利用程度较高、在可预期的时期内没有新工程的流域水系，可以选择近10年来实际用水消耗量（由天然径流量与实测径流量之差计算）的最大值作为汛期最大用水消耗量。

对于现状水资源开发利用程度较高，但尚有新工程的流域水系，可在对新建工程供水能力与作用分析的基础上，对近10年实际出现的最大用水消耗量进行适当调整，作为汛期最大用水消耗量。

对于现状水资源开发利用程度较低、潜力较大的地区，可根据未来规划水平年供水预测或需水预测的成果，扣除重复利用的部分，折算成用水消耗量。对于流域水系内具有调蓄能力较强的控制性骨干工程，分段进行计算：控制工程以上主要考虑上游的用水消耗量、向外流域调出的水量以及水库的调蓄水量；控制工程以下主要考虑下游区间的用水消耗量。全水系汛期最大调蓄及用水消耗量为上述各项相加之和。

3）计算多年平均汛期的下泄洪水量。多年平均汛期的下泄洪水量计算公式如下：

$$W_{泄} = \frac{1}{n} \times \sum_{i=1}^{n} (W_{i天} - W_m)$$

式中　$W_{泄}$——多年平均汛期的下泄洪水量，m^3；

$W_{i天}$——第i年汛期天然径流量，m^3；

W_m——流域汛期最大调蓄及用水消耗量，m^3，若$W_{i天} - W_m < 0$，则$W_{泄} = 0$；

n——系列年数。

从地表水资源总量中，减去河道内总需水量以及汛期下泄洪水量，即可得到地表水资源可利用量。

附录给出的案例1即是以滦河水系为例，采用倒算法进行的地表水资源可利用量的估算。

3.6.2.2 正算法

正算法是根据工程最大供水能力或最大用水需求的分析成果，以用水消耗系数（k）折算出相应的可供河道外一次性利用的水量。可用下式表示：

$$W_{地表水可利用量} = k W_{最大供水能力}$$

$$W_{地表水可利用量} = k W_{最大用水需求}$$

正算法适用于南方水资源较丰富的地区及沿海独流入海河流。

工程最大供水能力估算：在一些大江大河上游及一些水资源较丰沛的山丘区，由于山高水低、人口稀少，建工程的难度较大，其经济技术性超出所能承受的合理范围。这些地区，在可预期的时期内，水资源的利用主要受制于供水工程的建设及其供水能力的大小。这些地区水资源可利用量的计算一般采用正算法，通过对现有工程和规划工程（包括向外流域调水的工程）最大的供水能力的分析，进行估算。

最大用水需求估算：在南方水资源丰沛地区的大江大河干流和下游，决定其水资源利用程度的主要因素是需求的大小。这些地区水资源可利用量计算采用正算法，通过需水预测分析，估算在未来可预期的时期内的最大需求量（包括向外流域调出的水量），据此估算水资源可利用量。

【延伸阅读】
变化环境对
径流的影响
分析

【思　考　题】

1. 如何开展缺测资料地区的地表水资源评价？

2. 变化环境下很多径流资料呈现非一致性，如何开展径流资料的还原工作？有哪些方法或途径？不同方法的适用性和局限性是什么？查阅资料并举例说明。

3. 查阅水利部官网发布的《水资源公报》数据，下载并分析某一地区或流域地表水资源量的时空分布特征。

4. 如何理解生态环境需水量？估算生态环境需水量的方法有哪些？

第 4 章

地下水资源数量评价

4.1 地下水资源量评价内容及技术要求

4.1.1 评价内容

地下水资源是指储存于地下岩层之中，其质和量具有一定利用价值的地下水；它服从于大陆水的总循环，通过补给、径流、排泄的运动形式，循环交替，具有可更新等特点。对地下水资源的数量、质量、时空分布、开发利用等做出准确、全面的分析和评价，是合理开发利用地下水资源，科学管理和保护水资源的基础和前提。

以地下水开发为目的，可把地下水资源量划分为天然补给资源量、可开采资源量和深层承压水可开采储存量［《水文地质手册》（第二版），2014］。

4.1.1.1 天然补给资源量

地下水天然补给资源量是指地下水系统中参与现代水循环和水交替，可以恢复、更新的重力地下水。一般在现状均衡条件下，用地下水天然补给总量表示（不包括地下水灌溉回归补给量）。

4.1.1.2 可开采资源量

地下水可开采资源量是指在一定技术、经济条件下，开采过程中不会诱发严重的环境问题，可以持续开采利用的地下水量。可开采资源量与预定的开采方案密切相关。地下水可开采资源量的大小与所应用的技术条件、具体的地下水开采方案以及对环境影响程度的界定相联系，并随着各种条件的改变而变化，一般采用多年平均地下水资源有效补给量来表示，即用总补给量（不包括越流量和层间侧向径流量）减去不可夺取的消耗量。消耗量包括地下水蒸发量、侧向排泄量、向河流的排泄量。

4.1.1.3 深层承压水可开采储存量

深层承压水可开采储存量是指经过较长时间和缓慢循环、交替所形成并储存于承压含水层中的地下水。这类地下水一般补给区较远，地下水循环、交替速度比较缓慢，补给量较少。

4.1.2 评价技术要求

4.1.2.1 地下水天然补给资源评价要求

（1）地下水天然补给资源量评价，一般指潜水或浅层承压（微承压）水天然补给资源的评价，以多年均衡状况下的补给总量（或排泄总量）表示。

（2）原则上按区域水均衡原理进行计算，在平原区主要用补给量法，山区主要用排泄量法。

（3）对于一些研究程度比较高、资料比较丰富、资料系列比较长的地区，一般都要建立数学模型，用数值模拟方法计算地下水天然补给资源量和地下水可开采资源量，模拟计算所建立的地下水均衡式和分项补给量，并根据近 20 年地下水补给、径流、排泄条件的变化，对补给项作适当的修正。

（4）资源量计算过程中需要的相关资料，如降水量、开采量、河川径流量、渠道引水量、灌溉定额、灌溉面积、地下水位和埋深等，要求采用同一时期的资料。

（5）以动态的观点分析研究各地地下水系统在人为因素影响下，地下水补给、径流、排泄的演化规律，及对地下水天然补给资源量的影响；并根据地下水补给、径流、排泄变化规律对地下水天然补给资源量的变化趋势做出分析、预测。

4.1.2.2　可开采资源量评价要求

由于我国地域跨度大、水文地质条件差异很大，水文地质条件的勘查、研究程度的差异也很大，因此地下水可开采资源量评价可根据不同地区地下水系统的资料基础，采用不同或多种计算方法进行计算评价。

（1）对地下水开发利用程度较高的地区，地下水开发利用的资料、动态资料历时较长，因此地下水可开采资源评价时要采用建立数学模型计算地下水可开采资源量，并考虑环境因素的约束。

对于潜水或浅层承压（微承压）地下水，主要考虑土壤盐渍化和土地沙化两大环境问题，以地下水埋深为约束指标。此外，还有储存资源的调节能力、降雨等约束条件。

1）防止盐渍化发生的地下水埋深约束条件，一般为大于或等于 2～2.5m。

2）乔、灌木分布区防止沙化的地下水埋深约束条件，一般为不大于 8m。

3）草甸分布区防止沙化的地下水埋深约束条件，一般为小于或等于 3～4m。

对原本地下水埋藏较深或近年来地下水位不断下降的地区，地下水位的约束条件为水位不再继续下降，建立新的水位动态平衡（以上约束条件可根据当地情况确定）。

（2）对于较大区域或流域，地下水可开采资源量计算可分别采用多种方法进行。

1）含水层开采条件比较好、开采程度比较高的平原地区，用补给资源减去不可夺取的消耗量作为可开采资源量。

2）在富水地段，以往已经完成的选定开采方案条件下，通过模型计算可开采资源量。

3）开采和观测历史较长的地区，采用地下水水位变幅稳定时段的开采量作为可开采资源量。

4）群井抽水试验或较长时间的单井开采所取得的开采量可作为可开采资源量。

5）资料较少地区，可以用开采系数法或现状开采量加上规划水源地储存量近似作为地下水可开采资源量，也可采用平均布井法计算评价可开采资源量。计算可开采资源量需满足小于天然补给资源量及不超过前述可能产生地下水环境质量问题的约束。

6）用代表性地区取得的开采系数，比拟相似地区计算可开采资源量。

4.1.2.3 深层承压水可开采储存量评价要求

深层承压水可利用的储存量包括深层承压（自流）含水层容积储水量、弹性释放量、弱透水层压密释放量、越流量和侧向补给量。

对于研究程度比较高，开采量较大，具有非稳定流抽水资料的地区，分别计算每个深层承压淡水含水层的容积储存量、侧向补给量以及各项物理变化量（包括弹性释水量、弱透水层释水量、越流量）。

对于资料缺乏地区，可采用平均布井法计算可开采储存量，并观测允许地下水水位下降值作为约束条件。

在深层承压水可开采储存量计算中，必须考虑水位控制在什么范围内比较合适。由于各地水文地质条件千差万别，原则上要求根据各地实际情况，按下面两种情况确定水位下降值：

（1）对于第四系下伏新近纪承压含水层和中生界裂隙、孔隙承压含水层的地区，采用顶板以上水位下降1/2的约束条件。

（2）对于第四系下伏奥陶系、寒武系、震旦系等岩溶含水层的地区，采用水位下降不超过含水层顶板的约束条件。

4.2 地下水资源量评价分类及工作流程

4.2.1 评价分类

地下水资源评价是在一定的天然及人工条件下，对地下水水量及水质在使用价值和经济效益上进行综合分析、定量计算和论证。地下水资源量的评价不仅是对天然资源量进行评价，更重要的是对可开采资源量进行评价。地下水资源评价量一般分为区域地下水资源量评价和水源地地下水资源量评价两类〔徐恒力，2005；《水文地质手册》（第二版），2014〕。

4.2.1.1 区域地下水资源量评价

区域地下水资源量评价一般是在较大的地区，针对一个或若干个地下水系统如大型山间盆地、山前倾斜平原、冲积平原、构造盆地、自流斜地等，开展的水量计算和可利用程度的分析评定工作。评价的目的是制定区域远景发展规划和扩大再生产规划等。主要任务是定量评价地下水补给资源量、储存资源量，评估可开采资源量以及开采利用条件分析。

1. 计算地下水补给资源量

计算地下水补给资源量应以地下水系统为单位来进行。地下水补给资源量是天然条件或人为开采状态下，地下水系统从外界获得的有补给保证的水量，即开采利用后，能够通过现代水文循环予以补充的水量，属于地下水资源中可再生的部分；其数量用地下水系统各项补给量总和的多年平均值表示。

在未开发地区，地下水系统往往处于自然的宏观稳定状态，其多年补给量大体等于多年排泄量。当某些补给项不易求得时，可用排泄量的多年平均值代替作为补给资源量。在开采条件下，地下水系统的天然补、排均衡关系会受到干扰，此时，不能以排泄量推算补给量。

2. 计算储存资源量

储存资源量也是针对一个地下水系统的多年平均状态而言的。由于不同年份降水的丰、枯变动，储存量也有丰水年、平水年、枯水年的数量差异，而且还受人为开采的影响。在计算储存资源量时应充分考虑地下水动态的变化。计算储存量的方法目前主要为体积法。

3. 评估可开采资源量

地下水资源量是地下水系统资源拥有量的底数，由于受各种条件的限制，这些水量不可能全部开采出来。决定可开采资源量大小的因素有很多，如地下水系统的供水功能（包括地下水资源的数量、分布埋藏条件）、人为开采的技术能力等；在许多地区，稍大的开采强度就会引发明显的环境负效应，如地面沉降、地面塌陷、海水入侵及生态退化，可见，可开采资源量的大小还受环境条件的制约；地下水存在于介质中并以流场的形式分布，不同的开采布局会有不同的取水效果和不同的环境效应，因此，可开采资源量也与地下水开采策略相联系。

区域地下水资源量评价涉及的可开采资源量评估主要是从水量保证程度的角度，对地下水系统最大可能的水量支付能力做出的一种评估。据前述可知，补给资源量是地下水资源总量中可以再生的部分，也是地下水系统长期稳定提供的最大水量。所以，从水量平衡、补偿更新的角度来考察，补给资源量可视作永续稳定开采量的最大值，即可开采资源量。但这个水量未考虑环境和其他方面的约束条件，所以，在供水实践中，实际的开采总量不得大于此量。

在区域水量评价中，储存资源量一般不列入可开采资源量。这是因为区域远景规划和扩大区域供水规模一般均是从永续开发利用的角度考虑的，而储存资源量属不可再生的水量；在正常的供水实践中虽然储存资源会随渗流场的变化调整而被动用一部分，但并不意味着它可作为专门的开发对象。

若地下水系统中取水部门单一且供水年限较短，仅为数年、十几年，那么，在开采期内可开采资源量可不受上面的限制，最大的开采量可略大于补给资源量，此时，储存资源量也可列入可开采资源量中。开采期动用的储存资源量，将在开采活动停止后通过外界的补给逐渐得以恢复，重建地下水系统新的水量平衡。这种开采策略在某些人口稀少的偏远矿区和大型工程的施工阶段可以采用，但要注意，开采形成的累计水位降深不应超过取水设备的最大允许降深值，否则，正常供水期将会缩短。另外，储存资源量的耗用速率要事先做出估算，超量开采不应对生态、地质环境造成过大的难以补救的严重后果。

因此，对于区域地下水可开采资源量的评价应重点考虑：开采层位、目前地下水开采状况、面临的主要环境地质问题以及约束条件（如含水层最大允许降深、控制地面沉降的最低水位、防止海水入侵的水位控制等）、可以动用的储存资源等基础上，综合判断给出。

4. 开发利用条件分析

地下水资源开发利用条件分析包括地下水资源的时空分布特征的阐述（各类用水现状及开发前景、分区供水的需求预测控制），采水工程措施及其效益评估以及有关的政策性建议等多方面的内容。

地下水资源时空分布特征分析，应围绕地下水系统的圈划、结构分析以及地下水系统与外界环境的物质能量交换关系来展开。此项工作分两个层次进行，一是对地下水系统进行宏观整体的分析；如果评价区内有若干个地下水系统，而且各地下水系统之间存在水量的交换关系，应估算其水量，并从区域总资源中扣除重复计算的部分；二是结合系统内各典型地段的地下水动态，圈定有开采价值的含水层或含水体（指分布较广、补给充沛、厚度较大、透水性好、水质优者）。

在已开发地区，地下水开采现状调查与分析对于今后扩大开采或调整开采布局，实现科学的水量调配十分重要。调查工作应按地下水系统逐一展开，注意地表水与地下水转化关系，同时要区分总体的过量开采和局部开采强度过大两类不同性质的问题。

开采现状调查包括用水现状调查和开采现状调查。用水现状调查一般先从用水行业入手，然后在各行业中选取有代表性的对象，进行实地调查。多数情况下用水单位不一定有完整的用水记录，所以要进行一段时间的现场观测。开采现状调查是对评价区内已有的地下水取水工程及取水情况的调查，包括民井、机井、地下水拦截工程等。调查时要了解工程的数目、设计年供水能力、实际取水能力、分布情况及地下水的动态变化。

通过用水和开采情况调查，可同时取得当前地下水供需量的时空分布结构及某些地区供水缺口的情况，以便分析供需矛盾产生的原因和地下水资源潜力。一般来说，供需矛盾产生的原因有两种：一是工程采水能力不足，难以适应用水增长的要求；二是水资源短缺，当地用水需求超过地下水资源的支撑能力。前者可通过扩大供水能力，加以改善；后者需调整经济发展速度、调整产业结构、提高水的利用率等，也可以外流域调水的办法来解决。在该阶段，对于地下水资源的开发利用只能提出轮廓性的意见。

4.2.1.2　水源地地下水资源量评价

水源地地下水资源量评价是针对某一供水开采区域进行的评价工作。其目的是为保证某一具体部门的供水而评价地下水资源。其评价的主要任务是确定在开采地段内通过一定的取水构筑物，能保证长期开采利用条件下的开采量，也就是确定开采地段内可开采量，并预测未来水位、水质变化以及应采取的防护措施。对可开采量评价应包括：在不同开采方案设计前提下，预测水源地开采后的补排量、地下水流场的变化，并对水源地开采后可能引起的水质变化以及开采地下水所产生的影响（对生态环境的影响，对已有水利工程效益的影响，能否引发地质灾害）等进行预测评价。

根据开采地段的水文地质条件（地下水埋藏、分布、补给、径流和排泄条件，水质和水量及其形成地质条件等的总称）、需水量以及开采的技术经济条件等因素来确定地下水可开采量。判定标准以水位下降符合设计要求、开采费用合理为准则；取水方案设计一般要求取水建筑物的布局要合理、取水量分配要恰当，水位下降要符合设计要求等。如果计算旱季或整个开采期内水位下降值在设计范围内，表明所拟定的取水方案是符合实际的，否则应重新拟订方案，直至满足要求为止。一般来说，地下水可开采量不能大于开采条件下的补给增量和排泄减量之和，若补给增量和排泄减量小于可开采量，对上述确定的可开采量应重新进行评价；当同一地区地下水系统有两个或两个以上水源地时，对新建水源地开采量的确定应以不影响已有水源地的开采量为原则。

水源地勘察分普查、详查、勘探及开采阶段，不同阶段地下水可开采资源储量级别不同，因此评价方法和精度要求也各异。

4.2.2　评价基础

在开展区域地下水资源评价工作时，要在以下调查基础之上进行：

（1）收集并充分利用该区域已有的地质、水文地质调查资料以及气象、水文和地下水动态观测资料。

（2）收集该区域的水利规划和国民经济发展规划资料。

（3）开采条件下的区域评价，还要收集有关开采量资料。

（4）必要时，还需通过少量的勘探、试验工作，验证补充已有的资料。

水源地地下水资源量评价工作应在具备下列资料的基础上进行：

（1）通过测绘、勘探和试验工作，确定水源地所处的地下水系统，并查明系统内含水层岩性、结构、厚度、分布规律及水力性质、化学性质以及有关参数。

（2）查明地下水系统（或地下水子系统）的补给、径流、排泄条件，系统的边界条件和边界性质。

（3）收集系统内及其邻区的水文、气象及地下水动态观测资料。

（4）掌握系统内的开采现状和今后的开采规划。

（5）初步拟定取水建筑物类型和布局方案。

4.2.3　评价方法选择

目前，地下水资源量评价方法很多，主要有基于水均衡理论、渗流理论和统计理论及相似理论的一些方法。这些方法都有一定的适用条件和应用范围，在选择评价方法时应考虑以下各方面的因素来确定适当的评价方法：

（1）研究的目的和要求，目前主要分为区域地下水资源量评价和水源地地下水资源量评价两大类。

（2）评价区水文地质条件的研究程度。

（3）地下水类型、赋存及运动规律。

（4）地下水系统的结构特征、埋藏及分布条件。

（5）地下水补径排要素。

（6）地下水开发利用状况。

综合考虑上述因素，依据所获得的资料及勘察阶段的评价精度要求，结合方法的适用性，选择一种或几种不同类型的方法进行计算，以便于相互验证评价。

区域地下水资源量计算与评价方法的选用见表 4.1。水源地地下水资源量计算与评价方法的选用见表 4.2［《水文地质手册》（第二版），2014］。

4.2.4　评价工作步骤流程

图 4.1 给出了地下水资源量评价的一般工作流程。先根据评价的目的和要求，确定地下水资源量评价的类型，然后收集资料开展水文地质条件分析，选择合适的评价方法，进而对地下水补给资源量和可开采资源量进行评价，最后给出地下水合理开发利用与保护的建议。

表 4.1 　　　　　　　　　　**区域地下水资源量的计算与评价方法**

方法	具体方法	说　明	适用条件	所需资料数据	限制因素
水量均衡法	补给量法排泄量法补排量法	评价各种条件下的地下水补给资源量，可计算不同水文年（丰、平、枯）条件和多年平均条件的补给资源量	理论上适用于任何地下水系统的水资源评价，特别是水文地质条件复杂，其他方法难以应用时	需掌握均衡区内补排量和对应参数	集中参数方法，难以精确给出地下水各要素随空间的变化；不能准确确定地下水的可开采资源量，很难给出具体地下水开发利用方案
水文分析法	基流分割法泉域法	运用陆地水文学的方法评价地下水补给资源量	全排型流域，均衡区内其他排泄量占比较小；水文地质条件复杂、研究程度又相对较低的地下水系统；如基岩山区、岩溶水系统、裂隙水系统	要求有较长系列的测流资料（泉流量、地表径流量）	集中参数方法（黑箱），不能详细描述系统状态随空间变化情况；无法准确评价地下水可开采资源量；评价精度取决于测流和基流分割的精度
数值法	有限单元法有限差分法边界元	建立在渗流理论基础上的一种求解微分方程定解问题的近似方法	可解决复杂水文地质条件和地下水开发利用条件下的地下水资源评价，可进行地下水补给资源量和可开采资源量的评价和预测	掌握模拟区内补排量和对应参数，水文地质参数与分区，长观孔观测数据，边界条件与边界量，含水层空间几何参数，初始流场分布	对于不连续的地下水系统、管道流（岩溶暗河系统），不适宜用目前的数值模型进行模拟
水文地质比拟法	开采模数比拟法、地下径流模数与地表径流模数之比值方法	以相似理论为基础的方法，可用水文地质比拟法近似解决地下水资源的区域评价问题	适用于水文地质工作程度较低的地区	与评价区水文地质条件类似区的勘察试验成果及开采统计数据	

表 4.2 　　　　　　　　　　**水源地地下水资源量的计算与评价方法**

方法	具体方法	说　明	适用条件	所需资料数据	限制因素
开采试验法	开采抽水法补偿疏干法试验外推法	在未来水源地地段，进行较长时间的抽水试验，根据开采量—降深关系对地下水可开采资源量进行评价	主要适用于中小型水源地的地下水资源量评价；水文地质条件复杂，一时难以查清而又急需做出水源评价的地区；水文地质详勘阶段，进行了抽水试验	水源地水文地质条件以及抽水试验有关资料	
解析法	井群干扰法开采强度法	运用地下水解析解（井流公式）对资源地下水可开采量进行评价的方法	含水层均质程度较高，边界条件简单，可概化利用已有计算公式要求的条件模式	水源地水文地质条件以及单井开采量、开采时间，计算开采方案下的水位降深数据等	水文地质条件复杂地区不适用，包括边界、空间结构、含水介质非均质性、各向异性等

续表

方法	具体方法	说　明	适用条件	所需资料数据	限制因素
数值法	有限单元法 有限差分法 边界元法	建立在渗流理论基础上的一种求解微分方程定解问题的近似方法	评价水源地地下水开采量构成及保证程度，预测各开采方案下地下水流场变化趋势，确定可开采量以及开采后对环境的影响评价	掌握模拟区内补排量和对应参数，水文地质分区参数，长观孔观测数据，边界条件与边界量，含水层空间几何参数，初始流场分布，水源地开采方案以及抽水试验资料	为了减少人为边界对地下水资源评价的影响，应进行必要的边界灵敏度分析
相关分析法	简相关 复相关 多元相关	基于数理统计方法，通过寻找地下水开采量与地下水位或其他变量之间的相关关系，建立相关方程或回归方程来推测开采量	适用于稳定型或调节性地下水开采动态，或补给有余的已建成水源地扩大开采时的地下水资源量评价	需一元、二元及多元变量数据系列	当利用回归方程外推开采量时，已知相关系列越长精度越高

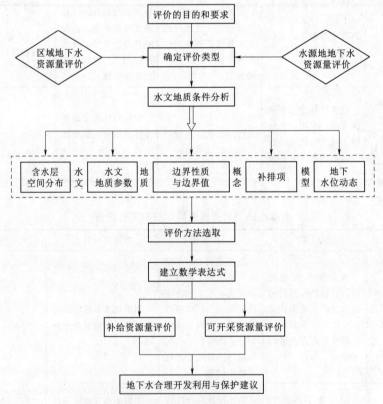

图 4.1　地下水资源量评价的工作流程图
［来源于《水文地质手册》（第二版），2014］

4.3　地下水资源量评价方法

4.3.1　区域地下水资源量评价方法

4.3.1.1　水量均衡法

水量均衡法是根据水量平衡原理，研究地下水的补给、消耗与储存之间的数量转换关系，其应用范围十分广泛，既可以计算补、排总量，又可计算某一单项补、排量或储存量。该方法是水量计算中最常用、最基本的方法，也是其他方法评价的指导思想和检验结果的依据。

1. 水量均衡法的基本原理

对于一个地区（均衡区）的含水层系统来说，任一时段 Δt 内的补给量 $Q_{补}$ 和消耗量 $Q_{排}$ 之差，应等于该含水层系统中水体积的变化量。即

$$Q_{补} - Q_{排} = \Delta Q_{储}$$

$$\Delta Q_{储} = \sum_{i=1}^{n} S_i \times F_i \times \overline{\frac{\Delta h_i}{\Delta t}}, \ S_i = \begin{cases} \mu_i & 潜水 \\ \mu_i^* & 承压水 \end{cases}$$

式中　$Q_{补}$——规定时段内均衡区各种补给量的总和，m^3/a 或 m^3/d；

$Q_{排}$——规定时段内均衡区各种排泄量的总和，m^3/a 或 m^3/d；

$\Delta Q_{储}$——规定时段内均衡区储存量的变化量，m^3/a 或 m^3/d；

μ_i、μ_i^*——第 i 个分区给水度和弹性释水系数，$i=1$，…，n；

F_i——第 i 个分区含水层分布面积，m^2；

$\overline{\Delta h_i}$——第 i 个分区平均水位变化值，m；

Δt——时间，a 或 d。

当 $Q_{补} > Q_{排}$ 时，$\Delta Q_{储}$ 为"＋"，称水量正均衡；当 $Q_{补} < Q_{排}$ 时，$\Delta Q_{储}$ 为"－"，称水量负均衡。

2. 水量均衡法应用的主要步骤

（1）确定均衡区。均衡区一般选取完整的水文地质单元或含水层（组）系统，均衡区的边界尽量选择天然边界或者地下水交换量容易确定的边界。当均衡区面积较大、水文地质条件复杂而评价精度要求较高时，可根据不同水文地质条件划分不同级别的子区。例如，根据地下水类型和介质成因类型组合划分为基岩山区裂隙水、平原区松散堆积物孔隙水等一级子区。平原区又可以进一步划分为洪积扇地下水子区、冲积平原地下水子区等。还可以根据介质的导水系数、给水度、降水入渗系数、地下水埋藏深度等参数划分为三级以及更小的子区。

（2）确定均衡要素。均衡要素指通过均衡区的边界流入和流出水量项的总称。进入的水量项称为补给项或收入项，流出的水量项称为排泄项或支出项。

由于地下水系统与外界环境的水量交换关系因系统而异，系统内部不同地段的补排条件也不相同，所以，不同的均衡区均衡要素组成也有差异。实际工作中，应根据均衡区的位置及其水文地质条件进行具体分析。

一般来说，一个均衡区常见的补给项包括：大气降水入渗补给、地表水渗漏补给等；如果均衡区的底边界划分在某一隔水层之上，还有可能有来自底边界之外的含水层的越流；在一些农灌区还要考虑灌溉水的回归补给等。

常用的排泄项包括：地下水的蒸发排泄、地下水向地表的渗出或溢流、地下径流的侧向排泄、地下水的开采量等；当均衡区内的含水层水头高度大于底边界以下含水层的水头高度时，还可能有越流形式的排泄量。

（3）确定水文地质参数。水文地质参数是计算地下水补给资源的基础资料，其参数是否准确直接影响计算的精度。水文地质参数一般包括两类：一类是均衡要素具有的参数，如降水入渗补给系数、地表水渗漏系数、灌溉入渗系数；另一类是地下含水层自身的属性参数，如含水层的给水度、渗透系数、导水系数等。

水文地质参数应根据有关基础资料，包括已有资料和开展观测、试验、勘察工作所取得的新成果资料，进行综合分析计算，确定出适合于当地近期条件的参数值。

（4）确定均衡期，分项计算各补给量和排泄量。水量均衡计算总是针对某一特定时间段进行的，时间段的长短可根据水量评价的要求、目的和资料情况来决定。均衡期可以是若干年或一年，也可以是一个旱季或一个雨季。一般来说，最好选择具有代表性的水文年（平水年）进行补给量的计算。另外，为了保证水量平衡关系，所有的均衡要素均应采用同步期的资料。

选定均衡期后，即可对均衡方程中的各补给项、排泄项进行计算。

1）大气降水入渗补给量的计算。大气降水入渗补给量的大小与降水强度、降水在时间上的分配、地形、植被的情况有关，与潜水的埋深、包气带岩性以及降水前包气带的含水量有关。为简化，常采用下式计算：

$$Q_{降} = 10^3 \alpha \cdot F \cdot P$$

式中　$Q_{降}$——大气降水入渗补给量，m^3；

α——大气降水入渗补给系数；

F——接受降水入渗的地表面积，km^2；

P——多年平均年降水量，mm。

α 的变化范围为 0～1。由于大气降水入渗补给量取决于某一时段内总雨量、雨日、雨强、包气带的岩性及降水前该带的含水量、地下水埋深和下垫面及气候因素，因此 α 值是随时间和空间变化的。不同地区具有不同的 α 值，即使同一地区，不同时段 α 值也不尽相同。因此，可根据不同的计算时段，确定相应的降水入渗补给系数。一般来说，计算的时间尺度越长，降水特征的细节对入渗补给量的影响越不明显，降水量和入渗补给量可保持一定的线性比例关系。实际工作中，常采用年或多年降水平均值来求大气降水入渗补给系数。

2）河道渗漏补给量的计算。当河道水位高于两岸地下水位时，河水将通过渗漏补给地下水。

在计算该项补给量时，首先应对计算区内每条骨干河流的水文特性和两岸地下水位变化情况进行分析，确定年内河水补给地下水的河段，然后逐河段进行年内各时段河道渗漏补给量计算。

对于那些汛期补给地下水、汛后排泄地下水的河道或河段，若补给量大于排泄量，则将两者的差值列入该河道或河段的渗漏补给量中；若排泄量大于补给量，则将两者的差值列入该河道或河段的排泄量中；若补排水量大体相当，可不进行该河道或河段的渗漏补给量或排泄量的计算。

河道渗漏补给量可采用以下方法计算。

a. 水文分析法：该法适用于河道附近无地下水水位动态观测资料但具有完整的河水流量资料的地区。计算公式如下：

$$Q_河 = (Q_上 - Q_下 + Q_{区入} - Q_{区出})(1-\lambda)\frac{L}{L'}$$

式中　　$Q_河$——河道渗漏补给量，m^3；

$Q_上$、$Q_下$——河道上、下水文断面实测河川径流量，m^3；

$Q_{区入}$、$Q_{区出}$——上下游水文断面区间汇入、引出该河段的河川径流量，m^3；

λ——修正系数，即上下两水文断面间河道水面蒸发量、两岸浸润带蒸发量之和占（$Q_上 - Q_下 + Q_{区入} - Q_{区出}$）的比率，可根据有关测试资料分析确定；

L——计算河道或河段的长度，m；

L'——上下两水文断面间河段的长度，m。

利用该公式计算多年平均河道渗漏补给量时，$Q_上$、$Q_下$、$Q_{区入}$、$Q_{区出}$、λ等计算参数应采用多年平均值。

b. 地下水动力学法（剖面法）：当河道水位变化比较稳定时，可沿河道岸边切割剖面，通过该剖面的水量即为河水对地下水的补给量。单侧河道渗漏补给量采用达西公式计算。计算公式为

$$Q_河 = KIALt$$

式中　　$Q_河$——单侧河道渗漏补给量，m^3；

K——含水层的渗透系数，m/d；

I——垂直于剖面方向的水力坡降；

A——单位长度河道垂直地下水流方向的剖面面积，m^2/m；

L——河道或河段长度，m；

t——河道或河段的渗透时间，d。

若河道或河段两岸水文地质条件类似且都有渗漏补给时，则该公式计算的$Q_河$的2倍即为该河道或河段两岸的渗漏补给量。剖面的切割深度应是河水渗漏补给地下水的影响带（该影响带的确定方法参阅有关水文地质书籍）的深度；当剖面为多层岩性结构时，K值应取用计算深度内各岩土层渗透系数的加权平均值。

3）渠系渗漏补给量的计算。渠系是指干、支、斗、农、毛各级渠道的统称。渠系水位一般均高于其岸边的地下水水位，故渠系水一般均补给地下水。渠系水补给地下水的水量称为渠系渗漏补给量。计算方法如下：

a. 地下水动力学法：沿渠系岸边切割剖面，计算渠系水通过剖面补给地下水的水量，采用公式$Q_河 = KIALt$计算，技术要求与利用该公式计算河道渗漏补给量时相同。

b. 渠系渗漏补给系数法：

$$Q_{渠系}=mQ_{渠首引}=\gamma(1-\eta)Q_{渠首引}$$

式中　$Q_{渠系}$——渠系渗漏补给量，m^3；

　　　$Q_{渠首引}$——渠首引水量，m^3；

　　　　m——渠系渗漏系数；

　　　　γ——渠系渗漏修正系数；

　　　　η——渠系有效利用系数。

渠首引水量 $Q_{渠首引}$ 应根据灌区实际供水情况，调查统计后确定。

4）渠灌田间入渗补给量。渠灌田间入渗补给量是指渠灌水进入田间后，入渗补给地下水的量。可将斗、农、毛三级渠道的渗漏补给量纳入渠灌田间入渗补给量。渠灌田间入渗补给量可利用下式计算：

$$Q_{渠灌}=\beta_{渠}\,Q_{渠田}$$

式中　$Q_{渠灌}$——渠灌田间入渗补给量，m^3；

　　　　$\beta_{渠}$——渠灌田间入渗补给系数；

　　　$Q_{渠田}$——渠灌水进入田间的水量（应用斗渠渠首引水量），m^3。

利用上述公式计算多年平均渠灌田间入渗补给量时，$Q_{渠田}$ 采用多年平均值，$\beta_{渠}$ 采用近期地下水埋深和灌溉定额条件下的分析结果。

5）水库、湖泊蓄水渗漏补给量。当位于平原区的水库、湖泊、塘坝等蓄水体的水位高于岸边地下水水位时，库塘等蓄水体渗漏补给岸边地下水。计算方法如下：

a. 地下水动力学法（剖面法）：沿库塘周边切割剖面，利用公式 $Q_{河}=KIALt$ 计算，技术要求基本与利用该公式计算河道渗漏补给量时相同，只是库塘不存在两岸补给情况。

b. 出入库塘水量平衡法：

$$Q_{库}=Q_{入库}+P_{库}-E_0-Q_{出库}-Q_{库储}$$

式中　　　$Q_{库}$——水库、湖泊、库塘渗漏补给量，m^3；

$Q_{入库}$、$Q_{出库}$——水库、湖泊、库塘入库塘水量和出库塘水量，m^3；

　　　　E_0——水库、湖泊、库塘的水面蒸发量（采用 E_{601} 型蒸发器的观测值或换算成 E_{601} 型蒸发器的蒸发量），m^3；

　　　　$P_{库}$——水库、湖泊、库塘水面的降水量，m^3；

　　　$Q_{库储}$——水库、湖泊、库塘蓄变量（即年初、年末库塘蓄水量之差，当年初库塘蓄水量较大时取"＋"值，当年末库塘蓄水量较大时取"－"值），m^3。

6）山前侧向补给量的计算。山前侧向补给量是指发生在山丘区与平原区交界面上，山丘区地下水以地下潜流形式补给平原区浅层地下水的水量。山前侧向补给量可采用剖面法利用达西公式计算：

$$Q_{山前侧}=KIAt$$

式中　$Q_{山前侧}$——山前侧向补给量，m^3；

　　　　K——剖面位置的渗透系数，m/d；

　　　　I——垂直于剖面的水力坡降；

A——剖面面积，m^2；

t——时间，采用365d。

7）井灌回归补给量。井灌回归补给量是指井灌水（系浅层地下水）进入田间后，入渗补给地下水的水量，井灌回归补给量包括井灌水输水渠道的渗漏补给量。井灌回归补给量可利用下式计算：

$$Q_{井灌} = \beta_{井} Q_{井田}$$

式中　$Q_{井灌}$——井灌回归补给量，m^3；

$\beta_{井}$——井灌回归补给系数；

$Q_{井田}$——井灌水进入田间的水量（使用浅层地下水实际开采量中用于农田灌溉的部分），m^3。

利用上述公式计算多年平均井灌回归补给量时，$Q_{井田}$采用多年平均值，$\beta_{井}$采用近期地下水埋深和灌溉定额条件下的分析结果。

8）相邻含水层垂向越流补给量的计算。越流补给量又称越层补给量，它是指上下含水层有足够水头差，且隔水层是弱透水层，此时水头高的含水层的地下水可以通过弱透水层补给水头较低的含水层，其补给量可采用下式计算：

$$Q_{越} = \Delta H F k_0 t$$

式中　$Q_{越}$——越流补给量，m^3；

ΔH——深、浅含水层的压力水头差，m；

F——单位长度垂直于地下水流方向的剖面面积，m^2；

k_0——越流系数，表示弱透水层在垂直向上的导水能力，在数值上等于弱透水层的渗透系数与该弱透水层厚度之比，影响该值大小的主要因素是弱透水层的岩性特征和厚度，$1/d$；

t——计算越流时段，一般取365d。

地下水总补给量的计算方法：均衡计算区内各项多年平均补给量之和为该均衡计算区的多年平均总补给量。

根据地下水的排泄形式，排泄项一般包括潜水蒸发、河道排泄、侧向流出、人工开采消耗等项。

9）潜水蒸发量。由于受土壤毛细管的作用，浅层地下水不断沿毛细管上升，一部分水分供植物吸收，一部分受阳光辐射影响变成水蒸气升到空中，潜水蒸发量的大小取决于气候条件、潜水埋深和包气带岩性以及有无作物生长等。可通过以下方法确定潜水蒸发量。

a.由均衡试验场地中渗透仪实测潜水蒸发资料计算。

b.由潜水蒸发系数计算：

$$E = 10^3 E_0 C F$$

式中　E——潜水蒸发量，m^3；

E_0——水面蒸发量（采用E_{601}型蒸发器的观测值或换算成E_{601}型蒸发器的蒸发量），m^3；

C——潜水蒸发系数，可根据当地土壤类型和地下水埋深采用经验数据。南方平原

区属于湿润地区，包气带含水较多，在同样条件下，南方的潜水蒸发小于
北方；

F——计算面积，km^2。

利用上式计算多年平均潜水蒸发量时，E_0、C 计算应采用多年平均值。

10）河道排泄量。当河道内河水水位低于岸边地下水位时，地下水向河道排泄的水量。计算方法、计算公式同河道渗漏补给量的计算。

11）侧向流出量。当区外地下水低于区内地下水位时，通过均衡区的地下水下游界面流出本计算区的地下水量。计算公式同山前侧向补给量。

12）浅层地下水实际开采量。各均衡计算区的浅层地下水实际开采量应通过调查统计得出。

总排泄量计算方法：均衡计算区内各项多年平均排泄量之和为该均衡计算区的多年平均总排泄量。

（5）利用地下水动态资料，计算地下水储存量的变化量。根据地下水动态长期观测资料，确定各观测孔在计算年初及年末的水位差值，圈定各观测孔所控制的面积，根据下式计算出整个计算区段的储存量变化值：

$$\Delta Q_{储} = \sum_{i=1}^{n} S_i \times F_i \times \frac{\overline{\Delta h_i}}{\Delta t}, \quad S_i = \begin{cases} \mu_i & 潜水 \\ \mu_i^* & 承压水 \end{cases}$$

式中　$\Delta Q_{储}$——计算时段内均衡区储存量的变化量，m^3/a 或 m^3/d；

μ_i、μ_i^*——第 i 个分区给水度和弹性释水系数；

F_i——第 i 个分区含水层分布面积，m^2；

$\overline{\Delta h_i}$——第 i 个分区平均水位变化值，m；

Δt——时间，a 或 d。

（6）水量均衡分析。总补给量和总排泄量均衡分析（即水量均衡分析）指均衡计算区内多年平均地下水总补给量与总排泄量的均衡关系，即 $Q_{总补} = Q_{总排}$。在人类活动影响和均衡期间代表多年的年数并非足够多的情况下，水量均衡还与均衡期间的地下水储存量 $\Delta Q_{储}$ 有关。因此，在实际应用水量均衡理论时，一般指均衡期内多年平均地下水总补给量、总排泄量和地下水储存量的变化量三者之间的均衡关系，即

$$X = Q_{总补} - Q_{总排} \pm \Delta Q_{储}$$

$$\delta = \frac{X}{Q_{总补}} \cdot 100\%$$

式中　X——绝对均衡差，m^3/a 或 m^3/d；

δ——相对均衡差，%。

$|X|$ 或 $|\delta|$ 较小（一般 $|\delta| \leqslant 20\%$）时，可近似判断 $Q_{总补}$、$Q_{总排}$、ΔQ 三项计算结果误差较小；即所计算的补给量和排泄量的差与储存量的变化量结果基本相符，则均衡期的地下水补给量即为计算年的补给资源量。若 $|X|$ 或 $|\delta|$ 较大（一般 $|\delta| > 20\%$）时，可近似判断三项计算结果误差较大，计算精确程度较低，这时应对计算分区的各项补给量、排泄量和地下水储存量的变化量进行核算，必要时，对某个或某些计算参数做合理调整，直至 $|\delta| \leqslant 20\%$。

（7）确定和评价地下水补给资源量。如果计算年是枯水年，其结果会偏保守，不能充分发挥地下水资源的作用。此时，通常利用降水长期观测资料进行频率分析，根据水文地质条件（这里主要指含水层的调节能力），计算各种降水保证率下的地下水补给资源量。

一般情况下，当含水层具有较强的调节能力情况下，可以选择多年平均地下水补给量作为评价区地下水补给资源量；当含水层调节能力有限情况下，可以选择保证率较高的平水年或偏枯年的补给量作为地下水补给资源量。

（8）评价地下水可开采资源量。应结合实际水文地质条件，综合考虑现状开采量、开采技术条件、水位埋深状况和地质环境约束条件来确定地下水可开采资源。

对于积极参与自然界水循环的浅层含水层来讲，其开采条件较好，地下水可开采资源一般可用多年降水系列条件下的地下水总补给量减去不可夺取的排泄量来确定。不可夺取的排泄项主要是越流排泄量、侧向流出量、层间侧向流出量（浅层补给深层含水层的量）以及部分蒸发量，即

$$Q_{开} \approx Q_{总补} - Q'_{总排}$$

式中　$Q'_{总排}$——不可夺取的排泄量之和，m^3/a 或 m^3/d。

对于消耗型资源的深层地下水来说，其补给量主要由上部含水层垂向越流补给、侧向径流补给等。若从水均衡角度，将补给量作为深层地下水的可利用量，其结果可能过于保守。因此，既要以环境为约束，又要尊重客观事实，掌握"不产生严重环境地质问题"的原则，人为给定环境约束条件，即确定最大水位降深 S_{max} 及对应的开采期限 t_n（日或年），则可计算出对应的水位下降速率 Δh，代入下式即可计算出地下水可开采资源量：

$$Q_{开} \approx Q_{总补} + \mu F \Delta h$$

各符号意义同前。

以鲁西北平原为例，采用水量均衡法对研究区地下水资源进行评价的过程，详见附录中的案例 2（周锡博 等，2022）。

4.3.1.2　水文分析法

水文分析法是仿照陆地水文学的测流分析，计算地下水补给量的一种方法。该方法的基本原理是：地下水径流是水循环的一部分，无论补给形式多么复杂，地下水补给量总要转化为地下径流，而地下径流又会在适当的位置溢出地表，转化为地表径流。如果已知地下水的总径流量或总排泄量，则可推算地下水的补给量。由此可以看出，水文分析法实质上属于水量均衡法的范畴。只是适用条件较为特殊，即地下水的补给量必须全部转化为地下水的泄流。所以该方法只适用于一些特定地区，如岩溶管道流区、具有全排型岩溶大泉的岩溶水系统（全排型流域，均衡区内其他排泄量占比例较小）、发育在基岩山区的裂隙水系统等。该方法是集中参数的方法，不能详细描述系统状态随空间的变化情况。

使用该方法计算和评价地下水补给量时，需要掌握较长系列的测流资料，如泉流量资料、地表径流量资料等。评价精度取决于测流和基流分割的精度。

目前常用的方法有地下径流模数法和基流分割法（徐恒力，2005）。

1. 地下径流模数法

一般来说，在天然条件下地下水系统的总排泄量或总径流量是由来自系统各处的补给量转化而成的，所以可以认为地下水径流量的大小与汇水补给面积成正比。单位面积上产生的

地下径流量即地下径流模数。很显然，地下径流模数是区域平均的概念，即在同一流域或同一地下水系统的不同地点它都被理解为一个相同的定值。如果已知地下径流模数和汇水补给面积，就可以计算出地下径流总量。因此，地下径流模数是计算地下径流总量，推算地下水补给总量的重要参数。地下水径流模数图也是地下水资源评价的重要图件之一。地下径流模数可以通过清水流量法、泉流量法、暗河测流法等确定。

（1）清水流量法。我国大部分地区降水比较集中，除雨季外，山区河流的水量基本上来自地下水的泄流。此时，河流的清水流量就是流域内的地下径流量。如果能测得河流的清水流量，并求得测点以上的汇水补给面积，就可计算地下径流模数。

测点以上的控制面积一般可以根据地形并结合地质结构确定，在地表分水岭与地下水系统边界一致的情况下，可按测点以上的流域面积来圈定。若地表分水岭与地下水系统边界不一致，应根据地下水系统边界来圈定。测点一般选用已有的水文站，以便根据水文测量资料，直接统计旱季的清水流量或用基流分割法求得全年的清水流量。如果河流没有水文站，可以采用直接测量旱季流量，但要注意把偶测值换算成统计特征值，否则求得的地下径流模数缺乏代表性。

（2）泉流量法。泉是地下水的一种排泄方式。每个泉都是一个独立的地下水系统，即具有独立的补给，径流和排泄系统，都有其相应的汇水补给区，因此可以根据泉水流量和相应的汇水补给区（也叫泉域），求得地下径流模数。

实际应用中，泉水流量可直接测定。对于非全排型的泉水，除了测定泉水流量外，还需计算泉口处的潜排量，以两者之和作为求取地下径流模数的流量数据。

泉的汇水补给面积的确定：对于非岩溶裂隙水形成的泉，由于裂隙发育随深度而减弱，大多情况下地下水分水岭与地表分水岭一致，因此可以根据地形来确定泉域。对于岩溶泉，由于地下水分水岭与地表分水岭往往不一致，这就要根据地下水位或泉域边界清楚的特定地区来求其地下径流模数。可根据野外调查资料，结合地下水系统圈定办法分析得出。在地表散泉较多的地方，应选取泉的成因、汇水补给面积易于查明且地层、岩性有代表性的作为计算对象。

（3）暗河测流法。在我国南方广大岩溶地区，大气降水量 70%～100% 渗入地下，主要沿管状或脉状通道运动，并汇集成主流及多级支流的地下河系，或称暗河系。所以暗河出口或天窗的流量，基本上体现了这些露头控制区的地下径流量。

可选择有代表性的暗河出口或天窗，测定其枯水期的流量，同时圈定对应的地下流域面积，就可以计算出该区的地下径流模数。

根据水文地质条件的相似性，可用一个暗河支流的径流模数推算整个暗河的径流量，也可以根据一个暗河流域的径流模数近似推算相邻暗河流域的径流量。

采用地下径流模数法进行地下水补给量计算的过程是：先根据局部资料求出地下径流模数，再根据以下公式计算整个评价区的地下径流量及地下水补给量。

$$Q = M \cdot A$$

式中　Q——整个评价区的地下径流量，m^3/s；

　　　M——地下径流模数，通过局部资料计算得到，$m^3/(s \cdot km^2)$；

　　　A——整个评价区补给面积，km^2。

2. 基流分割法

河川基流量是指河川径流量中由地下水渗透补给河水的部分。河川基流量是一般山丘区和岩溶山区地下水的主要排泄量,可通过分割河川径流量过程线的方法计算。对流量过程线进行分割,可以了解地表水和地下水对河流水量的补给情况。下面介绍几种常用的方法。

(1) 直线分割法。要将流量过程线分割成部分流量过程线,首先需要判断地表径流起始点,即流量过程线与前期稳定基流消退曲线的分叉点,即图 4.2 中 A 点,也即流量过程线最低点。接下来需要确定地表径流的终止点。从实测流量过程线的起涨点 A 作一水平线交流量过程线的退水段于 B 点,即把 B 点作为地表径流的终止点。水平线 AB 就是地表地下径流分割线,AB 线以下的就是基流,来源于地下水的补给。AB 线以上的水量为地面径流量。

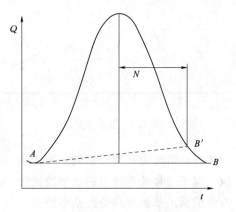

图 4.2 直线分割法和斜线分割法

直线分割法是一种最简单的分割方法。当洪水前期河流水量很枯的情况下,用这种方法来分割深层地下水补给比较简单有效。因为不管流域的水文地质条件如何,深层地下水的补给可以认为是固定不变的。但是,当河流兼有深层地下水和潜水的补给时,此法不宜适用。因为雨后潜水补给总是有所增加,用直线分割法分割出的地下水补给量比实际情况要少,而地面径流历时又比实际情况长。此时改用斜线分割法较为合理。

(2) 斜线分割法。考虑当次降雨对潜水的补给,故在产汇流期间,地下径流会比雨前有所增加,则上法的 B 点应高于 A 点,即地面径流应终止于 B' 点 (图 4.2)。从 A 点引一斜线至流量过程线退水段上的地面径流停止点 B',AB' 线以下部分就是来源于地下水补给。B' 点可以根据洪峰后的日数 N 在流量过程线上定出。N 可根据流域面积来确定 (表 4.3)。B' 点也可以根据地面径流和地下径流退水的特点来确定。因为地面退水比地下退水快,因此退水曲线上坡度陡的是地面退水,坡度缓的是地下退水,这样退水曲线上的拐点,即为 B' 点。

表 4.3   **不同流域面积的 N 值 (经验值)**

流域面积/km²	N 值/d	流域面积/km²	N 值/d
≤1000	2	10000~25000	5
1000~5000	3	≥25000	6
5000~10000	4		

无论是直线分割法还是斜线分割法,这两种方法不是建立在分析地下水对河流补给规律的基础上,忽略了流域的水文地质条件和地下水与河水之间不同的水力联系,因而误差较大。但它简便易行,分割出来的地下水补给总量尚能保证一定的精度,因而在水文分析和计算中仍然常常应用。

（3）退水曲线法。退水曲线法是根据标准退水曲线从流量过程线的两端向内延伸，如

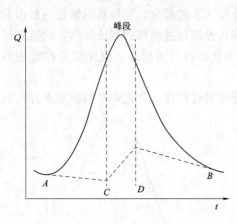

图 4.3　退水曲线法

图 4.3 所示，由起涨点 A 点向后延至 C 点，AC 段为前次洪水退水过程的延续，B 点向前延到 D 点，再用直线 CD 把两条退水曲线连接起来，$ACDB$ 以下即为地下水补给的基流。用退水曲线法分割基流量，比直线分割法进了一步，因为退水曲线是从实际资料中分析出来的，在一定程度上反映了地下水补给河流的基本规律。但此法在理论上尚不完善，还没有充分揭示地下水补给河流的规律性，且在推求退水曲线和展延退水曲线的过程中，仍然避免不了一定的人为性。

（4）数字滤波法。近年来，数字滤波法、平滑最小值法、基流指数法、时间步长法和水文模型法等逐渐成为基流分割的主要方法。

源于信号处理技术的数字滤波法，虽然参数物理意义不明确，但由于其计算得到的基流量值满足基流所具备的基本特征，并且该方法具有客观、可重复、易操作的特点，因此在实践中广泛应用。数字滤波技术是将流域降雨-径流过程中快速响应和慢速响应信号通过数字滤波器分解为高频信号和低频信号，对应地将径流过程划分为地表径流和基流。Nathan 和 McMahon 在 1990 年首次将数字滤波技术应用到基流分割中。基流分割方程 F1 为

$$Q_{dt} = f_1 Q_{d(t-1)} + \frac{1+f_1}{2}[Q_t - Q_{(t-1)}]$$

$$Q_{bt} = Q_t - Q_{dt}$$

式中　Q_{dt}、$Q_{d(t-1)}$ ——第 t 和 $t-1$ 时刻的地表径流，$\mathrm{m^3/d}$；

$\quad\quad$ Q_t、$Q_{(t-1)}$ ——第 t 和 $t-1$ 时刻的径流，$\mathrm{m^3/d}$；

$\quad\quad$ Q_{bt} ——第 t 时刻的基流，$\mathrm{m^3/d}$；

$\quad\quad$ f_1 ——滤波系数，通常取值为 0.95。

Chapman 于 1991 年对方法 F1 进行了改进，改进后的基流分割方程 F2 为

$$Q_{dt} = \frac{3f_1 - 1}{3 - f_1} Q_{d(t-1)} + \frac{2}{3 - f_1}(Q_t - f_1 Q_{t-1})$$

$$Q_{bt} = Q_t - Q_{dt}$$

Chapman 和 Maxwell 于 1996 年把基流假定为同时刻的地表径流和前一时刻基流的加权平均，提出了以下基流分割方程 F3：

$$Q_{bt} = \frac{f_1}{2 - f_1} Q_{b(t-1)} + \frac{1 - f_1}{2 - f_1} Q_t$$

为使基流分割更为平滑，Chapman 对方程 F3 进行了改进，改进后的方程 F4 为

$$Q_{bt} = \frac{f_1}{1 + f_2} Q_{b(t-1)} + \frac{f_2}{1 + f_2} Q_t$$

式中 f_2——固定值，常取 0.15。

在采用数字滤波法进行基流分割时，需要结合基流和径流性质，即需要满足 $Q_{bt} \geqslant 0$，$Q_{dt} \geqslant 0$，$Q_t \geqslant Q_{bt}$，$Q_t \geqslant Q_{dt}$。为了提高计算精度，往往需对流量数据进行多次反复滤波。第一次滤波是以第二个记录数为起点依次向后做正向运算，第二次滤波是在第一次滤波基础之上，以倒数第二个数据为起点做反向计算，第三次滤波同理正向运算，依次滤波。

目前，该方法在很多流域基流分割及相关研究中得以应用，如长江源区、黄河源区、汉江流域、汾河流域、黑河流域、疏勒河流域等。需要注意的是，使用该方法进行基流分割时，需要结合流域的特性以及基流的物理意义等进行综合考虑。

赵韦等（2016）以我国第二大内陆河黑河流域为例，采用数字滤波法对研究区上游山区径流量进行了基流分割，并对该区基流量的变化特征进行了探讨，详见附录中的案例 3。

4.3.1.3 数值法

近些年来，数值法在地下水资源评价中得到广泛应用，成为地下水资源评价的最主要的方法。数值法可以解决复杂水文地质条件和地下水开发利用条件下的地下水资源评价问题，如非均质含水层、各类复杂边界含水层、多层含水层地下水开采问题等；可进行地下水补给资源量和可开采资源量的评价；通过对已知地下水动态（地下水位）的拟合，可以识别水文地质条件，如水文地质参数、边界条件、均衡项等，有助于进一步认识水文地质条件；可以预测各种开采方案条件下地下水位的变化，即预报各种条件下的地下水状态。

采用数值法进行地下水资源评价的主要步骤如下：

（1）水文地质条件分析。针对评价目的，主要对地下水系统结构及其参数、地下水运动状态、边界性质和边界条件进行分析。

（2）水文地质概念模型和数学模型建立。概化的水文地质概念模型应反映地下水系统的主要功能和特征，便于用数学模型描述。主要包括以下几方面的概化：计算区几何形状的概化；含水层性质的概化，如承压、潜水或承压转无压含水层，单层或多层含水层系统等；边界性质的概化；参数性质（均质或非均质、各向同性或各向异性）的概化；地下水流状态的概化，如二维流或三维流；形成地下水运动的微分方程及其定解问题。

（3）空间离散（剖分）。针对选取的数值方法，确定空间剖分形式。对于应用不规则剖分（三角、任意四边形等）方法时，在出现以下几种条件时，应考虑网格的加密，以便提高计算精度：各种分区界线，如水文地质单元、参数分区、行政分区、地表水体、断层和岩性界线等；重点评价区和重要开采地段；地下水位变化加大地段（如降落漏斗区）；水文地质条件变化较大地段，如在含水层承压转无压地段、岩性变化较大地段等。尽量将主要开采井和作为拟合水位用的观测孔放到结点上。

（4）确定模拟期和预报期。一般取一年或多于一年作为模拟期，并根据补给量在时间的变化情况，给出若干个抽水时期（应力期）；预测期的确定主要取决于评价的目的和要求。在确定模拟期后，应给出初始时刻的地下水流场，并将其内插到各结点上。

（5）地下水均衡分析。在应用数值法计算之前，要用均衡法对全区进行均衡计算。这样可以在总体上把握地下水的均衡情况，使数值计算结果更趋合理化。然后，把地下水的各均衡项分配到各抽水时期和各剖分单元或结点上。在地下水均衡分析中，要特别注意与地下水位有关的均衡量的确定，如降水入渗量、蒸发量、越流量等，有时这些量需要在计算程序中处理。

（6）水文地质条件识别。为了验证所建立的数值模型是否符合实际，还要根据抽水试验或开采地下水时所提供的水位动态信息来检验其是否正确，即在给定参数、各补排量和边界、初始条件下，通过比较计算水位与实际观测水位，验证该数值模型的正确性。这一过程，称为模型识别或水文地质条件识别。

模型识别的判别准则：

1）计算的地下水流场应与实际地下水流场基本一致，即两者的地下水位等值线应基本吻合。

2）模拟期计算的地下水位应与实际地下水过程线变化趋势一致，即要求两者的水位动态过程基本吻合。

3）实际地下水补排差应接近于计算的含水层储量的变化量。

4）识别后的水文地质参数、含水层结构和边界条件符合实际水文地质条件。

（7）地下水资源评价和水位预报。利用已经建立的地下水数值模型，可以开展地下水资源评价。可预报在一定开采方案下水位降深的空间分布和随时间的演化；计算在一定期限内水位降深不超过某一限度时的可开采资源量；研究某些水均衡要素，可算出补给资源量，求出稳定开采条件下的可开采资源量；进行不同开采方案比较，选择最佳开采方案；还可以研究地表水地下水的统一调度，综合利用，进行地下水资源管理，以及研究其他水文地质问题。

数值法的详细计算可参考《水文地质手册》（第二版）地下水模拟技术和管理模型和水文地质计算有关章节。

4.3.1.4　水文地质比拟法

对水文地质条件了解较清楚，又有一些长期开采的水源地或矿区长期疏干资料时，可用水文地质比拟法近似解决地下水资源的区域评价问题。区域评价的范围往往很大，整个区内的水文地质、气候、水文等条件不可能完全相同。因此，一般根据水文地质、气候、水文等条件将全区分成若干条件大致相同的子区，然后搜集每个子区内典型的地下水开采或排水实际资料，按下列方法估算每个子区的地下水可开采量。

1. 地下水开采模数比拟法

$$Q_B = M_B F + Q_p$$

式中　Q_B——评价子区的地下水可开采量，m^3/d；

　　　F——评价子区的面积，km^2；

　　　Q_p——上述地区过境河流的渗入量，m^3/d；

　　　M_B——子区内典型地段的开采模数，$m^3/(d \cdot km^2)$，可根据典型地段实际开采资料或排水资料求出：

$$M_B = \frac{Q_c}{F_T}$$

式中　Q_c——典型地段地下水的总开采量或排水量，m^3/d；

　　　F_T——上述地段开采地下水（或矿坑排水）形成的稳定降落漏斗所占的面积，km^2。

2. 地下径流模数与地表径流模数之比值方法

$$Q_B = M_0 FC + Q_p$$

式中　M_0——天然地表径流模数，$m^3/(d \cdot km^2)$；

　　　C——开采条件下的地下径流模数与天然径流模数之比值，这里地下径流模数取实际最大开采模数值；

其他符号意义同前。

整个评价区的可开采量，应为各子区可开采量的总和。

在评价可开采量时，力求选用降深大致相同的实际资料。如果实际资料中的开采降深值差别很大，应用管井涌水量经验公式或区域降落漏斗法、相关分析法先近似推算全区统一降深的可开采量，然后再计算每个子区的可开采量。

4.3.2　水源地可开采量评价方法

4.3.2.1　开采试验法

在水文地质条件复杂，一时难以查清地下水补径排规律而又急需做出水量评价的地区，可打勘探开采孔并按未来的开采情况（开采量和相应的降深值）进行实地抽水，根据抽水结果确定单井或水源地的供水能力和补给保证程度。该方法适用于中小型水源地的地下水资源量评价。

开采试验法又可分为开采抽水法、补偿疏干法和试验外推法。

1. 开采抽水法

在水文地质条件复杂的地区，难于确定含水层的水文地质参数或补给和边界条件不清时，可采用较长时间的开采试验抽水确定其可开采量。由于抽水试验时间长，必然花费较多的人力、物力。因此，该方法只有在难以查清地下水补给条件又急需开展水资源评价，且供水部门对用水量的保证程度要求比较高时，才采用这种方法评价地下水可开采量。

抽水试验一般应安排在枯水季节进行，可单井抽水，也可由几个孔组成的井群抽水，抽水时间往往长达一月至数月，抽水量应尽可能接近设计需水量。在抽水过程及水位恢复阶段要进行全面观测，其结果可能出现稳定状态和非稳定状态两种情况：

（1）稳定状态。在长期抽水过程中，动水位达到设计水位降深值并趋近稳定状态，抽水量不小于需水量；停抽后，水位能较快地恢复到原始水位。这表明抽水量小于开采条件下的补给量，其开采量是有补给保证的，可作为允许开采量。这种抽水试验应在旱季进行，但确定的允许开采量是偏保守的。

由于旱季地下水流场处于入不敷出、水位不断下降的非稳定状态，因此只有排除天然疏干流场的干扰，才能判断抽水试验的叠加流场是否达到稳定状态，如图4.4所示。

h_0为旱季天然流场动水位，可按抽水前实测的日降幅推算；h_1为叠加流场的动水位。抽水由t_0时刻开始，地下水位急速下降后，至t_1和t_3时刻动水位s_1'和s_3'开始呈均匀下降，其下降速度与天然流场趋于一致。此时，叠加流场和天然流场的水位下降过程线将保持平行，斜率保持不变，$\Delta s / \Delta t$为常数，表明抽水已达到稳定状态。同理，水位恢复以t_4时刻开始，至t_5时刻恢复水位s_5'与天然流场水位s_5重合，表明动水位已恢复到天然状态。由此可见，旱季抽水试验稳定状态的判断，有赖于对抽水前天然流场水位降速的确定。

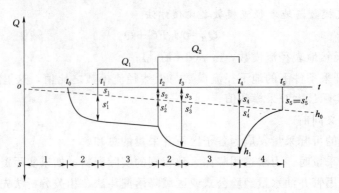

图 4.4　稳定开采试验状态动水位历时曲线图

1—天然状态；2—抽水非稳定阶段；3—抽水稳定阶段；4—抽水恢复阶段

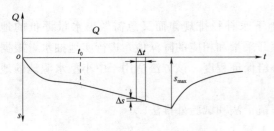

图 4.5　非稳定状态水位历时曲线图

（2）非稳定状态。在按需水量长期抽水过程中，动水位已超过设计水位降深值，仍未稳定，停抽后水位有所恢复，但达不到天然水位，表明抽水量已超过开采条件下的补给量，按需水量开采没有保证。这时，可按下列方法评价可开采量。

为了便于讨论，假设抽水时天然流场基本处于稳定状态，地下水位降幅很小，可不予考虑，如图 4.5 所示。

在非稳定状态下，任一 Δt 时段抽水产生的水位降深 Δs，若没有其他的消耗项，则其水量平衡关系为

$$\mu F \Delta s = (Q_K - Q_b)\Delta t$$

$$Q_K = Q_b + \mu F \cdot \frac{\Delta s}{\Delta t}$$

$$Q_b = Q_K - \mu F \cdot \frac{\Delta s}{\Delta t}$$

式中　Q_K——抽水量，$\mathrm{m^3/d}$；

Q_b——抽水条件下地下水补给量，$\mathrm{m^3/d}$；

μF——水位升、降一米时单位储存量变化值，$\mathrm{m^3/m}$；

Δs——Δt 时段的水位降深，m。

从上式可知，从含水层中抽出的水量是由补给量和储存量组成，将两项分解便可用补给量评价可开采量。

对此，首先应计算 μF 值。μF 值可用两次不同流量的抽水试验（Q_{K1}、Q_{K2}）和相应的 $\Delta s_1/\Delta t_1$、$\Delta s_2/\Delta t_2$ 资料，通过联立方程求解：

$$Q_{K1} = Q_b + \mu F \cdot \frac{\Delta s_1}{\Delta t_1}$$

$$Q_{K2} = Q_b + \mu F \cdot \frac{\Delta s_2}{\Delta t_2}$$

得

$$\mu F = (Q_{K1} - Q_{K2}) / \left(\frac{\Delta s_1}{\Delta t_1} - \frac{\Delta s_2}{\Delta t_2} \right)$$

则

$$Q_b = Q_{K1} - \left[(Q_{K1} - Q_{K2}) / \left(\frac{\Delta s_1}{\Delta t_1} - \frac{\Delta s_2}{\Delta t_2} \right) \right] \frac{\Delta s_1}{\Delta t_1}$$

为了核对 Q_b 的可靠性，可按恢复水位资料进行检查。停抽后，抽水量 Q_K 为零，于是

$$Q_b = \pm \mu F \cdot \frac{\Delta s}{\Delta t}$$

用上述公式计算的 Q_b，结合水文地质条件和需水量即可评价可开采量。

采用旱季抽水试验只能获得一年中最小的补给量，所以求得的 Q_b 是偏小的。最好将抽水试验延续到雨季，用同样的方法求得雨季的补给量，再分别按雨季 t_1 旱季 t_2 的时段长短分配到全年，得到

$$Q_b = \frac{Q_{b1} \cdot t_1 + Q_{b2} \cdot t_2}{365}$$

式中　Q_{b1}、Q_{b2}——雨季 t_1 和旱季 t_2 的补给量，m^3/d。

用这样的补给量作为允许开采量时，还应计算旱季末的最大水位降深 $S_{\max}$，看是否超过最大允许降深。

$$S_{\max} = S_0 + (Q_k + Q_{b2}) \frac{t_2}{\mu F}$$

式中　S_0——雨季的水位降深，m；

　　　Q_k——允许开采量，m^3/d。

2. 补偿疏干法

补偿疏干法适用于含水层分布范围有限，但有较大的储存量可起到充分调节作用，地下水补给在时间上分配不均的地区，如季节性河的河谷地区、构造断块岩溶发育地区等。这些地区由于地下水常年补给不足且分配不均，按一般天然补给量进行评价时，容易得出可开采量较贫乏的结论。进行地下水评价时，利用雨季补给充足的特点，充分利用储存量的调节作用维持开采，在旱季腾出储水空间，等雨季或丰水年得到全部补偿，这样可以大大增加地下水补给量，因而扩大了地下水的开采价值，这种方法称为补偿疏干法。

补偿疏干法是充分利用含水层的储水空间和调节能力，通过抽水试验进行地下水可开采资源量的评价方法。使用该方法进行地下水资源评价时需满足两个条件：一是可借用的储存量必须满足旱季的连续稳定开采；二是雨季补给量除满足当前开采量以外，还能全部补偿旱季动用的储存量，而不是部分补偿。

补偿疏干法也属于开采试验法范畴，由于两者的应用条件不同，对抽水试验的要求也不一样。补偿疏干法要求抽水试验始于无补给的旱季，跨越旱季与雨季的连续稳定抽水试验来提供计算所需的资料，如图 4.6 所示。

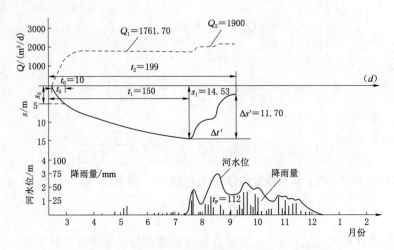

图 4.6　抽水时水位、流量过程曲线和补给关系示意图

具体步骤如下：

（1）计算旱季开采量。在旱季进行抽水试验，因为旱季补给量基本没有，完全靠疏干储存量来维持抽水，另外由于含水层范围有限，抽水降落漏斗极易扩展到边界，所以抽水过程中水量平衡方程为

$$Q_1 \approx \mu F \frac{\Delta s}{\Delta t}$$

即

$$\mu F \approx Q_1 \frac{\Delta t}{\Delta s}$$

式中　Q_1——旱季稳定抽水量，$\mathrm{m^3/d}$；

μF——单位储存量，$\mathrm{m^3/m}$；

Δt、Δs——抽水过程中水位急速下降后开始平稳等速下降的延续时间，d，和相应的水位下降值，m。

求出单位储存量后，根据含水层的厚度和取水设备的能力给出最大允许降深 $S_{\max}$，再查明整个旱季时间 t，则可以计算旱季的最大允许开采量 Q_k：

$$Q_k = \mu F \frac{S_{\max} - S_0}{t}$$

$$V_s = Q_k \cdot t = \mu F (S_{\max} - S_0)$$

式中　S_0——开采抽水开始等幅下降时井中的水位降深，m；

V_s——旱季末的疏干体积，$\mathrm{m^3}$。

（2）计算雨季补给量。雨季补给量除了保证雨季的开采外，多余部分就要补偿疏干的储存量，引起水位等幅回升。因此雨季补给量等于抽水量与补偿疏干的储存量之和，即

$$Q_b = \mu F' \frac{\Delta s'}{\Delta t'} + Q_2$$

式中　　Q_b——雨季补给量，m^3/d；

$\mu F'$——雨季抽水水位回升时的单位补偿量，可以近似认为与水位下降时的单位储存量相同，m^3/m；

$\dfrac{\Delta s'}{\Delta t'}$——雨季抽水水位回升速率，$m/d$；

Q_2——雨季稳定抽水量，m^3/d。

如果地下水一年接受补给的时间为 t_x，由此可以得到补给总量等于 $Q_b t_x$，把补给总量分配到全年即得到全年平均补给量，即

$$Q_{bp}=\frac{Q_b \cdot t_x}{365}$$

$$V_b=(Q_b-Q_2)t_x=\mu F'\frac{\Delta s'}{\Delta t'}t_x$$

式中　　Q_{bp}——全年平均补给量，m^3/d；

t_x——整个雨季的时间，d；

V_b——雨季对含水量的补偿体积，m^3。

（3）评价可开采量。根据计算结果，如果 $Q_{bp} \geqslant Q_k$，$V_b \geqslant V_s$，则计算的 Q_k 可作为允许开采量；如果 $Q_{bp} < Q_k$，$V_b < V_s$，则应以 Q_{bp} 作为允许开采量。考虑开采时水文气象因素变化对开采的影响，为了安全起见，可开采量应乘以一个小于1的安全系数 r（一般取 0.5～1）使之总是小于补给量，以保证长期开采的需要。

3. 试验外推法

根据抽水孔或地下水长期开采资料建立涌水量与降深之间的经验公式，然后外推开采降深时的地下水可开采量。该方法一般用于水文地质条件较简单，补给条件良好，含水层导水性强，单井出水量大，且需水量较少（需水量远小于地下水补给资源）的中小型水源地地下水可开采量的评价。

由于在供水水文地质勘探中，因抽水设备能力有限，抽水量和抽水降深达不到供水期间的要求，则需要利用3次降深（3个落程）的抽水试验资料；其中最大抽水量应尽量接近实际需水量，最大降深也应尽量接近设计降深。

表4.4给出了常见的 $Q=f(s)$ 曲线类型。将抽水有关数据代入相应的涌水量计算公式，则可以求出待定参数 A、B，从而确定抽水量与降深的关系式。各类曲线允许外推的范围：一般推断的设计降深值为抽水试验最大降深的 1.75～2 倍。将设计降深代入该公式，即可求出相应的地下水可开采量。

表4.4　　　　　　　　　　　　　　常见的 Q-s 曲线

类型	表达式	说明
直线型	$Q=qs$	q 为单位涌水量，$m^3/(d \cdot m)$
抛物线型	$s=AQ+BQ^2$	在 s/Q-Q 坐标系中为直线，A、B 为待定系数
幂函数型	$Q=As^B$	在 $\lg Q$-$\lg s$ 坐标系内为直线
对数型	$Q=A+B \cdot \lg s$	在 Q-$\lg s$ 坐标系中为直线

需要说明的是，试验外推法是建立在稳定流井流基础上的，不要用不稳定的 Q、s 值来建立相应的方程。此外，抽水的水位降深不能太小，否则影响曲线的类型。利用该方法推算可开采量时，必须充分考虑地下水的补给情况。

4.3.2.2 解析法

解析法是运用地下水动力学中解析公式（井流公式）对含水层进行地下水可开采量评价的方法。应用解析法的关键是如何正确处理解析公式建立过程中的严格理想化要求与实际问题复杂性、不规则性之间的差异。

并非任何函数关系都可以用解析公式表达，为了满足各种井流模型的条件，要求控制方程和定解条件简单，计算区和布井方案的几何形态规则。这相当于对含水层的物理和几何特征、布井方案及模型方程提出了极苛刻的要求，例如：要求含水层均质、等厚、各向同性；渗流区和开采区形状规则；补给边界的水量转化机制简单，不存在非确定性随机因素的影响；不产生潜水的大降深，不出现承压水和潜水同时并存，不存在初始水位的降落漏斗，没有不均匀的越流以及天窗或河、渠的入渗等。完全满足这些条件的理想化井流模型实际是不可能存在的。因此，采用解析法时，不可避免地要将复杂不规则的实际问题，通过简化纳入各种理想化的特定模式中。当一个实际问题与某个理想化模型相近似，则解析解的应用既经济又快捷。但多数情况下这种差异甚大，这样按解析公式要求作出的种种严格理想化处理，难免出现差错。此外，一些形式复杂的解析公式其求解的烦琐程度不亚于数值法。实践证明，弄清解析公式的"建模"条件及其局限性，科学地处理实际问题与理想化模型之间的差异，做出合理的概化，是用好解析法的关键。

解析法可以考虑取水建筑物的类型、结构、布局和井距等开采条件，并能为水井设计提供各种参数，所以解析法是允许开采量评价中常用的方法。但它必须用水量均衡法计算补给量，以论证其保证程度，避免理想化处理可能导致水文地质条件的"失真"，特别是在处理复杂的边界条件时，因此解析法一般用于边界条件简单的地区。

解析法包括稳定流与非稳定流两大类型。虽然地下水井流运动受气候和开采条件变化的影响，严格地说都应属非稳定流，但在补给充足、开采量小于补给量，具有稳定开采动态的情况下，均存在似稳定流的状态，可以采用稳定流公式计算；对于合理疏干型水源地，或远离补给区的承压水、补给条件差的潜水，应采用各种非稳定流方法。

具体做法一般有两种：一种是根据水文地质条件布置技术经济合理的取水建筑物，预测稳定型或调节平衡型的允许开采量，或在允许降深范围内在的非稳定型允许开采量；另一种是按具体需水量要求布置几个不同的取水方案，通过计算对比，选出最佳方案，若为稳定型与调节平衡型应评价其保证程度，若为非稳定开采动态应进行水位预报，评价不同开采期限内的水位情况，做出水位、水量是否能满足供水要求的结论，并论证开采可能出现的不良后果。

在井距较大，各开采井间相互影响不大的情况下，可根据单井解析公式计算各井的出水量，然后求其和作为允许开采量。若各井间相互影响时，可采用水位削减法等井群干扰公式，按布井方案设计出水量，作为允许开采量；或将不规则布井方案，概化为规则的理想"大井"。用大井法计算出水量，作为干扰井群的允许开采量。

4.3.2.3 数值法

数值法可参考 4.3.1.3 章节以及《水文地质手册》（第二版）第十五章有关数值方法

的章节内容。

4.3.2.4　相关分析法

应用相关分析法是考虑了一些随机因素的影响，以便于解决一些复杂的水文地质问题。在数据采样时，要注意资料来源的一致性；同时应尽量增加观测数据组数，增大观测数据中自变量的离散程度，以提高回归方程的精度。

这种方法适用于稳定型或调节性地下水开采动态，或补给有余的已建成水源地扩大开采时的地下水资源量评价。当利用回归方程外推开采量 Q 时，必须计算地下水补给量并论证其保证程度。

实践表明，利用相关分析法预测近期且推测降深与实际最大降深差别不大时效果较好。随着预测期的延长，推算降深值与实际降深之间的差别增大。因此，应根据新的实际观测资料，不断补充修正回归方程，逐年进行预测。

应用相关分析方法如何建立开采量 Q 与降深 s 之间关系的原理可参照《水文地质手册》（第二版）第十五章的相关内容。

4.3.2.5　水文地质比拟法

根据已经研究清楚或有开采资料的水源地资料，可以估算与其相似水文地质条件的新水源地的可开采量。根据此法评价的可开采量只能给出相当粗略的数值。利用水文地质比拟法时，比拟与被比拟两者的水文地质条件必须基本一致，并选取最有代表性的水文地质参数（如区域单位降深值、单位涌水量、补给带宽度、地下径流模数、单位储存量值、开采模数、渗入系数等）作为比拟指标。如果两者的水文地质条件略有差别时，选取的比拟指标需加以适当修正，此时需全面考虑水文、气象、开采以及水文地质各方面的特点。

4.4　地下水资源量评价参数

水文及水文地质参数是地下水资源量评价的基础，直接影响地下水资源量评价成果的精度。地下水资源量评价涉及的主要水文及水文地质参数有：潜水变幅带给水度 μ、包气带降水入渗补给系数 α、田间灌溉入渗补给系数 β、潜水蒸发系数 C、渠系渗漏补给系数 m、渠系有效利用系数 η 和修正系数 γ 等。

表 4.5～表 4.10 给出了主要的水文及水文地质参数的取值（《中国水资源及其开发利用调查评价》，水利部水利水电规划设计总院）。更多水文地质参数的确定及取值可参考《中国水资源及其开发利用调查评价》和《水文地质手册》（第二版）第十七章。

表 4.5　　　　　　　　我国北方平原区各种松散岩土给水度 μ 取值表

岩性名称	给水度	岩性名称	给水度	岩性名称	给水度
黏土	0.02～0.04	粉砂土	0.06～0.08	中粗砂	0.09～0.15
黄土状亚黏土	0.03～0.05	粉细砂	0.07～0.09	粗砂	0.12～0.16
亚黏土	0.02～0.06	细砂	0.08～0.11	砂卵石	0.14～0.24
黄土状亚砂土	0.03～0.06	中砂	0.09～0.13	卵砾石	0.15～0.27
亚砂土	0.03～0.08	含砾中细砂	0.10～0.14	漂砾	0.20～0.30

表 4.6　　　　　　　　　　　我国北方平原区降水入渗补给系数 α 取值表

岩性	年降水量 /mm	年均浅层地下水埋深/m						
		<1	1~2	2~3	3~4	4~5	5~6	≥6
黏土、黄土状亚黏土	<100	—	<0.05	<0.06	<0.05	<0.04	<0.04	<0.03
	100~200	—	0.05~0.07	0.06~0.08	0.05~0.07	0.04~0.06	0.04~0.05	0.03~0.04
	200~300	—	0.05~0.10	0.08~0.13	0.06~0.12	0.05~0.06	0.05~0.08	0.05~008
	300~400	—	0.06~0.12	0.08~0.14	0.08~0.14	0.07~0.12	0.07~0.10	0.06~0.10
	400~500	—	0.07~0.14	0.10~0.16	0.10~016	0.09~0.15	0.08~0.14	0.07~0.14
	500~600	<0.07	0.07~0.15	0.10~0.17	0.11~0.17	0.10~0.15	0.10~0.15	0.07~0.14
	600~700	<0.10	0.08~0.17	0.12~0.19	0.12~0.19	0.11~0.15	0.10~0.15	0.09~0.15
	700~800	<0.10	0.09~0.17	0.14~0.20	0.13~0.20	0.11~0.17	0.10~0.15	0.10~0.15
	800~900	<0.11	0.08~0.18	0.10~0.19	012~0.21	0.12~0.15	0.12~0.15	0.10~0.12
	>900	<0.11	0.10~0.17	0.16~0.19	0.19~0.16	0.17~0.15	0.16~0.15	0.16~0.15
亚黏土、黄土状亚砂土	<100	<0.05	<0.06	<0.07	<0.06	<0.05	<0.05	<0.04
	100~200	0.05~0.15	0.06~0.08	0.07~0.09	0.06~0.08	0.05~0.07	0.05~0.06	0.04~0.06
	200~300	0.05~0.15	0.05~0.10	0.05~0.13	0.03~0.12	0.03~0.10	0.03~0.10	0.02~0.10
	300~400	<0.12	0.06~0.18	0.06~0.18	0.05~0.16	0.04~0.15	0.04~0.15	0.03~0.12
	400~500	<0.09	0.07~0.17	0.10~0.20	0.10~0.19	0.09~0.18	0.09~0.16	0.08~0.15
	500~600	<0.10	0.08~0.18	0.12~0.22	0.14~0.22	0.13~0.22	0.10~0.21	0.09~0.21
	600~700	<0.12	0.08~0.19	0.15~0.26	0.16~0.23	0.15~0.26	0.12~0.25	0.10~0.23
	700~800	<0.14	0.10~0.21	0.16~0.30	0.15~0.28	0.14~0.29	0.14~0.27	0.11~0.24
	800~900	<0.15	0.10~0.22	0.50~0.30	0.20~0.26	0.18~0.26	0.15~0.20	0.13~0.20
	>900	<0.15	0.10~0.19	0.18~0.21	0.17~0.21	0.15~0.19	0.15~0.16	0.14~0.15
亚砂土	<100	0.06~0.18	<0.07	<0.08	<0.08	<0.07	<0.06	<0.05
	100~200	0.06~0.18	0.06~0.09	0.08~0.11	0.07~0.10	0.06~0.08	0.05~0.07	0.05~0.06
	200~300	0.06~0.18	0.06~0.15	0.06~0.16	0.03~0.14	0.03~0.12	0.03~0.12	0.02~0.20
	300~400	0.25	0.07~0.20	0.08~0.20	0.08~0.20	0.06~0.18	0.06~0.16	0.08~0.16
	400~500	<0.10	0.07~0.27	0.12~0.26	0.12~0.23	0.10~0.20	0.10~0.18	0.09~0.18
	500~600	<0.12	0.08~0.21	0.12~0.28	0.14~0.28	0.14~0.26	0.14~0.22	0.12~0.24
	600~700	<0.13	0.10~0.23	0.14~0.32	0.18~0.32	0.16~0.29	0.16~0.29	0.14~0.28
	700~800	<0.14	0.10~0.25	0.19~0.37	0.19~0.33	0.17~0.31	0.18~0.30	0.15~0.29
	800~900	<0.16	0.12~0.26	0.20~0.30	0.19~0.30	0.17~0.28	0.15~0.24	0.15~0.20
	>900	<0.14	0.14~0.23	0.22~0.27	0.20~0.27	0.17~0.25	0.16~0.20	0.15~0.27
粉砂	<300	0.05~0.09		0.06~0.12		—	—	—
粉细砂	<100	0.07~0.18	<0.18	<0.10	<0.10	<0.09	<0.08	<0.07
	100~200	0.07~0.18	0.07~0.10	0.09~0.13	0.09~0.12	0.08~0.11	0.07~0.10	0.06~0.09
	200~300	0.07~0.18	0.06~0.16	0.06~0.18	0.05~0.16	0.05~0.16	0.05~0.15	0.05~0.15

续表

岩性	年降水量/mm	年均浅层地下水埋深/m						
		<1	1~2	2~3	3~4	4~5	5~6	≥6
粉细砂	300~400	<0.28	0.09~0.25	0.12~0.25	0.12~0.28	0.12~0.24	0.10~0.23	0.10~0.21
	400~500	<0.15	0.10~0.25	0.14~0.35	0.16~0.29	0.15~0.26	0.15~0.25	0.14~0.23
	500~600	<0.18	0.11~0.25	0.16~0.37	0.18~0.34	0.16~0.30	0.15~0.30	0.15~0.28
	600~700	<0.19	0.12~0.28	0.18~0.39	0.20~0.36	0.18~0.32	0.16~0.30	0.16~0.30
	700~800	<0.17	0.13~0.30	0.21~0.40	0.21~0.37	0.19~0.33	0.19~0.33	0.16~0.31
	>800	<0.17	0.10~0.26	0.16~0.40	0.18~0.37	0.16~0.33	0.15~0.33	0.15~0.31
细砂	<100	0.06~0.15	<0.15	<0.13	<0.12	<0.11	<0.10	<0.09
	100~200	0.06~0.15	0.06~0.18	0.05~0.16	0.05~0.15	0.05~0.14	0.05~0.12	0.05~0.11
	200~300	0.06~0.15	0.11~0.24	0.05~0.22	0.05~0.24	0.05~0.22	0.05~0.22	0.05~0.22
	300~400	—	0.12~0.28	0.16~0.29	0.17~0.29	0.15~0.28	0.14~0.24	0.13~0.24
	400~500	—	0.15~0.24	0.18~0.31	0.20~0.31	0.18~0.24	0.18~0.24	0.17~0.28
	500~600	—	0.16~0.25	0.20~0.28	0.22~0.32	0.20~0.30	0.20~0.30	0.20~0.30
	600~800	—	0.16~0.25	0.22~0.30	0.24~0.34	0.20~0.32	0.22~0.32	0.22~0.32
	>800	—	0.15~0.22	0.20~0.26	0.20~0.30	0.18~0.28	0.18~0.28	0.18~0.28
中细砂、中砂、中粗砂、粗砂	<300	0.07~0.16		0.06~0.14		0.06~0.12		0.06~0.20
	300~400	—	—	—	—	—	—	0.17~0.24
	400~500	—	—	—	—	—	—	0.21~0.29
	500~600	—	—	—	—	—	—	0.23~0.31
	600~700	—	—	—	—	—	—	0.24~0.32
	700~800	—	—	—	—	—	—	0.25~0.34
砂砾石、砂卵砾石	<100	0.08~0.15	0.06~0.12	0.06~0.12	0.06~0.10	0.06~0.10	0.06~0.10	<0.15
	100~200	0.08~0.15	0.06~0.12	0.06~0.12	0.06~0.10	0.06~0.10	0.06~0.10	0.06~0.19
	200~300	0.08~0.15	0.06~0.18	0.06~0.20	0.06~0.30	0.06~0.28	0.06~0.28	0.06~0.28
	300~400	0.15~0.20	0.15~0.35	0.16~0.35	0.15~0.50	0.15~0.48	0.15~0.46	0.10~0.46
	400~500	0.15~0.20	0.15~0.22	0.18~0.28	0.22~0.57	0.22~0.56	0.22~0.55	0.22~0.46
	500~600	—	0.16~0.24	0.20~0.32	0.25~0.60	0.25~0.60	0.22~0.58	0.25~0.58
	600~700	—	0.16~0.25	0.22~0.35	0.28~0.65	0.25~0.63	0.25~0.60	0.25~0.60
	700~800	—	0.16~0.25	0.22~0.35	0.28~0.65	0.25~0.63	0.25~0.60	0.25~0.60
	>800	—	0.15~0.22	0.18~0.32	0.25~0.65	0.25~0.60	0.25~0.60	0.25~0.60

表 4.7　　　　　　　　我国南方平原区降水入渗补给系数 α 取值表

包气带岩性	年降水量/mm	年均浅层地下水埋深/m						
		≤1	1~2	2~3	3~4	4~5	5~6	>6
砂卵砾石	≤600	0~0.28	0.21~0.33	0.26~0.38	0.29~0.43	0.30~0.42	0.30~0.41	0.30~0.41
	600~800	0~0.32	0.23~0.35	0.28~0.40	0.33~0.45	0.32~0.44	0.32~0.43	0.32~0.43
	800~1000	0~0.28	0.21~0.33	0.26~0.38	0.29~0.43	0.30~0.42	0.30~0.41	0.30~0.41
	1000~1500	0~0.27	0.20~0.31	0.24~0.36	0.27~0.41	0.29~0.40	0.29~0.39	0.29~0.39
	1500~2000	0~0.26	0.19~0.27	0.22~0.34	0.25~0.37	0.28~0.36	0.28~0.35	0.28~0.35
	>2000	0~0.25	0.17~0.27	0.20~0.30	0.23~0.35	0.26~0.35	0.25~0.34	0.25~0.34
中粗砂	≤600	0~0.20	0.17~0.26	0.21~0.30	0.23~0.34	0.23~0.32	0.22~0.31	0.22~0.31
	600~800	0~0.24	0.19~0.28	0.23~0.32	0.27~0.36	0.25~0.34	0.24~0.33	0.24~0.33
	800~1000	0~0.20	0.17~0.26	0.21~0.30	0.23~0.34	0.23~0.32	0.22~0.31	0.22~0.31
	1000~1500	0~0.19	0.16~0.24	0.19~0.28	0.21~0.32	0.22~0.30	0.21~0.29	0.21~0.29
	1500~2000	0~0.18	0.15~0.22	0.17~0.26	0.19~0.28	0.21~0.26	0.20~0.25	0.20~0.25
	>2000	0~0.15	0.13~0.20	0.18~0.24	0.17~0.26	0.19~0.25	0.17~0.24	0.17~0.24
细砂	≤600	0~0.16	0.14~0.20	0.18~0.24	0.20~0.28	0.20~0.26	0.19~0.25	0.19~0.25
	600~800	0~0.20	0.16~0.22	0.20~0.26	0.24~0.30	0.22~0.28	0.21~0.27	0.21~0.27
	800~1000	0~0.16	0.14~0.20	0.18~0.24	0.20~0.28	0.20~0.26	0.19~0.25	0.19~0.25
	1000~1500	0~0.16	0.13~0.18	0.16~0.22	0.18~0.26	0.19~0.24	0.18~0.23	0.18~0.23
	1500~2000	0~0.14	0.12~0.16	0.14~0.20	0.16~0.22	0.18~0.20	0.17~0.19	0.17~0.19
	>2000	0~0.13	0.10~0.14	0.12~0.18	0.14~0.20	0.16~0.19	0.14~0.18	0.14~0.18
亚砂土	≤600	0~0.12	0.10~0.16	0.14~0.20	0.16~0.24	0.16~0.22	0.15~0.21	0.15~0.21
	600~800	0~0.14	0.12~0.18	0.16~0.22	0.20~0.26	0.18~0.24	0.17~0.23	0.17~0.23
	800~1000	0~0.12	0.10~0.16	0.14~0.20	0.16~0.24	0.16~0.22	0.15~0.21	0.15~0.21
	1000~1500	0~0.11	0.09~0.14	0.12~0.18	0.14~0.22	0.15~0.20	0.14~0.19	0.14~0.19
	1500~2000	0~0.10	0.08~0.12	0.10~0.16	0.12~0.18	0.14~0.16	0.13~0.15	0.13~0.15
	>2000	0~0.09	0.06~0.10	0.08~0.14	0.10~0.16	0.12~0.15	0.10~0.14	0.10~0.14
亚黏土	≤600	0~0.11	0.09~0.15	0.13~0.18	0.15~0.22	0.14~0.20	0.13~0.19	0.13~0.19
	600~800	0~0.13	0.11~0.16	0.14~0.20	0.18~0.25	0.16~0.22	0.15~0.20	0.15~0.20
	800~1000	0~0.11	0.09~0.15	0.13~0.18	0.15~0.22	0.14~0.20	0.13~0.19	0.13~0.19
	1000~1500	0~0.10	0.08~0.13	0.11~0.16	0.12~0.20	0.12~0.18	0.11~0.17	0.11~0.17
	1500~2000	0~0.09	0.06~0.11	0.08~0.14	0.11~0.16	0.10~0.15	0.09~0.13	0.09~0.13
	>2000	0~0.08	0.04~0.09	0.06~0.12	0.07~0.14	0.09~0.14	0.08~0.12	0.08~0.12
黏土	≤600	0~0.10	0.08~0.14	0.12~0.16	0.14~0.20	0.12~0.18	0.11~0.17	0.11~0.17
	600~800	0~0.12	0.10~0.15	0.13~0.18	0.16~0.22	0.14~0.20	0.13~0.19	0.13~0.19
	800~1000	0~0.10	0.08~0.14	0.12~0.16	0.14~0.20	0.12~0.18	0.11~0.17	0.11~0.17
	1000~1500	0~0.09	0.07~0.12	0.10~0.14	0.11~0.18	0.10~0.16	0.09~0.15	0.09~0.15
	1500~2000	0~0.08	0.05~0.10	0.07~0.12	0.10~0.15	0.08~0.14	0.07~012	0.07~0.12
	>2000	0~0.07	0.03~0.08	0.05~0.10	0.06~0.20	0.07~0.13	0.06~0.11	0.06~0.11

表 4.8　　　　　　　　我国平原区潜水蒸发系数 C 取值表

包气带岩性		植被情况	年均浅层地下水埋深/m						
			≤0.5	0.5~1.0	1.0~1.5	1.5~2	2~3	3~4	4~5
北方平原区	亚砂土	有	0.600~0.887	0.200~0.887	0.200~0.570	0.200~0.550	0.050~0.400	0.010~0.100	0.001~0.039
		无	0.24~0.87	0.24~0.87	0.240~0.570	0.040~0.550	0.005~0.400	0.005~0.100	0.000~0.100
	亚黏土	有	0.30~0.78	0.30~0.78	0.100~0.500	0.100~0.500	0.010~0.250	0.005~0.100	0.001~0.010
		无	0.30~0.78	0.30~0.78	0.130~0.530	0.130~0.530	0.010~0.330	0.010~0.100	0.001~0.010
	黏土	有	0.15~0.66	0.12~0.60	0.075~0.350	0.040~0.160	0.010~0.150	0.005~0.380	0.001~0.100
		无	0.15~0.35	0.12~0.35	0.075~0.350	0.040~0.350	0.010~0.040	0.001~0.010	<0.001
	粉细砂	有	0.40~0.90	0.40~0.90	0.050~0.400	0.050~0.400	0.010~0.100	0	0
		无	0.40~0.81	0.40~0.81	0.020~0.400	0.020~0.400	<0.050	0	0
	砂卵砾石	有	0.02~0.79	0.02~0.79	0.005~0.120	0.005~0.120	<0.010	0	0
		无	0.02~0.79	0.02~0.79	0.010~0.550	0.005~0.120	<0.010	0	0
南方平原区	亚砂土	有	1.15~0.65	0.65~0.40	0.400~0.200	0.200~0.150	0.150~0.050	0.05~0.01	0
		无	1.00~0.50	0.50~0.20	0.200~0.100	0.100~0.050	0.050~0.010	0	0
	亚黏土	有	1.10~0.55	0.55~0.30	0.300~0.150	0.150~0.100	0.100~0.050	0.05~0.01	0.01~0.00
		无	1.00~0.45	0.45~0.20	0.200~0.100	0.100~0.050	0.050~0.020	0.02~0.01	0
	黏土	有	1.05~0.50	0.50~0.20	0.200~0.150	0.150~0.100	0.100~0.050	0.05~0.02	0.02~0.01
		无	1.00~0.40	0.40~0.15	0.150~0.100	0.100~0.050	0.050~0.020	0.05~0.01	0.01~0.00
	粉细砂	有	0.60~0.90	0.30~0.60	0.300~0.100	0.100~0.050	0.005~0.050	0	0
		无	0.45~0.60	0.15~0.45	0.150~0.050	0.050~0.010	0.005~0.010	0	0
	砂卵砾石	有	0.45~0.70	0.10~0.45	0.050~0.100	0.005~0.050	0	0	0
		无	0.40~0.55	0.05~0.40	0.005~0.050	0	0	0	0

表 4.9　　　　　　　　　　　　**我国灌溉入渗补给系数 β 取值表**

包气带岩性		灌水定额 /(m³/亩次)	年均浅层地下水埋深/m					
			1～2	2～3	3～4	4～5	5～6	＞6
北方平原	粉细砂	20～40	—	—	—	—	—	—
		40～60	0.13～0.22	0.09～0.20	0.09～0.18	0.08～0.15	0.08～0.12	0.04～0.10
		60～80	0.18～0.22	0.10～0.25	0.10～0.22	0.08～0.20	0.08～0.18	0.08～0.18
		＞80	0.20～0.35	0.16～0.30	0.12～0.28	0.10～0.22	0.08～0.20	0.08～0.18
	亚砂土	≤40	—	—	—	—	—	—
		40～60	0.10～0.25	0.08～0.20	0.06～0.17	0.04～0.15	0.02～0.14	0.02～0.14
		60～80	0.12～0.22	0.10～0.22	0.08～0.18	0.04～0.18	0.04～0.15	0.04～0.14
		＞80	0.14～0.32	0.12～0.28	0.10～0.25	0.08～0.20	0.06～0.18	0.06～0.14
	亚黏土	≤40	—	—	—	—	—	—
		40～60	0.10～0.18	0.06～0.16	0.03～0.14	0.03～0.12	0.02～0.12	0.01～0.1
		60～80	0.10～0.18	0.08～0.20	0.06～0.15	0.05～0.15	0.03～0.12	0.02～0.11
		＞80	0.12～0.25	0.10～0.25	0.08～0.22	0.06～0.18	0.04～0.18	0.03～0.11
	黏土	≤40	—	—	—	—	—	—
		40～60	0.06～0.22	0.05～0.20	0.05～0.18	0.02～0.15	0.02～0.15	0.01～0.13
		60～80	0.09～0.27	0.06～0.25	0.05～0.23	0.03～0.20	0.02～0.20	0.01～0.17
		＞80	0.10～0.234	0.08～0.26	0.08～0.24	0.05～0.22	0.03～0.20	0.02～0.20
南方平原	粉细砂	20～40	0.10～0.16	0.12～0.18	0.12～0.14	0.10～0.14	0.10～0.12	0.10～0.12
		40～60	0.15～0.25	0.14～0.20	0.14～0.15	0.12～0.15	0.12～0.15	0.12～0.15
		60～80	0.18～0.30	0.16～0.25	0.16～0.20	0.13～0.18	0.13～0.18	0.13～0.18
		＞80	0.20～0.35	0.20～0.32	0.18～0.30	0.15～0.20	0.14～0.20	0.14～0.20
	亚砂土	≤40	0.08～0.14	0.10～0.14	0.10～0.12	0.08～0.10	0.08～0.10	0.08～0.10
		40～60	0.10～0.16	0.12～0.16	0.11～0.14	0.10～0.13	0.09～0.11	0.09～0.11
		60～80	0.12～0.18	0.14～0.18	0.12～0.16	0.11～0.15	0.10～0.12	0.10～0.12
		＞80	0.14～0.20	0.16～0.20	0.14～0.16	0.12～0.16	0.12～0.14	0.12～0.14
	亚黏土	≤40	0.06～0.12	0.08～0.12	0.09～0.11	0.08～0.10	0.08～0.10	0.08～0.10
		40～60	0.08～0.15	0.10～0.14	0.10～0.13	0.10～0.12	0.10～0.12	0.10～0.12
		60～80	0.10～0.16	0.12～0.16	0.11～0.15	0.12～0.14	0.12～0.14	0.12～0.14
		＞80	0.12～0.18	0.14～0.18	0.12～0.16	0.12～0.15	0.12～0.15	0.12～0.15
	黏土	≤40	0.05～0.10	0.06～0.10	0.08～0.10	0.06～0.08	0.06～0.08	0.06～0.08
		40～60	0.06～0.12	0.08～0.12	0.10～0.12	0.08～0.10	0.08～0.10	0.08～0.10
		60～80	0.08～0.14	0.10～0.14	0.11～0.13	0.10～0.11	0.10～0.11	0.10～0.11
		＞80	0.10～0.16	0.12～0.15	0.12～0.14	0.12～0.13	0.12～0.13	0.12～0.13

表 4.10   **我国北方平原区不同情况的 η、γ、m 取值表**

气候分区	衬砌情况	渠床下岩性	地下水埋深 /m	渠系有效利用系数 η	修正系数 γ	渠系渗漏补给系数 m
干旱半干旱地区	未衬砌	亚黏土、亚砂土	<4	0.30～0.60	0.80～0.90	0.22～0.60
	部分衬砌			0.45～0.80	0.70～0.85	0.19～0.50
			>4	0.40～0.70	0.65～0.80	0.18～0.45
	衬砌		<4	0.50～0.80	0.60～0.85	0.17～0.45
			<4	0.45～0.80	0.60～0.80	0.16～0.45
半干旱半湿润地区	未衬砌	亚黏土	<4	0.55	0.32	0.14
		亚砂土		0.40～0.50	0.35～0.50	0.18～0.30
		亚黏、亚砂土互层		0.40～0.55	0.32	0.14～0.30
	部分衬砌	亚黏土		0.55～0.73	0.32	0.09～0.14
			<4	0.55～0.70	0.30	0.09～0.14
		亚砂土	<4	0.55～0.68	0.37	0.12～0.17
			<4	0.52～0.73	0.35	0.10～0.17
		亚黏、亚砂土互层		0.55～0.73	0.32～0.40	0.09～0.17
	衬砌	亚黏土	<4	0.65～0.88	0.32	0.04～0.11
		亚砂土		0.57～0.73	0.37	0.10～0.16

4.5 区域水资源总量评价

一定区域内的水资源总量是指当地降水形成的地表和地下水量，即地表径流量与降水入渗补给量之和。水资源总量并不等于地表水资源量与地下水资源量的简单相加，需扣除两者重复量。水资源总量计算的目的是分析评价在当前自然条件下可用水资源量的最大潜力，从而为水资源的合理开发利用提供依据。一定区域水资源总量的计算公式可写成：

$$W_总 = W_{地表} + W_{地下} - W_{重复}$$

式中 $W_总$——水资源总量，亿 m^3；

$W_{地表}$——地表水资源量，亿 m^3；

$W_{地下}$——地下水资源量，亿 m^3；

$W_{重复}$——地表水和地下水之间相互转化的重复水量，亿 m^3。

在大多数情况下，水资源总量的计算项目包括多年平均水资源总量和不同频率水资源总量。若区域内的地貌条件单一（全部为山丘区或平原区），水资源总量中各分量的计算比较简单；若区域内既包括山丘区又包括平原区，水资源总量的计算则比较复杂。下面将介绍不同情况的水资源总量的计算。

4.5.1 多年平均水资源总量计算

4.5.1.1 单一山丘区

单一山丘区一般包括一般山丘、岩溶山区、黄土高原丘陵沟壑区。地表水资源为当地河川径流量，地下水资源量按排泄量计算，相当于当地降水入渗补给量，山丘区地表水

和地下水相互转化的重复量为河川基流量。山丘区多年平均水资源总量计算公式可写为

$$\overline{W}_{山总} = \overline{W}_{山地表} + \overline{W}_{山地下} - \overline{W}_{山河川基}$$

式中 $\overline{W}_{山总}$——山丘区多年平均水资源总量，亿 m^3；

$\overline{W}_{山地表}$——山丘区多年平均地表水资源量，亿 m^3；

$\overline{W}_{山地下}$——山丘区多年平均地下水资源量，亿 m^3；

$\overline{W}_{山河川基}$——山丘区多年平均河川基流量，即地表水和地下水之间相互转化的重复水量，亿 m^3。

山丘区多年平均地表水资源量、地下水资源量、河川基流量的计算方法见前面相关内容。

4.5.1.2 单一平原区

单一平原区包括北方一般平原区、沙漠区、内陆闭合盆地平原区、山间盆地平原区、山间河谷平原区、黄土高原台塬阶地区，平原区地表水和地下水相互转化的重复量为平原区河川基流量和来自平原区地表水体渗漏补给量。单一平原区多年平均水资源总量计算公式为

$$\overline{W}_{平总} = \overline{W}_{平地表} + \overline{W}_{平地下} - \overline{W}_{平河川基} - \overline{W}_{平表水渗补}$$

式中 $\overline{W}_{平总}$——平原区多年平均水资源总量，亿 m^3；

$\overline{W}_{平地表}$——平原区多年平均地表水资源量，亿 m^3；

$\overline{W}_{平地下}$——平原区多年平均地下水资源量，亿 m^3；

$\overline{W}_{平河川基}$——平原区多年平均河川基流量，亿 m^3；

$\overline{W}_{平表水渗补}$——平原区多年平均地表水体的补给量，亿 m^3。

平原区多年平均地表水资源量、地下水资源量、河川基流量及地表水体补给量的计算方法见相关内容。

4.5.1.3 多种地貌类型混合区

在多数水资源分区内，计算分区内既包括山丘区又包括平原区，水资源总量的计算则比较复杂，其复杂性主要在于重复量的计算上。这种混合区的重复水量包括两部分：

（1）同一地貌（山丘区或平原区）地表水与地下水的重复水量计算。包括：①山丘区地表水和地下水相互转化的重复量，即山丘区河川基流量；②平原区地表水和地下水相互转化的重复量，即平原区河川基流量和来自平原区地表水体渗漏补给量。

（2）不同类型区间的重复水量，即山丘区与平原区间的重复计算量。包括：①山丘区河川径流量与平原区地下水补给量之间的重复量，即山丘区河川径流流经平原时对地下水的补给量；②山前侧向补给量，即山区流入平原区的地下径流，属于山丘区、平原区地下水本身的重复量。

若计算区包括山丘区和平原区两大地貌单元，则

$$\overline{W}_{总} = \overline{W}_{山总} + \overline{W}_{平总} - \overline{W}_{山平重复}$$

式中 $\overline{W}_{总}$——全区（包括山丘区和平原区）多年平均水资源总量，亿 m^3；

$\overline{W}_{山总}$——山丘区多年平均水资源总量，亿 m^3；

$\overline{W}_{平总}$——平原区多年平均水资源总量，亿 m³；

$\overline{W}_{山平重复}$——山丘区与平原区间的多年平均重复水量，亿 m³，包括山丘区河川径流量与平原区地下水补给量之间的重复量及山前侧向补给量，其计算方法参见本书 4.3.1.1 及 4.3.1.2 节。

4.5.2 不同频率水资源总量计算

估算不同频率的水资源总量，首先需要求得区域内的水资源总量系列，然后通过频率分析的方法计算。

有些受资料限制的地区，组成水资源总量的某些分量难以逐年求得，这种情况下，作为近似估算，可在多年平均水资源总量的基础上，借助于河川径流量和降水入渗补给量系列近似推求水资源总量系列。山丘区可将逐年河川径流量乘以水资源总量均值与河川年径流值的比值后得出的系列，作为水资源总量系列。平原区则以各年的河川径流量与降水入渗补给量之和，乘以水资源总量均值与上列两项之和的均值的比值后得出的系列，作为水资源总量系列。将山丘区和平原区水资源总量系列对应项逐年相加，即可求得全区域水资源总量系列。

4.5.3 水资源可利用总量计算

水资源可利用总量是在可预见的时期内，在统筹考虑生活、生产和生态环境用水的基础上，通过经济合理、技术可行的措施在当地水资源中可一次性利用的最大水量。水资源可利用总量的计算，可采取地表水资源可利用量与浅层地下水资源可开采量相加再扣除地表水资源可利用量与地下水资源可开采量两者之间重复计算量的方法估算。公式如下：

$$W_{总可} = W_{地表可} + W_{地下可} - W_{重}$$
$$W_{重} = \rho_{平可}(W_{渠渗} + W_{田渗}) + \rho_{山可}W_{基}$$

式中　$W_{总可}$——水资源可利用总量，亿 m³；

　　　$W_{地表可}$——地表水资源可利用量，亿 m³；

　　　$W_{地下可}$——浅层地下水资源可开采量，亿 m³；

　　　$W_{重}$——重复计算量，亿 m³；

　　　$W_{渠渗}$——渠系渗漏补给量，亿 m³；

　　　$W_{田渗}$——田间地表水灌溉入渗补给量，亿 m³；

　　　$\rho_{平可}$——平原区可开采系数；

　　　$\rho_{山可}$——山区可开采系数；

　　　$W_{基}$——河川基流量，亿 m³。

【思　考　题】

1. 开展区域地下水资源量评价时，需要具备哪些调查基础？

2. 开展水源地地下水资源量评价时，需要收集哪些资料？

3. 基流分割的目的和意义是什么？方法有哪些？其适用条件是什么？

4. 如何估算地下水可开采资源量？在评估地下水可开采资源量时需要综合考虑哪些因素？

5. 区域地下水资源量评价精度与哪些因素有关？

第 5 章

水 质 评 价

5.1 水质评价的概念、指标及方法

5.1.1 水质评价的概念及分类

水质评价是根据水体的用途，按照一定的评价参数、水质标准和评价方法，对水体质量进行定性或定量评价的过程。水质评价是合理开发利用和保护水资源的一项基本工作。一般来说，水质评价可以分为以下几类：

（1）按评价对象可分为大气降水水质评价、地表水水质评价、地下水水质评价。由于地下水和地表水是目前开发利用且能够实施人工调控的主要对象，所以供水实践中，主要是针对这两种水体开展水质评价。

（2）按评价时段可分为回顾评价、现状评价、影响评价。回顾评价是利用积累的历史水质数据，揭示水质演化的过程；现状评价是根据近期水质监测数据，阐明水质当前的状况；影响评价又称预测评价，是针对拟建工程在运行后对水质的可能影响作出预测分析。

（3）按水的用途可分为供水水质评价（包括生活饮用水、工业用水、农业灌溉用水等方面的水质评价）、养殖业用水（渔业）水质评价、风景游览水体的水质评价以及为水环境保护而进行的水环境质量评价等。

（4）按评价范围可分为局部地段水质评价和区域性水质评价。

实际工作中，上述分类往往存在交叉。例如，针对地表水开展区域性的现状水质评价，针对局部地段地下水水质的影响评价等。

在进行水质评价时，一般以国家或地方政府颁布的各类水质标准作为评价标准，如评价地表水环境质量需要采用地表水环境质量标准；评价生活饮用水水质需要采用生活饮用水卫生标准；评价农田灌溉用水水质需要采用农田灌溉水质标准等。在无规定水质标准情况下，可采用水质基准或本水系的水质背景值作为评价标准。

5.1.2 水质指标

水质指标是水样中除去水分子以外所含杂质的种类和数量，它是描述水质状况的一系列标准，是判断和综合评价水体质量并对水质进行界定分类的重要参数。

水质指标可分为物理性指标、化学性指标、生物学指标、放射性指标，具体见表5.1。有些指标用某一物理参数或某一物质的浓度来表示，是单项指标，如温度、pH 值、

溶解氧等；而有些指标则是根据某一类物质的共同特性来表明在多种因素的作用下所形成的水质状况，是综合指标，如溶解性总固体等。

表 5.1   常见的水质指标分类

物理性指标	感官物理性指标	温度、颜色和色度、嗅和味、浑浊度和透明度等
	其他物理性指标	总固体、悬浮性总固体、溶解性总固体、电导率等
化学性指标	一般化学性指标	pH 值、碱度、硬度、各种阳离子和阴离子、总含盐量、一般有机物质等
	氧平衡指标	溶解氧 DO、化学需氧量 COD、生物需氧量 BOD、总需氧量 TOD 等
	毒理学指标	各种重金属、氰化物、多环芳烃、各种农药等
生物学指标		菌落总数、总大肠菌数、各种病原细菌、病毒
放射性指标		总 α 放射性、总 β 放射性、铀、镭、钍等

5.1.2.1 物理性指标

1. 感官物理性指标

（1）温度。水的许多物理特性、物质在水中的溶解度以及水中进行的许多物理化学过程都和温度有关。地表水的温度随季节、气候条件的不同而有不同程度的变化，地下水的温度相对稳定。

（2）颜色和色度。天然水经常表现出各种颜色。湖沼水常有黄褐色或黄绿色，这往往与湖泊中的腐殖质有关。水中悬浮泥沙和不溶解的矿物质也会使水带有颜色，例如黏土使水呈黄色；铁的氧化物使水呈黄褐色；各种水藻等的繁殖使水呈黄绿色、褐色等。根据水的颜色，可以推测水中杂质的数量和种类。色度是对天然的或处理之后的各种用水进行水色测定时所规定的指标。

（3）嗅和味。被污染的水体往往具有不正常的气味，有时嗅和味不能截然分开。常常根据水的气味可以推测水中所含杂质和有害成分。如湖沼水因藻类繁殖而产生霉烂气味；浑浊河水常含有泥土的涩味；温泉水常有硫酸味；水中含 NaCl 带有咸味，含 $MgSO_4$、Na_2SO_4 等带有苦味。水中的嗅和味的来源可能有：水生植物或微生物的繁殖和衰亡，有机物的腐败分解，溶解气体 H_2S 等，溶解的矿物盐或混入的泥土，工业废水中的各种杂质如石油、酚等，饮用水消毒过程的余氯等。

（4）浑浊度和透明度。水中由于含有悬浮及胶体状态的杂质而产生浑浊现象。地表水的浑浊通常是由泥沙、黏土、有机物造成的。不同河流因流经地区的地质土壤条件不同，浑浊程度可能有很大的差别。地下水一般比较清澈透明，但若水中含有 Fe^{2+} 盐，与空气接触后可能产生 $Fe(OH)_3$，使水呈棕黄色浑浊状态。浑浊度是一种光学效应，表现出光线透过水层时受到的阻碍的程度，它不仅与悬浮物的含量有关，而且与水中杂质的成分、颗粒大小、形状及其表面的反射性能有关。透明度是表示水体透明程度的指标，它与浑浊度的意义恰恰相反，两者都表明水中杂质对透过光线的阻碍程度。

2. 其他物理性指标

（1）总固体。水样在一定温度下蒸发干燥后残存的固体物质总量。

（2）悬浮性总固体（Suspended Solids）和溶解性总固体（Dissolved Solids）。总固体是悬浮性总固体和溶解性总固体两者之和。悬浮性总固体即水样过滤后，截留物烘干后的残存的固体物质的量，包括不溶于水的泥土、有机物、微生物等；溶解性总固体即水样过滤后，滤液蒸干的残余固体量，包括可溶于水的无机盐类及有机物质。

（3）电导率。水中溶解的盐类均以离子状态存在，具有一定的导电能力，电导率可以间接地表示出溶解盐类的含量，是水的纯净程度的一个重要指标。水越纯净，含盐量越少，电阻越大，电导度越小。超纯水几乎不能导电。电导率的大小受溶液浓度、离子种类及价态和测量方法的影响。

5.1.2.2 化学性指标

1. 一般化学性指标

（1）pH 值。pH 值是重要的水质指标之一。一般天然水体的 pH 值在 $6.0 \sim 8.5$ 之间。

（2）碱度。水中碱度的形成主要是由于 HCO_3^-、CO_3^{2-} 及 OH^- 的存在，硼酸盐、磷酸盐和硅酸盐也会产生一些碱度。废水及其他复杂体系的水体中，还含有有机碱类、金属水解性盐类等，均为碱度组成部分。对于天然水体，碱度主要来自集雨区岩石、土壤中碳酸盐的溶解，大气中 CO_2 的溶解转化、有机物的分解、生物的呼吸作用和水源的补给等。

（3）硬度。水的硬度是指溶解在水中的盐类物质的含量，也就是钙盐与镁盐的含量，这两种离子的含量越高，水的硬度就越大。总体上地下水硬度高于地表水，深层地下水硬度高于浅层地下水。

（4）各种阳离子、阴离子。天然水中存在的常见的阴离子有 Cl^-、SO_4^{2-}、HCO_3^-、CO_3^{2-}、OH^- 等，常见的阳离子有 K^+、Na^+、Mg^{2+}、Ca^{2+} 和 Fe^{3+}、Mn^{2+} 等。HCO_3^-、CO_3^{2-}、OH^- 在水中常与 K^+、Na^+、Mg^{2+}、Ca^{2+} 等组成硬度和碱度，它们之间的量的变化会影响水的 pH 值变化，从这一变化可以知道水的属性是腐蚀型的或是结垢型的。Cl^- 是水中最常见的阴离子，是引起水质腐蚀性的催化剂，能强烈地推动和促进金属表面电子的交换反应。SO_4^{2-} 也是水中较为普遍存在的腐蚀性阴离子，使水的电导率上升，同时又能与阳离子 Ca^{2+} 等生成 $CaSO_4$ 沉淀而结垢。K^+、Na^+ 的存在使水的电导率上升，增加了水的不稳定倾向；Mg^{2+}、Ca^{2+} 是组成水中硬度的主要离子，在一定条件下，常在受热设备的表面结垢，影响传热效果；Fe^{3+}、Mn^{2+} 很易生成 $Fe(OH)_3$、$Mn(OH)_2$ 的沉淀成水垢，从而产生垢下腐蚀。

2. 氧平衡指标

氧平衡指标是评价水环境有机污染程度的重要指标，包括溶解氧、化学需氧量、生物需氧量、总需氧量、总有机碳量等。

（1）溶解氧 DO（Dissolved Oxygen）。水中溶解氧的多少可衡量水体自净能力，水中的溶解氧被消耗后，恢复到初始状态所需时间越短，表明水体的自净能力越强，水体污染不严重；否则说明水体自净能力弱，污染严重。

（2）化学需氧量 COD（Chemical Oxygen Demand）。化学需氧量指在一定条件下采用一定的强氧化剂处理水样时所消耗的氧化剂量，以每升水消耗的氧的毫克数表示（mg/L）。COD 值用于反映水体受有机物污染的程度，是评定水质污染程度的重要综合指标之一。COD 值越大，则水体有机物质含量越多，污染越严重。

（3）生物需氧量 BOD（Biochemical Oxygen Demand）。生物需氧量是在指定的温度

和时间段内，在有氧条件下由微生物（主要是细菌）降解水中有机物所需的氧量。BOD值越大，则水中含有的有机物越多，因此污染也越严重。

（4）总需氧量 TOD（Total Oxygen Demand）。总需氧量是指水中的还原性物质（主要是有机物）在高温下燃烧后变成稳定的氧化物时所需要的氧量，结果以 mg/L 计。TOD 反映几乎全部有机物质经燃烧后所需要的氧气的量，比 COD 更接近理论需氧量。

（5）总有机碳量 TOC（Total Organic Carbon）。总有机碳量是水中溶解性和悬浮性的有机物中存在的全部碳量。

3. 毒理学指标

在水中达到一定浓度后，能够危害人体健康、危害水体中水生生物的物质，这类有毒物质是毒理学指标评价水质的依据。毒理学指标品种繁多，可分为无机毒物和有机毒物。

无机毒物包括各种重金属离子、氰化物和氟化物等，在工业生产中应用很广，在局部地区可能造成高浓度污染，而且能发生长期积蓄性中毒。有些重金属如汞、砷、铅等还可能生成有机化合物，具有更强的毒性。人类长期饮用重金属超标的水，会导致饮用者患各种疾病，损害器官、神经系统，有的甚至致癌，如砷对人体的损伤以慢性中毒为主，长期饮用砷含量高的水，可使皮肤癌发病率增高。

有机毒物主要包括各种有机农药、多环芳烃、芳香烃等，它们大多属于人工合成的有机物质，化学性质稳定。它们常以不同的方式和程度有害于人类健康，促使产生慢性中毒、致癌、致畸、致突变等。如挥发酚有积蓄作用，可使蛋白质变性和沉淀，并对刺激中枢神经、降低血压和体温等有伤害作用。

5.1.2.3　生物学指标

生物学指标是为了保证水质在流行病学上安全，避免水体中传疾病暴发的重要指标，包括菌落总数、总大肠菌数、各种病原细菌、游离性余氯等。

水中菌落总数可以作为评价水质清洁程度和考核净化效果的指标，虽然水中大多数细菌并不致病，但自来水中菌落总数越少越好。

总大肠菌数能够指示水体是否存在肠道传染病菌的可能性，但它不是专一的指示菌。如果在水样中检出总大肠菌群，则应再检验大肠埃希氏菌以证明水体是否已经受到污染；如果水样中没有检出总大肠菌群，就不必再检验大肠埃希氏菌。

5.1.2.4　放射性指标

放射性指标是为了保证水中放射性物质对人体健康不产生毒性和潜在危害。水的放射性主要来自岩石、土壤及空气中的放射性物质，水中的放射性核素有几百种，主要是天然放射性核素钾和铀、钍、镭及其子体，浓度一般都很低。根据 20 世纪 80 年代我国天然放射性本底调查的结果，我国各流域江河水中天然放射性核素浓度：铀为 $0.02 \sim 42.35 \mu g/L$，钍为 $< 0.01 \sim 9.07 \mu g/L$，镭-226 为 $< 0.50 \sim 99.54 mBq/L$，钾-40 为 $8.0 \sim 7149 mBq/L$；我国城市（镇）自来水中天然放射性核素浓度均值：铀为 $2.12 \mu g/L$，钍为 $0.13 \mu g/L$，镭-226 为 $6.86 mBq/L$，钾-40 为 $91.7 mBq/L$。放射性的有害性作用表现为增加肿瘤发生率、死亡以及发育中的变态。

5.1.3　水质评价方法

水质评价需要采用科学的评价方法，将监测的水质指标转化为可以反映水质状况的信息，从而对目标水体的水质进行评价。水质评价可以为水体污染的综合防治以及水资源的合理开发利用提供有效的科学依据，是人类社会和国民经济持续、健康发展的重要工作之一。水质评价的步骤如下：

（1）收集、整理和分析水质监测的数据及有关资料。

（2）根据评价目标，确定水质评价指标。

（3）确定评价标准。

（4）选定评价方法，按照一定的数学模型进行评价。

（5）得出评价结论。

目前，比较流行的水质评价方法包括指数评价法、模糊评价法、灰色并联评价法、TOPSIS 综合评价法、人工神经网络法等。指数评价法可分为单因子指数法和水质综合指数法。

5.1.3.1　单因子指数法

单因子指数法是将某种水质指标实测浓度与该项指标的评价标准进行比较以确定水质类别的方法。单因子指数法的计算公式如下：

$$P_i = C_i / S_{ij}$$

式中　P_i、C_i、S_{ij}——第 i 个水质指标的单因子指数、实测浓度和第 j 类评价标准值。

溶解氧和 pH 值的单因子指数的计算与上式有所不同。

溶解氧的标准指数：

当 $DO_{实测} \geqslant DO_{标准}$ 时，　　$P_{DO} = \dfrac{|DO_f - DO_{实测}|}{DO_f - DO_{标准}}$

当 $DO_{实测} < DO_{标准}$ 时，　　$P_{DO} = 10 - 9 \dfrac{DO_{实测}}{DO_{标准}}$

$$DO_f = 468/(31.6 + T)$$

式中　P_{DO}——DO 的标准指数；

　　$DO_{实测}$——溶解氧实测值，mg/L；

　　$DO_{标准}$——溶解氧的评价标准值，mg/L；

　　DO_f——某水温、气压条件下的饱和溶解氧浓度，mg/L；

　　T——水温，℃。

pH 值的标准指数：

当 $pH_{实测}$ 值 $\leqslant 7$ 时，　　$P_{pH} = \dfrac{7 - pH_{实测}}{7 - pH_{标准下限}}$

当 $pH_{实测}$ 值 > 7 时，　　$P_{pH} = \dfrac{pH_{实测} - 7}{pH_{标准上限} - 7}$

式中　　　P_{pH}——pH 值的标准指数；

　　　　$pH_{实测}$——pH 值的实测值；

$pH_{标准下限}$、$pH_{标准上限}$——评价标准中 pH 值的下限值和上限值。

当 $P_i > 1$ 时，表明该水质指标超过了规定的水质标准。单因子指数法以水质最差的单项指标所属类别来确定水体综合水质类别。

单因子指数法计算简单，但该方法只能代表一种水质指标对水质污染的程度，不能反映水质整体污染程度。有时单因子指数也称单因子污染指数。

5.1.3.2　水质综合指数法

水质综合指数法是在求出各个单一因子指数的基础上，再经过数学运算得到一个水质综合指数，据此评价水质，并对水质进行分类的方法。

表5.2给出了几种简单的水质综合指数法的名称、计算公式及其优缺点。这里主要介绍实际工作中常用的内梅罗污染指数法和加拿大水质指数法。

表5.2
水 质 综 合 指 数 法

水质综合指数法	计算公式	优 缺 点
简单叠加型指数	$PI = \sum_{i=1}^{n} \dfrac{C_i}{S_{ij}}$	综合反映出各种水质指标对水质的影响；但结果受评价指标项数多少的影响，无法区别不同水质指标的影响，可比性不强
算术平均指数法	$PI = \dfrac{1}{n} \sum_{i=1}^{n} \dfrac{C_i}{S_{ij}}$	结果不受评价指标项数的影响；但可能掩盖高浓度水质指标的影响
加权平均指数法	$PI = \dfrac{1}{n} \sum_{i=1}^{n} w_i \dfrac{C_i}{S_{ij}}$ w_i 表示第 i 项水质指标的权重	考虑了不同水质指标对水质影响的不同，构思合理；结果低于最大因子指数，当超标严重时，会掩盖污染问题；准确而客观的权重值难以获取
内梅罗污染指数法	见正文	充分考虑了某水质指标出现的最大浓度值的影响；在水质指标波动大时可能出现一个由最大值决定的高峰，反映不出其他水质指标的贡献
加拿大水质指数法	见正文	加拿大水质指数值对于水质级别的分类有一定的主观性，需要结合专家经验和群众对水质的期望对 $CWQI$ 值划分区间以确定水质级别

1. 内梅罗污染指数法及其修正

内梅罗污染指数法是国内外进行水质评价的常用方法，计算简便，评价结果便于比较。其计算公式如下：

$$P = \sqrt{\frac{P_{\max}^2 + P_{\text{ave}}^2}{2}}$$

式中　P——内梅罗污染指数；

　　$P_{\max}$——所有评价的水质指标中最大的单因子指数；

　　P_{ave}——所有评价的水质指标对应的各因子指数的平均值。

内梅罗污染指数法的特点是不仅考虑了参加评价的各种水质指标，还充分考虑了某水质指标出现的最大浓度值的影响，更合理地反映了水体水质状况和污染程度。但当水质指标波动大时，可能会出现一个由最大值决定的高峰，反映不出其他水质指标的贡献。另外，传统的内梅罗污染指数法在实际应用过程中由于只考虑了各项水质指标指数的算术平均值和最大值，未考虑各项指标权重等问题，因此可能会导致评价结果不能真实反映水体质量状况。

目前，很多学者采用不同修正方法对内梅罗污染指数进行了修正，以便更加可靠地应用于水质评价。以下是内梅罗污染指数法的几种修正形式（汤玉强 等，2019）。

（1）内梅罗污染指数法修正Ⅰ。实际水质评价中，存在某水质指标实测浓度较低，但其对水质的评价影响较大。因此，在传统方法上考虑各水质指标权重，对均值进行修正，公式如下：

$$P_{\mathrm{I}} = \sqrt{\frac{P_{\max}^2 + P_{\mathrm{ave}}'^2}{2}}$$

$$P_{\mathrm{ave}}' = \frac{1}{n} \sum_{i=1}^{n} w_i \frac{C_i}{S_{ij}}$$

式中　P_{I}——修正的内梅罗污染指数；

　　　w_i——第 i 个水质指标的权重；

　　　C_i——第 i 个水质指标的实测浓度；

　　　S_{ij}——第 i 个水质指标在第 j 类标准下的标准值。

（2）内梅罗污染指数法修正 Ⅱ。传统的内梅罗指数法忽略了权重最大水质指标对环境质量的影响，因此有学者对 $P_{\max}$ 进行修正，公式如下：

$$P_{\mathrm{II}} = \sqrt{\frac{P_{\max}'^2 + P_{\mathrm{ave}}^2}{2}}$$

$$P_{\max}' = \frac{P_{\max} + P_w}{2}$$

式中　P_{II}——修正的内梅罗污染指数；

　　　P_w——权重值最大的评价指标的 $\dfrac{C_i}{S_{ij}}$ 值。

也有学者同时考虑最值和均值的问题，对传统内梅罗指数中的最值和均值同时做出修正（汤玉强 等，2019），这里不再赘述。

在计算出内梅罗污染指数后，需要根据其污染等级的划分从而确定水质的类别。在划分污染等级时，需要从相应的水环境质量标准中选择与待评价水体相同的污染因子，采用与计算内梅罗污染指数相同的计算方法，计算出水环境质量标准中各类水相应的内梅罗污染综合指数，根据这些综合指数以及各类水的污染类型，确定污染等级（蔡晔 等，2015）。

2. 加拿大水质指数法

除内梅罗污染指数法外，加拿大水质指数法（Canadian Water Quality Index，CWQI）也是国际上比较常用的水质评价方法。加拿大水质指数是在 1995 年英国哥伦比亚大学公布的水质指数基础上确定的。该指数从范围、频率和振幅三个方面计算水质监测数据是否超过了水质标准限值。其计算公式为（刘玲花 等，2016）：

$$CWQI = 100 - \frac{\sqrt{F_1^2 + F_2^2 + F_3^2}}{1.732}$$

$$F_1 = \frac{P}{N} \times 100$$

$$F_2 = \frac{q}{M} \times 100$$

$$F_3 = \frac{Q}{0.01Q + 0.01}$$

$$Q = \frac{1}{M} \sum S$$

式中 F_1——超过标准限值的水质指标的个数占总监测指标数量的百分比，代表范围；

F_2——超过标准限值的监测数据个数占所有监测数据的百分比，代表频率；

F_3——振幅；

P——超标的水质指标的个数；

N——水质监测指标总数；

q——所有水质监测数据中超标数据的个数；

M——水质监测数据总数；

S——不达标水质指标的实测值偏离标准值的倍数。

对于规定了上限值的水质指标，则

$$S = \frac{C_i}{C_0} - 1$$

对于规定了下限值的水质指标，则

$$S = \frac{C_0}{C_i} - 1$$

式中 C_i——指标实测浓度；

C_0——对应指标标准限值。

加拿大水质指数 $CWQI$ 的取值在 $0 \sim 100$ 之间，0 表示水质非常差，100 表示水质很好。根据 $CWQI$ 值将水体划分为 5 个级别：很好（$95 \sim 100$）、好（$80 \sim 94$）、中等（$60 \sim 79$）、及格（$45 \sim 59$）、差（$0 \sim 44$），详见表 5.3。加拿大水质指数值对于水质级别的分类有一定的主观性，需要结合专家经验和群众对水质的期望对 $CWQI$ 值划分区间以确定水质级别。

表 5.3　　　　　　　　　加拿大水质指数等级分值及相对应的适宜性说明

水质级别	$CWQI$ 值	适 宜 性 说 明
很好	$95 \sim 100$	水质没有受到任何污染威胁或损害，水质条件非常接近自然的原始水平
好	$80 \sim 94$	水质只受到轻微程度的污染威胁或损害，水质条件基本保持在自然的或令人满意的水平
中等	$60 \sim 79$	水质偶尔受到威胁或损害，水质条件有时无法保持自然的或令人满意的水平
及格	$45 \sim 59$	水质经常受到威胁或损害，水质条件往往无法保持自然的或令人满意的水平
差	$0 \sim 44$	水质总是受到威胁或损害，水质条件通常无法保持自然的或令人满意的水平

此外，1995 年加拿大环境部还增加了加拿大不列颠哥伦比亚水质指数（British Columbia Water Quality Index，BCWQI），该指数类似于 $CWQI$。将水样的水质指标的监测结果与其标准限值比较，确定该指标是否超标，然后利用下面的公式计算水质指数值（刘玲花 等，2016）：

$$BCWQI = \frac{\sqrt{F_1^2 + F_2^2 + \left(\frac{F_3}{3}\right)^2}}{1.453}$$

其中，F_1、F_2、F_3 的计算方法同前；数字 1.453 是为了保证指数值在 0～100 之间；重复采集水样和增加监测站点的数量可以提高 $BCWQI$ 的准确性。

水质综合指数法中常涉及各指标权重的确定，针对不同水质指标所对应的权重问题，很多学者开展了相关研究。确定权重的方法有主观赋权法、客观赋权法以及主客观赋权结合法。这里介绍几种常用的客观赋权法：变异系数赋权法、超标倍数赋权法、熵权系数法（程卫国 等，2019）。

（1）变异系数赋权法。变异系数赋权法主要是根据各个水质指标的变异系数来确定其权重的方法，该方法可以避免主观赋权法所带来的主观偏好性误差，较为客观地反映水质评价中各项指标的相对重要程度。其计算公式为

$$w_i = \frac{D_i/\overline{C_i}}{\sum\limits_{i=1}^{n} D_i/\overline{C_i}}$$

式中　w_i——第 i 个水质指标实测浓度的变异系数法权重；

D_i——第 i 个水质指标实测浓度的均方差；

$\overline{C_i}$——第 i 个水质指标实测浓度的均值；

n——评价指标的个数。

（2）超标倍数赋权法。超标倍数赋权法是一种主要因素突出型赋权方法，突出了主要污染物的影响，强调污染较为严重的水质指标在所有指标中的重要性，其计算公式为

$$w_i = \frac{C_i/S_i}{\sum\limits_{i=1}^{n} C_i/S_i}$$

式中　w_i——第 i 个水质指标的超标倍数法权重；

C_i——第 i 个水质指标的实测浓度；

S_i——第 i 个水质指标 n 个等级标准的算术平均值。

（3）熵权系数法。熵权系数法是根据指标所代表信息量的大小来确定权重的方法。该方法综合考虑各指标间内在联系对结果的影响，通过对水质标准进行标准化处理并计算指标熵值，进而确定熵权（林涛 等，2022）。熵权系数法计算公式如下：

$$e_i = -\frac{1}{\ln m}\sum\limits_{j=1}^{m} \frac{1+Z_{ij}}{\sum\limits_{j=1}^{m}(1+Z_{ij})}\ln\frac{1+Z_{ij}}{\sum\limits_{j=1}^{m}(1+Z_{ij})}$$

$$w_i = \frac{1-e_i}{\sum\limits_{i=1}^{n}(1-e_i)}$$

式中　e_i——第 i 个水质指标的熵权值；

Z_{ij}——第 i 个水质指标在第 j 个水样的标准值；

n——水质评价指标的总数；

m——水样的总数；

w_i——第 i 个水质指标的熵权法权重。

表 5.2 中加权平均型指数法中各指标的权重即可采用上述方法来确定。

　　水质综合指数法可以对整体水质作出定量描述，按照一定的分级标准对水质作出定性评价；计算相对简便，便于进行水体之间或同一水体时间序列上的基本污染状况和变化的比较；其缺点是缺乏完善统一的环境质量分级系统，不能很好地与国家统一的水质功能类别相一致；另外，不同指数之间、指数分级与环境质量标准之间缺乏可比性，且权重取值的不同也会对评价结果带来影响。

5.1.3.3　模糊评价法

　　水环境污染程度与水质分级相互联系并存在模糊性，而水质变化是连续的，模糊评价法能较好地体现水环境客观存在的模糊性和不确定性，符合客观规律，具有较强的合理性。采用模糊评价法进行水质评价的基本思路是：由实测数据建立各评价指标对各级标准的隶属度集，形成隶属度矩阵；把指标的权重集与隶属度矩阵相乘，获得一个综合评判集，用以表明评价水体水质对各级标准水质的隶属程度；然后取隶属程度大的水质类别作为水体的类别，反映综合水质级别的模糊性。其具体操作步骤如下（陈艺菁 等，2022）：

　　（1）建立单因子评价矩阵。每个评价指标与每级评价标准之间的模糊关系可用模糊矩阵 R 表示。定义 r_{ij} 表示第 i 个评价指标对第 j 级水体级别的隶属度，隶属度可通过隶属函数的计算进行确定。隶属函数公式如下：

　　第 1 级水质，即 $j=1$ 时，隶属函数为

$$r_{ij} = \begin{cases} 1 & (0 \leqslant C_i \leqslant S_{ij}) \\ \dfrac{S_{ij+1} - C_i}{S_{ij+1} - S_{ij}} & (S_{ij} < C_i \leqslant S_{ij+1}) \\ 0 & (C_i > S_{ij+1}) \end{cases}$$

　　第 $2 \sim (n-1)$ 级水质，即 $j=2,3,\cdots,n-1$ 时，隶属函数为

$$r_{ij} = \begin{cases} 1 & (C_i = S_{ij}) \\ \dfrac{C_i - S_{ij-1}}{S_{ij} - S_{ij-1}} & (S_{ij-1} \leqslant C_i < S_{ij}) \\ \dfrac{S_{ij+1} - C_i}{S_{ij+1} - S_{ij}} & (S_{ij} < C_i \leqslant S_{ij+1}) \end{cases}$$

　　第 n 级水质，即 $j=n$ 时，隶属函数为

$$r_{ij} = \begin{cases} 1 & (C_i \geqslant S_{ij}) \\ \dfrac{C_i - S_{ij-1}}{S_{ij} - S_{ij-1}} & (S_{ij-1} < C_i < S_{ij}) \end{cases}$$

式中　　　　　C_i——第 i 个评价指标的实测浓度；

S_{ij-1}、S_{ij}、S_{ij+1}——第 i 个评价指标的第 $j-1$、j、$j+1$ 级水质的标准值。

　　根据其中的模糊关系，得到 m 个评价指标隶属于 n 个不同级别的隶属度，组成隶属度矩阵 R（R 为 $m \times n$ 阶）：

$$\boldsymbol{R} = \begin{bmatrix} r_{11} & r_{12} & \cdots & r_{1n} \\ r_{21} & r_{22} & \cdots & r_{2n} \\ \cdots & \cdots & \cdots & \cdots \\ r_{m1} & r_{m2} & \cdots & r_{mn} \end{bmatrix}$$

（2）确定各评价指标的权重矩阵。确定指标权重的方法有很多，前文中已有介绍。这里不再赘述。设 w_i 为第 i 个评价指标的权重，由此可得到权重向量：

$$W = \{w_1, w_2, w_3, \cdots, w_m\}$$

式中　w_1，w_2，$\cdots$，w_m——第1、第2、$\cdots$、第 m 个评价指标的权重。

（3）建立水质评价模型。首先建立水质综合评价模型：

$$B = W \times R$$

然后计算模糊综合指数，即根据最大隶属度原则评定水质等级：

$$B_0 = \max(B_j) \quad (j = 1, 2, 3, \cdots, n)$$

模糊评价法是运用模糊数学的概念和方法对水质进行综合评价。由于水环境中存在大量不确定因素，水质级别、分类标准、"污染程度"的界限都是一些模糊的概念，因此模糊数学在水质综合评价中得到了广泛应用。从理论上讲，模糊评价法由于体现了水环境中客观存在的模糊性和不确定性，符合客观规律，因此具有一定的合理性。然而，模糊评价法在水质评价过程中大多根据各水质指标的超标程度确定权重，不利于不同水样之间评价结果的比较，也不能确定主要污染因子，经常存在评价结果分类不明显、分辨性差的问题。同时，该方法评价过程较为复杂，可操作性偏差。因此，在应用模糊理论进行水质综合评价方面还需进一步解决权重合理分配和可比性问题。

5.1.3.4　灰色关联评价法

由于水质数据都是在有限的时间和空间内监测得到的，信息是不完全的或不确切的，因此，可将水环境系统视为一个灰色系统，即部分信息已知、部分信息未知或不确知的系统，据此对水环境或水质进行综合评价。基于灰色系统理论的水质评价法通过计算评价水质中各因子的实测浓度与各级水质标准的关联度大小确定评价水质的级别。根据同类水体与该类标准水体的关联度大小还可以进行优劣比较，水质综合评价的灰色系统方法有灰色聚类法、灰色贴近度分析法、灰色关联评价法等。这里以灰色关联评价法为例进行简要介绍。

灰色关联评价法是涉及多种影响因素的统计评价方法，其基本原理是根据水质评价指标的监测值与各个级别的水质标准，确定水质评定所需的参考序列与比较序列，求出灰色关联度，然后遵循关联度最大原则判定水质隶属等级。评价步骤如下（陈艺菁 等，2022）：

（1）确定参考序列和比较序列，对各序列做标准化处理，消除所用数据量纲的影响。

（2）计算绝对差值：

$$\Delta_{ij} = |C_i - S_{ij}| = \begin{cases} a_{ij} - C_i & (C_i < a_{ij}) \\ 0 & (a_{ij} \leqslant C_i < b_{ij}) \\ C_i - b_{ij} & (C_i > b_{ij_i}) \end{cases}$$

式中　C_i——第 i 个评价指标的实测浓度，mg/L；

a_{ij}，b_{ij}——第 i 个评价指标第 j 级标准的上限和下限，对于 V 类水质标准，仅有上限。

（3）计算关联系数：

$$\xi_{ij} = \frac{\Delta_{\min} + \rho \Delta_{\max}}{\Delta_{ij} + \rho \Delta_{\max}}$$

式中　ρ——分辨系数，通常取 $\rho = 0.5$。

（4）计算每一个评价指标的权重 w_i （$i=1$，$\cdots$，n）。

（5）采用加权法计算关联度：

$$\gamma_j = \sum_{i=1}^{n} w_i \xi_{ij}$$

将计算出的关联度从小到大排列，找出最大值，遵循关联度最大原则判定监测水体的水质评价类别。

灰色关联评价法体现了水环境系统的不确定性，在理论上是可行的，具有简单、可比的优点，而且由于影响水环境的变化因素不断增多、不断变化，水环境的不确定性逐渐增加，所以灰色关联评价法在水环境质量评价中应用日益广泛。

5.1.3.5　TOPSIS 综合评价法

优劣解距离法（Technique for Order Preference by Similarity to Ideal Solution，TOPSIS）是一种逼近于理想解的排序法。TOPSIS 综合评价法是有限方案多目标决策的综合评价方法之一，其概念简单、计算过程清晰、可操作性强。自 1981 年首次提出以来，已广泛应用于经济、工业技术、医药卫生、交通运输等领域，在水资源配置方案评价、水资源承载力评价、水环境质量评价、干旱评价等方面也逐渐发挥重要作用。

其方法的核心思想是定义决策问题的理想解与负理想解，然后比较评价方案与理想解和负理想解的距离远近。理想解一般设想是最好的方案，它所对应的各个属性至少达到各个方案中的最好值，也称为最优解。负理想解是设想最坏的方案，对应的属性至少不好于各个方案中的最差值，也称为最劣解。最后计算各个方案与理想解的相对接近度，进而根据相对接近度对各个方案的优劣进行排序，排前者优于排后者。将 TOPSIS 综合评价法应用于水质评价的步骤如下（吴智诚 等，2007）：

（1）构建决策矩阵并进行归一化处理。设有 m 个评价对象，n 项评价指标，建立原始决策矩阵 $X=(x_{ij})_{m\times n}$：

$$X = \begin{bmatrix} x_{11} & x_{12} & \cdots & x_{1n} \\ x_{21} & x_{22} & \cdots & x_{2n} \\ \vdots & \vdots & & \vdots \\ x_{m1} & x_{m2} & \cdots & x_{mn} \end{bmatrix}$$

式中　x_{ij}——第 i 个评价对象的第 j 个评价指标值（$i=1$, 2, 3, $\cdots$, m；$j=1$, 2, 3, $\cdots$, n）。

在讨论多指标评价问题时，指标体系中各指标量纲的不同会给综合评价带来一定的困难，因此须将原始指标做归一化处理，形成标准矩阵 $Y=(y_{ij})_{m\times n}$。

对于正指标（越大越优的指标）：

$$y_{ij} = \frac{x_{ij} - x_{\min}(j)}{x_{\max}(j) - x_{\min}(j)}$$

对于负指标（越小越优的指标）：

$$y_{ij} = \frac{x_{\max}(j) - x_{ij}}{x_{\max}(j) - x_{\min}(j)}$$

式中　　　　y_{ij}——经过归一化处理后的第 i 个评价对象的第 j 项评价指标值；

$x_{\max}(j)$、$x_{\min}(j)$——第 j 个指标在评价对象中的最大值与最小值。

(2) 构建加权标准化决策矩阵。构建加权标准化决策矩阵 $z=(z_{ij})_{m\times n}$，其中 z_{ij} 表示为

$$z_{ij}=w_j\times y_{ij}$$

式中 w_j——第 j 个评价指标的权重。

(3) 确定理想解和负理想解。理想解 z_j^+ 为各评价指标都达到最优水平的解，负理想解 z_j^- 为各评价指标都达到最劣水平的解：

$$z_j^+=\begin{cases}\max\limits_{1\leqslant i\leqslant m}\{z_{ij}\} & (j=1,2,\cdots,n)\text{正指标}\\[2mm]\min\limits_{1\leqslant i\leqslant m}\{z_{ij}\} & (j=1,2,\cdots,n)\text{负指标}\end{cases}$$

$$z_j^-=\begin{cases}\min\limits_{1\leqslant i\leqslant m}\{z_{ij}\} & (j=1,2,\cdots,n)\text{正指标}\\[2mm]\max\limits_{1\leqslant i\leqslant m}\{z_{ij}\} & (j=1,2,\cdots,n)\text{负指标}\end{cases}$$

(4) 计算评价对象相对于理想解和负理想解的欧式距离：

$$D_i^+=\sqrt{\sum_{j=1}^n(z_{ij}-z_j^+)^2}$$

$$D_i^-=\sqrt{\sum_{j=1}^n(z_{ij}-z_j^-)^2}$$

式中 D_i^+ 和 D_i^-——第 i 个评价对象相对于理想解和负理想解的欧式距离。

(5) 计算评价对象与理想解的相对接近程度：

$$C_i=\frac{D_i^-}{D_i^++D_i^-}, C_i\in(0,1)$$

式中 C_i——第 i 个评价对象与理想解的相对接近程度。

根据 C_i 值的大小对评价对象进行排序。C_i 值越接近 1，表示该评价对象越接近于理想解（最优水平），C_i 值越接近 0，表示该评价对象越接近于负理想解（最劣水平）。

TOPSIS 综合评价法具有概念清晰、信息损失较少的特点，因此，近些年来在水质评价中应用较为广泛。但该方法也存在单一主观或客观权重难以有效反应各指标重要程度等缺点，因此很多学者结合层次分析法、灰色关联度、博弈论、熵权法对 TOPSIS 赋权方法进行了改进（连海东 等，2021）。另外，向梦玲等（2021）还通过引入模糊数学中的 Vague 集对传统 TOPSIS 中的决策矩阵进行了改进，以 Vague 集决策数据矩阵作为新的决策矩阵，克服了传统 TOPSIS 仅仅基于原始数据、难以挖掘数据内在规律的缺点，使传统 TOPSIS 更趋于完善。

5.1.3.6 人工神经网络

人工神经网络思想是 McCulloch 和 Pitts 于 1943 年提出的。人工神经网络（ANN）是用工程技术模拟人脑神经网络的结构和功能特征的一类人工系统，它用非线性处理单元来模拟人脑神经元，用处理单元之间的可变连接强度（权重）来模拟突触行为，构成一个大规模并行的非线性动力系统，具有自组织、自学习和对输入样本资料或规则的鲁棒性和容错性（王凤艳 等，2019）。近些年来，人工神经网络技术在水质评价中得到了较为广泛

的应用。

用人工神经网络法进行水环境质量评价，需要以国家行业规范规定的水质标准浓度为基础生成学习样本，对网络进行学习训练，当网络收敛后即可用来对所需评价的水质进行环境质量评价（张文鸽 等，2004）。在水质综合评价中，由 Rumelhart 等学者提出的 BP（Back Propagation）网络具有很强的自组织、自适应和自学习能力，是人工神经网络评价法中应用较广泛的，也是最具代表性的一种模型。它的基本原理是利用最陡坡降法的概念把误差函数最小化，将网络输出的误差逐层向输入层逆向传播并分摊给各层单元，从而获得各层单元的参考误差，进而调整人工神经元网络相应的连接权，直到网络的误差达到最小化。人工神经网络法运算速度快，受外界影响小，与真实结果相符程度高，评价结果可信度高。但该方法也具有一定的缺陷，如收敛速度慢，网络对初始值比较敏感，因此容易陷入局部极小值（吴岳玲，2020）。

5.1.3.7　其他方法

除以上方法外，也有学者将主成分分析评价法、集对分析评价法、层次分析法等用于水质的评价。水质系统是由多维因子（各种污染物含量、指标变量）组成的复杂系统，因子间具有不同程度的相关性，每一因子从某一方面反映了水质质量，但依据所有因子作综合评价有一定难度。主成分分析评价法是一种基于统计学理论，对高维变量系统进行最佳综合与简化的方法。主成分按其所含信息量多少排序，一般前几个主成分即已包含总信息量的大部分。因此在随后的分析中，只用前几个主成分即可而不会导致主要信息损失。在计算机软硬件支持下，通过主成分分析，可以找出影响某一环境质量的几个综合指标，这样不仅保留了原始的主要信息，又使其彼此之间不相关，比原始变量具有更为优越的性质，使得在研究各种复杂的环境问题时容易抓住主要矛盾。集对分析评价法引入同一、对立、差异的不确定性概念，以综合联系度确定水质等级，能客观评价整体水质，但有时会忽略个别权重较小却存在超标现象的指标（陈艺菁 等，2022）。

5.2　地表水环境质量标准与评价

水质标准是国家水生态环境管理的基石与标尺，是水环境污染治理与生态修复的目标与方向，是水质监测、质量评估、排放许可、考核监管、政策法规的重要依据，是引领水环境质量提质增效升级的发令枪与指挥棒。科学合理的水质标准对保护人体与生态环境健康、绿色产业经济发展、社会进步都具有重要意义。水质标准中规定了用水对象所要求的各项水质参数应达到的限值，分为国际标准、国家标准、地区标准、行业标准和企业标准等不同等级。

目前，我国已经建立了比较完整的水环境标准体系，包括《地表水环境质量标准》（GB 3838—2002）、《海水水质标准》（GB 3097—1997）、《渔业水质标准》（GB 11607—89）、《农田灌溉水质标准》（GB 5084—2021）、《地下水质标准》（GB/T 14848—2017）、《生活饮用水卫生标准》（GB 5749—2022）以及各种工业用水水质标准等，在我国的环境保护工作中起着极其重要的作用。尤其是《地表水环境质量标准》在我国水污染防治和水生态安全保障以及地表水体水质改善中发挥了无可替代的作用。

水环境质量评价是环境质量评价中的重要组成部分，是以监测资料为基础，通过一定的数理方法和其他手段，对水环境要素的优劣进行定量描述的过程。通过水环境质量评价，可以了解和掌握影响本地区的环境质量状况、污染因子和主要污染源，从而有针对性地为水环境质量科学管理、污染源治理方案和综合防治规划与计划的制定、国家或地方的环境标准、法规、条例细则等的制定提供科学依据。

5.2.1   地表水水域功能分类

依据地表水水域环境功能和保护目标，按功能高低依次划分为五类：

Ⅰ类：主要适用于源头水、国家自然保护区。

Ⅱ类：主要适用于集中式生活饮用水地表水源地一级保护区、珍稀水生生物栖息地、鱼虾类产卵场、仔稚幼鱼的索饵场等。

Ⅲ类：主要适用于集中式生活饮用水地表水源地二级保护区、鱼虾类越冬场、洄游通道、水产养殖区等渔业水域及游泳区。

Ⅳ类：主要适用于一般工业用水区及人体非直接接触的娱乐用水区。

Ⅴ类：主要适用于农业用水区及一般景观要求水域。

5.2.2   地表水环境质量标准

为防治水污染，保护地表水水质，保障人体健康，维护良好的生态系统，我国制定了地表水环境质量标准。《地面水环境质量标准》（GB 3838—83）为首次发布，1988 年为第一次修订，1999 年为第二次修订，2002 年为第三次修订，《地表水环境质量标准》（GB 3838—2002）自 2002 年 6 月 1 日起实施，一直沿用至今。

《地表水环境质量标准》（GB 3838—2002）将标准项目分为地表水环境质量标准基本项目、集中式生活饮用水地表水源地补充项目和集中式生活饮用水地表水源地特定项目。地表水环境质量标准基本项目适用于全国江河、湖泊、运河、渠道、水库等具有使用功能的地表水水域；集中式生活饮用水水源地补充项目和特定项目适用于集中式生活饮用水地表水源地一级保护区和二级保护区。

地表水环境质量标准基本项目为 24 项，标准限值见表 5.4；集中式生活饮用水地表水水源地补充项目 5 项，标准限值见表 5.5；集中式生活饮用水地表水水源地特定项目 80 项，标准限值见表 5.6。集中式生活饮用水地表水水源地特定项目由县级以上人民政府环境保护行政主管部门根据本地区地表水水质特点和环境管理的需要进行选择，集中式生活饮用水地表水源地补充项目和选择确定的特定项目作为基本项目的补充指标。

表 5.4   地表水环境质量标准基本项目标准限值

序号	标准值分类项目		Ⅰ类	Ⅱ类	Ⅲ类	Ⅳ类	Ⅴ类
1	水温/℃		人为造成的环境水温变化应限制在：周平均最大温升≤1　周平均最大温降≤2				
2	pH 值（无量纲）		6～9				
3	溶解氧/(mg/L)	≥	饱和率 90%（或 7.5）	6	5	3	2
4	高锰酸盐指数	≤	2	4	6	10	15

续表

序号	标准值分类项目		Ⅰ类	Ⅱ类	Ⅲ类	Ⅳ类	Ⅴ类
5	化学需氧量（COD)/(mg/L)	≤	15	15	20	30	40
6	五日生化需氧量（BOD₅)/(mg/L)	≤	3	3	4	6	10
3	氨氮（NH₃-N)/(mg/L)	≤	0.15	0.5	1.0	1.5	2.0
8	总磷（以P计)/(mg/L)	≤	0.02（湖、库0.01）	0.1（湖、库0.025）	0.2（湖、库0.05）	0.3（湖、库0.1）	0.4（湖、库0.2）
9	总氮（湖、库以N计)/(mg/L)	≤	0.2	0.5	1.0	1.5	2.0
10	铜/(mg/L)	≤	0.01	1.0	1.0	1.0	1.0
11	锌/(mg/L)	≤	0.05	1.0	1.0	2.0	2.0
12	氟化物（以F⁻计)/(mg/L)	≤	1.0	1.0	1.0	1.5	1.5
13	硒/(mg/L)	≤	0.01	0.01	0.01	0.02	0.02
14	砷/(mg/L)	≤	0.05	0.05	0.05	0.1	0.1
15	汞/(mg/L)	≤	0.00005	0.00005	0.0001	0.001	0.001
16	镉/(mg/L)	≤	0.001	0.005	0.005	0.005	0.01
17	铬（六价)/(mg/L)	≤	0.01	0.05	0.05	0.05	0.1
18	铅/(mg/L)	≤	0.01	0.01	0.05	0.05	0.1
19	氰化物/(mg/L)	≤	0.005	0.05	0.2	0.2	0.2
20	挥发酚/(mg/L)	≤	0.002	0.002	0.005	0.01	0.1
21	石油类/(mg/L)	≤	0.05	0.05	0.05	0.5	1.0
22	阴离子表面活性剂/(mg/L)	≤	0.2	0.2	0.2	0.3	0.3
23	硫化物/(mg/L)	≤	0.05	0.1	0.2	0.5	1.0
24	粪大肠菌群	≤	200	2000	10000	20000	40000

表5.5　　集中式生活饮用水地表水水源地补充项目标准限值　　单位：mg/L

序号	项目	标准值	序号	项目	标准值
1	硫酸盐（以SO₄²⁻计）	250	4	铁	0.3
2	氯化物（以Cl⁻计）	250	5	锰	0.1
3	硝酸盐（以N计）	10			

表5.6　　集中式生活饮用水地表水源地特定项目标准限值　　单位：mg/L

序号	项目	标准值	序号	项目	标准值
1	三氯甲烷	0.06	7	氯乙烯	0.005
2	四氯化碳	0.002	8	1,1-二氯乙烯	0.03
3	三溴甲烷	0.1	9	1,2-二氯乙烯	0.05
4	二氯甲烷	0.02	10	三氯乙烯	0.07
5	1,2-二氯乙烷	0.03	11	四氯乙烯	0.04
6	环氧氯丙烷	0.02	12	氯丁二烯	0.002

序号	项　目	标准值	序号	项　目	标准值
13	六氯丁二烯	0.0006	47	吡啶	0.2
14	苯乙烯	0.02	48	松节油	0.2
15	甲醛	0.9	49	苦味酸	0.5
16	乙醛	0.05	50	丁基黄原酸	0.005
17	丙烯醛	0.1	51	活性氯	0.01
18	三氯乙醛	0.01	52	滴滴涕	0.001
19	苯	0.01	53	林丹	0.002
20	甲苯	0.7	54	环氧七氯	0.0002
21	乙苯	0.3	55	对硫磷	0.003
22	二甲苯①	0.5	56	甲基对硫磷	0.002
23	异丙苯	0.25	57	马拉硫磷	0.05
24	氯苯	0.3	58	乐果	0.08
25	1,2-二氯苯	1.0	59	敌敌畏	0.05
26	1,4-二氯苯	0.3	60	敌百虫	0.05
27	三氯苯②	0.02	61	内吸磷	0.03
28	四氯苯③	0.02	62	百菌清	0.01
29	六氯苯	0.05	63	甲萘威	0.05
30	硝基苯	0.017	64	溴氰菊酯	0.02
31	二硝基苯④	0.5	65	阿特拉津	0.003
32	2,4-二硝基甲苯	0.0003	66	苯并（a）芘	2.8×10^{-6}
33	2,4,6-三硝基甲苯	0.5	67	甲基汞	1.0×10^{-6}
34	硝基氯苯⑤	0.05	68	多氯联苯⑥	2.0×10^{-5}
35	2,4-二硝基氯苯	0.5	69	微囊藻毒素-LR	0.001
36	2,4-二氯苯酚	0.093	70	黄磷	0.003
37	2,4,6-三氯苯酚	0.2	71	钼	0.07
38	五氯酚	0.009	72	钴	1.0
39	苯胺	0.1	73	铍	0.002
40	联苯胺	0.0002	74	硼	0.5
41	丙烯酰胺	0.0005	75	锑	0.005
42	丙烯腈	0.1	76	镍	0.02
43	邻苯二甲酸二丁酯	0.003	77	钡	0.7
44	邻苯二甲酸二（2-乙基己基）酯	0.008	78	钒	0.05
45	水合肼	0.01	79	钛	0.1
46	四乙基铅	0.0001	80	铊	0.0001

① 二甲苯指对-二甲苯、间-二甲苯、邻-二甲苯。
② 三氯苯指1,2,3-三氯苯、1,2,4-三氯苯、1,3,5-三氯苯。
③ 四氯苯指1,2,3,4-四氯苯、1,2,3,5-四氯苯、1,2,4,5-四氯苯。
④ 二硝基苯指对-二硝基苯、间-二硝基苯、邻-二硝基苯。
⑤ 硝基氯苯指对-硝基氯苯、间-硝基氯苯、邻-硝基氯苯。
⑥ 多氯联苯指PCB-1016、PCB-1221、PCB-1232、PCB-1242、PCB-1248、PCB-1254、PCB-1260。

对应地表水五类水域功能，地表水环境质量标准基本项目标准值分为五类，不同功能类别分别执行相应类别的标准值，水域功能类别高的标准值严于水域功能类别低的标准值，同一水域兼有多类使用功能的，执行最高功能类别对应的标准值。

5.2.3　地表水环境质量评价

为客观反映地表水环境质量状况及其变化趋势，依据《地表水环境质量标准》（GB 3838—2002）和有关技术规范，2011年我国制定了《地表水环境质量评价办法（试行）》。此后，为进一步防治生态环境污染、改善生态环境质量、规范地表水环境质量评价工作、保障地表水环境质量评价结果的统一性和可比性，2022年我国生态环境部组织制订了《地表水环境质量评价技术规范》，目前该标准还处于征求意见稿阶段。《地表水环境质量评价技术规范》规定了地表水环境质量评价的指标、方法及数据统计等要求，适用于全国范围内的地表水环境质量评价与管理（饮用水水源地水质评价除外）。以下以该规范内容为主，对地表水环境质量评价的指标及方法进行介绍。

评价指标具体包括水质评价指标和营养状态评价指标两大类。地表水水质评价指标为：《地表水环境质量标准》（GB 3838—2002）中的基本项目 pH 值、溶解氧、高锰酸盐指数、五日生化需氧量、化学需氧量、氨氮、总磷、铜、锌、氟化物、硒、砷、汞、镉、铬（六价）、铅、氰化物、挥发酚、石油类、阴离子表面活性剂和硫化物等21项指标。粪大肠菌群、湖泊和水库的总氮可单独评价。湖泊和水库营养状态评价指标为：叶绿素 a（Chla）、总磷、总氮、透明度和高锰酸盐指数共 5 项。

5.2.3.1　河流水质评价

1. 断面水质评价

河流断面水质类别评价采用单因子评价法，即根据评价时段内该断面参评的指标中类别最高的一项来确定，该项指标即为断面定类指标。标准限值相同的按最优水质评价。低于检出限的项目采用 1/2 检出限值进行评价。断面水质类别与水质定性评价分级的对应关系见表 5.7。有多个采样点的断面数据整合规则见表 5.8。

表 5.7   断面水质定性评价

水质类别	水质状况	表征颜色	水质功能类别
Ⅰ～Ⅱ类水质	优	蓝色	饮用水源地一级保护区、珍稀水生生物栖息地、鱼虾类产卵场、仔稚幼鱼的索饵场等
Ⅲ类水质	良好	绿色	饮用水源地二级保护区、鱼虾类越冬场、洄游通道、水产养殖区、游泳区等
Ⅳ类水质	轻度污染	黄色	一般工业用水和人体非直接接触的娱乐用水
Ⅴ类水质	中度污染	橙色	农业用水及一般景观用水
劣Ⅴ类水质	重度污染	红色	除调节局部气候外，使用功能较差

表 5.8   断面监测指标数据整合规则

监测指标	整合规则	监测指标	整合规则
pH 值	所有采样点 pH 值的氢离子活度算术平均值的负对数	溶解氧	表层采样点的算术平均值

续表

监测指标	整合规则	监测指标	整合规则
高锰酸盐指数	所有采样点算术平均值	化学需氧量	所有采样点算术平均值
五日生化需氧量	所有采样点算术平均值	氨氮	所有采样点算术平均值
总氮	所有采样点算术平均值	总磷	所有采样点算术平均值
铜	所有采样点算术平均值	锌	所有采样点算术平均值
铅	所有采样点算术平均值	镉	所有采样点算术平均值
硒	所有采样点算术平均值	砷	所有采样点算术平均值
汞	所有采样点算术平均值	铬（六价）	所有采样点算术平均值
氟化物	所有采样点算术平均值	氰化物	所有采样点算术平均值
硫化物	所有采样点算术平均值	挥发酚	所有采样点算术平均值
石油类	表层采样点的算术平均值	阴离子表面活性剂	所有采样点算术平均值
透明度	采样垂线实测值	叶绿素 a	所有采样点算术平均值

当断面水质为"优"或"良好"时，不需要确定该断面的主要污染指标。但当断面水质超过Ⅲ类标准时，还需要确定断面的主要污染指标，评价方法如下：

（1）不同指标对应的水质类别不同时，选择水质类别较差的前 3 项指标作为主要污染指标。

（2）不同指标对应的水质类别相同时，计算浓度超过Ⅲ类标准限值的倍数，按照超标倍数大小排列，取超标倍数最大的前 3 项为主要污染指标；若超标倍数相同导致主要污染指标超过 3 项，列出全部污染指标。

（3）超标指标多于 3 项时，溶解氧不作为主要污染指标列出。

（4）氰化物或汞、铅、镉、铬（六价）等重金属超标时，作为主要污染指标全部列出。

（5）对于因本底值或无法消除对监测方法的干扰造成的评价指标超标，可作相应标注。

（6）断面主要污染指标后应标注其超标倍数，断面定类指标后应标注其水质类别。pH 值和溶解氧不计算超标倍数。超标倍数按下式计算：

$$B = \frac{\rho - \rho_{Ⅲ}}{\rho_{Ⅲ}}$$

式中　B——某评价指标超标倍数；

　　　ρ——某评价指标的质量浓度，mg/L；

　　　$\rho_{Ⅲ}$——该指标 Ⅲ 类水质标准限值，mg/L。

2. 河流、水系、流域水质评价

当河流、水系、流域的断面总数少于 5 个时，计算所有断面各评价指标浓度算术平均值；如果所有断面水质类别均相同，算术平均值评价结果优于各断面水质类别，则以原断面水质类别判定的水质状况作为该河流、水系、流域的水质状况。

当断面总数不少于 5 个时，采用断面水质类别比例法，即根据各水质类别的断面数占评价断面总数的百分比来评价其水质状况，见表5.9。若水质类别比例满足多个评价分级条件，则以水质状况最优的作为定性评价结果。

表 5.9　　　　　　　　　**河流、水系、流域水质类别比例与定性评价关系表**

水质类别比例	定性评价	表征颜色
Ⅰ～Ⅱ类水质比例＞0 且 Ⅰ～Ⅲ类水质比例 ≥ 90.0%	优	蓝色
Ⅰ～Ⅲ类水质比例≥75.0%	良好	绿色
Ⅰ～Ⅳ类水质比例＞0 且劣Ⅴ类水质比例 ＜ 20.0%	轻度污染	黄色
劣Ⅴ类水质比例＜40.0%	中度污染	橙色
劣Ⅴ类水质比例≥40.0%	重度污染	红色

当河流、水系、流域水质为"优"或"良好"时，不评价主要污染指标。断面数少于 5 个的河流、水系、流域，按断面主要污染指标的确定方法确定主要污染指标；断面数不少于 5 个时，按下列方法确定主要污染指标：

（1）将水质超过Ⅲ类标准的指标按其断面超标率数值大小排列，选择断面超标率最大的前 3 项为河流、水系、流域的主要污染指标，主要污染指标顺序按断面超标率从大到小排列。

（2）若河流、水系、流域的断面超标率相同导致超标指标超过 3 项，列出全部污染指标。

（3）超标指标多于 3 项时，溶解氧不作为主要污染指标列出。

（4）氰化物或汞、铅、镉、铬（六价）等重金属超标时，作为主要污染指标全部列出。

（5）对于因本底值或无法消除对监测方法的干扰造成的评价指标超标，可作相应标注。

断面超标率采用下式计算：

$$P = \frac{N_2}{N_1} \times 100\%$$

式中　P——某评价指标河流、水系、流域断面超标率，%；

　　　N_1——河流、水系、流域断面（点位）总数，个；

　　　N_2——某评价指标浓度超过 Ⅲ 类水质标准限值的断面（点位）个数，个。

5.2.3.2　湖泊和水库评价

对于湖泊和水库，除了评价其水质外，还需要评价其营养状态。

1. 水质评价

湖泊、水库单个点位的水质评价，按照"断面水质评价"方法进行。同一点位垂线有多个采样点的数据整合规则见表 5.8。当一个湖泊、水库有多个点位时，计算多个点位各评价指标浓度的算术平均值，然后按照"断面水质评价"方法评价。

对于大型湖泊、水库，可分不同的湖（库）区进行水质评价。水库应根据其水力特性和蓄水规模等因素区分为河流型水库和湖库型水库。河流型水库按河流评价，湖泊型水库按湖泊评价。

2. 营养状态评价

采用综合营养状态指数对湖泊和水库的营养状态进行评价，计算公式如下：

$$\sum_{j=1}^{5} T_{LI,j} = \sum_{j=1}^{5} W_j \times TLI_j$$

式中　$\sum\limits_{j=1}^{5} T_{LI,j}$——综合营养状态指数；

j——第 j 种指标，j＝1，2，3，4，5；

W_j——第 j 种指标的营养状态指数的相关权重；

TLI_j——第 j 种指标的营养状态指数。

各指标营养状态指数的计算公式如下：

$$TLI_{Chla} = 10 \times (2.5 + 1.086 \ln \rho_{Chla})$$
$$TLI_{TP} = 10 \times (9.436 + 1.624 \ln \rho_{TP})$$
$$TLI_{TN} = 10 \times (5.453 + 1.694 \ln \rho_{TN})$$
$$TLI_{SD} = 10 \times (5.118 - 1.94 \ln d_{SD})$$
$$TLI_{IMn} = 10 \times (0.109 + 2.661 \ln \rho_{IMn})$$

式中　TLI_{Chla}、TLI_{TP}、TLI_{TN}、——叶绿素 a、总磷、总氮、透明度、高锰酸盐指数的营
　　　　TLI_{SD}、TLI_{IMn}　　　　　养状态指数；

ρ_{Chla}、ρ_{TP}、ρ_{TN}——水中叶绿素 a 的浓度（mg/m³）、总磷的浓度（mg/ L）、总氮的浓度（mg/L）；

d_{SD}——水体的透明度，m；

ρ_{IMn}——水的高锰酸盐指数，mg/L。

以叶绿素 a 作为基准指标，则第 j 种指标的归一化的相关权重按下式计算：

$$W_j = \frac{r_j^2}{\sum\limits_{j=1}^{5} r_j^2}$$

式中　W_j——第 j 种指标的营养状态指数的相关权重；

r_j——第 j 种指标与基准指标叶绿素 a 的相关系数。

我国湖泊（水库）的叶绿素 a 与其他指标之间的相关权重 W_j、相关关系 r_j 见表 5.10。

表 5.10　　我国湖泊（水库）部分指标与叶绿素 a 的相关关系 r_j 及 W_j 值

指标	Chla	TP	TN	SD	IMn
j	1	2	3	4	5
r_j	1	0.84	0.82	−0.83	0.83
W_j	0.2663	0.1879	0.1790	0.1834	0.1834

采用 0～100 的一系列连续数字对湖泊、水库的营养状态进行分级评价，综合营养状态指数与营养状态的对应关系见表 5.11。

表 5.11   湖泊和水库营养状态评价分级

综合营养状态指数	营养状态	表征颜色
$\sum\limits_{j=1}^{5} T_{LI,\,j} < 30$	贫营养	蓝色
$30 \leqslant \sum\limits_{j=1}^{5} T_{LI,\,j} \leqslant 50$	中营养	绿色
$50 < \sum\limits_{j=1}^{5} T_{LI,\,j} \leqslant 60$	轻度富营养	黄色
$60 < \sum\limits_{j=1}^{5} T_{LI,\,j} \leqslant 70$	中度富营养	橙色
$\sum\limits_{j=1}^{5} T_{LI,\,j} > 70$	重度富营养	红色

5.2.3.3 全国及区域水质评价

全国及各行政区域内地表水环境质量评价以国家、各行政区域内的地表水环境监测网断面（点位）作为评价对象，包括河流监测断面和湖（库）监测点位。水质评价方法采用断面水质类别比例法，水质定性评价分级的对应关系见表5.9。主要污染指标的确定按照"河流、水系、流域主要污染指标的确定"方法进行。

除了《地表水环境质量评价技术规范》中提到的单因子评价法外，还有很多方法可以用于地表水环境质量的评价，如模糊评价、灰色关联评价等方法，详见5.1.3节。

许静等（2020）根据2010—2017年沱江流域36个监测断面水质监测数据，采用单因子评价法对该流域水质状况进行了评价，评价详细过程见附录案例4。

5.3 地下水环境质量标准与评价

5.3.1 地下水质量分类

依据我国地下水质量状况和人体健康风险，参照生活饮用水、工业、农业等用水质量要求，依据各组分含量高低（pH值除外），将地下水质量分为以下五类：

Ⅰ类：地下水化学组分含量低，适用于各种用途。

Ⅱ类：地下水化学组分含量较低，适用于各种用途。

Ⅲ类：地下水化学组分含量中等，以 GB 5749—2006 为依据，主要适用于集中式生活饮用水水源及工农业用水。

Ⅳ类：地下水化学组分含量较高，以农业和工业用水质量要求以及一定水平的人体健康风险为依据，适用于农业和部分工业用水，适当处理后可作生活饮用水。

Ⅴ类：地下水化学组分含量高，不宜作为生活饮用水水源，其他用水可根据使用目的选用。

5.3.2 地下水质量标准

为了保护和合理开发利用地下水资源，防止和控制地下水污染，保障人民身体健康，促进经济社会的可持续发展，我国制定了《地下水质量标准》（GB/T 14848—1993），该标准是以地下水形成背景为基础，适应了当时的评价需要。随着工业化进程的加快，人工合成的各种化合物投入使用，地下水中的各种化学组分发生了变化，在《地下水质量标准》(GB/T 14848—1993) 实施了 20 多年之后，结合我国地下水方面的科研成果、国际最新的研究成果、新的分析技术等，2017 年国土资源部组织修订了该标准。《地下水质量标准》(GB/T 14848—2017) 于 2018 年 5 月 1 日实施。

《地下水质量标准》(GB/T 14848—2017) 规定了地下水质量分类、指标及限值，地下水质量调查与监测，地下水质量评价等内容。与修订前相比，新版标准将地下水质量指标划分为常规指标和非常规指标，并根据物理化学性质做了进一步细分，水质指标由 39 项增加至 93 项，其中有机污染指标增加了 47 项；调整了 20 项指标分类限值；所确定的分类限值充分考虑了人体健康基准和风险。该标准的修订为全国地下水污染调查评价和国家地下水监测工程实施提供了支撑。

《地下水质量标准》(GB/T 14848—2017) 中，包括常规指标 39 项，非常规指标 54 项。常规指标即反映地下水质量基本状况的指标，包括感官性状及一般化学指标、微生物指标、常见毒理学指标和放射性指标。非常规指标是在常规指标上的拓展，根据地区和时间差异或特殊情况确定的地下水质量指标，反映地下水中所产生的主要质量问题，包括比较少见的无机和有机毒理学指标。各指标的限值分别见表 5.12 和表 5.13。

表 5.12　　　　　　　　　　　　　地下水质量常规指标及限值

序号	指　　标	Ⅰ 类	Ⅱ 类	Ⅲ 类	Ⅳ 类	Ⅴ 类
感官性状及一般化学指标						
1	色（铂钴色度单位）	≤5	≤5	≤15	≤25	>25
2	嗅和味	无	无	无	无	有
3	浑浊度/NTU[a]	≤3	≤3	≤3	≤10	>10
4	肉眼可见物	无	无	无	无	有
5	pH 值	6.5≤pH≤8.5			5.5≤pH<6.5 8.5<pH≤9.0	pH<5.5 或 pH>9.0
6	总硬度（以 $CaCO_3$ 计）/(mg/L)	≤150	≤300	≤450	≤650	>650
7	溶解性总固体/(mg/L)	≤300	≤500	≤1 000	≤2000	>2000
8	硫酸盐/(mg/L)	≤50	≤150	≤250	≤350	>350
9	氯化物/(mg/L)	≤50	≤150	≤250	≤350	>350
10	铁/(mg/L)	≤0.1	≤0.2	≤0.3	≤2.0	>2.0
11	锰/(mg/L)	≤0.05	≤0.05	≤0.10	≤1.50	>1.50
12	铜/(mg/L)	≤0.01	≤0.05	≤1.00	≤1.50	>1.50
13	锌/(mg/L)	≤0.05	≤0.5	≤1.00	≤5.00	>5.00
14	铝/(mg/L)	≤0.01	≤0.05	≤0.20	≤0.50	>0.50
15	挥发性酚类（以苯酚计）/(mg/L)	≤0.001	≤0.001	≤0.002	≤0.01	>0.01
16	阴离子表面活性剂/(mg/L)	不得检出	≤0.1	≤0.3	≤0.3	>0.3
17	耗氧量（COD_{Mn} 法以 O_2 计）/(mg/L)	≤1.0	≤2.0	≤3.0	≤10.0	>10.0
18	氨氮（以 N 计）/(mg/L)	≤0.02	≤0.10	≤0.50	≤1.50	>1.50

续表

序号	指　　标	Ⅰ类	Ⅱ类	Ⅲ类	Ⅳ类	Ⅴ类
19	硫化物/(mg/L)	≤0.005	≤0.01	≤0.02	≤0.10	>0.10
20	钠/(mg/L)	≤100	≤150	≤200	≤400	>400
微生物指标						
21	总大肠菌数/(MPN[b]/100mL 或 CFU[c]/100mL)	≤3.0	≤3.0	≤3.0	≤100	>100
22	菌落总数/(CFU/mL)	≤100	≤100	≤100	≤1000	>1000
毒理学指标						
23	亚硝酸盐（以 N 计)/(mg/L)	≤0.01	≤0.10	≤1.00	≤4.80	>4.80
24	硝酸盐（以 N 计)/(mg/L)	≤2.0	≤5.0	≤20.0	≤30.0	>30.0
25	氰化物/(mg/L)	≤0.001	≤0.01	≤0.05	≤0.1	>0.1
26	氟化物/(mg/L)	≤1.0	≤1.0	≤1.0	≤2.0	>2.0
27	碘化物/(mg/L)	≤0.04	≤0.04	≤0.08	≤0.50	>0.50
28	汞/(mg/L)	≤0.0001	≤0.0001	≤0.001	≤0.002	>0.002
29	砷/(mg/L)	≤0.001	≤0.001	≤0.01	≤0.05	>0.05
30	硒/(mg/L)	≤0.01	≤0.01	≤0.01	≤0.1	>0.1
31	镉/(mg/L)	≤0.0001	≤0.001	≤0.005	≤0.01	>0.01
32	铬（六价)/(mg/L)	≤0.005	≤0.01	≤0.05	≤0.10	>0.10
33	铅/(mg/L)	≤0.005	≤0.005	≤0.01	≤0.10	>0.10
34	三氯甲烷/(μg/L)	≤0.5	≤6	≤60	≤300	>300
35	四氯化碳/(μg/L)	≤0.5	≤0.5	≤2.0	≤50.0	>50.0
36	苯/(μg/L)	≤0.5	≤1.0	≤10.0	≤120	>120
37	甲苯/(μg/L)	≤0.5	≤140	≤700	≤1 400	>1 400
放射性指标[d]						
38	总 α 放射性/(Bq/L)	≤0.1	≤0.1	≤0.5	>0.5	>0.5
39	总 β 放射性/(Bq/L)	≤0.1	≤1.0	≤1.0	>1.0	>1.0

a　NTU 为散射浊度单位。

b　MPN 表示最可能数。

c　CFU 表示菌落形成单位。

d　放射性指标超过指导值，应进行核素分析和评价。

表 5.13　　　　　　　　地下水质量非常规指标及限值

序号	指　　标	Ⅰ类	Ⅱ类	Ⅲ类	Ⅳ类	Ⅴ类
毒理学指标						
1	铍/(mg/L)	≤0.0001	≤0.0001	≤0.002	≤0.06	>0.06
2	硼/(mg/L)	≤0.02	≤0.10	≤0.50	≤2.00	>2.00
3	锑/(mg/L)	≤0.0001	≤0.0005	≤0.005	≤0.01	>0.01
4	钡/(mg/L)	≤0.01	≤0.10	≤0.70	≤4.00	>4.00

序号	指　　标	I 类	II 类	III 类	IV 类	V 类
5	镍/(mg/L)	≤0.002	≤0.002	≤0.02	≤0.10	>0.10
6	钴/(mg/L)	≤0.005	≤0.005	≤0.05	≤0.10	>0.10
7	钼/(mg/L)	≤0.001	≤0.01	≤0.07	≤0.15	>0.15
8	银/(mg/L)	≤0.001	≤0.01	≤0.05	≤0.10	>0.10
9	铊/(mg/L)	≤0.0001	≤0.0001	≤0.0001	≤0.001	>0.001
10	二氯甲烷/(μg/L)	≤1	≤2	≤20	≤500	>500
11	1,2-二氯乙烷/(μg/L)	≤0.5	≤3.0	≤30.0	≤40.0	>40.0
12	1,1,1-三氯乙烷/(μg/L)	≤0.5	≤400	≤2 000	≤4 000	>4 000
13	1,1,2-三氯乙烷/(μg/L)	≤0.5	≤0.5	≤5.0	≤60.0	>60.0
14	1,2-二氯丙烷/(μg/L)	≤0.5	≤0.5	≤5.0	≤60.0	>60.0
15	三溴甲烷/(μg/L)	≤0.5	≤10.0	≤100	≤800	>800
16	氯乙烯/(μg/L)	≤0.5	≤0.5	≤5.0	≤90.0	>90.0
17	1,1-二氯乙烯/(μg/L)	≤0.5	≤3.0	≤30.0	≤60.0	>60.0
18	1,2-二氯乙烯/(μg/L)	≤0.5	≤5.0	≤50.0	≤60.0	>60.0
19	三氯乙烯/(μg/L)	≤0.5	≤7.0	≤70.0	≤210	>210
20	四氯乙烯/(μg/L)	≤0.5	≤4.0	≤40.0	≤300	>300
21	氯苯/(μg/L)	≤0.5	≤60.0	≤300	≤600	>600
22	邻二氯苯/(μg/L)	≤0.5	≤200	≤1 000	≤2 000	>2 000
23	对二氯苯/(μg/L)	≤0.5	≤30.0	≤300	≤600	>600
24	三氯苯（总量)/(μg/L)	≤0.5	≤4.0	≤20.0	≤180	>180
25	乙苯/(μg/L)	≤0.5	≤30.0	≤300	≤600	>600
26	二甲苯（总量)/(μg/L)	≤0.5	≤100	≤500	≤1 000	>1 000
27	苯乙烯/(μg/L)	≤0.5	≤2.0	≤20.0	≤40.0	>40.0
28	2,4-二硝基甲苯/(μg/L)	≤0.1	≤0.5	≤5.0	≤60.0	>60.0
29	2,6-二硝基甲苯/(μg/L)	≤0.1	≤0.5	≤5.0	≤30.0	>30.0
30	萘/(μg/L)	≤1	≤10	≤100	≤600	>600
31	蒽/(μg/L)	≤1	≤360	≤1800	≤3600	>3600
32	荧蒽/(μg/L)	≤1	≤50	≤240	≤480	>480
33	苯并 (b) 荧蒽/(μg/L)	≤0.1	≤0.4	≤4.0	≤8.0	>8.0
34	苯并 (a) 芘/(μg/L)	≤0.002	≤0.002	≤0.01	≤0.50	>0.50
35	多氯联苯（总量)/(μg/L)	≤0.05	≤0.05	≤0.50	≤10.0	>10.0
36	邻苯二甲酸二 (2-乙基己基) 酯/(μg/L)	≤3	≤3	≤8.0	≤300	>300
37	2,4,6-三氯酚/ (μg/L)	≤0.05	≤20.0	≤200	≤300	>300
38	五氯酚/(μg/L)	≤0.05	≤0.90	≤9.0	≤18.0	>18.0
39	六六六（总量)/(μg/L)	≤0.01	≤0.50	≤5.00	≤300	>300
40	γ-六六六(林丹)/(μg/L)	≤0.01	≤0.20	≤2.00	≤150	>150
41	滴滴涕（总量)/(μg/L)	≤0.01	≤0.10	≤1.00	≤2.00	>2.00
42	六氯苯/(μg/L)	≤0.01	≤0.10	≤1.00	≤2.00	>2.00

续表

序号	指　标	Ⅰ类	Ⅱ类	Ⅲ类	Ⅳ类	Ⅴ类
43	七氯/(μg/L)	≤0.01	≤0.04	≤0.40	≤0.80	>0.80
44	2,4-滴/(μg/L)	≤0.1	≤6.0	≤30.0	≤150	>150
45	克百威/(μg/L)	≤0.05	≤1.40	≤7.00	≤14.0	>14.0
46	涕灭威/(μg/L)	≤0.05	≤0.60	≤3.00	≤30.0	>30.0
47	敌敌畏/(μg/L)	≤0.05	≤0.10	≤1.00	≤2.00	>2.00
48	甲基对硫磷/(μg/L)	≤0.05	≤4.00	≤20.0	≤40.0	>40.0
49	马拉硫磷/(μg/L)	≤0.05	≤25.0	≤250	≤500	>500
50	乐果/(μg/L)	≤0.05	≤16.00	≤80.0	≤160	>160
51	毒死蜱/(μg/L)	≤0.05	≤6.00	≤30.0	≤60.0	>60.0
52	百菌清/(μg/L)	≤0.05	≤1.00	≤10.0	≤150	>150
53	莠去津/(μg/L)	≤0.05	≤0.40	≤2.00	≤600	>600
54	草甘膦/(μg/L)	≤0.1	≤140	≤700	≤1400	>1400

5.3.3　地下水质量评价

《地下水质量标准》（GB/T 14848—2017）中规定，地下水质量评价要以地下水质量检测资料为基础，分为单指标评价和综合评价。

单指标评价即按指标值所在的限值范围来确定地下水质量类别，指标限值相同时，采取从优不从劣的原则；如挥发性酚类Ⅰ、Ⅱ类限值均为 0.001mg/L，若质量分析结果为 0.001mg/L 时，应定为Ⅰ类，而不是Ⅱ类。综合评价是按单指标评价结果最差的类别来确定，并指出最差类别的指标；例如，某地下水样氯化物含量 400mg/L，四氯乙烯含量 350μg/L，这两个指标属Ⅴ类，其余指标均优于Ⅴ类，则该地下水质量综合类别定为Ⅴ类，Ⅴ类指标为氯离子和四氯乙烯。

在地下水质量评价的实际工作时，除采用《地下水质量标准》（GB/T 14848—2017）中规定的评价方法外，也可采用其他方法开展评价，如指数评价法、层次分析法、灰色关联法等（邢会 等，2019；许传坤 等，2021）。具体方法可查阅相关参考文献。

5.4　生活饮用水水质标准与评价

饮水安全是影响人体健康和国计民生的重大问题。根据联合国儿童基金会和世界卫生组织联合发布的报告《2000—2017 年饮用水、环境卫生和个人卫生进展：特别关注不平等状况》，截至 2017 年，全球仍有数十亿人无法获得安全的饮用水和基本卫生服务，2000—2017 年期间，全世界有 18 亿人获得基本的饮用水服务，但仍有约 7.85 亿人缺乏这一服务，其中 1.44 亿人仍在饮用未处理过的地表水，这在农村地区尤为突出❶。饮水安全和卫生问题已成为全球性重大问题。为有效地监测和控制饮水的安全质量要素，应在取水、饮水与排水全过程中建立一套系统、科学、合理且可行的安全技术要求，建立检验方法及评价规程等信息数据、技术标准及相关的政策法规。

---

❶ 《人民日报》，2019 年 6 月 20 日 17 版。

作为生活饮用水的水质应符合以下基本要求，以保证用户饮用安全。

（1）生活饮用水中不应含有病原微生物。

（2）生活饮用水中所含化学物质不应危害人体健康。

（3）生活饮用水中放射性物质不应危害人体健康。

（4）生活饮用水的感官性状良好。

（5）生活饮用水应经消毒处理。

5.4.1　生活饮用水卫生标准的发展历史

1927 年，上海市公布了第一个地方性饮用水标准《上海市饮用水清洁标准》。1955 年
5 月，卫生部发布实施《自来水水质标准暂行标准》，在北京、天津、上海、大连等 12 个
城市试行，这是新中国成立后最早的一部管理生活饮用水的技术法规。1976 年 12 月，国
家卫生部组织制定了我国第一个国家饮用水标准《生活饮用水卫生标准》（TJ 20—76）；
1985 年 8 月，卫生部对该标准进行了修订，指标增加至 35 项，编号改为 GB 5749—1985，
于 1986 年 10 月起在全国实施。

2001 年，卫生部拟定了《生活饮用水水质卫生规范》。与《生活饮用水卫生标
准》（GB 5749—85）相比，该规范中饮用水水质检测项目由 35 项增加至 96 项，主要是
有机物检测项目增加较多，这也是与国际接轨的一项重大举措，新增水源水有害物质检测
项目 64 项，标准限值要求有所提高。但该规范是以卫生部文件的形式下发的，属于行业
标准，不具备强制执行力，不能从根本上提高我国饮用水的水质。各地在规范的执行和落
实过程中存在矛盾。

2005 年 5 月，有关部委对《生活饮用水卫生标准》（GB 5749—85）开展修订工作，
2007 年 7 月开始实施《生活饮用水卫生标准》（GB 5749—2006）。该标准参考了世界卫生
组织和国际上发达国家的水质标准，并结合我国实际最终确定下来，比较符合我国当时的
发展需要，在整体指标结构和数量上基本接近世界先进水平。水质指标由 35 项增加至
106 项，修订了 8 项。

《生活饮用水卫生标准》（GB 5749—2006）自 2007 年实施以来，对提升我国饮用水
水质、保障饮用水水质安全发挥了重要作用。面对我国发展形势的新变化、人民群众对美
好生活的新期待和该标准实施过程中出现的新问题，有关部门进一步对该标准进行了修
订，于 2022 年 3 月发布了《生活饮用水卫生标准》（GB 5749—2022）。生活饮用水卫生
标准的发展历史见表 5.14。

表 5.14　　　　　　　　　　我国生活饮用水卫生标准的发展历史

年份	标 准 名 称	相 关 信 息
1927	《上海市饮用水清洁标准》	我国第一个地方性饮用水标准
1937	《北京市水质标准表》	北京市自来水公司制定，包含水质指标 11 项
1950	《上海市自来水水质标准》	包含水质指标 16 项
1955	《自来水水质标准暂行标准》	卫生部发布实施，在北京、天津、上海、大连等 12 个城市试行，是新中国成立后最早的一部管理生活饮用水的技术法规
1956	《饮用水水质标准（草案）》	国家建设委员会和卫生部发布实施，包含水质指标 15 项

续表

年份	标准名称	相关信息
1959	《生活饮用水卫生规范》	由建筑工程部和卫生部发布实施，是对《饮用水水质标准》和《集中式生活饮用水水源选择及水质评价暂行规则》的修订及合并而成，共包含水质指标17项
1976	《生活饮用水卫生标准》（TJ 20—76）	由国家卫生部组织制定，经国家基本建设委员会和卫生部联合批准，是我国第一个国家饮用水标准，共包含水质指标23项
1985	《生活饮用水卫生标准》（GB 5749—85）	卫生部对《生活饮用水卫生标准》（TJ 20—76）进行了修订，指标增加至35项，编号改为GB 5749—1985，1986年10月起在全国实施
2001	《生活饮用水水质卫生规范》	由卫生部制定，是《生活饮用水卫生规范》的附件1，共包括水质指标96项，其中常规检验项目34项，非常规检验项目62项
2006	《生活饮用水卫生标准》（GB 5749—2006）	卫生部、标准化委员会发布，2007年7月1日开始实施，包括水质指标106项，其中常规项目42项，非常规项目64项
2022	《生活饮用水卫生标准》（GB 5749—2022）	2023年4月1日正式实施，包括水质指标97项，其中常规指标43项、扩展指标54项

5.4.2　生活饮用水卫生标准

《生活饮用水卫生标准》（GB 5749—2022）包括43项常规指标、54项扩展指标，具体见表5.15、表5.16和表5.17。常规指标指的是能够反映生活饮用水水质基本状况的水质指标；扩展指标指的是能够反映地区生活饮用水水质特征及在一定时间内或特殊情况下水质状况的指标。生活饮用水水质应符合表5.15和表5.17的要求，出厂水和末梢水中消毒剂限值、消毒剂余量均应符合表5.16的要求。

表5.15　　　　　　　　　　生活饮用水水质常规指标及限值

序号	指标	限值
一、微生物指标		
1	总大肠菌群/(MPN/100mL，或CFU/100mL)	不应检出
2	大肠埃希氏菌/(MPN/100mL，或CFU/100mL)	不应检出
3	菌落总数/(MPN/mL，或CFU/mL)	100
二、毒理指标		
4	砷/(mg/L)	0.01
5	镉/(mg/L)	0.005
6	铬（六价）/(mg/L)	0.05
7	铅/(mg/L)	0.01
8	汞/(mg/L)	0.001
9	氰化物/(mg/L)	0.05
10	氟化物/(mg/L)	1.0

续表

序号	指　　标	限　　值
11	硝酸盐（以 N 计）/(mg/L)	10
12	三氯甲烷/(mg/L)	0.06
13	一氯二溴甲烷/(mg/L)	0.1
14	二氯一溴甲烷/(mg/L)	0.06
15	三溴甲烷/(mg/L)	0.1
16	三卤甲烷（三氯甲烷、一氯二溴甲烷、二氯一溴甲烷、三溴甲烷的总和）	该类化合物中各种化合物的实测浓度与其各自限值的比值之和不超过 1
17	二氯乙酸/(mg/L)	0.05
18	三氯乙酸/(mg/L)	0.1
19	溴酸盐/(mg/L)	0.01
20	亚氯酸盐/(mg/L)	0.7
21	氯酸盐/(mg/L)	0.7
三、感官性状和一般化学指标		
22	色度（铂钴色度单位）/度	15
23	浑浊度（散射浑浊度单位）/NTU	1
24	嗅和味	无异臭、异味
25	肉眼可见物	无
26	pH 值	不小于 6.5 且不大于 8.5
27	铝/(mg/L)	0.2
28	铁/(mg/L)	0.3
29	锰/(mg/L)	0.1
30	铜/(mg/L)	1.0
31	锌/(mg/L)	1.0
32	氯化物/(mg/L)	250
33	硫酸盐/(mg/L)	250
34	溶解性总固体/(mg/L)	1 000
35	总硬度（以 $CaCO_3$ 计）/(mg/L)	450
36	高锰酸盐指数（以 O_2 计）/(mg/L)	3
37	氨（以 N 计）/(mg/L)	0.5
四、放射性指标		
38	总 α 放射性/(Bq/L)	0.5（指导值）
39	总 β 放射性/(Bq/L)	1（指导值）

表 5.16 生活饮用水消毒剂常规指标及要求

序号	指标	与水接触时间/min	出厂水和末梢限值/(mg/L)	出厂水余量/(mg/L)	末梢水余量/(mg/L)
1	游离氯	≥30	≤2	≥0.3	≥0.05
2	总氯	≥120	≤3	≥0.5	≥0.05
3	臭氧	≥12	≤0.3	—	≥0.02 如果用其他协同消毒方式,消毒剂限值及余量应满足相应要求
4	二氧化氯	≥30	≤0.8	≥0.1	≥0.02

注 1. 采用液氯、次氯酸钠、次氯酸钙消毒方式时,应测定游离氯。
    2. 采用氯胺消毒方式时,应测定总氯。
    3. 采用臭氧消毒方式时,应测定臭氧。
    4. 采用二氧化氯消毒方式时,应测定二氧化氯;采用二氧化氯与氯混合消毒剂发生器消毒方式时,应测定二氧化氯和游离氯。两项指标均应满足限值要求,至少一项指标应满足余量要求。

表 5.17 生活饮用水水质扩展指标及限值

序号	指 标	限 值
	一、微生物指标	
1	贾第鞭毛虫/(个/10L)	<1
2	隐孢子虫/(个/10L)	<1
	二、毒理指标	
3	锑/(mg/L)	0.005
4	钡/(mg/L)	0.7
5	铍/(mg/L)	0.002
6	硼/(mg/L)	1.0
7	钼/(mg/L)	0.07
8	镍/(mg/L)	0.02
9	银/(mg/L)	0.05
10	铊/(mg/L)	0.0001
11	硒/(mg/L)	0.01
12	高氯酸盐/(mg/L)	0.07
13	二氯甲烷/(mg/L)	0.02
14	1,2-二氯乙烷/(mg/L)	0.03
15	四氯化碳/(mg/L)	0.002
16	氯乙烯/(mg/L)	0.001
17	1,1-二氯乙烯/(mg/L)	0.03
18	1,2-二氯乙烯(总量)/(mg/L)	0.05
19	三氯乙烯/(mg/L)	0.02

续表

序号	指　标	限　值
20	四氯乙烯/(mg/L)	0.04
21	六氯丁二烯/(mg/L)	0.0006
22	苯/(mg/L)	0.01
23	甲苯/(mg/L)	0.7
24	二甲苯（总量）/(mg/L)	0.5
25	苯乙烯/(mg/L)	0.02
26	氯苯/(mg/L)	0.3
27	1,4-二氧苯/(mg/L)	0.3
28	三氯苯（总量）/(mg/L)	0.02
29	六氯苯/(mg/L)	0.001
30	七氯/(mg/L)	0.000 4
31	马拉硫磷/(mg/L)	0.25
32	乐果/(mg/L)	0.006
33	灭草松/(mg/L)	0.3
34	百菌清/(mg/L)	0.01
35	呋喃丹/(mg/L)	0.007
36	毒死蜱/(mg/L)	0.03
37	草甘膦/(mg/L)	0.7
38	敌敌畏/(mg/L)	0.001
39	莠去津/(mg/L)	0.002
40	溴氰菊酯/(mg/L)	0.02
41	2,4-滴/(mg/L)	0.03
42	乙草胺/(mg/L)	0.02
43	五氯酚/(mg/L)	0.009
44	2,4,6-三氯酚/(mg/L)	0.2
45	苯并（a）芘/(mg/L)	0.00001
46	邻苯二甲酸二（2-乙基己基）酯/(mg/L)	0.008
47	丙烯酰胺/(mg/L)	0.0005
48	环氧氯丙烷/(mg/L)	0.0004
49	微囊藻毒素-LR（藻类暴发情况发生时）/(mg/L)	0.001
三、感官性状和一般化学指标		
50	钠/(mg/L)	200
51	挥发酚类（以苯酚计）/(mg/L)	0.002
52	阴离子合成洗涤剂/(mg/L)	0.3
53	2-甲基异莰醇/(mg/L)	0.00001
54	土臭素/(mg/L)	0.00001

注　当发生影响水质的突发公共事件时，经风险评估，感官性状和一般化学指标可暂时适当放宽。

148

在进行生活饮用水水质评价时，各类指标分述如下。

5.4.2.1　微生物指标

受生活污染的水中，常含有各种细菌、病原菌和寄生虫等，同时有机物质含量较高，这类水体对人体十分有害。因此，饮用水中不允许有病原菌和病毒的存在。然而由于条件的限制，对水中的细菌特别是病原菌不是随时都能检出的。为了保障人体健康和预防疾病，以及便于随时判断致病的可能性和水受污染的程度，将总大肠菌群、大肠埃希氏菌、菌落总数、贾第鞭毛虫、隐孢子虫作为指标，确定水体受生活及粪便污染的程度。

（1）总大肠菌群。可以表示水直接或间接受到人、畜粪便污染程度的一种指标。我国生活饮用水水质标准中规定每100mL水样中不应检出。

（2）大肠埃希氏菌。也被称为大肠杆菌，广泛存在于人类和温血动物的肠道中。虽然大多数大肠埃希氏菌为非致病菌，但是当宿主免疫力降低或细菌侵入肠道的外组织或器官时，可引起肠外感染。生活饮用水水质标准中规定每100mL水样中不应检出。当水样检出总大肠菌群时，应进一步检验大肠埃希氏菌；当水样未检出总大肠菌群时，不必检验大肠埃希氏菌。

（3）菌落总数。指水在相当于人体温度（37℃）下经24h培养后，每毫升水中所含各种细菌的总个数。饮用水标准规定每毫升水中细菌总数不得超过100个。

（4）贾第鞭毛虫和隐孢子虫。属于原生动物，是单细胞生物里的寄生虫，在水体和自然界广泛存在。原生动物对氯的抵抗能力比细菌要强很多，常规的氯消毒无法将其灭活。饮用被贾第鞭毛虫和隐孢子虫的胞囊或者卵囊污染的水会引起贾第鞭毛虫病和隐孢子虫病，主要症状有身体疼痛、排气、肿胀、呕吐、发烧和严重脱水性腹泻。20世纪70年代以来，在欧洲和北美洲等地区以饮用水为媒介引发了较大规模的隐孢子虫病暴发流行。1993年，美国密尔沃基市爆发了历史上最著名的隐孢子虫污染事件，引起40万人生病，这一事件促使密尔沃基市及其他城市开始通过全流域治理保护水源地，推动美国环保局出台隐孢子虫检测方法，制定了《加强地表水处理条例》，将隐孢子虫列入优先监控清单。我国生活饮用水水质标准中规定每10L水样中贾第鞭毛虫和隐孢子虫检出数均应小于1个。

5.4.2.2　毒理指标

水中的有毒物质种类很多，包括有机毒物和无机毒物。目前，各国对有毒物质限定的数量各不相同，主要基于对有毒物质的毒理性研究程度和水平。毒理指标主要包括砷、镉、铬（六价）、铅、汞、氰化物、氟化物、硝酸盐、三氯甲烷、一氯二溴甲烷、二氯一溴甲烷、三溴甲烷、三卤甲烷、二氯乙酸、三氯乙酸、溴酸盐、亚氯酸盐、氯酸盐等常规指标。

（1）砷。饮用水中的砷主要存在于地下水中，来自天然存在的矿物和自矿石溶出。地下水中砷的浓度往往取决于地层结构和井的深度。砷是饮用水中一种重要的污染物，是少数几种会通过饮用水使人致癌的物质之一。在内蒙古、山西以及台湾等地从流行病学调查已经证明其对人体健康的危害。在南亚、南美和非洲的多个国家都存在饮用水中砷危害健康的报告。饮用高浓度砷的水会在人的皮肤、膀胱和肺部致癌。从安全性考虑，各国际组织和发达国家的现行饮用水标准中砷的浓度限值均为0.01mg/L。我国饮用水标准其限值也为 0.01mg/L。

（2）镉。饮用水中镉的污染可能来自镀锌管中锌的杂质和焊料及某些金属配件。肾脏是镉毒性的主要靶器官。根据我国多年实际工作情况，饮用水中镉的限值为 0.005mg/L。

（3）铬（六价）。在氯化和曝气的水中，六价铬为主要形式。大鼠试验表明，三价铬长期经口致癌性试验没有发现肿瘤发病率的增加，而大鼠用六价铬经吸入途径染毒实验显示有致癌性。根据我国现有资料，多年来实行的饮用水中六价铬的标准 0.05mg/L 是安全的。

（4）铅。铅是一种全身性毒物并在骨骼中蓄积。婴儿、6 岁以前的儿童以及孕妇是铅危害的最易感人群。我国暂定每周可耐受摄入量的 50% 分配给饮水，如按婴儿体重 5kg 计算，每日饮水量 0.75L，则饮用水中铅的限值定为 0.01mg/L。因为婴儿是整个人群中最敏感的部分，此限值对其他年龄组人群均有保护作用。

（5）汞。汞可致急性、慢性中毒。在未污染的饮用水中几乎所有的汞可看作是无机二价汞，只有在淡水和海水中无机汞才会甲基化，所以不大可能有从饮水摄入有机汞化合物的直接风险。根据世界卫生组织提出的饮用水中总汞的限值，确定我国饮用水中总汞（无机汞和有机汞之和）的限值为 0.001mg/L。

（6）氰化物。氰化物主要来自工业废水，有剧毒，作用于某些呼吸酶，引起组织内窒息。动物实验表明，氰化钾剂量为 0.025mg/kg 时大鼠的过氧化氢酶增高，条件反射活动有变化；剂量为 0.005mg/kg 时无异常变化，此剂量相当于在水中 0.1mg/L。考虑到氰化物毒性很强，采用一定的安全系数，确定水中的氰化物不得超过 0.05mg/L。

（7）氟化物。氟化物在自然界广泛存在，适量的氟被认为是对人体有益的元素，例如有利于预防龋齿发生，而摄入量过多则对人体有害，可致急性、慢性中毒，慢性中毒主要表现为氟斑牙和氟骨症。综合考虑饮水中氟对牙齿的轻度影响和氟的防龋作用，以及对我国高氟区饮水进行除氟和更换水源所付的经济代价，饮用水中氟含量限值定为 1.0mg/L。

（8）硝酸盐。硝酸盐在水中经常被检出，含量过高可引起人工喂养婴儿的变性血红蛋白血症。基于国内的调查资料，并参考国外的研究报道，将饮用水中的硝酸盐氮含量限值定为 10mg/L。

（9）三氯甲烷。多年来，氯一直是国内外大多数水厂的主要消毒剂。氯化消毒剂易与原水中的天然有机物产生消毒副产物，这些消毒副产物主要成分为三卤甲烷，三氯甲烷是三卤甲烷中一个重要的组成成分。多年实践证明，我国生活饮用水中三氯甲烷很少超过 0.06mg/L，因此将三氯甲烷限值定为 0.06mg/L。

（10）一氯二溴甲烷、二氯一溴甲烷、三溴甲烷、二氯乙酸、三氯乙酸和三卤甲烷。其中前 5 种物质也是消毒过程中消毒剂与水体中有机物发生反应而形成的副产物。三卤甲烷主要包括三氯甲烷、一氯二溴甲烷、二氯一溴甲烷和三溴甲烷，其限值是这 4 种化合物的实测浓度与其各自限值的比值之和不超过 1。我国多个部门的水质监测、检测和调查结果表明，一氯二溴甲烷、二氯一溴甲烷、三溴甲烷、二氯乙酸、三氯乙酸和三卤甲烷等 6 项指标在饮用水中检出情况相对较为普遍，检出率超过 60%，一氯二溴甲烷和二氯一溴甲烷更是高达 90% 以上。人群长期暴露于上述物质产生的健康风险包括致癌性、遗传毒性、生殖毒性和发育毒性等。鉴于氯化消毒在我国仍是广泛采用的饮用水消毒方式，加之这些物质在我国饮用水中检出率较高，且有较强的健康效应，因此在《生活饮用水卫生标准》（GB 5749—2022）中将上述 6 项指标调整为常规指标。

（11）溴酸盐。水中一般不含有溴酸盐，当原水含有溴化物并经过臭氧消毒之后会生成溴酸盐。溴酸盐在体外和体内均有致突变作用。考虑到我国使用臭氧消毒饮用水日益增多，参考世界卫生组织 2004 年设定的溴酸盐限值，我国生活饮用水标准中设定其限值为 0.01mg/L。

（12）亚氯酸盐和氯酸盐。亚氯酸盐、氯酸盐是二氧化氯消毒饮用水的副产物。氯酸盐的最主要卫生问题是可能引起红血细胞改变。考虑到我国使用二氧化氯消毒饮用水日益增多，参考世界卫生组织 2004 年设定的亚氯酸盐、氯酸盐限值，我国饮用水标准中也设定其限值为 0.7mg/L。

另外，毒理指标还包括锑、钡、铍、硼、钼、镍、银、铊、硒、高氯酸盐、二氯甲烷等扩展指标。和《生活饮用水卫生标准》（GB 5749—2006）相比，《生活饮用水卫生标准》（GB 5749—2022）中新增了高氯酸盐和乙草胺指标。

高氯酸盐是一种无机化学物质，具有难降解、水中溶解度高、易迁移的特点，广泛存在于水体等环境介质中。高氯酸盐离子在地表和地下水环境中可存留数十年，容易在水中滞留和富集。过量的高氯酸盐对人体健康的影响主要表现在对甲状腺功能的危害方面。目前，北京、上海、天津、哈尔滨、沈阳、福州等许多城市在水体中均有痕量高氯酸盐检出（甘晓娟 等，2022）。在《生活饮用水卫生标准》（GB 5749—2022）中，增加了对高氯酸盐限值的规定，其限值为 0.07mg/L。

乙草胺属低毒除草剂，是目前我国使用量最大的除草剂之一，具有杀草谱广、效果突出、价格低廉和施用方便等优点，曾是替代具有致癌性的甲草胺和氰草津的理想品种。根据对 2009 年 12 月至 2012 年 5 月全国 31 个省会城市和 5 个二级城市的 121 个水厂进行水样分析，结果表明，除西北地区和西南地区以外，其他区域乙草胺检出率均高于 60%，东北地区平均检测浓度高达 196.2mg/L（于志勇 等，2014）。乙草胺原药具有内分泌干扰活性和致癌作用，进入人体后会对肝、肾和红细胞造成损害，对人体健康以及环境安全存在着较大的威胁。《生活饮用水卫生标准》（GB 5749—2022）中新增乙草胺指标，其限值为 0.02mg/L。

5.4.2.3 感官性状和一般化学指标

1. 感官性状

感官性状指标也称物理性状指标，包括色度、浑浊度、嗅和味、肉眼可见物等，它们与水的化学组分含量及类型密切相关，是反映水质状况的直接指标。

（1）色度。清洁的饮用水应该没有可觉察的颜色。GB 5749—2022 规定的饮用水色度的限值为 15 度。

（2）浑浊度。浑浊度是一种光学效应指标，反映光线透过水层时受到阻碍的程度。尽管浑浊度本身不一定对健康构成威胁，但它是提示可能存在对健康有影响的污染物的一项重要指标。浑浊度在某种程度上与微生物有一定相关性。调查显示，一些胃肠道疾病暴发事件与饮用水浑浊度的升高有关。同时，浑浊度也是饮用水净化过程中的重要控制参数，它能指示水处理过程，特别是絮凝、沉淀、过滤以及消毒等各种处理过程中的质量问题。

GB 5749—2022 中浑浊度指标限值为 1NTU。

（3）嗅和味。嗅和味可能源自天然无机和有机化学污染物，以及生物来源或过程（如藻类繁殖产生的腥臭），也可能来自合成化学物质的污染，或来自腐蚀或水处理的结果（如氯化），也可能在储存和配送时因微生物活动而产生。一般，含硫化氢有臭蛋味，含有机物及原生动物有腐物味、霉味、土腥味儿等，含高价铁有发涩的锈味，含钠有咸味等。饮用水的异臭和异味不能直接导致对人体健康的影响，但可得出该饮用水已受到污染和不安全的信号。

（4）肉眼可见物。肉眼可见物是指人的眼睛直接能观察到的杂物，包括悬浮于水中的杂物、漂浮物、动物体（如红虫）、油膜、乳光物等。饮用水要求无色、清澈、无臭、无味、不含肉眼可见物及清凉可口。

2. 一般化学指标

一般化学指标包括 pH 值、铝、铁、锰、铜、锌、氯化物、硫酸盐、溶解性总固体、总硬度、高锰酸盐指数、氨等常规指标。

（1）pH 值。为有效进行加氯消毒，pH 值最好低于 8，而较低 pH 值的水对金属管道和容器有腐蚀性。根据我国多年来的供水实际情况，其上限很少超过 8.5，故规定饮用水的 pH 值为 6.5～8.5。

（2）铝。饮用水净化处理过程中广泛使用铝的化合物作为混凝剂。铝具有低毒性。参照世界卫生组织《饮用水水质准则》的建议值，根据水净化处理中使用铝化合物，不会见到絮状沉积物而影响水的感官性状，将饮用水中铝的限值确定为 0.2mg/L。

（3）铁。铁在天然水中普遍存在，铁也是人体的必需营养素。水中含铁量在 0.3～0.5mg/L 时无任何异味，达到 1mg/L 时便有明显的金属味；在 0.5mg/L 时可使饮用水的色度达到 30 度。为防止衣服、器皿的染色和形成令人反感的沉淀和异味，饮用水中铁的浓度限值为 0.3mg/L。

（4）锰。供水中锰超过 0.1mg/L 时，会使饮用水带有不好的味道，并使卫生洁具和衣物染色。同时，饮用水中有锰存在会导致配水系统沉积物积累。饮用水中锰的限值为 0.1mg/L。

（5）铜。饮用水中的铜常来自水对铜管的侵蚀作用。铜的毒性小，但过多则对人体有害，可能会可引起恶心、腹痛，长期摄入可引起肝硬化。根据现有资料，水中铜含量达 1.5mg/L 时即有明显的金属味，超过 1.0mg/L 时可使衣服及瓷器染色。按感官性状的要求，确定饮用水中铜的含量为不应超过 1.0mg/L。

（6）锌。天然水中锌的含量极少，主要来源于工矿废水和镀锌金属管道。水中锌的浓度超过 3～5mg/L 时会呈现乳白色，煮沸时会形成油膜。我国各地饮用水中含锌量一般都很低。根据感官性状要求，确定饮用水中含锌量不应超过 1.0mg/L。

（7）氯化物。饮用水中氯化物浓度过高，会使水产生咸味，并对配水系统产生腐蚀作用。饮用水中氯化物限值为 250mg/L。

（8）硫酸盐。基于硫酸盐含量过高可能会产生异味以及可能会导致人具有轻微腹泻的作用，饮用水中硫酸盐标准限值为 250mg/L。

（9）溶解性总固体。水中溶解性总固体是评价水质矿化程度的重要依据。当其浓度高时可使水产生不良的味道，并可能损坏配水管道和设备。一般认为，溶解性总固体低于600mg/L 的水的口感比较好，当高于 1000mg/L 时，饮用水口感发生明显变化。基于对水味的影响，饮用水中溶解性总固体的限值为 1000mg/L。需要注意的是，若长期饮用溶解性固体含量过低的水，如纯净水、超纯水、蒸馏水等，会使人体产生疲乏感，减弱人体免疫力。

（10）总硬度。根据我国各地的调查，饮用水的硬度一般都不超过 425mg/L（以碳酸钙计），为了与多数国家的标准保持一致和便于比较，我国饮用水中总硬度的限值为450mg/L。

（11）高锰酸盐指数。高锰酸盐指数是在酸性或碱性介质中，以高锰酸钾为氧化剂，处理水样时所消耗的氧化剂的量。该指标能间接反映水体受到有机污染的程度。水中高锰酸盐指数浓度增加，说明水中有机物含量增加，提示可能存在更大的微生物危险和化学危险。鉴于高锰酸盐指数在反映水中有机物污染情况方面具有重要的指示意义，以及我国现有的水质状况和水处理工艺有较大提升，臭氧生物活性炭等深度处理工艺对降低该指标具有很好的效果，在 GB 5749—2022 标准中，该指标限值调整为 3mg/L。

（12）氨。水中氨是影响水体感官性状的指标因素之一。氨的浓度与有机物的含量和溶解氧的大小密切相关，标志着水体污染的程度。我国多部门的水质监测、检测和调查结果表明，以地表水为水源的饮用水中普遍存在，在部分以地下水为水源的饮用水中也有检出，因此在 GB 5749—2022 标准中，该指标被调整为常规指标，其限值为 0.5mg/L。

另外，一般化学指标还包括钠、挥发酚类、阴离子合成洗涤剂、2-甲基异莰醇及土臭素等扩展指标。其中，2-甲基异莰醇及土臭素两项指标在 GB 5749—2006 中为附录 A 中水质参考指标，在 GB 5749—2022 中调整为扩展指标。当水体中藻污染爆发时，可导致 2-甲基异莰醇及土臭素的产生。这两项指标嗅阈值较低，当水体中浓度超过嗅阈值（10mg/L）时可导致饮用水产生令人极为敏感的臭味，影响水体感官。参考两项指标的嗅阈值，这两项指标的限值设定为 0.00001mg/L。

5.4.2.4　放射性指标

饮用水中的放射性物质超过一定水平时，将危害人体健康。世界卫生组织将总 α 放射性、总 β 放射性作为饮用水放射性筛查指标，我国也将其作为饮用水水质常规指标，将0.5Bq/L、1Bq/L 分别作为饮用水总 α 放射性、总 β 放射性筛查指导值，超过指导值时须进行核素分析以判定能否饮用。

《生活饮用水卫生标准》（GB 5749—2022）属于国家级强制性标准，对饮用水供水、水源、制水、输水、储水、末梢水等多项内容均提出了控制性要求，并进一步加强了从源头到龙头的供水全过程管控。同时，该标准还强化了对消毒副产物的管控要求，增加了消毒副产物的检测方法等。

5.4.3　生活饮用水水质评价

实际用于及可用于生活饮用水评价的方法包括常规的指标合格率法、水质综合指数法等。指标合格率法即根据《生活饮用水卫生标准》（GB 5749—2022）计算各监测指标的合格率，其中有任何一项指标不合格，则判定该监测水样不合格。指标合格率法简便、快捷，可以评价水质指标是否超标或合格，在实践中运用广泛。但该方法在水质指标均达标时无法准确地衡量水质优劣，且对于指标的超标程度缺乏进一步的综合评价。与指标合格率关联较紧密的，还有超标率和超标倍数等，也是常用的水质评价指标。

水质综合指数法通过指标选择、指标赋权等步骤，最终得到无量纲的综合指数值，以定量和客观地评价饮用水水质状况。该方法可以将大量的水质监测数据转换为一个综合反映水质状况的量化数值，能直观反映水质的优劣，同时也便于实行水质信息公开和公众理解及参与，可为各级政府部门制定相关政策提供支持。该方法在前文中已经介绍，这里不再赘述。

需要注意的是，水质指标的选取、权重的确定等都会导致评价结果的不同。近年来，包括主成分分析法、聚类分析法、模糊评价法、人工神经网络等在内的诸多方法都在复杂的水质综合指数的构建中得到了应用。每种方法都有其自身的优势和特点，因此在水质评价过程中，往往需要综合应用多种评价方法。

5.5　工业用水水质标准与评价

工业用水种类繁多，水质要求也各不相同。即使是同一种工业，不同的生产工艺过程，对水质的要求也有差异。例如，食品、酿造及饮料工业的原料用水，其水质标准基本上与生活饮用水相同，甚至高于生活饮用水的要求。纺织、造纸工业用水，要求水质清澈，且对易于在产品上产生斑点从而影响印染质量或漂白度的物质含量应加以严格的限制，如铁和锰对织物或纸张产生锈斑，水的硬度过高也会使织物或纸张产生钙斑。对于锅炉用水，凡能导致锅炉、给水系统及其他热力设备腐蚀、结垢等现象的各种杂质，都应大部分或全部去除。锅炉压力和构造不同，水质要求也不同，压力越高，水质要求也越高。各种工业用水对水质的要求由有关工业部门加以制定。

本节主要讨论在工业用水中所占比例比较大的锅炉用水、冷却水以及纺织、制革、印染等生产用水的水质评价。

5.5.1　锅炉用水水质标准与评价

锅炉是生产蒸汽或热水的换热设备，随着经济的发展，锅炉越来越广泛地应用于生产和生活的各个部门。在各种工业用水中，锅炉用水也是最基本的组成部分。水是锅炉的换热介质，锅炉给水的水质好坏对于锅炉的安全运行，能源消耗和使用寿命有着至关重要的影响。

5.5.1.1　天然水中的杂质及其对锅炉的危害

天然水中含有各种杂质，按其颗粒大小不同，可以分为三类。

(1) 悬浮物质。悬浮物质指颗粒直径在 10^{-4} mm 以上的杂质，这些杂质构成了天然水的浑浊度和色度，悬浮物质在水中是不稳定的，其较轻物质浮于水面（如油脂等），较重物质静置时会下降（如砂石、黏土、动植物尸体碎片和纤维等）。悬浮物的存在会影响离子交换设备及锅炉的安全经济运行。如果它们在离子交换器内沉积，将会使离子交换剂受到污染，从而使其交换容量降低，周期出水量减少，影响离子交换器的出水质量。如果悬浮物直接进入锅炉，会在锅筒内沉积，使传热情况变坏，金属因过热损坏而发生事故。

(2) 胶体物质。胶体物质指颗粒直径在 $10^{-4} \sim 10^{-6}$ mm 之间的杂质。天然水中的胶体，一类是硅、铁、铝等矿物质胶体，另一类是由动植物腐败后的腐殖质形成的有机胶体。由于胶体表面带有同性电荷，它们的颗粒之间互相排斥，所以颗粒不能长大，不能靠重力下降，可在水中稳定存在，若不除去水中的胶体物质，会使锅炉结成难以去除的坚硬水垢，并使锅水产生大量泡沫，引起汽水共腾，影响锅炉的正常运行。

（3）溶解物质。水中溶解物质主要是气体和矿物质的盐类，它们以分子或离子状态存在于水中。能够引起锅炉腐蚀的有害气体主要是氧气和二氧化碳气体，有时还有些硫化氢气体，氧是由大气中溶解进去的，二氧化碳和硫化氢是有机物分解或氧化产生的。水中溶解的盐类是以离子状态存在的，它们是由地层中矿物质溶解而来的。天然水中溶解的盐类主要是钙、镁、钾、钠的碳酸氢盐、氯化物和硫酸盐等，这些杂质若不除去，会造成锅炉结垢，腐蚀和污染蒸汽品质，使锅炉金属过热变形、腐蚀穿孔，缩短锅炉使用寿命，浪费燃料，降低锅炉热效率，或者产生汽水共腾，以致发生堵管、爆管等重大事故，破坏锅炉的安全经济运行。

5.5.1.2　锅炉用水水质评价

锅炉的运转一般是在高温、高压的条件下进行的，含有杂质的水在锅炉中会发生各种不良的化学反应，主要有成垢作用、腐蚀作用和成泡作用。这些作用对锅炉的正常使用会带来有害影响。这些作用的发生与水质密切相关。

1. 成垢作用

水煮沸时，水中的一些离子、化合物可以相互作用而生成沉淀，附着在锅炉壁上形成锅垢，这种作用称为成垢作用。锅内结垢使受热面传热能力显著下降，使锅炉的排烟温度升高，耗煤量增加，锅炉的效率降低。有试验表明，汽锅内壁附着 1mm 厚的锅垢，就要多耗煤 2%～3%。锅炉水管结垢后，管内流通截面积减小，水循环的流动阻力增加，严重时会将水管完全阻塞；另外，锅垢附着在受热面上，清理困难，需要耗费大量的人力和物力，还会使受热面受到损伤，缩短锅炉的使用寿命。锅垢的成分有 CaO、$CaCO_3$、$CaSO_4$、$CaSiO_3$、$Mg(OH)_2$、$MgSiO_4$、Al_2O_3、Fe_2O_3 和悬浮物沉淀而成。所有这些沉淀物在锅炉中便形成了锅垢。

锅垢总量的计算公式如下：

$$H_0 = S + C + 36\gamma_{Fe^{2+}} + 17\gamma_{Al^{3+}} + 20\gamma_{Mg^{2+}} + 59\gamma_{Ca^{2+}}$$

式中　　　　　　　H_0——锅垢的总量，mg/L；

　　　　　　　　　S——悬浮物重量，mg/L；

　　　　　　　　　C——胶体质量（$SiO_2 + Al_2O_3 + Fe_2O_3 + \cdots$），mg/L；

$\gamma_{Fe^{2+}}$、$\gamma_{Al^{3+}}$、$\gamma_{Mg^{2+}}$、$\gamma_{Ca^{2+}}$——各离子的含量（meq/L，1meq/L = 1mmol/L × 离子价数）。

按锅垢总量对成垢作用进行评价，水可分为沉淀物很少的水（$H_0 < 125mg/L$）、沉淀物较少的水（$125mg/L \leqslant H_0 \leqslant 250mg/L$）、沉淀物较多的水（$250mg/L < H_0 \leqslant 500mg/L$）、沉淀物很多的水（$H_0 > 500mg/L$）（表 5.18）。

在锅垢总量中含有硬垢和软垢。硬垢主要是由碱土金属的碳酸盐、硫酸盐等构成，附壁牢固，不易清除；软垢由悬浮物质及胶体物质构成，易于清除。在评价锅垢时还要计算硬垢数量以评价锅垢性质。硬垢总量通常采用下式计算：

$$H_h = SiO_2 + 20\gamma_{Mg^{2+}} + 68(\gamma_{Cl^-} + \gamma_{SO_4^{2-}} - \gamma_{Na^+} - \gamma_{K^+})$$

式中　H_h——硬垢总量，mg/L；

　　SiO_2——二氧化硅重量，mg/L，如果括号内出现负值，则忽略不计。

对锅垢的性质进行评价，可采用硬垢系数 K_n，即

$$K_n = \frac{H_h}{H_0}$$

根据硬垢系数，水可分为软垢水（$K_n < 0.25$）、软硬垢水（$0.25 \leqslant K_n \leqslant 0.50$）、硬垢水（$K_n > 0.50$）（表5.18）。

2. 腐蚀作用

水通过化学的、物理化学的或其他作用对材料的侵蚀破坏称为腐蚀作用。水中的溶解氧、硫化氢、游离二氧化碳、氨、氯等气体，Cl^-、SO_4^{2-} 等离子，pH 值等都是造成腐蚀的重要因素。锰盐、硫化铁、部分有机物及油脂等，皆可作为接触剂而加强腐蚀作用。温度的增高以及增高后炉内所产生的局部电流均可促进腐蚀作用。炉中随着蒸汽压力的加大，水对铜的危害也随着加重，往往在蒸汽机叶片上形成腐蚀。腐蚀作用对锅炉的危害极大，不仅会减少锅炉的使用寿命，还有可能发生爆炸。

水的腐蚀性可用腐蚀系数 K_k 进行评价。

对酸性水：

$$K_k = 1.008(\gamma_{H^+} + \gamma_{Al^{3+}} + \gamma_{Fe^{2+}} + \gamma_{Mg^{2+}} - \gamma_{CO_3^{2-}} - \gamma_{HCO_3^-})$$

对碱性水：

$$K_k = 1.008(\gamma_{Mg^{2+}} - \gamma_{HCO_3^-})$$

按腐蚀系数 K_k 的大小，水分为腐蚀性水（$K_k > 0$）、半腐蚀性水（$K_k < 0$ 但 $K_k + 0.0503\,Ca^{2+} > 0$）和非腐蚀性水（$K_k < 0$ 但 $K_k + 0.0503Ca^{2+} < 0$）（表5.18）。

3. 成泡作用

成泡作用主要是指水煮沸时在水面上产生大量气泡的作用。如果气泡不能立即破裂，就会在水面以上形成不稳定的泡沫层，泡沫太多时，将使锅炉内水的汽化作用极不均匀和水位急剧升降，致使锅炉不能正常运转。产生这种现象的原因是由于水中易溶解的钠盐、钾盐以及油脂和悬浮物受炉水的碱度作用发生皂化的结果。钠盐中，促使水起泡的物质为苛性钠和磷酸钠。苛性钠除了可使脂肪和油质皂化外，还能促使水中的悬浮物变为胶体悬浊物。磷酸根与水中的钙、镁离子作用，能在炉水中形成高度分散的悬浊物。水中的胶体状悬浊物，增强了气泡薄膜的稳固性，因而加剧了成泡作用。

成泡作用可用成泡系数 F 来评价：

$$F = 62\gamma_{Na^+} + 78\gamma_{K^+}$$

根据成泡系数的大小，水分为不起泡的水（$F < 60$）、半起泡的水（$F = 60 \sim 200$）、起泡的水（$F > 200$）（表5.18）。针对不同成泡系数的水，锅炉换水的频次具有一定的差异。一般，对于不起泡的水，可一周换一次水；对于半起泡的水，需 $2 \sim 3d$ 换一次水；而对于起泡的水，$1 \sim 2d$ 就需要更换一次水。

表 5.19 给出了对锅炉水起不良影响的各种物质成分。对锅炉用水进行水质评价时，

应同时考虑以上三个方面。

表 5.18 一般锅炉用水水质评价标准

成垢作用				腐蚀作用		起泡系数	
按锅垢总量（H_0）		按硬垢系数（K_n）		按腐蚀系数（K_k）		按成泡系数（F）	
指标	水质类型	指标	水质类型	指标	水质类型	指标	水质类型
<125	沉淀物很少的水	<0.25	软垢水	>0	腐蚀性水	<60	不起泡的水
125~250	沉淀物较少的水	0.25~0.50	软硬垢水	<0 但 $K_k+0.0503Ca^{2+}>0$	半腐蚀性水	60~200	半起泡的水
250~500	沉淀物较多的水	>0.50	硬垢水	<0 但 $K_k+0.0503Ca^{2+}<0$	非腐蚀性水	>200	起泡的水
>500	沉淀物很多的水						

表 5.19 对锅炉水起不良影响的各种物质成分

物质成分	成垢作用	起泡作用	腐蚀作用	物质成分	成垢作用	起泡作用	腐蚀作用
H_2			+	$Mg(NO_3)_2$			+
CO_2		+	+	Na_2CO_3		+	
$Ca(HCO_3)_2$	+	+		Na_2SO_4		+	
$Mg(HCO_3)_2$	+			NaCl		+	
$CaSO_4$	+			$NaHCO_3$		+	
$MgSO_4$			+	NaOH		+	
$CaSiO_3$	+			$Fe_2O_3;Al_2O_3$	+	+	
$MgSiO_3$	+			悬浮物	+	+	
$CaCl_2$			+	油类		+	
$MgCl_2$			+	有机物		+	+
$Ca(NO_3)_2$			+	污水		+	+

注 "+"为不良影响。

5.5.1.3 锅炉用水水质标准

锅炉种类繁多，可按本体结构、压力、蒸发量、燃烧方式、燃料品种等划分为不同类别。由于其容量、水容量、蒸发量、工作压力的不同，各类锅炉对给水和锅炉水质的要求也有所差异。一般情况下，容量越大、水容量越小、蒸发量越大、工作压力越高的锅炉对水质的要求也越高。应用时，可查阅有关规范、手册。

以水为介质的固定式蒸汽锅炉、汽水两用锅炉和热水锅炉，运行时给水、锅水、蒸汽回水以及补给水的水质要求可查阅《工业锅炉水质》（GB/T 1596—2018）。

5.5.2 工业冷却用水水质评价

工业冷却用水也是工业用水的主要用途，从工艺角度考虑，工业冷却水系统分为直流冷却和循环冷却两种方式。直流冷却系统中，冷却水仅仅通过热换器一次就直接排放，耗水量很大，因此目前应用广泛的是循环冷却水系统。循环冷却水系统根据生产工艺要求、水冷却方式和循环水的散热方式不同，又分为密闭式和敞开式。

可作为冷却用水的水源有地表水、地下水还有海水和再生水。目前，关于工业冷却水的水质标准有《工业循环冷却水处理设计规范》（GB 50050—2017）和《城市污水再生利用　工业用水水质》（GB/T 19923—2005）。前者规定了以地表水、地下水和再生水作为补充水的新建、扩建、改建工程的循环冷却水处理设计的水质要求，后者则规定了再生水作为直流冷却水和敞开式循环冷却水系统补充水的水质标准。上述两个标准制定的出发点不同，前者的指标是根据补充水水质及换热设备的结构形式、材质、工况条件、污垢热阻值、腐蚀速率，并结合水处理药剂配方等因素综合确定，而后者则是侧重考虑了水中污染物的限值。

5.5.3　其他工业用水水质评价

不同的工业部门对水质的要求不同，其中纺织、造纸及食品等工业对水质的要求较严。水的硬度过高，对肥皂、染料、酸、碱生产的工业不太适宜。硬水妨碍纺织品着色，并使纤维变脆，皮革不坚固，糖类不结晶。如果水中有亚硝酸盐存在，会使糖制品大量减产。水中存在过量的铁、锰盐类时，会使纸张、淀粉及糖出现色斑，影响产品质量。食品工业用水首先必须符合饮用水标准，然后还要考虑影响生产质量的其他成分。

由于工业企业的种类繁多，生产形式各异，各项生产用水很难有统一的用水水质标准。有些部门根据自己的生产特点和用水经验，对相应的用水水质作出了要求和规定，表5.20列出了11种工业用水的水质要求。

表 5.20　　　　　　　　　　　某些企业生产用水对水质的要求

项　目	造纸（上等纸）	人造纤维用水	黏液涤生产用水	纺织用水	印染工业用水	制革工业用水	制糖用水	制淀粉用水	造酒用水	粘胶纤维用水	胶片制造用水	备　注
氮/(mg/L)		0	0	痕迹	0	0	0	0	0.1	0	0	
铁/(mg/L)	0.1	0.2	0.03	0.2	0.1	0.1	痕迹	0.5	0.1	0.05	0.07	使染色物、纸张起斑点，淀粉糖着色
锰/(mg/L)	0.05		0.03	0.3	0.1	0.1	痕迹	0.05	痕迹			使染色物、纸张起斑点，淀粉糖着色
碳酸/(mg/L)								100				
硫化氢/(mg/L)					1.0							
氧化钙/(mg/L)								120				
氧化镁/(mg/L)								20				使淀粉灰分增多，Ca 和 Mg 过多使纤维物变硬变脆
氧化硅/(mg/L)	20									25		
固形物/(mg/L)	300		100		300～600	200～300	400～600			80	100	
pH 值	7～7.5	7～7.5		7～8.5	7～8.5				6.5～7.5			硬水碱水妨碍染色

续表

项目	造纸（上等纸）	人造纤维用水	黏液涤生产用水	纺织用水	印染工业用水	制革工业用水	制糖用水	制淀粉用水	造酒用水	粘胶纤维用水	胶片制造用水	备　注
浑浊度/(mg/L)	2~5	0	5	5	5	10	0	0		2		
色度/度	5	15	0	10~20	5~10		10~20	10~20				
总硬度/德国度	12~16	2	0.5	4~6	0.4~4	10~20	<20	<20	2~6	2.7	3	硬水妨碍染色，使皮革柔性变坏
耗氧量/(mg/L)	10	6	2		8~10	8~10	<10	<10	<10	<5		
氯/(mg/L)					50	30~40	50	60	30~60	30	10	使皮革具有吸水性，糖不易凝结
硫酐/(mg/L)					50	60~80	50	60		10		$CaSO_4$、$NaSO_4$ 妨碍染色，制糖起不良反应
亚硝酐/(mg/L)		0	0						5~25(NO_3)	0.002	0	N_2O_3 存在可使糖大量减产
硝酐/(mg/L)		0	0		痕迹	痕迹	痕迹	0	0.3	0.2		

5.6　农业灌溉用水水质标准与评价

农业用水安全不仅是保证农产品质量安全的重要基础条件，而且是影响农作物生长的关键因素。为保障食品安全和土壤及地下水生态环境安全，确保农业可持续发展，维持生态平衡，各国制定了农业灌溉用水标准，作为评价灌溉用水的依据。

5.6.1　农业灌溉水质标准

1985 年，我国首次发布了《农田灌溉水质标准》，1992 年和 2005 年分别进行了两次修订，该标准在规范农田灌溉水质、确保农用地土壤环境质量和农产品安全等方面发挥了重要作用。随着我国农业生产和农村经济的快速发展，农业环境污染和灌溉水资源短缺问题也日益加剧。同时，《中华人民共和国土壤污染防治法》《中华人民共和国水污染防治法》《土壤污染防治行动计划》的深入实施也对农田灌溉用水水质及其管理等提出了新的要求。2021年，生态环境部、市场监管总局联合修订颁布了《农田灌溉水质标准》（GB 5084—2021）。新修订的标准从污染防治的系统性出发，强化了污染物控制项目的可操作性，为土壤环境污染和农业农村生态环境保护依法监管提供了依据。《农田灌溉水质标准》（GB 5084—2021）自 2021 年 7 月 1 日起实施。

我国的农田灌溉水质标准中，根据农作物的生长习性及需水情况，作物被分成三类，第一类为水田作物，即适于水田淹水环境生长的农作物，如水稻等，水稻灌溉水量一般为 8000m^3/(亩·年)；第二类是旱地作物，即适于旱地、水浇地等非淹水环境生长的农作物，如小麦、玉米、棉花等，灌溉水量一般为 300m^3/(亩·年)；第三类是蔬菜作物，如大白菜、韭菜、洋葱、卷心菜等，蔬菜作物的需水量差异较大，一般为 200~500m^3/(亩·茬)。不同作物种类对灌溉水质的要求也有所差异。

《农田灌溉水质标准》（GB 5084—2021）列出了不同作物种类对应的具体灌溉水质要

求。该标准中，农田灌溉水质控制项目分为基本控制项目 16 项和选择控制项目 20 项。基本控制项目是保障农业生产和农产品安全的强制性要求，为必测项目，表 5.21 给出了各项基本控制项目的限制。选择控制项目由地方生态环境主管部门会同农业农村、水利等主管部门根据农田灌溉用水类型和作物种类要求选择执行的，表 5.22 给出了选择控制项目的限值。

表 5.21　　　　　　　　　　　　农田灌溉水质基本控制项目限值

序号	项 目 类 别		作 物 种 类		
			水田作物	旱地作物	蔬菜
1	pH 值		5.5~8.5		
2	水温/℃		35		
3	悬浮物/(mg/L)	≤	80	100	60[a]、15[b]
4	五日生化需氧量（BOD$_5$）/(mg/L)	≤	60	100	40[a]、15[b]
5	化学需氧量（COD$_{Cr}$）/(mg/L)	≤	150	200	100[a]、60[b]
6	阴离子表面活性剂/(mg/L)	≤	5	8	5
7	氯化物（以 Cl$^-$ 计）/(mg/L)	≤	350		
8	硫化物（以 S^{2-} 计）/(mg/L)	≤	1		
9	全盐量/(mg/L)	≤	1000（非盐碱土地区），2000（盐碱土地区）		
10	总铅/(mg/L)	≤	0.2		
11	总镉/(mg/L)	≤	0.01		
12	铬（六价）/(mg/L)	≤	0.1		
13	总汞/(mg/L)	≤	0.001		
14	总砷/(mg/L)	≤	0.05	0.1	0.05
15	粪大肠菌群数/(MPN/L)	≤	40000	40000	20000[a]、10000[b]
16	蛔虫卵数/(个/10L)	≤	20		20[a]、10[b]

a　加工、烹饪及去皮蔬菜。

b　生食类蔬菜、瓜果和草本水果。

表 5.22　　　　　　　　　　　　农田灌溉水质选择控制项目限值

序号	项 目 类 别		作 物 种 类		
			水田作物	旱地作物	蔬菜
1	氰化物（以 CN$^-$ 计）/(mg/L)	≤	0.5		
2	氟化物（以 F$^-$ 计）/(mg/L)	≤	2（一般地区），3（高氟区）		
3	石油类/(mg/L)	≤	5	10	1
4	挥发酚/(mg/L)	≤	1		
5	总铜/(mg/L)	≤	0.5		1

续表

序号	项目类别		作物种类		
			水田作物	旱地作物	蔬菜
6	总锌/(mg/L)	≤	2		
7	总镍/(mg/L)	≤	0.2		
8	硒/(mg/L)	≤	0.02		
9	硼/(mg/L)	≤	1ᵃ, 2ᵇ, 3ᶜ		
10	苯/(mg/L)	≤	2.5		
11	甲苯/(mg/L)	≤	0.7		
12	二甲苯/(mg/L)	≤	0.5		
13	异丙苯/(mg/L)	≤	0.25		
14	苯胺/(mg/L)	≤	0.5		
15	三氯乙醛/(mg/L)	≤	1	0.5	
16	丙烯醛/(mg/L)	≤	0.5		
17	氯苯/(mg/L)	≤	0.3		
18	1,2-二氯苯/(mg/L)	≤	1.0		
19	1,4-二氯苯/(mg/L)	≤	0.4		
20	硝基苯/(mg/L)	≤	2.0		

a 对硼敏感作物，如黄瓜、豆类、马铃薯、笋瓜、韭菜、洋葱、柑橘等。
b 对硼耐受性较强的作物，如小麦、玉米、青椒、小白菜、葱等。
c 对硼耐受性强的作物，如水稻、萝卜、油菜、甘蓝等。

无论灌溉水源是地表水还是地下水，都以《农田灌溉水质标准》（GB 5084—2021）所列的标准来进行评价；另外，城镇污水（工业废水和医疗污水除外）以及未综合利用的畜禽养殖废水、农产品加工废水和农村生活污水进入农田灌溉渠道，其下游最近的灌溉取水点的水质也按 GB 5084—2021 进行监督管理。

与 GB 5084—2005 相比，GB 5084—2021 在灌溉用水来源以及灌溉水质控制项目方面，有以下变化：

（1）进一步明确了农田灌溉用水来源，促进农业农村废水资源化安全利用。《农田灌溉水质标准》（GB 5084—2021）严格落实《中华人民共和国水污染防治法》《中华人民共和国土壤污染防治法》《土壤污染防治行动计划》等相关法律法规的要求，禁止工业废水和医疗污水，或者是混有工业废水和医疗污水的城镇污水进入农田灌溉渠道，为防范有毒有害物质通过灌溉渠道进入农田提供了底线保障。鼓励废水分类，推动合理循环利用，体现了精准、科学、依法的管理理念，对于进一步减轻和缓解我国农业用水资源短缺问题具有重要意义。城镇污水（指城镇居民生活污水，机关、学校、商业服务机构及各种公共设施排水等）、农村生活污水等很少含有重金属和有毒有害物质，且往往含有氮、磷等促进农作物生长的营养物质，在淡水资源缺乏且非常规水资源相对丰富的地区，开发利用非常规水资源不失为解决当地淡水资源短缺的良策。《农田灌溉水质标准》（GB 5084—2021）中规定"城镇污水以及未综合利用的畜禽养殖废水、农产品加工废水"可以进入农田灌溉渠道，但城镇污水等非常规水源进入灌溉渠道也是有条件的，即要保证下游最近的灌溉取水点的水质符合《农田灌溉水质标准》（GB 5084—2021）。

（2）整合增加农田灌溉水质控制项目，为加强农田环境污染防治提供了保障。《农田灌溉水质标准》（GB 5084—2021）加强了对有毒有害污染物的要求，更加关注生态系统功能保护和耕地土壤污染风险防控。新增了1个项目总镍。镍是生物体必需元素，但也具有一定健康和生态毒性。如潮土中镍浓度大于 150mg/kg 时，大麦种子的萌发率明显下降；红壤中镍浓度大于 25mg/kg 时，影响菠菜幼苗萌发量，大于 100mg/kg 时，菠菜幼苗萌发后死亡。联合国粮食及农业组织《农业用水标准》、美国《国家推荐水质基准》和《加拿大保护农业用水水质指南》等，均将镍作为农田用水的控制项目。镍是我国土壤污染风险管控标准的主要控制项目，为加强水土协同治理，《农田灌溉水质标准》（GB 5084—2021）将镍作为控制项目是十分必要的。综合国内外标准限值、土壤污染风险管控要求和水环境镍的赋存数据，目前限值的设定可达到保障农田灌溉用水使用安全的目的。

5.6.2　农业灌溉水质评价

我国农业灌溉用水水质在执行农田灌溉用水水质标准的同时，也可采用钠吸附比值法、灌溉系数法、盐度碱度评价法等进行评价。

5.6.2.1　钠吸附比值法

钠吸附比值法是美国农田灌溉水质评价采用的方法。该方法是根据水中钠离子与钙、镁离子的相对含量来判断水质的优劣。钠吸附比值 A 采用下式计算：

$$A = \frac{\gamma_{Na^+}}{\sqrt{\dfrac{\gamma_{Ca^{2+}} + \gamma_{Mg^{2+}}}{2}}}$$

当 $A > 20$ 时，为有害的水；A 为 15～20 时，为有害边缘水；A 为 8～15 时，为较安全的水；$A < 8$ 时，为相当安全的水。

钠吸附比值仅反映了钠盐危害，应用时，还应与含盐量结合进行评价。

5.6.2.2　灌溉系数法

灌溉系数是根据钠离子与氯离子、硫酸根离子的相对含量采用不同的经验公式计算的，它反映了水中的钠盐值，但忽略了全盐的作用。计算公式见表 5.23。

表 5.23　　　　　　　　　　　　灌溉系数计算方法

水的化学成分	灌溉系数 K_a
$\gamma_{Na^+} < \gamma_{Cl^-}$，只有 NaCl 存在时	$K_a = 288/5\gamma_{Cl^-}$
$\gamma_{Cl^-} < \gamma_{Na^+} < \gamma_{Cl^-} + \gamma_{SO_4^{2-}}$，有 NaCl 及 Na$_2SO_4$ 存在时	$K_a = 288/(\gamma_{Na^+} + 4\gamma_{Cl^-})$
$\gamma_{Na^+} > \gamma_{Cl^-} + \gamma_{SO_4^{2-}}$，有 NaCl、Na$_2SO_4$ 及 Na$_2$CO$_3$ 存在时	$K_a = 288/(10\gamma_{Na^+} - 5\gamma_{Cl^-} - 9\gamma_{SO_4^{2-}})$

根据灌溉系数 K_a 的值，分为完全适用的水（$K_a > 18$）、适用的水（$K_a = 18 \sim 6$）、不太适用的水（$K_a = 6.0 \sim 1.2$）和不能用的水（$K_a < 1.2$）。

5.6.2.3　盐度、碱度评价法

盐度、碱度评价法由我国河南省地矿局水文地质队提出。目前，在我国尤其是北方地区已被广泛采用。该方法将灌溉水质对农作物和土壤的危害分为以下四种类型。

（1）盐害。主要指氯化钠和硫酸钠这两种盐分对农作物和土壤的危害。一般在农作物的根、茎内的水分中含盐量很低，当用含这两种盐的高矿化水灌溉以后，由于渗透压的存在，灌溉水中高浓度的盐分向作物内的低浓度方向迁移，而作物内的水则向高浓度水（灌溉水）方向运移，农作物因此产生生理干旱而枯萎死亡，或在阳光作用下使盐分积累在作物的茎叶表面上，使农作物不能正常生长。常用这种水灌溉，还可使土壤变成不宜于作物生长的盐土。水质的盐害程度，可用盐度 S 表示，是液态下氯化钠和硫酸钠的最大危害含量，单位为 mmol/L，其计算方法为

当 $\gamma_{Na^+} > \gamma_{Cl^-} + 2\gamma_{SO_4^{2-}}$ 时，　　　　$S = \gamma_{Cl^-} + 2\gamma_{SO_4^{2-}}$

当 $\gamma_{Na^+} \leqslant \gamma_{Cl^-} + 2\gamma_{SO_4^{2-}}$ 时，　　　　　　　$S = \gamma_{Na^+}$

（2）碱害。也称苏打害，主要是指碳酸钠和重碳酸钠对作物和土壤的危害。因为这种盐能腐蚀农作物的根部，使作物外皮形成不溶性腐殖酸钠，造成作物烂根，以致死亡。此外，水中钠离子易与土粒表面吸附的钙、镁离子交换，形成富含吸附钠离子的碱土。碱土不具团粒结构，透水性和透气性都很差，干时坚硬、龟裂，湿时很黏，不适于农作物生长。

水质的碱害程度用碱度 A 表示，是液态下重碳酸钠和碳酸钠的最大危害含量，单位为 mmol/L，其计算公式为

$$A = \gamma_{HCO_3^-} + 2\gamma_{CO_3^{2-}} - 2\gamma_{Na^+} - 2\gamma_{Mg^{2+}}$$

如果计算结果为负值，则以盐害为主。

（3）盐碱害。即盐害与碱害共存。当盐度大于 10 并有碱度存在时，即称为盐碱害。这种危害，一方面能使土壤迅速盐碱化，另一方面又对农作物的根部有很强的腐蚀作用，使农作物死亡。

（4）综合危害。除盐害碱害外，水中的氧化钙、氧化镁等其他有害成分与盐碱害一起对农作物和土壤产生的危害，称为综合危害。综合危害的程度主要决定于水中所含各种可溶盐的总量，用溶解性总固体来表征，单位为 g/L。

属于盐害、碱害、综合危害类型的灌溉水按表 5.24 所列指标进行评价。利用表 5.24，既可以按单一指标（盐害、碱害、综合危害）评价水质，亦可按双项指标（盐害、综合危害，碱害、综合危害）评价水质。而属于盐碱类型的灌溉水，则按表 5.25 的双项指标进行评价，即当盐度大于 10 时，按盐碱害这一指标来评价水质。这两个表格主要是根据河南省的基本条件规定的评价指标，各地区在实际应用时，应根据当地的条件适当加以修正。

表5.24 灌溉用水水质评价指标

危害类型	评价指标值	好水	中等水	盐碱水	重盐碱水
盐害	碱度为0时盐度/(mmol/L)	<15	15~25	25~40	>40
碱害	盐度小于10时碱度/(mmol/L)	<4	4~8	8~12	>12
综合危害	溶解性总固体/(g/L)	<2	2~3	3~4	>4
灌溉水质评价		长期灌溉对主要作物生长无不良影响,还能把盐碱地浇成好地	长期灌溉或灌溉不当时,对土壤和主要作物有影响,但合理浇灌能避免土壤发生盐碱化	灌溉不当时,土壤盐碱化,主要作物生长不好。必须注意灌溉方法,使用得当,作物生长良好	灌溉后土壤迅速盐碱化,对作物影响很大,即使特别干旱时,也尽量避免过量使用

注 1. 本指标适用于非盐碱化土壤,对于已盐碱化土壤,可视盐碱化程度调整使用。
    2. 本表根据豫东地区主要作物,小麦、高粱、玉米、棉花、黄豆等被灌溉后的反应程度确定的,所以对于蔬菜、果树等,应视具体情况作适当调整。

表5.25 灌溉水质评价指标(盐碱害类型双向)

盐度	碱度	水质类型
10~20	4~8	盐碱水
	>8	重盐碱水
20~30	<4	盐碱水
	>4	重盐碱水
>30	微量	重盐碱水

【思　考　题】

1. 根据生态环境部官网发布的数据,统计近年来某地区或流域地表水(或地下水)环境质量数据,探讨其变化趋势,并分析其原因。

2. 根据生态环境部发布的地表水水质实时监测数据,任选3~5个断面,选用合适的方法评价该断面实时水质情况。

3. 查阅资料,了解我国农村地区生活饮用水水质安全情况,并结合所学知识给出相应的对策和建议。

4. 查阅资料,了解再生水灌溉对作物安全性及土壤安全性的影响。

第6章

常规水资源开发利用

[课程思政]

我国水资源开发利用历史悠久。从上古时代起,我国劳动人民就致力于水旱灾害的防御,几千年来,建设了一批著名的水资源利用工程,在抵御水旱灾害方面发挥了重要作用。其中,最具代表性的工程有京杭大运河、都江堰、灵渠等。京杭大运河始建于春秋时期,是世界上里程最长、工程最大的古代运河,也是最古老的运河之一,且使用至今,是中国古代劳动人民创造的一项伟大工程,是中国文化地位的象征之一。都江堰水利工程建于公元前3世纪,是全世界迄今为止年代最久、唯一留存、以无坝引水为特征的宏大水利工程;2000多年来,至今仍发挥巨大效益。灵渠也是世界上最古老的运河之一,有着"世界古代水利建筑明珠"的美誉;虽然如今的灵渠已经不再具有通航的作用,但它在古代对巩固国家的统一,加强南北政治、经济、文化的交流,密切各族人民的往来,都起到了积极作用。中华人民共和国成立以后,我国进行了大规模的水利建设,建成了一批以小浪底、长江三峡、南水北调等为标志的世界闻名的大型水利工程,为经济建设的长期快速发展奠定了基础。

6.1 水资源开发利用概述

水资源开发利用泛指人类以水为对象,改造自然、利用自然的活动。具体而言,水资源开发利用是指通过各种措施(工程措施、非工程措施)对水资源从兴利和除害要求出发,进行治理、控制、调节、保护、管理,及流域间、地区间的调配,使水资源在一定的时间、地点,按需、按量、按质地为国民经济各部门所利用。

就水资源自身而言,水资源开发利用的主要任务是充分发挥水资源综合价值;就水资源与经济社会的关系而言,水资源开发利用的主要任务是实现供需平衡。

6.1.1 水资源开发利用的发展历程

我国水资源开发利用历史悠久。从上古时代起,我国劳动人民就致力于水旱灾害的防御,几千年来,建设了大运河、都江堰、郑国渠等一批著名的水资源利用工程,在抵御水旱灾害方面发挥了重要作用。中华人民共和国成立以后,我国进行了大规模的水利建设,水资源事业得到迅速发展,防洪除涝、农田灌溉、城乡供水、水土保持、水产养殖、水力发电、航运等都取得了很大成就。我国水资源开发利用大致可分为以下几个阶段:

（1）单一目标开发，以需定供的阶段（大禹治水至新中国成立）。这一阶段的主要特点是：对水资源进行单目标开发，主要是灌溉、航运、防洪等。其决策的依据也常限于某一地区或局部的直接利益，很少进行以整条河流或整个流域为目标的开发利用规划。这一阶段，水资源可利用量远大于社会经济发展对水的需求，给人们的印象是水是"取之不尽、用之不竭"的。

（2）多目标开发，以供定需的阶段（新中国成立至 20 世纪 70 年代末）。水资源的开发利用目标由单一目标发展到多目标的综合利用，开始强调水资源统一规划、兴利除害、综合利用。水资源开发的侧重点和规划目标以及评价方法，大多以区域经济的需求为前提，以工程或方案的技术经济指标最优为依据，未涉及经济以外的其他方面，如节约用水、水资源保护、生态环境、合理配置等问题。在这一阶段中，由于大规模的水资源开发利用工程建设，可利用水资源量与社会经济发展的各项用水逐步趋于平衡，或天然水体环境容量与排水的污染负荷逐渐趋于平衡，个别地区在枯水年份、枯水期出现供需不平衡的缺水现象。

（3）人水协调共处，多渠道开源的水资源可持续利用阶段（20 世纪 70 年代末至今）。在水资源开发利用中开始强调要与水土资源规划和国民经济生产力布局及产业结构的调整等紧密结合，进行统一的管理和可持续的开发利用。规划目标要求从宏观上看，统筹考虑社会、经济、环境等各个方面的因素，使水资源开发、保护和管理有机结合，使水资源与人口、经济、环境协调发展，通过合理开发，区域调配，节约利用，有效保护，实现水资源总供给与总需求的基本平衡。这一阶段中，水的问题日益引起人们的广泛关注，水的资源意识，水的有限性认识为大家所接受。为解决以城市为重点的严重缺水问题，兴建了一批供水骨干工程，开展了全民节水工作，使一些城市水资源供需矛盾有所缓解。

夏军等（2018）系统总结了 1978—2018 年我国水资源利用与保护的发展历程，又将其划分为三个阶段，分别为开发为主的阶段（1978—1999 年）、综合利用阶段（2000—2012 年）和保护为主阶段（2013 年至今）。

1）以水利工程建设、水资源开发为主的阶段（1978—1999 年）。1949 年新中国成立后，国家集中力量整修加固江河堤防、农田水利工程，开展了大规模的水利工程建设。防洪、抗旱、农田水利、城市供水、水力发电等各项水利事业蓬勃发展。1978 年召开的十一届三中全会，提出了改革开放、以经济建设为中心的战略部署。改革开放的前十年，我国经济建设日新月异，而相应的水资源开发利用工程建设速度则相对滞后。在改革开放的第二个十年，经济建设速度的进一步加快带来了大规模开发利用水资源的局面，导致水资源利用量过大、污水排放量超出水环境容量，出现了水资源短缺、水环境污染、水土流失、生态恶化等问题，洪涝、干旱、污染灾害时有发生；特别是 1998 年长江、嫩江、松花江发生了历史上罕见的全流域性洪水灾害，带来了严重的生命和财产损失。

为了开发水资源、防止水患、支撑经济建设，这一阶段修建了一些水利工程，如全国范围内开展的农田水利建设、城乡供水建设、水电开发、水土保持建设以及防洪堤建设等。引滦入津工程于 1982 年 5 月动工，1983 年 9 月建成；长江三峡水利枢纽工程 1994 年底开工建设，2009 年竣工；黄河小浪底水利枢纽工程 1994 年开工建设，2001 年竣工；总体来说，这期间的主要目标是对水资源的开发利用。

2）以重视水资源综合利用、实现人水和谐为目标的综合利用阶段（2000—2012 年）。20 世纪末出现的一系列水灾害、水事活动和水形势变化，为进入 21 世纪后水资源利用与保护的理念、行为和工作带来新的需求和动力。2001 年，人水和谐思想被正式纳入现代治水思想中，成为我国新世纪治水思路的核心内容。其后数年间，我国治水实践始终坚持人水和谐思想，在水资源管理工作中以实现人水和谐为目标，重视水资源综合利用、合理利用、科学利用。2012 年 1 月，国务院印发了《关于实行最严格水资源管理制度的意见》，对实行最严格水资源管理制度作出了全面部署和具体安排。这一阶段在人水和谐思想的指引下，进行了一系列水利工程建设。特别是 1998 年长江特大洪水之后，国家对水资源合理利用与有效保护给予高度重视，开始了大江大河治理、病险水库除险加固、重点城市防洪工程建设、行蓄洪区安全建设等工作。此外，为了改善水资源条件、遏制水环境恶化，我国实施了一些生态调水工程。例如，2000 年开始从博斯腾湖向塔里木河下游生态输水，2001 年启动从嫩江向扎龙湿地应急生态补水，2006 年启动"引黄济淀"生态补水工程等。

回顾 21 世纪前十二年，我国更加重视水资源综合利用，追求实现人水和谐的目标，从用水总量控制、用水效率控制、排污总量控制全过程进行水资源的开发利用与保护，为实现水资源有效保护提供保障。

3）以保护水生态、建设生态文明为目标的保护为主阶段（2013 年至今）。党的十八大报告将生态文明建设提到前所未有的战略高度。2013 年 1 月，水利部印发了《关于加快推进水生态文明建设工作的意见》。除了水生态文明建设试点工作外，在水利工程建设领域特别强调了水生态的地位和作用。从此以后的所有水利工程规划、建设和管理都要考虑生态的约束作用和保护需求，进入以保护水生态、建设生态文明为目标的水资源保护为主阶段。2015 年 4 月，国务院发布了《关于印发水污染防治行动计划的通知》（即"水十条"），出重拳解决水污染问题。2017 年，党的十九大报告提出"坚持节约资源和保护环境的基本国策，像对待生命一样对待生态环境"，再一次强调"建设生态文明是中华民族永续发展的千年大计"。这一阶段，国家围绕水生态文明建设、水生态保护，实施了一系列工程建设和制度建设。水利部在全国层面分两批启动了 105 个水生态文明城市建设试点，部分省市也开展了省级水生态文明城市建设试点工作，取得了显著成效。

总体来看，自 2013 年提出水生态文明建设以来，我国加大了保护水生态的宣传力度，出台了一系列保障生态文明建设的文件。这一阶段的水资源利用明显表现出以保护为主的特征。

6.1.2 水资源开发利用的原则

水资源开发利用的基本原则包括：

（1）统筹兼顾防洪、排涝、供水、灌溉、水力发电、水运、水产、水上娱乐以及生态环境等方面的需求，以取得经济、社会和环境的综合效益。

（2）兼顾上下游、左右岸、各地区和各部门的用水需求，重点解决严重缺水地区、工农业生产基地、重点城市的供水。

（3）合理配置水资源，生活用水优先于其他用水；水质较好的地下水、地表水优先用于饮用水。合理安排生产力布局，与水资源条件相适应，在缺水严重地区，限制发展耗水量大的工业和种植业。

（4）地表水与地下水统一开发、调度和配置。在地下水超采并发生地面沉降的地区，应严格控制开采地下水。

（5）跨流域调水要统筹考虑调出、引入水源流域的用水需求，以及对生态环境可能产生的影响。

（6）重视水利工程建设对生态环境的影响，有效保护水源，防治水体污染，实行节约用水，防止浪费。

6.2 水资源开发利用工程

水资源开发利用工程简称为水资源工程，是防洪、除涝、灌溉、发电、供水、围垦、水土保持、水资源保护等工程（包括新建、扩建、改建、加固、修复）及其配套和附属工程的统称。用于控制和调配自然界的地表水和地下水，达到兴利除害目的而修建的工程，也称为水利工程或水工程。

按目的或服务对象，水资源工程可分为：

（1）防止洪水灾害的防洪工程，如蓄洪工程、分洪工程及堤防工程等。

（2）为农业生产服务的农田水利工程，也称灌溉排水工程。

（3）将水能转化为电能的水力发电工程。

（4）为水运服务的航道及港口工程。

（5）为人类生活和工业用水、处理废污水和雨水服务的城镇供水及排水工程。

（6）防止水土流失和水质污染，维护生态平衡的水土保持工程和环境水利工程。

（7）保护和增进渔业生产的渔业水利工程。

（8）围海造田，满足工农业生产或交通运输需要的海涂围垦工程等。

（9）同时为防洪、灌溉、发电、航运等多种目标服务的，称为综合利用水利工程。

为满足经济社会用水要求，人们需要从地表水体、地下水体取水，并通过各种输水措施传送给用户。除在地表水附近，大多数地表水、地下水无法直接供给人类使用，需修建相应的水资源开发利用工程对水进行利用，也就是说，一般的地表水、地下水开发利用途径是通过一定的水利工程，从地表或地下取水再输送到用户。

通常，按对水的作用水利工程主要分为蓄水工程、引水工程、提水工程、蓄引提结合灌溉工程、跨流域调水工程等。

6.2.1 蓄水工程

为水资源综合利用而修建的水库、塘坝或在湖泊出口处修建闸坝等起蓄水作用的工程统称为蓄水工程，其中水库为主要的蓄水工程。

6.2.1.1 水库的组成

水库一般由挡水建筑物、泄水建筑物、输水建筑物三部分组成。有些水库还包括其他专门建筑物等。这些建筑物称为水工建筑物，水工建筑物的综合体称为水利枢纽。

按使用期限水工建筑物可分为永久性水工建筑物和临时性水工建筑物，后者是指在施工期短时间内发挥作用的建筑物，如围堰、导流隧洞、导流明渠等。按功能水工建筑物可分为通用性水工建筑物和专门性水工建筑物两大类。

通用性水工建筑物主要有：①挡水建筑物，如各种坝、水闸、堤和海塘；②泄水建筑物，如各种溢流坝、岸边溢洪道、泄水隧洞、分洪闸；③进水建筑物，也称取水建筑物，如进水闸、深式进水口、泵站；④输水建筑物，如引（供）水隧洞、渡槽、输水管道、渠道。

专门性水工建筑物主要有：①水电站建筑物，如前池、调压室、压力水管、水电站厂房；②渠系建筑物，如节制闸、分水闸、渡槽、沉沙池、冲沙闸；③过坝设施，如船闸、升船机、放木道、筏道及鱼道等。

有些水工建筑物的功能并非单一，难以严格区分其类型，如各种溢流坝，既是挡水建筑物，又是泄水建筑物；闸门既能挡水和泄水，又是水力发电、灌溉、供水和航运等工程的重要组成部分。有时施工导流隧洞可以与泄水或引水隧洞等结合。

1. 挡水建筑物

挡水建筑物是指横控河道的拦水建筑物，用以拦蓄水量，抬高水位，主要是大坝，也包括闸、堤防及海堤、施工围堰等。大坝的类型很多，既可按结构特性分，也可按筑坝材料和施工方法分。按建筑材料可分为混凝土坝、浆砌石坝、土石坝、橡胶坝、钢坝、木坝等，其中混凝土坝和土石坝是常见的主要坝型。混凝土坝和浆砌石坝按力学特点和结构特征又可分为重力坝、拱坝和支墩坝等。以下介绍几种常见的坝型。

（1）重力坝。重力坝是用混凝土或浆砌石修筑的大体积挡水建筑物，依靠自身重量在地基上产生的摩擦力和坝与地基之间的凝聚力来抵抗坝上游侧的水推力以保持稳定。重力坝按材料可分为混凝土重力坝和浆砌石重力坝，按高度可分为低坝（30m以下）、中坝（30～70m）和高坝（70m以上），按泄水条件可分为非溢流重力坝和溢流重力坝，按结构可分为实体重力坝、宽缝重力坝和空腹重力坝（图6.1）。

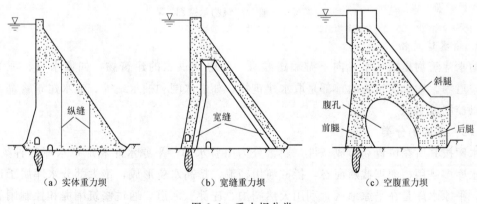

图6.1　重力坝分类

（2）拱坝。拱坝是指将上游坝面所承受的大部分水压力和泥沙压力通过拱的作用传至两岸岩壁，只有小部分或部分水压力通过悬臂梁的作用传至坝基的一种坝体。拱坝对地形、地质条件要求较高，坝址要求河谷狭窄，两岸地形雄厚、对称、基岩均匀、坚固完整，并有足够强度、不透水性和抗风化性等。

（3）土石坝。土石坝泛指由当地土料、石料或土石混合料，经过碾压或抛填等方法堆筑成的挡水坝。坝体中以土和砂砾为主时称土坝，以石渣、卵石和爆破石料为主时称堆石坝，两类材料均占相当比例时称土石混合坝。土石坝一直以来是被广泛采用的坝型，优点是可以就地取材，节约大量的水泥、钢材、木材等建筑材料；结构简单，便于加高、扩建和管理维修；施工技术简单，工序少，便于组织机械化快速施工；能适应各种复杂的自然条件，可在较差地质条件下建坝。土石坝也有一些缺点，如坝身不能进水，需另开溢洪道或泄洪洞；施工导流不如混凝土坝方便，黏性土料的填筑受气候影响较大等。

2. 泄水建筑物

泄水建筑物是指用以宣泄多余水量、排放泥沙和冰凌的水工建筑物。它承担着宣泄超过水库拦蓄能力的洪水，防止洪水漫过坝顶，确保工程安全的任务。其形式主要有坝体泄水建筑物（包括溢流坝、中孔、底孔等）和岸边泄水建筑物（包括岸边溢洪道和泄水隧洞）（图 6.2）。混凝土坝一般采用溢流式泄洪，如溢流坝和坝身泄水孔等，此时坝体既是挡水建筑物又是泄水建筑物。土石坝一般不容许从坝身溢流或大量泄洪，往往需要在坝体外岸边或天然垭口处建筑河岸溢洪道或开挖泄水隧洞。

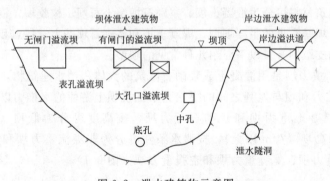

图 6.2　泄水建筑物示意图

3. 输水建筑物

输水建筑物是指从水库向下游输送灌溉、发电或供水的建筑物，如输水洞、坝下涵管、渠道等。输水建筑物的首部是取水建筑物，如进水闸和抽水站等。输水建筑物都设置闸门以控制放水。

6.2.1.2　水库的分类

水库按其所在位置和形成条件，通常分为山谷水库、平原水库和地下水库三种类型。山谷水库多是用拦河坝截断河谷，拦截河川径流，抬高水位形成，绝大部分水库属于这一类型。平原水库是在平原地区，利用天然湖泊、洼淀、河道，通过修筑围堤和控制闸等建筑物形成的水库。地下水库是由地下贮水层中的孔隙和天然的溶洞或通过修建地下隔水墙拦截地下水形成的水库。

6.2.1.3　水库的等级

根据工程规模、保护范围和重要程度，按照《水利水电工程等级划分及洪水标准》（SL 252—2017），水库工程分为大（1）、大（2）、中、小（1）、小（2）五个等级，见表 6.1。

表 6.1　　　　　　　　　　　　水 库 的 等 级 划 分

工程等别	工程规模	水库总库容/$10^8 m^3$
Ⅰ等	大（1）型水库	≥10
Ⅱ等	大（2）型水库	1～10
Ⅲ等	中型水库	0.1～1
Ⅳ等	小（1）型水库	0.01～0.1
Ⅴ等	小（2）型水库	0.001～0.01

6.2.1.4　水库特征水位及特征库容

1. 水库特征水位

水库工程为完成不同时期不同任务和各种水文情况下，需控制达到或允许消落的各种库水位称为水库特征水位。水库特征水位主要有正常蓄水位、防洪限制水位、防洪高水位、设计洪水位、校核洪水位、死水位等，如图 6.3 所示。

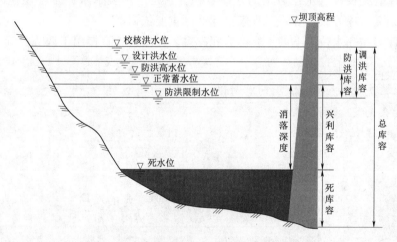

图 6.3　水库特征水位与特征库容划分示意图

（1）正常蓄水位是水库在正常运用情况下，为满足兴利要求在开始供水时应蓄到的水位，也称正常高水位。正常蓄水位决定水库的规模、效益和调节方式，也在很大程度上决定水工建筑物的尺寸、形式和水库的淹没损失，是水库最重要的一项特征水位。

（2）防洪限制水位是水库在汛期允许兴利蓄水的上限水位，也是水库在汛期防洪运用时的起调水位。防洪限制水位的拟定，关系到防洪与兴利的结合问题。

（3）防洪高水位是水库遇到下游防洪对象的设计标准洪水时，在坝前达到的最高水位。只有水库承担下游防洪任务时，才需确定这一水位。此水位可采用相应下游防洪标准的各种典型洪水，按拟订的防洪调度方式，自防洪限制水位开始进行"水库调洪计算"求得。

（4）设计洪水位是水库遇到大坝的设计洪水时，在坝前达到的最高水位。它是水库在正常运用情况下允许达到的最高水位，也是挡水建筑物稳定计算的主要依据。

（5）校核洪水位是水库遇到大坝的校核洪水时，在坝前达到的最高水位。它是水库在非正常运用情况下允许临时达到的最高洪水位，是确定大坝坝顶高程及进行大坝安全校核的主要依据。

（6）死水位是在正常运用条件下水库允许消落的最低水位。死水位必须满足水电站工作时的最低水头和灌溉所需要的水位。

2. 水库特征库容

水库的特征库容主要包括以下几种，如图6.3所示。

（1）兴利库容是死水位和正常蓄水位之间的水库容积，也称调节库容，用以调节径流，提供水库的供水量。

（2）防洪库容是防洪限制水位至防洪高水位之间的水库容积，用以控制洪水，满足水库下游防护对象的防洪要求。当汛期各时段分别拟定不同的防洪限制水位时，这一库容指其中最低的防洪限制水位至防洪高水位之间的水库容积。

（3）调洪库容是校核洪水位至防洪限制水位之间的水库容积，用以拦蓄洪水，在满足水库下游防洪要求的前提下保证大坝安全。当汛期各时段分别拟定不同的防洪限制水位时，这一库容指其中最低的防洪限制水位至校核洪水位之间的水库容积。

（4）总库容是校核洪水位以下的水库容积。它是一项表示水库工程规模的代表性指标，可作为划分水库等级，确定工程安全标准的重要依据。

（5）死库容是死水位以下的库容称为死库容。该库容不直接用于调节径流。

【工程实例】三峡工程

三峡工程是当今世界上最大的水利枢纽工程，具有防洪、发电、航运、水资源利用等巨大的综合效益。枢纽控制流域面积100万km²，占长江流域面积的56%。坝址处多年平均流量14300m³/s，实测最大洪水流量71100m³/s，历史最大洪水流量105000m³/s。三峡大坝坝址位于湖北省宜昌市三斗坪，处于葛洲坝水电站上游38km处。三峡大坝为河谷型水库，坝址区河谷开阔，谷底宽约1000m。

三峡水库大坝枢纽工程为Ⅰ等工程，由拦河大坝、电站建筑物、通航建筑物、茅坪溪防护工程等组成。挡水建筑物主要是一座混凝土重力坝，同时建有泄洪闸、坝后式水电站、地下电站、永久性通航五级船闸和升船机。三峡水库拦河大坝坝轴线全长2309.5m，坝顶高程185m，最大坝高181m，主要由泄洪坝段、左右岸厂房坝段和非溢流坝段等组成。三峡水库正常蓄水位175m、相应库容393亿m³；汛期防洪限制水位145m，防洪库容221.5亿m³。三峡水库挡泄水建筑物按1000年一遇洪水设计，设计洪峰流量98800m³/s；按10000年一遇加大10%洪水校核，校核洪峰流量124300m³/s。

电站建筑物由坝后式电站、地下电站和电源电站组成。坝后式电站安装26台70万kW水轮发电机组，装机容量1820万kW；地下电站安装6台70万kW水轮发电机组，装机容量420万kW；电源电站安装2台5万kW水轮发电机组，装机容量10万kW。电站总装机容量为2250万kW，多年平均发电量882亿kW·h。通航建筑物由船闸和垂直升船机组成。船闸为双线五级连续船闸，主体结构段总长1621m，年单向设计通过能力5000万t。升船机最大提升高度113m，最大过船规模为3000吨级。

茅坪溪防护工程包括茅坪溪防护坝和泄水建筑物。茅坪溪防护坝为沥青混凝土心墙土石坝，坝轴线长889m，坝顶高程185m，最大坝高104m。泄水建筑物由泄水隧洞和泄水箱涵组成，全长3104m。

三峡枢纽工程从 1993 年 1 月开始施工准备，2008 年 10 月右岸电站机组全部投产发电，2015 年 9 月长江三峡枢纽工程通过竣工验收，2016 年 9 月三峡升船机正式进入试通航阶段。从 1918 年孙中山先生提出开发三峡设想到 2020 年三峡工程完成整体竣工验收，国之重器百年圆梦，防洪、发电、航运、水资源利用等综合效益全面发挥。三峡工程在建设过程中，攻克了多个世界级难题，创造了 100 多项世界之最。例如，三峡水电站是世界最大的水电站；三峡工程是世界建筑规模最大、工程量最大的水利工程；三峡工程 2000 年混凝土浇筑量为 548.17 万 m^3，创造了混凝土浇筑的世界纪录；三峡工程泄洪闸最大泄洪能力为 10.25 万 m^3/s，为世界泄洪能力最大的泄洪闸；三峡工程的双线五级船闸，总水头 113m，是世界级数最多、总水头最高的内河船闸；三峡工程升船机是世界规模最大、技术最复杂、建设难度最高的升船机。2021 年 12 月，三峡工程入选"2021 全球十大工程成就"。

6.2.2　引水工程

引水工程主要用于农业灌溉。当河流水量丰富，不经调蓄即能满足灌溉用水要求时，在河流适当地点修建引水建筑物来引水。

引水工程可分为引水口工程和输水工程（渠道、隧洞等），前者为主要工程。根据水源和用水要求的不同，引水口工程可分为无坝引水工程、有坝引水工程、水库引水工程及提水引水工程等类型。

6.2.2.1　无坝引水工程

无坝引水是最简单的一种引水方式。它适用于河流的水位、流量都能满足用水要求的情况。无坝引水工程的主要建筑物为渠首进水闸。为了便于引水和防止泥沙进入渠道，进水闸一般应设在河流的凹岸。

无坝引水工程不具备调节河流水位和流量的能力，完全依靠河流水位与渠道的取水高程差而实现自流引水，所以引水流量受河流水位的影响较大。

【工程实例】都江堰工程

我国四川著名的都江堰水利工程，被誉为"世界水利文化的鼻祖"，是全世界至今为止年代最久、唯一留存、以无坝引水为特征的宏大水利工程。

都江堰位于四川省都江堰市境内岷江进入成都平原起始段，引岷江水，是灌溉成都平原的大型水利工程，由战国时期秦国蜀郡太守李冰率众修建。至今已有 2000 多年的历史，至今仍在发挥作用，具有深厚的历史文化底蕴，成为惠泽万民的利民工程。都江堰是世界文化遗产、世界自然遗产的重要组成部分，2022 年入选第五批世界灌溉工程遗产名录。

都江堰水利工程主体工程分为 3 部分：鱼嘴分水堤、飞沙堰泄洪道、宝瓶口引水口。充分利用当地西北高、东南低的地理条件，三者有机配合，相互制约，引水灌田。鱼嘴，可以根据水流的流量，按固定比例实现分流。在丰水期，经鱼嘴的江水有六成进入外江，四成进入内江，而枯水期则恰恰相反，这便是"分四六，平潦旱"的功效。飞沙堰溢洪道又称"泄洪道"，具有泄洪、排沙和调节水量的功能。一般情况下，它属于内江堤岸的一部分，但遇特大洪水时，它会自行溃堤，让大量江水流入外江。宝瓶口是一道位于玉垒山山脊上的缺口，它起到"节制闸"的作用，能自动控制内江进水量（图 6.4）。都江堰工程巧妙利用了特殊的地形、水脉、水势，乘势利导，无坝引水，自流灌溉，成功将分水、泄洪、排沙、控流等功能有机结合，充分实现了防洪、灌溉和水运等功能。都江堰水利工程的修建，不仅使四川蜀地得以消除水患灾害，而且使川西平原从此成为著名的"水旱从人"的"天府之国"。新中国成立后，修建了外江闸及工业供水渠等工程，并对工程进行了有效管理，使都江堰至今仍然在经济社会发展中发挥着巨大作用。

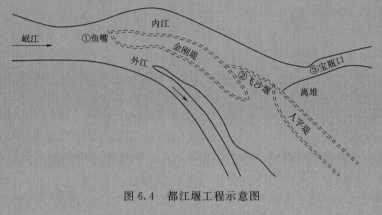

图 6.4 都江堰工程示意图

6.2.2.2 有坝引水工程

有坝引水是一种能调节河流水位但不能调节河流流量的取水方式。它适用于河流流量能满足用水要求，但水位低于所需高程的情况。

有坝引水工程需修建水坝或拦河闸，以抬高河流水位，保证渠首自流引水。其他建筑物有导水墙、沉沙道、冲沙闸和进水闸等，其工程布置如图 6.5 所示。

【工程实例】红旗渠

河南省安阳林县红旗渠渠首引水是有坝引水工程的一个实例。林县历史上严重干旱缺水。从 1436 年到 1949 年，林县发生自然灾害 100 多次，大旱绝收 30 多次，史料记载干旱严重时河干井涸，庄稼颗粒不收。为解决用水困难，1959 年，时任中共林县县委书记的杨贵发出了"重新安排林县河山"的号召；林县县委决定将浊漳河的水引到林县来。随即，红旗渠工程于 1960 年 2 月动工，至 1969 年 7 月支渠配套工程全面完成，历时近十年。该工程共削平了 1250 座山头，架设 151 座渡槽，开凿 211 个隧洞，修建各种建筑物 12408 座，挖砌土石达 2225 万 m^3，红旗渠总干渠全长 70.6km（山西石城镇—河南任村镇），干渠支渠分布全市乡镇。红旗渠参与修建的人数近 10 万，被誉为"新中国奇迹"和"世界第八大奇迹"。1974 年，新中国参加联合国大会时，放映的第一部电影就是纪录片《红旗渠》。

红旗渠被林县人民称为"生命渠""幸福渠"。它的修建从根本上改变了当地人民的生存条件，促进了经济发展，同时，在红旗渠修建的 10 年中，涌现出了许多英雄人物，先后有 81 位干部和群众献出了自己宝贵的生命。红旗渠总设计师吴祖太在接到设计红旗渠的任务后，不畏艰险，带领大家翻山越岭进行实地勘测。1960 年 3 月 28 日下午，吴祖太在一个隧洞内察看险情时不幸被洞顶坍塌掉下的巨石砸中，夺去了年仅 27 岁的生命。在红旗渠修建过程中孕育形成的"自力更生、艰苦创业、团结协作、无私奉献"的红旗渠精神，成为一笔宝贵的精神财富，2021 年入选中央宣传部梳理的第一批纳入中国共产党人精神谱系的伟大精神。

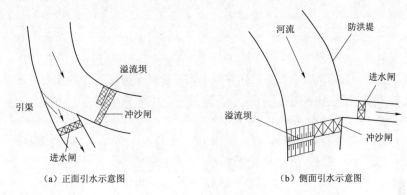

（a）正面引水示意图　　　　　　　　（b）侧面引水示意图

图 6.5　有坝引水枢纽

6.2.2.3　水库引水工程

水库引水是一种既能调节河流水位又能调节河流流量的从水库中引水的方式。它适用于天然河流的水位和流量均不能满足用水要求的情况。与前两种引水方式相比，水库引水对水的利用最为充分。通过水库不仅提高河流水位，同时能够对径流进行调节，在来水大于用水时，将多余的水储存在水库中，从而增加枯水期可以利用的水量。水库的调节按周期分有日调节、周调节、年调节和多年调节等。水库供水分固定供水和变动供水两种方式，固定供水指水库按固定要求来引水和供水，与供水期水库来水量和蓄水量无关；变动供水指随蓄水量和用户不同的要求而变动，如引水灌溉时可按农田需水要求而供水。

6.2.3　提水工程

将地表水或地下水提取到较高处供水的工程为提水工程，常为农业灌溉供水，也可为城镇生产、生活供水。该类工程又分为地表水提取工程和地下水提取工程，适用于水源较低、灌区或其他用水区位置较高，不能自流引水的地区。提水工程通常需要利用泵等流体机械来提供提水所需的能量，因此一般其需要消耗大量能源。

6.2.3.1　地表水提取工程

该工程又称抽水站或泵站，根据其作用的差异，抽水站可分为灌溉抽水站、排涝抽水站及灌排结合抽水站。灌溉抽水站多建于山丘区，排涝抽水站建于低洼圩区，灌排结合抽水站建于平原圩区。灌溉抽水站站址应根据水源、干渠渠首位置地形和地基等条件来选定，灌排结合抽水站站址的选择应兼顾灌溉和排涝的要求。灌区内部的蓄水工程有水库、塘堰、洼地、湖泊等。

6.2.3.2　地下水提水工程

机井为主要的地下水提水工程，在地表水资源缺乏但地下水丰富的地区，可利用机井进行农业灌溉。有些城镇生产、生活用水也以机井提水的方式提供。

【工程实例】坎儿井

坎儿井是我国新疆吐鲁番盆地及其附近干旱地区特有的井灌技术，古代称作"井渠"，是干旱地区的劳动人民在漫长的历史发展中创造的一种地下水利工程。坎儿井的主要工作原理是将春夏季渗入地下的大量雨水、冰川及积雪融水通过利用山体的自然坡度，引出地表进行灌溉，以满足干旱地区的生产生活用水需求。坎儿井井水不经过地表，直接利用地势的落差通过地下暗渠进行输送，不易受到季节以及风沙的袭扰，同时能够有效防止水分的蒸发。

一个完整的坎儿井系统包括竖井、暗渠（地下渠道）、明渠（地面渠道）和洪坝四个主要组成部分，如图 6.6 所示。坎儿井的修建是先挖一竖井探明地下含水层，然后在其上游每隔 80～100m、下游每隔 10～20m 再各控一系列竖井，其深度逐渐向下游减少。将连接各竖井之间的地层挖成高约 2m、宽约 1m 的暗渠作为输水渠道。暗渠长度不一，短的 2～3km，最长的可达 30km。每条暗渠可灌田 800～1000 亩，小的灌 100 亩以下，暗渠水流经田庄处，便使其流出地面，自流灌溉。末端明渠外常建有小蓄水池供蓄水灌溉使用。

坎儿井从古至 21 世纪前十年，在新疆吐鲁番盆地及其附近干旱地区的农业灌溉中占有重要地位。但随着时代发展和历史变迁，坎儿井早期的农业灌溉作用逐渐被弱化，其主要原因有人口的增长对水资源需求的增加、机电井数量的增加、地下水位的下降、坎儿井的自身结构等（坎儿井引取的是浅层水源，水量有限；其总水量与地下水水位动态变化有着密切的关系，随着地下水水位的持续下降，坎儿井总水量会明显减少或干涸）。目前，坎儿井的主要功能已经发生变化，由原来的主要用于农业灌溉的水利工程逐渐转变为一种优秀的农业文化遗产（黄超 等，2022）。

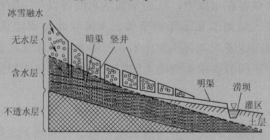

图 6.6　坎井结构示意图

6.2.4　蓄引提结合灌溉工程

为充分利用地表水资源，最大限度地发挥各种取水工程作用，将蓄水、引水和提水联合运用的农田灌溉方式称为蓄引提结合灌溉。蓄引提结合灌溉系统主要由渠首工程、输配水渠道系统，以及灌区内的中小型水库、塘堰和提水设施组成。该灌溉工程国内俗称"长藤结瓜"式灌溉系统。

蓄引提结合将河流、湖泊或渠道的水提蓄在库、塘中，有利于保障枯水期的灌溉供水，扩大灌溉面积，提高塘堰的抗旱能力。蓄引提结合灌溉工程在渠系上连接了许多塘堰和小型水库等蓄水设施，能把非灌溉季节的渠道引水量存蓄起来，供灌溉季节使用，从而提高了渠道单位引水流量的灌溉能力。

蓄引提结合灌溉系统的类型包括：

（1）一河取水，单一渠首的灌溉系统。当利用灌区内小型塘库调蓄当地径流不能满足用水的要求，或者河流水源需要进行年调节或多年调节以满足发电、防洪等综合利用要求时，必须在一条河流上修建较大的水库，通过输水渠道把灌区内的蓄水和提水工程串联起来，形成一个统一的灌溉排水系统。

（2）多河取水，多渠首的灌溉系统。当山区、丘陵地区、流域之间水资源盈亏悬殊时，不仅要把分散的小型渠网连接起来，形成统一的大网，而且要把几条河系连接起来，形成多河取水，多渠首的灌溉系统。这种系统充分利用了毗邻地区的径流，在更大的范围内对水资源在时间和空间分布上进行调节，使其能满足全区域的灌溉需水量要求。

6.2.5 跨流域调水工程

跨流域调水工程利用河渠、管道、隧洞等工程设施，将水从一个流域输送到另一个或几个流域，实现流域间水量转移。国内外常以跨流域调水解决缺水流域的供需矛盾。调水工程是上述蓄引提三工程的综合运用，只是调水量、调水距离及工程规模更大。跨流域调水是合理开发利用水资源及实现水资源优化配置的有效手段。

按功能划分，跨流域调水工程主要有以下6大类：

（1）以航运为主体的跨流域调水工程，如我国古代的京杭大运河等。

（2）以灌溉为主的跨流域灌溉工程，如甘肃省的引大入秦工程等。

（3）以供水为主的跨流域供水工程，如山东省引黄济青工程、广东省东深供水工程。

（4）以水电开发为主的跨流域水电开发工程，如云南省的以礼河梯级水电站开发工程。

（5）跨流域综合开发利用工程，如南水北调工程等。

（6）以除害为主要目的（如防洪）的跨流域分洪工程，如江苏、山东两省的沂沭泗水系供水东调南下工程等。

大型跨流域调水工程通常是发电、供水、航运、灌溉、防洪、旅游、养殖及改善生态环境等目标和用途的集合体。

【工程实例】南水北调工程

南水北调工程是我国最主要的调水工程，分东、中、西三条调水线路，分别从长江上游、中游和下游通过调水工程将长江水输送到华北西北地区以缓解这些地区水资源短缺问题。

南水北调的东线工程，从江苏扬州附近的长江干流引水，利用京杭运河及与其平行的现有河道输水，提水总扬程65m，设13级泵站，中途以洪泽湖、骆马湖、南四湖、东平湖作为调节水库，地下穿过黄河后，地势南高北低，可自流到天津，输水主干线1156km，从东平湖向山东半岛输水线路长701km。工程的主要受水区为黄淮海平原东部及山东半岛。工程分三期建设，一期工程已于2013年全部完工，供水能力为90亿 m^3 左右，三期工程全部建成后，总供水将达到148亿 m^3。

南水北调中线工程，是从长江最大支流汉江中上游横跨湖北和河南两省的丹江口水库调水（水源主要来自汉江），在丹江口水库东岸河南省淅川县境内工程渠首开挖干渠，经长江流域与淮河流域的分水岭方城垭口，沿华北平原中西部边缘开挖渠道，通过隧道穿过黄河，沿京广铁路西侧北上，自流到北京市颐和园团城湖的输水工程，已在2014年通水。

南水北调西线工程旨在从长江的上游及支流对黄河进行输水从而解决黄河中上游地区的水资源短缺问题，目前还在勘察论证阶段。

截至 2022 年 8 月，南水北调工程累计调水超过 560 亿 m³、受益人口超过 1.5 亿人。南水北调工程全面通水以来，改变了北方一些地区的供水格局，同时推动复苏受水区河湖生态环境和地下水水位止跌回升，产生了巨大的经济效益、社会效益和生态效益。南水北调东、中线一期工程受益城市 42 个。其中，中线受益城市 24 个，东线受益城市 18 个。河南省多地以南水取代了饮用黄河水，河北省沧州、衡水、邯郸等地 500多万群众因南水告别长期饮用高氟水和苦咸水。北京城区供水七成以上为南水；天津主城区供水几乎全部为南水；河南、河北的供水安全保障水平也因南水得到了提升。

6.3　取　水　工　程

6.3.1　地表水取水工程

6.3.1.1　取水工程形式

地表水取水工程一般指由人工构筑物构成的从地表水水体中获取水源的工程系统。主要由地表水水源、取水构筑物、送水泵站与输水管路组成。

地表水取水构筑物按地表水种类可分为：江河地表水水源取水构筑物、湖泊地表水水源取水构筑物、水库地表水水源取水构筑物、山溪地表水水源取水构筑物和海水地表水水源取水构筑物。按取水构筑物的构造形式可分为：固定式取水构筑物、活动式取水构筑物和山区浅水河流取水构筑物。

下面将对地表水取水位置的选择、取水构筑物的类型进行介绍（李广贺，2020）。

6.3.1.2　取水位置的选择

地表水取水位置的选择直接影响工程的取水量、水质、可靠性、造价、施工及运行管理，是地表水取水工程建设成败的关键之一。地表水取水位置的选择，应根据下列基本要求，通过技术经济比较确定。

（1）取水点应设在水利条件好，具有稳定河床、靠近主流和有足够水深的地段。在顺直河段，取水点应选在主流靠近岸边、河床稳定、水深较大、流速较快的地段，通常为河流较窄处。在取水口处的最枯水深一般要求不小于 2.5～3.0m。

在弯曲河段，弯曲河道的凹岸在横向环流的作用下，岸陡水深，泥沙不易淤积，水质较好，且主流靠近河岸，同时还可适应日后河湾下移的可能，因此凹岸是较好的取水地段。但取水点应避开凹岸主流的顶冲点（即主流最初靠近凹岸的部位），一般可设在顶冲点下游 15～20m，同时冰水分层的河段。因为凹岸容易受冲刷，所以需要一定的护岸工程。若为了减少护岸工程量，也可以将取水口设在环流较弱、冲刷力不强、易于施工的凹岸顶冲点上游处，但日后河湾下移，取水口可能远离主流。具体选择，视具体情况而定。

在游荡型河段，一般取水构筑物，特别是固定式取水构筑物设置比较困难，应结合河床、地形、地质特点，将取水口布置在主流线密集的河段上；必要时需改变取水构筑物形式或进行河道整治以保证取水河段的稳定性。

在有边滩、沙洲的河段，应注意了解边滩和沙洲形成的原因、移动的趋势和速度，不宜将取水点设在可移动的边滩、沙洲的下游附近，以免被泥沙堵塞。一般应将取水口设在上游距沙洲 500m 远以上。

在有支流汇入的河段上，由于干流、支流涨水的幅度和先后次序不同，若干流涨水，支流不涨，则在支流造成壅水，使得泥沙大量沉积；若支流涨水，干流不涨，会将沉积的泥沙冲刷下泻，容易在汇入口附近形成"堆积锥"，因此取水口应离开支流入口处上下游有足够的距离，如图 6.7 所示。一般取水口多设在汇入口干流的上游河段上。

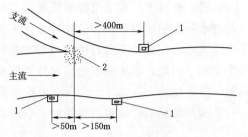

图 6.7 有支流汇入的河流取水口
布置（李广贺，2020）
1—取水口；2—堆积锥

在有分汊的河段上，由于河流分汊现象普遍，尤其在冲积平原河流的中下游更为常见。在不断冲刷和淤积的作用下，这种汊道河流总是处于不稳定状态，一些汊道逐渐发展，另一些又逐渐凋亡。因此，需要注意河汊上主流的位置及变化情况，将取水口设于主流所在支汊深水段，并采取适当措施，防止主流衰减。在有潮汐的河段，取水口应选在海潮倒灌影响范围之外。

（2）取水点应尽量设在水质较好的地段。生活和生产污水排入河流将直接影响取水水质。为了避免污染，取得较好水质的水，取水构筑物宜设置于城镇和工业企业上游的清洁河段。距离污水排放口的上游 150m 以上或下游 1000m 以上，并建立卫生防护地带。若岸边水质欠佳，则宜从河流中心取水。

取水点应避开河流中的回流区和死水区，以减少水中泥沙、漂浮物的进入，避免堵塞取水口。在泥沙较多的河流，要根据河道泥沙的运移规律和特性，避开河流中含沙量较多的河段；在泥沙含量沿水深有变化时，应根据不同深度的含沙量分布，选择适宜的取水高程。

在沿海地区受潮汐影响的河流上设置取水构筑物时，应考虑到咸潮的影响，尽量避免吸入咸水。河流入海处，由于海水涨潮等原因，可能导致海水倒灌，影响水质。设置取水构筑物时，应注意这一现象，以免日后对工业和生活用水造成危害。

其他如农业污水灌溉，农作物及果园施加杀虫剂，有害废料堆场等都可能污染水源，在选择取水构筑物位置时应予充分注意。

（3）取水点应设在具有稳定的河床及岸边，有良好的工程地质条件的地段，并有较好的地形及施工条件。取水构筑物应尽量设在地质构造稳定、承载力高的地基上，这是构筑物安全稳定的基础。淤泥、断层、流沙层滑坡、风化严重的岩层、岩溶发育地段及有地震影响地区的陡坡或山脚下，不宜修建取水构筑物。取水构筑物也不宜设在有宽广河漫滩地段，以免进水管过长。此外，取水口应考虑选在对施工有利的地段，不仅要交通运输方便，有足够的施工场地，而且要有较少的土石方量和水下工程量。因为水下施工不仅困难，而且费用很高，所以应充分利用地形，尽量减少水下施工量，以节省投资、缩短工期。

（4）取水点尽量靠近主要用水区。取水点的位置应尽可能与工农业布局和城市规划相适应，并全面考虑整个给水系统的合理布置。在保证安全取水的前提下，尽可能靠近主要用水地区，以缩短输水管线的长度，减少输水的基建投资和运行费用。此外，应尽量减少穿越天然（河流、谷底等）或人工（铁路、公路等）障碍物。

（5）应注意河流上的人工构筑物或天然障碍物。河流上常见的人工构筑物（如桥梁、码头、丁坝、拦河坝等）和天然障碍物（如陡崖、石嘴等），往往会引起河流中水流条件的改变，从而使河床产生冲刷或淤积，故选择取水构筑物位置时，对这些因素必须加以注意。

桥梁通常设于河流最窄处和比较顺直的河段上。在桥梁上游河段，由于桥墩处缩小了水流过水断面使水位壅高，流速减慢，泥沙易于淤积。在桥梁下游河段，由于水流流过桥孔时流速增大，致使下游近桥段成为冲刷区。再往下，水流恢复了原来流速，冲积物在此沉降淤积。因此，取水构筑物应避开桥前水流滞缓段和桥后冲刷、落淤段。因此，取水构筑物一般设在桥上游 0.5～1.0km 或桥下游 1.0km 以外的地方。

丁坝是常见的河道整治构筑物。它的存在使河流主流偏向对岸，在丁坝附近则形成淤积区（图 6.8）。因此，取水构筑物如靠丁坝一侧时，应设在丁坝上游，并与坝前浅滩起点相隔一定距离。岸边式取水构筑物不小于 150～200m，河床式取水构筑物可以小些。取水构筑物也可以设在丁坝的对岸，但不宜设在丁坝同岸的下游，这是因为这种情况下主流已经偏离，容易产生淤积。残留的施工围堰、突出河岸的施工弃土，对河流的作用类似丁坝，也常引起河床的冲刷和淤积。突出

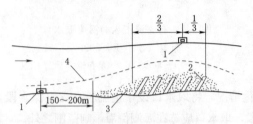

图 6.8　有丁坝河道上取水口的
位置（李广贺，2020）
1—取水口；2—丁坝；3—泥沙淤积区；4—主流

河岸的码头如同丁坝一样，会阻滞水流，引起淤积，而且码头附近卫生条件较差。因此，取水构筑物最好离开码头一定距离。如必须设在码头附近时，最好是伸入江心取水，既可取得较好水质，也可避免淤积。在码头附近设置取水构筑物时，还应考虑船舶进出码头的航行安全线，以免与取水构筑物相碰。取水构筑物距码头的距离应征得航运部门的同意。

拦河闸坝的上游水流速度减缓，泥沙易于淤积，设置取水构筑物时应注意河床淤高的影响，应选在闸坝附近、距坝底防渗铺砌起点 100～200m 处。闸坝下游水量、水位和水质都受到闸坝调节的影响。闸坝泄洪或排沙时，下游产生冲刷和泥沙增多，故取水构筑物宜设在其影响范围之外。

水库的情况与拦河闸坝相似，但影响可能更大，取水构筑物取水条件的具体变化，应视其与蓄水库的相对关系而定。建于水库上、下游的取水构筑物应特别注意水位变动、河床冲淤及水质改变的影响。通常，应将取水构筑物设于上游回水区与下游冲刷段以外。正常情况下（非泄洪区），自水库下泄的水流水质清，水温稳定，有时藻类较多，水中含盐量、有机物含量与色度相对增加。选择取水构筑物时，亦应考虑河流这种状态的改变。

突出河岸的陡崖、石嘴对河流的影响类似于丁坝，在其上下游附近往往出现泥沙沉积区，在此区内不宜设置取水构筑物。

（6）应考虑河流具体情况，避免泥沙、漂浮物、冰凌、冰絮等的影响。取水口应设在水内冰较少、不受冰凌直接冲击的河段，并应使冰凌能顺畅地顺流而下。在冰冻严重的地区，取水口应选在急流、冰穴、冰洞及支流入口的上游河段。有流冰的河道，应避免将取水口设在流冰易于堆积的浅滩、沙洲、回流区和桥孔的上游附近。在流冰较多的河流中取

水，取水口宜设在冰水分层的河段，从冰层下取水。冰水分层的河段当取水量大、河水含沙量高、主河道游荡、冰情严重时，可设置两个取水口。

（7）应与河流的综合利用相适应。在选择取水构筑物位置时，应结合河流的综合利用，如航运、灌溉、排洪、水力发电等，全面考虑，统筹安排。在通航河流上设置取水构筑物时，应不影响船舶的航行，必要时应按照航道部门的要求设置航标；应注意了解河流上下游近远期内拟建的各种水工构筑物（水坝、水库、水电站、丁坝等）和整治规划对取水构筑物可能产生的影响。

6.3.1.3 取水构筑物的类型

按取水构筑物的构造划分，地表取水构筑物分为固定式取水构筑物、活动式取水构筑物和山区浅水河流取水构筑物等。

1. 固定式取水构筑物

固定式取水构筑物的特点是取水可靠，维护管理简单，适用范围广，但其投资较多，成本较高，水下工程量较大，施工周期长，尤其是在水源水位变幅较大的情况下，其成本很高。

固定式取水构筑物类型可分为岸边式、河床式以及斗槽式。岸边式取水构筑物是直接从岸边取水的构筑物，由进水间和泵站两部分组成，其适用于江河岸边较陡，主流近岸、岸边有足够水深，水质和地面条件较好，水位变幅不大的情况。岸边式又可分为合建式（图6.9）和分建式（图6.10）。合建式适用于岸边地质条件较好的情况，而当岸边地质条件较差时，采用分建式对结构和施工更有利；当合建式对河道断面及航道影响很大时，宜采用分建式。

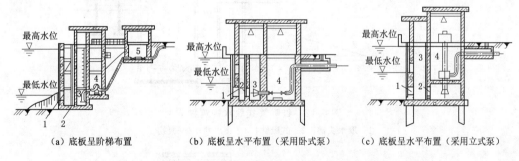

（a）底板呈阶梯布置　　（b）底板呈水平布置（采用卧式泵）　　（c）底板呈水平布置（采用立式泵）

图 6.9　合建式取水构筑物（李广贺，2020）
1—进水孔；2—格网；3—集水井；4—泵房；5—阀门井

河床式取水构筑物由取水头部、进水管、集水井及泵房组成，其适用于河床稳定，河岸较平坦，枯水期主流离岸较远，岸边水深不够或水质不好，而河中又具有足够水深或较好水质的情况。

河床式取水构筑物按进水管的形式可分为自流管式（图6.11）、虹吸管式（图6.12）、水泵直接吸水式（图6.13）和桥墩式（图6.14）；按照进水泵房结构和特点可

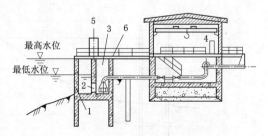

图 6.10　分建式取水构筑物（李广贺，2020）
1—进水孔；2—格网；3—集水井；
4—泵房；5—阀门井；6—引桥

分为湿井式（图 6.15）和淹没式（图 6.16）。自流管式适用于自流管埋深不大或河岸可以开挖隧道的情况；虹吸管式适用于河滩宽阔、河岸高、自流管埋深很大或河岸为坚硬岩石以及管道需穿越防洪堤的情况；水泵直接吸水式在取水量小、河中漂浮物较少、水位变幅不大时可以采用；桥墩式在取水量较大、岸坡较缓、岸边不宜建泵房、河道内含沙量较高、水位变幅较大、河床地质条件较好等个别情况下可以采用；湿井式适用于水位变幅大于 10m，尤其是骤涨骤落（水位变幅大于 2m/h），水流流速较大的情况；淹没式适用于在河岸地基稳定、水位变幅较大、洪水期历时较短、长时期为枯水期水位、含沙量较少的河流取水。

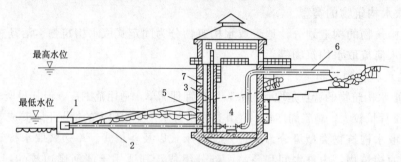

图 6.11　自流管式取水构筑物（李广贺，2020）

1—取水头部；2—自流管；3—集水井；4—泵房；5—进水孔；6—出水管；7—高位进水孔

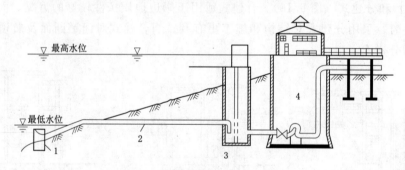

图 6.12　虹吸管式取水构筑物

1—取水头部；2—虹吸管；3—集水井；4—泵房

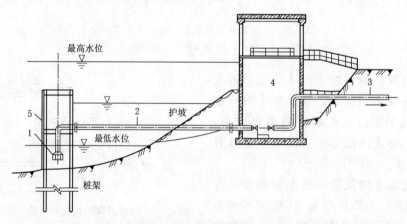

图 6.13　水泵直接吸水式取水构筑物（李广贺，2020）

1—取水头；2—吸水管；3—出水管；4—泵房；5—栅条

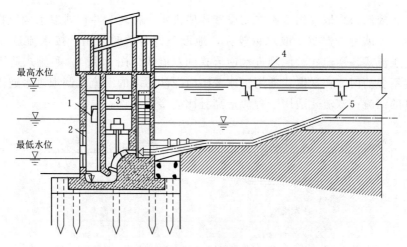

图 6.14 桥墩式取水构筑物（李广贺，2020）

1—集水井；2—进水孔；3—泵房；4—引桥；5—出水管

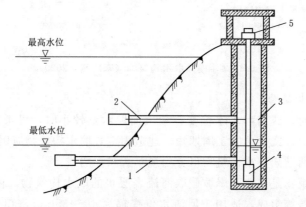

图 6.15 湿式竖井取水构筑物（李广贺，2020）

1—低位自流管；2—高位自流管；3—集水井；4—深井泵；5—水泵电动机

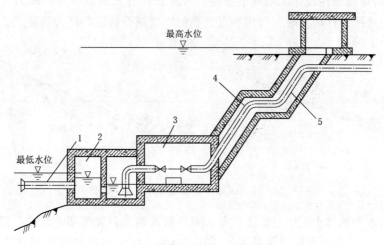

图 6.16 淹没式取水构筑物（李广贺，2020）

1—自流管；2—集水井；3—泵房；4—交通廊道；5—出水管

在岸边式或河床式取水构筑物之前设置斗槽进水，称之为斗槽式取水构筑物，适宜在河流含沙量大，冰凌较严重，取水量较大，地形条件合适时采用。按水流进入斗槽的流向，可分为顺流式、逆流式、倒坝进水逆流式和双流式（图6.17）。顺流式适用于含泥沙多、而冰凌不多的河流；逆流式适用于冰凌多而泥沙不多的河流；倒坝进水逆流式适用于含沙量较高的河流；双流式适用于含沙量高且冰凌多的河流。

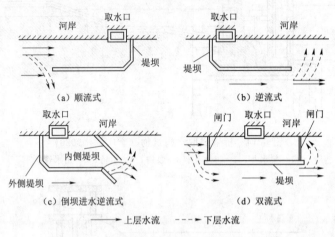

图 6.17　斗槽式取水构筑物（李广贺，2020）

2. 活动式取水构筑物

当水流不稳定时，或当河水水位变幅较大而取水量较小时，可考虑活动式取水构筑物。当供水需求紧迫，或要求施工周期短、建造固定式取水构筑物有困难时，也可考虑活动式取水构筑物。活动式取水构筑物可分为缆车式和浮船式。

缆车式取水构筑物是建造于岸坡截取河流表层水的取水构筑物，由缆车、缆车轨道、输水斜管和牵引设备等组成，适用于河流水位变幅为 10～35m、涨落速度不超过 2m/h，无冰凌且漂浮物较少的河流上。缆车式取水构筑物按缆车轨道分为斜坡式和斜桥式（图6.18）。当岸边地质条件较好，坡度平缓时，可用开挖方式铺设轨道，即为斜坡式；当岸坡较陡或河岸地质条件较差时，可用架设斜桥的方式铺设轨道，即为斜桥式。

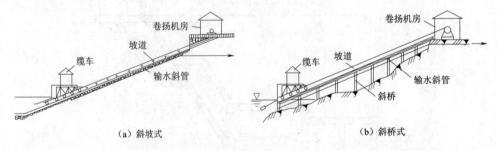

图 6.18　缆车式取水构筑物（李广贺，2020）

浮船式取水构筑物由船体、锚固设备、联络管及输水斜管等部分组成，适用于水位变幅在 10～40m 或更大，水位变化速度不大于 2m/h，取水点有足够水深（小型浮船大于1.0m，取水量大时应在 2.0m 以上），河道水流平稳、流速和风浪较小、停泊条件好，河床稳定、岸坡有适当的倾角（20°～60°）的河流。按船体与岸边的连接方式分为阶梯式（图 6.19）、摇臂式（图 6.20）、摇把式（图 6.21）、活动钢引桥橡胶管式（图 6.22）和浮筒式（图 6.23）。阶梯式适用于小型或临时给水，不适用于水位瞬时变化较大的河流；摇臂式适用于水位涨落幅度大、岸坡较陡的河流，能适应河流水位的猛涨猛落；摇把式适用于水位变化较快和频繁的河流，浮船距岸较近，便于联系和防护；活动钢引桥橡胶管式适用于水面宽阔、水位涨落幅度大的河流；浮筒式适宜在岸坡平缓、浮船需远离河岸取水（不影响航运）时采用。

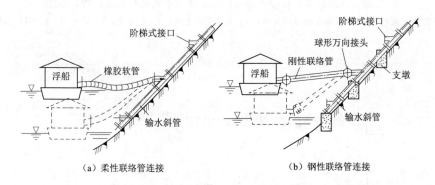

图 6.19　阶梯式连接的浮船式取水构筑物（李广贺，2020）

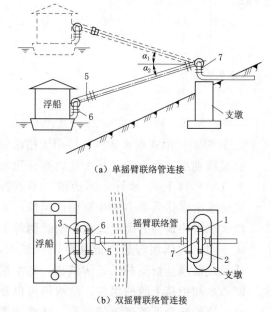

图 6.20　套筒接头摇臂管连接的浮船式取水构筑物
（李广贺，2020）

套筒 1～4 的作用是水位涨落时可使浮船灵活起落；
套筒 5 可使船体绕摇臂管轴线转动，以适应浮船的
摇摆；套筒 6～7 可使浮船水平移位。

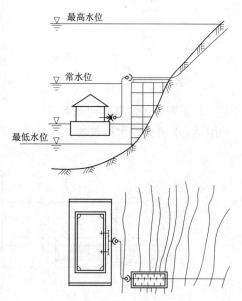

图 6.21　摇把式连接的浮船式取水构筑物
（李广贺，2020）

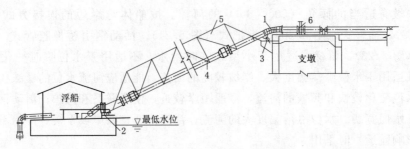

图 6.22　活动钢引桥橡胶管连接的浮船式取水构筑物（李广贺，2020）

1—铠装法兰橡胶管；2—船端滚轮铰接支座；3—岸端滚轮支座；4—联络管；5—钢桁架；6—双口排气阀

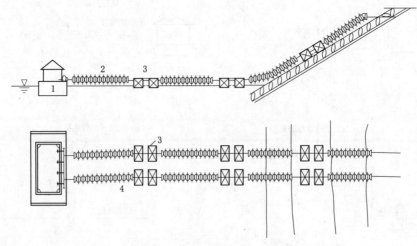

图 6.23　浮筒式取水构筑物

1—浮船；2—橡胶管；3—联络管；4—浮筒

3. 山区浅水河流取水构筑物

山区浅水河流取水构筑物分为低坝式和底栏栅式等。低坝式取水构筑物适用于枯水期流量特别小或取水量占枯水量的百分比较大（30％以上）、水浅、不通航、不放筏且河水中推移质不多的小型山区河流。低坝式取水构筑物有固定式和活动式两种形式。固定式低坝容易造成坝前泥沙淤积，活动式低坝是新型的水工构筑物，枯水期能挡水和抬高上游的水位，洪水期可以开启，故能减少上游淹没的面积，并能冲走坝前沉积的泥沙，因此采用较多，但维护管理较复杂。

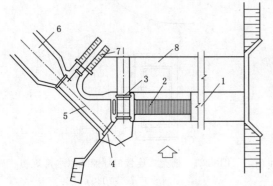

图 6.24　底栏栅式取水构筑物（李广贺，2020）

1—溢流坝（低坝）；2—底栏栅；3—冲沙室；

4—进水闸；5—第二冲沙室；6—沉沙池；

7—排沙渠；8—防洪护坦

底栏栅式取水构筑物（图 6.24）通过坝顶带栏栅的引水廊道取水，由拦河低坝、底栏栅、引水廊道、沉沙池、取水泵房等部分组成，适用于河床较窄、水深较浅、河床纵坡降较大（一般要求坡降在 1/20～1/50）、大粒径推移质较多、取水百分比较大的山区河流。

6.3.2　地下水取水工程

6.3.2.1　供水水源地选择

地下水资源的开发利用首先要选择合适的供水水源地，因为水源地位置是否合适，关系到其能否长期经济与安全地运转，可以避免因水源地产生的不良环境和地质等问题。水源地的选择，对于大中型集中供水的水源地而言，关键是确定取水地段的具体位置；对于小型分散供水的水源地来说，关键则是确定取水工程的具体位置。

1. 集中式供水水源地的选择

选择集中式供水水源地，主要围绕技术和经济两个因素考虑。

（1）考虑地下水水源地的水文地质条件，其中取水地段含水层的富水性和补给条件是首选条件。因此，应尽可能选择在含水层厚度大且层数多、渗透性强、分布广的地段上取水。例如冲洪积扇中上游的砂砾石带及轴部、河流的冲积阶地和高漫滩、冲积平原的古河床、厚度较大的层状与似层状裂隙和岩溶含水层、规模较大的断裂及其他脉状基岩含水带。

（2）应当考虑补给条件。取水地段需要具备较好的汇水条件，也就是能够最大限度拦截区域地下径流的地段；或是接近补给水源和地下水的排泄区；应是能充分夺取各种补给量的地段。例如在松散岩层分布区，水源地尽可能靠近与地下水有密切联系的河流岸边；在基岩地区，应选择在集水条件最好的背斜倾末端、浅埋向斜的核部、区域性阻水界面迎水一侧；在岩溶地区，最好选择在区域地下径流的主要径流带的下游，或靠近排泄区附近。

在选择水源地时，要从区域水资源综合平衡观点出发，尽量避免出现新旧水源地之间、工业和农业用水之间、供水与矿山排水之间的矛盾。也就是说，新建水源地应远离原有的取水点或排水点，减少互相干扰。

为保证水质，水源地应远离污染源，应选择在远离城市或工矿排污区的上游；远离已污染或天然水质不良的地表水体或含水层的地段；避开易于使水井淤塞、涌砂、水质长期浑浊的流沙层或岩溶充填带；在滨海地区，应考虑海水入侵对水质的不良影响；为减少垂向污水渗入的可能性，最好选择在含水层上部有稳定隔水层分布的地段。

除此之外，水源地应选在不易引起地面沉降、塌陷、地裂等有害工程地质作用地段上。在满足水量、水质要求的前提下，为节省建设投资，水源地应靠近供水区，少占耕地；为降低取水成本，应选择在地下水浅埋或自流地段；为确保安全，河谷水源地要考虑水井的淹没问题；人工开挖的大口井取水工程，则要考虑井壁的稳固性。当有多个水源地方案时，未来扩大开采的前景条件也应当纳入考虑因素中。

2. 小型分散式水源地的选择

集中式供水水源地的选择原则也基本适用于基岩山区裂隙水小型分散式水源地的选择。但在基岩山区，由于地下水分布极不普遍和均匀，水井的位置将主要决定于强含水裂隙带的分布位置。此外，布井地段的地下水位埋深，上游有无较大的补给面积，地下水的汇水条件及夺取开采补给量的条件也是确定基岩山区水井位置时必须考虑的条件。

6.3.2.2　取水构筑物的类型

地下水取水构筑物的类型多种多样，常见的可概括为四类：垂直系统、水平系统、联合系统和引泉系统。

（1）垂直系统：地下水取水构筑物的延伸方向基本与地表面垂直，即各类的井，如管井、筒井、大口井等。因其适用性最强，所以在地下水开发利用工程中广泛运用。

（2）水平系统：取水构筑物的延伸方向基本与地表面平行，如截潜流工程、坎儿井、卧管井等。截潜流工程、卧管井在北方的浅层地下淡水层厚及薄处均被采用。坎儿井则常见于新疆的哈密、吐鲁番等地区。

截潜流工程又称地下拦河坝，是在河底砂卵石层内，垂直河道主流修建截水墙，同时在截水墙上游修筑集水廊道，将地下水引入集水廊道的取水工程。适应于谷底宽度不大、河底砂卵石层厚度不大、而潜流量较大的地段。截潜流工程是一种截取河道地表水和地下径流的一种取水工程，属于有坝取水。该取水一般水量充足、水质较好，且使用寿命较长，因取蓄水建筑位于河床之下，适宜一年四季取水。其优点一是保障行洪畅通，因取水工程建于河床之下，其顶部高程一般低于河面 $0.5 \sim 1.0$m，没有抬高河床，使洪水能够安全通过；二是减少泥沙淤积，该取水是经反滤料滤水后进入集水廊道，较其他河道直接取水减少了泥沙的进入，水质较为清澈，对集水廊道的淤积较小，增加了工程使用年限；三是提高水利用率，截潜流取水虽然属于有坝取水，但由于水面是封闭式，减少了日常的水面蒸发量，很大程度上提高了水的利用率；四是工艺简单、投资较小，该取水工程为一般河道截流，与大江、大河截流有很大的不同，施工难度较小，且工程材料可以就地取材，很大程度地减少了工程投资，适宜在小农水工程中利用（杨俊斌，2019）。

卧管井适用于地下水位埋藏较浅的地区，即在含水层中埋设水平集水管道，集水管道与提水竖井相通，地下水渗入水平集水管后，流入竖井，用水泵由竖井中提水用以灌溉。为增加卧管井的出水量，集水管埋置深度应在最低水位以下 $2 \sim 3$m。集水管长度 100m 左右，间距 $300 \sim 400$m，可用普通井管或水泥砾石管。为了防淤，集水管周围应填砾料。卧管井用在抗旱上具有一定的局限性，因为旱季时地下水位下降，卧管井的出水量显著减少。用在地下水位高的沼泽化和盐渍化地块上，可起排水和防治盐碱的作用。但由于卧管埋置一般较深，因此施工和检修工作量都很大。

坎儿井在前文已经阐述，这里不再赘述。坎儿井的主要特点是可以自流灌溉，不用动力提水、水量稳定、水质优良，能减少输水蒸发损失，能防风沙，施工简单，使用寿命较长。但由于工期长、易坍塌、渗漏损失大、维修管理不易等原因，目前新开挖者不多。

（3）联合系统：将垂直系统与水平系统结合在一起，或将系统中的几种联合成一整体，如辐射井、复合井等。辐射井即在大口井动水位以下，穿透井壁，按径向沿四周含水层安设水平集水管道，以扩大井的进水面积，提高井的出水量。复合井是由非完整大口井和井底下设管井过滤器组成。它适用于地下水水位较高、厚度较大的含水层，能充分利用含水层的厚度，增加井的出水量。实验证明，当含水层厚度大于大口井半径 $3 \sim 6$ 倍或含水层透水性较差时，采用复合井出水量增加显著。

（4）引泉系统：主要是利用各种泉水的构筑物系统。多用于供水、医疗和农田灌溉。引泉系统必须在特殊的地下水天然露头条件下采用。

选用何种类型，要依据含水层埋深、厚度、富水性以及地下水位埋深等因素并结合技术经济条件具体决定。地下水取水构筑物的类型和使用条件见表 6.2。

表6.2 地下水取水构筑物的类型和使用条件

种类	形式	尺寸	深度	水文地质条件			出水量
				地下水埋深	含水层厚度	水文地质特征	
垂直集水	管井	井径为50~1000mm, 常用150~600mm	井深为10~1000m, 常用300m以内	在抽水设备能解决的情况下不受限制	厚度一般在5m以上或有几层含水层	适用于任何砂、卵、砾石层, 构造裂隙、岩溶裂隙	单井出水量一般在500~6000m³/d, 最大为2000~30000m³/d
	大口井	井径为2~12m, 常用4~8m	井深为20m以内, 常用6~15m	埋藏较浅, 一般在10m以内	厚度一般在5~25m	补给条件良好, 渗透系数最好在20m/d以上, 适用于任何砂卵、砾石层	单井出水量一般在500~10000m³/d, 最大为2000~30000m³/d
	渗渠	管径0.45~1.5m, 常用0.6~1.0m	埋深为7m以内, 常用4~6m	埋深较浅一般在2m以内	厚度较薄, 一般约为4~6m	补给条件良好, 渗透性较好, 适用于中砂、粗砂、砾石或卵石层	单井出水量一般在10~30m³/(d·m), 最大为50~10m³/(d·m)
水平集水	坎儿井	暗斜井、拱形断面, 一般高1.3~1.5m, 宽0.6~0.7m	从出水口处向上源推算, 以水平线夹角3°~5°计算暗斜井不同位置的深度	埋藏较浅, 一般在2~3m以内	较薄	冲积扇上部、丘陵地区, 砂、砾石直径1~20mm, 砾石含量60%~70%	
联合集水	辐射井	井径为2~12m, 常用4~8m	井深为20m以内, 常用6~15m	埋藏较浅, 一般在10m以内	厚度一般在5m以上, 一般在5~20m	补给条件良好, 含水层最好为中粗砂或砾石层, 不含漂石	单井出水量一般为5000~50000m³/d

6.3.2.3　典型地下水取水构筑物

1. 管井

管井是地下水取水构筑物中应用最广泛的一种。因为常用凿井机械开凿，所以俗称为机井。按其过滤器是否贯穿整个含水层，可分为完整井和非完整井。管井主要由四个部分组成，即井口、井身、滤水管（进水部分）和沉砂管，如图 6.25 所示。

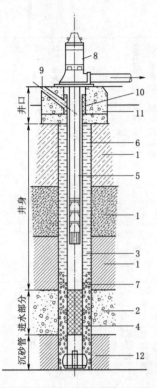

图 6.25　管井示意图
（戴长雷，2015）

1—非含水层；2—含水层；3—井壁管；4—滤水管；5—泵管；6—封闭料；7—滤料；8—水泵；9—水位观测孔；10—护管；11—泵座；12—不透水层

管井在地表附近的部分称为井口，为了管井安全稳定和便于管理，井口设计应当考虑以下几点：

（1）井口应当高出地面一定距离，以方便操作、防止污水和杂物进入井内。一般高出地面 0.5m 左右较合适。

（2）井口应有足够的坚固性和稳定性。井口会因为电动机和水泵的压力和工作震动而产生沉陷，因此井口周围半径和深度不小于 1.0m 的范围内，需要挖掉原土并分层夯实回填黏性土或灰土，再在其上面按要求浇筑混凝土泵座。

（3）井口应留有水位观察孔，孔眼直径为 $30\sim50\text{mm}$，以观测井中水位变化。为防止掉入杂物或堵塞孔眼，观测孔应有盖帽保护。

井身也称井管，用于加固井壁。若管井为单层取水，井身为一整体段；若管井分层取水，则井身被滤水管分割为几段。为加固井壁，要求井身管材应有足够强度。在管井结构中，井身长度一般占比较大，因此在设计和施工中需引起重视。

在井身部分岩层为坚固稳定的基岩时，也可不用井管加固。但如果要求隔离有害和不计划开采的含水层时，依然需要用井管进行封闭。为保证顺利安装水泵，并且正常工作，要求井身轴线要端直。

滤水管是管井的进水部分，作用主要为滤水拦砂。滤水管的结构是否合理，质量是否合格，直接影响管井出水量大小、井水含沙量高低和管井的使用寿命。

当管井开采基岩裂隙水或喀斯特水时，且含水岩层又很稳定，则不需要安装滤水管。一般对松散含水层以及破碎易坍塌的基岩含水层，均需要针对含水岩层特征，设计和安装不同形式的滤水管。

滤水管安装位置与长度需要根据水文地质条件考虑。潜水管井的滤水管，一般安装在动水位以下的含水层部位。如果潜水含水层厚度较大时，滤水管长度可以适当小于含水层厚度。承压管井的滤水管，一般安装在承压含水层处。承压含水层为单层厚度较小的多层结构且含水层相对较远时，滤水管可以分层安装。当承压含水层为大厚层时，滤水管可以整段安装，长度可比含水层厚度小一些。

沉砂管是安装在管井最下部的一段不进水的井管。其用途是为了管径在运行管理过程中，随地下水流进入井管内，且不能随水流抽出井外的沙粒沉淀于该管内，以备定期清除。若管井不设沉砂管，沉淀的沙粒将逐渐被滤水管淹没，使滤水管进水面积变小，增大进水阻力和水头损失，因此使水井出水量减少。

沉砂管的长度设计主要考虑井深、含水层厚度和含水层粒径大小。若井深较大、含水层厚度较大、含水层径粒较细时，沉砂管设计可以长一些，反之应短些。沉砂管安装长度通常为 5～10m，并且需要根据井管单节长度决定。

为尽量增大管井出水量，应当将其安装在含水层底板的隔水层中，而非含水层中，以免减少滤水管长度，减小滤水面积，影响水井出水量。

井管是管井需用量最大，也是最基本的材料。目前其类型较多，在一些发达国家，使用渗碳钢管、涂料面普通钢管、不锈钢管、铜管、铝管和塑料管、玻璃钢管等；我国在工业以及城市供水的供水管井中多采用各种普通钢管和铸铁管；而大量的农业排灌管井，除少部分采用钢管和铸铁管外，大多采用非金属管材，如混凝土管、石棉水泥管、塑料管和陶管等。

井管的管材虽然种类较多，但须符合如下要求：

（1）单根井管不弯曲，联接成管柱可以保证端直，使井管可以顺利安装下井和在井管中装设各类水泵。

（2）井管的内外壁，尤其是内壁需保持平整圆滑，以便安装水泵和减少管内水头损失。

（3）井管应有足够强度，包括抗压、抗拉、抗冲击强度。既能承受施工过程中压、拉、冲击作用，也可以承受成井后岩层的外侧压力。

2. 大口井

开采浅层地下水可以采用大口井，是我国除管井外的另一种应用广泛的地下水取水构筑物。小型大口井构造简单、施工简单易行、取材方便，可在农村及小城镇中广泛使用，在城市与工业中常使用大型大口井。对埋藏不深、地下水位较高的含水层而言，大口井与管井的单位出水能力的投资相差不大，此时取水构筑物的类型选择不能仅凭水文地质条件和开采条件，需要综合考虑其他因素。

大口井不会出现腐蚀问题，进水条件较好，使用年限较长，对抽水设备形式限制不大，若有一定的场地且具备较好的施工技术条件，可以考虑采用大口井。但大口井的缺点是其对地下水位变动适应能力很差，无法保证施工质量的情况下会拖延工期、增加投资，也容易产生涌砂（管涌或流砂现象）、堵塞问题。在含铁量较高的含水层中，这类问题更加严重。

大口井主要由井口、井筒及进水部分构成，如图 6.26 所示。

井口为大口井露出地表的部分。为避免地

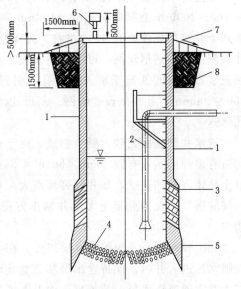

图 6.26　大口井示意图（刘福臣，2006）
1—井筒；2—吸水管；3—井壁进水孔；4—井底反滤层；5—刃脚；6—通风管；7—排水坡；8—黏土层

面上污水从井口或沿井外壁侵入含水层而污染地下水，井口应高出地表 0.5m 以上，并在井口周围修筑宽度为 1.5m 的排水坡。如在渗透性土壤处，排水坡下面还应填以厚度不小于 1.5m 的黏土层。在井口上，有的设有泵站（合建式），有的只设盖板、通气管和人孔（分建式）。在低洼地区及河滩上的大口井，为防止洪水冲刷和淹没，井盖应设密封入孔及有防止洪水自通风管倒灌的措施。

井筒的作用是加固井壁、防止井壁坍塌以及隔离水质不良的含水层，其通常由钢筋混凝土浇筑或用砖、石、预制混凝土圈砌筑而成。井筒的直径需要根据水量计算、允许流速校核和安装抽水设备的要求确定。其外形通常呈圆筒形、截头圆锥形、阶梯圆筒形等，如图 6.27 所示，其中圆筒形井筒易于保证垂直下沉，节省材料，受力条件好，利于进水。井筒的下半部有时设置有进水孔。在深度较大的井筒中，为克服较大下沉摩擦阻力，常使用变截面结构的阶梯状圆形井筒。

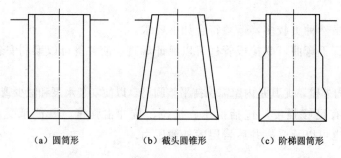

（a）圆筒形 （b）截头圆锥形 （c）阶梯圆筒形

图 6.27　大口井井筒外形（刘福臣，2006）

进水部分包括井壁进水的进水孔、透水井壁和井底进水的反滤层等。

井壁进水孔分水平孔和斜形孔两种形式。其中水平孔施工容易，采用较多。壁孔一般为 100～200mm 直径的圆孔或（100mm×150mm）～（200mm×250mm）矩形孔，交错排列于井壁，孔隙率在 15% 左右。为保持含水层不渗透性，孔内装填一定级配滤料层，孔两侧设置不锈钢丝网，以防滤料漏失。水平孔不易根据级配分层加填滤料，因此可应用预先装好滤料的铁丝笼填入进水孔。斜形孔多为圆形，孔倾斜度不宜超过 45°，孔径为 100～200mm，孔外侧设有铬网。斜形孔滤料稳定，易于装填、更换，是一种较好的进水孔形式。

透水井壁是由无砂混凝土制成。由于水文地质条件及井径等方面的不同，透水井壁的构造有多种形式，有以 50cm×50cm×20cm 无砂混凝土砌块砌筑的井壁，也有以无砂混凝土整体浇制的井壁，如井壁高度较大，可在中间适当部位设置钢筋混凝土圈梁，以加强井筒的强度。无砂混凝土大口井制作方便，结构简单，造价较低，农业灌溉工程中应用较多。

除大颗粒岩石及裂隙含水层以外，在一般砂质含水层中，为了防止含水层中的细小砂粒随水流进入井内，保持含水层渗透稳定性，应在井底铺设反滤层。反滤层一般为 3～4 层，并宜做成锅底形，粒径自下而上逐渐变大，每层厚度一般为 200～300mm。当含水层为细、粉砂时，应增至 4～5 层，总厚度为 0.7～1.2m；当含水层为粗颗粒时，可设两层，总厚度为 0.4～0.6m。由于刃脚处渗透压力较大，易涌沙，靠刃脚处可加厚 20%～30%。

3. 辐射井

辐射井是由集水井（垂直系统）及水平向或倾斜状的进水管（水平系统）联合构成的一种井型，属于联合系统的范畴。由于这些水平进水管呈辐射状，因而称为辐射井。水平进水管是用来汇集含水层地下水至竖井内，又简称辐射管、水平管。大口竖井除具有较好的集水作用外，主要是为打辐射管提供施工场所，并把从辐射管流出的水汇集起来供水泵抽取，因此辐射井的大口竖井又叫作"集水井"。辐射井结构如图 6.28 所示。

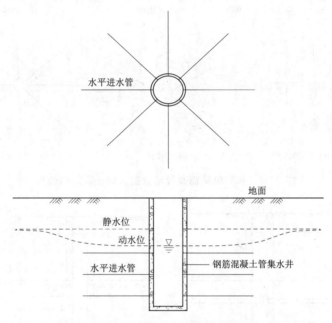

图 6.28　辐射井结构示意图（戴长雷，2015）

辐射井的形式按照含水层类型可划分为潜水辐射井和承压水辐射井，按照地下水补给条件和辐射井所处位置，可划分为河底型、河岸型、河岸河底型、河间型和潜水盆地型，如图 6.29 所示。按辐射管在平面布置划分，可分为对称布设型，如图 6.29（a）、（c）、（f）所示；还有集中布设型，如图 6.29（b）所示。按辐射管在立体布置划分，可分为单层辐射管式辐射井、多层辐射管式辐射井，如图 6.30 所示。

集水井的作用是汇集由辐射管进来的水和安装抽水设备等，对于不封底的集水井还兼有取水井的作用。我国一般采用不封底的集水井，以扩大井的出水量。

集水井的深度视含水层的埋藏条件而定。多数深度在 $10\sim20\,\mathrm{m}$ 之间，也有深达 30m 的集水井。根据黄土区辐射井的经验，为增大进水水头，施工条件允许时，可尽量增大井深，要求深入含水层深度不小于 $15\sim20\,\mathrm{m}$。

松散含水层中的辐射孔中一般均穿入滤水管，然而对坚固的裂隙岩层，可以只打辐射孔而不加设辐射管，辐射管上的进水孔眼可参照滤水管设计。

辐射管的材料直径多为 $50\sim200\,\mathrm{mm}$，壁厚 $6\sim9\,\mathrm{mm}$ 的穿孔钢管，也有用竹管和其他管材的。管材直径大小与施工方法有密切联系。当采用打入法时，管径宜小些；若为钻孔穿管法，管径可大些。

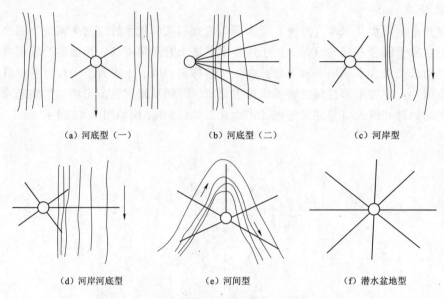

图 6.29　辐射管平面布置示意图（戴长雷，2015）

（a）河底型（一）　　　（b）河底型（二）　　　（c）河岸型

（d）河岸河底型　　　（e）河间型　　　（f）潜水盆地型

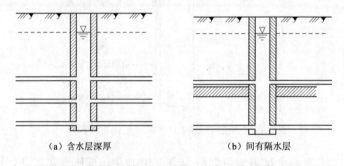

（a）含水层深厚　　　　　（b）间有隔水层

图 6.30　多层辐射管的辐射井示意图（戴长雷，2015）

辐射管的长度，由含水层的富水性和施工条件决定。当含水层富水性差、施工容易时，辐射管宜长一些；反之，则短一些。目前生产中，在砂砾卵石层中多为 10～20m；在黄土类土层中多为 100～120m。

辐射管的布置形式与数量，直接关系到辐射井出水量的多少和工程造价的高低，因此应结合当地水文地质条件与地面水体的分布以及它们之间的联系，因地制宜地加以确定。在平面布置上，如在地形平坦的平原区和黄土平原区，常均匀对称布设 6～8 根；如地下水水面坡度较陡，流速较大时，辐射管多要布置在上游半圆周范围内，下游半圆周少设甚至不设辐射管；在汇水洼地、河流弯道和河湖库塘岸边，辐射管应设在靠近地表水体一边，以充分集取地下水。在垂直方面，当含水层薄但富水性好时，可布设 1 层辐射管；当含水层富水性差但厚度大时，可布设 2～3 层辐射管，各层之间间距 3～5m，辐射管位置应上下错开。辐射管需尽量布置在集水井底部，最底层辐射管一般离集水井底 1～1.5m，以保证在大水位降深条件下获得最大的出水量。最顶层辐射管应淹没在动水位以下，至少应保持 3m 以上水头。

【思　考　题】

1. 查阅资料了解南水北调工程有哪些社会效益、经济效益和生态效益?
2. 查阅资料了解南水北调工程对受水区地下水水位及水质有哪些影响? 并举例说明。
3. 固定式和活动式地表水取水构筑物的适用条件分别是什么?
4. 集中式供水水源地的选择需要考虑哪些因素?
5. 有哪些常见的地下水取水构筑物? 其适用条件是什么? 举例说明。

第 7 章

非常规水资源开发利用

[课程思政]

随着经济发展和人口增长，我国面临着资源性缺水、水质性缺水和工程性缺水等诸多挑战。水资源在我国正从一种宝贵的战略资源上升为攸关国家经济社会可持续发展和长治久安的重大战略资源。非常规水源是常规水源的重要补充，是新时期推进节约用水工作、贯彻落实"节水优先"方针的一项重要举措，发展好非常规水资源开发利用是我国缺水形势下的现实需求和国家导向。

近年来，水利部不断加强非常规水资源开发利用管理工作。把非常规水源纳入水资源统一配置，特别是缺水地区，强化规划引导、严格论证、计划管理、工程建设等配置手段，完善激励政策，发挥市场作用，加快推进非常规水源开发利用。我国非常规水资源开发利用成效明显。以北京为例，截至 2019 年，北京已建成规模以上再生水厂 54 座，再生水管线达到 1877km，再生水利用量达到 10.7 亿 m^3；广东、福建、浙江、山东、江苏、海南和辽宁等地因地制宜，沿海岸线布局的火（核）电厂直接利用海水作为冷却用水，2017 年利用量超过千亿立方米，大幅度节约了淡水资源。随着我国经济社会发展进入新的阶段，非常规水源的巨大潜力将进一步释放，"第二水源"的重要作用将进一步增强，非常规水源开发利用将迎来新的格局。

7.1 雨水资源化利用

雨水作为大气中降落至地表的液态水分，是大多数流域降水的主要组成部分。虽然雨水目前尚未纳入我国传统水资源评价口径，但将"雨水"视为自然资源和水资源是完全可以接受的。联合国环境规划署对"自然资源"的定义是"在一定的时间和技术条件下，能够产生经济价值，提高人类当前和未来福利的自然环境因素的总称"；《环境科学大辞典》则认为"自然资源"是"自然界中人类可以直接获得用于生产和生活的物质"。我国国家标准《水文基本术语和符号标准》和《水资源术语》将水资源解释为"地表和地下可供人类利用又可更新的水，通常指较长时间内保持动态平衡，可通过工程措施供人类利用，可以恢复和更新的淡水"。显然，雨水作为一种动态更新的、具有经济社会使用价值和生态环境功能的液态淡水，既符合自然资源的定义，也符合水资源的定义。不仅如此，将雨水作为水资源也是解决我国水资源问题的实际需要。例如，以雨水为基本水源的雨养农业在我国一直占有重要地位。近几十年来，随着经济社会的迅速发展和人口增加，我国水资源供需矛盾逐渐加剧。为了解决水资源供需矛盾，保障粮食安全和城市供水，对雨水资源加以利用是十分必要的。

7.1.1 雨水资源化利用的发展历程

雨水利用作为最古老的水资源利用形式，已有几千年的历史。据文献记载，公元前6000多年的阿滋泰克和玛雅文明时期，人类已将雨水用于农业生产和生活。在公元前2000年的中东地区，很多中产阶级家庭采用雨水收集系统存储雨水，用于灌溉、生活及公共卫生。公元前47年，亚历山大的埃及人使用集水槽供水，并在使用前加热杀菌。公元8世纪，希腊人的房子已建有储水槽、淋浴室和卫生间和排水系统等。

雨水利用在我国也有悠久的历史，早在3000多年前的周代，我国人民已采用中耕技术增加降雨入渗，提高作物产量。在秦汉时期，已修筑涝池、塘坝进行雨水拦蓄来灌溉。在东汉时开始采用修筑梯田的方式利用雨水。水窖在我国也有几百年的修筑历史。

下面对近些年来国内外雨水利用的发展及现状进行阐述。

7.1.1.1 国外

近几十年来，随着科学技术的进步和水资源短缺问题的日益突出，世界各国均开始发展各种雨水资源利用技术和雨水利用理念，先后出现了最佳雨洪管理措施、低影响开发和水敏感城市等模式。

在日本，1963年起，政府开始主导修建储蓄洪水和雨水的蓄洪池。修建的蓄洪池大多在地下，以充分利用地下空间。建在地上的也尽量满足多种用途，如在蓄洪池内修建运动场，平时用作运动场，雨季用来蓄洪。1980年，日本政府开始推行雨水储留渗透计划，一方面提高城市地面的入渗率，另一方面增加建筑对雨水的截留量来收集雨水以备利用，同时缓解排水系统的压力。进入20世纪90年代，日本更加重视对雨水的收集利用，在1992年颁布的《第二代城市地下水总体规划》中规定，新建和修建的大型公共建筑群必须设置雨水就地下渗设施，正式将雨水渗沟、渗塘及透水地面等作为城市总体规划的组成部分。同时，将传统和功能单一的雨水调节池，发展成集景观、公园、绿地、停车场、运动场、居民休闲和娱乐场所等为一体的多功能雨水调蓄利用设施，即"微型水库"。目前，日本是在城市中开展雨水资源化利用规模最大的国家，其收集且处理后的雨水主要用于喷洒路面、冲洗厕所、浇灌草坪、洗车、消防以及发生灾害时的应急使用等，深度处理后也供居民生活使用。

德国有着丰富的水资源，并不缺水，但其仍是目前世界上雨水收集利用最先进的国家之一。德国城市雨水利用目前已进入标准化、产业化阶段。德国于1989年颁布了雨水利用设施标准（DIN 1989），在住宅、商业和工业部门对雨水利用设施的设计、施工和操作管理、过滤、储存、控制和监测等方面制定了相应的标准。1992年，德国采用了第二代雨水利用技术，经过10多年的发展和完善，又发展为第三代雨水利用技术。它的基本特点体现在设备的一体化，从屋顶雨水收集、截留、储存、过滤、回用到控制等一系列定型产品和组装式成套设备，各项雨水资源化技术已达到全球较高水平。

在美国，水资源丰富地区对于雨水利用的主要方向就是生态用水和应急用水，比如绿化用水、补充地下水以及应付停水停电。但是在一些缺水或者没有自来水的地区，如得克萨斯州，收集到的雨水成为了主要水源。美国既有大型的市政雨水收集利用体系，也有家庭雨水收集设备，一些地方政府会对安装雨水收集设施的家庭提供费用支持和税收减免。

7.1.1.2　国内

20 世纪 80 年代以来，我国开始了对雨水利用技术较为系统性地研究和实践。1988 年，甘肃省在干旱缺水地区率先开始进行雨水利用试验研究，1997 年制定了《甘肃省雨水集蓄利用工程技术标准》。据不完全统计，到 1999 年底，西北、西南、华北 13 个省（自治区）共修建各类水窖、水池等小、微型蓄水工程 464 万个，总蓄水容量 13.5 亿 m^3；发展灌溉面积 2260 多万亩，其中节水灌溉工程面积 645 万亩；解决了 2380 多万人、1730 多万头牲畜的饮水困难和近 1740 万人的温饱问题。1995 年在甘肃省东部干旱地区实施的"121 雨水集流工程"，在内蒙古实施的"112 集雨节水灌溉工程"、宁夏"窑窖工程"和陕西"甘露工程"等都取得了良好的实践效果。1995 年 6 月在北京举办了第七届国际雨水集流系统大会（奕永庆，2004）。

2001 年水利部颁布了《雨水集蓄利用工程技术规范》（GB/T 50596—2010），标志着雨水资源利用这项技术的初步成熟。1996 年、1998 年、2001 年和 2004 年分别举行了第一、二、三、四届全国雨水资源利用研讨会，推动了我国雨水资源利用研究的发展。中德合作研究项目"北京市水资源可持续利用—城区雨洪控制及利用"在北京部分学校和社区建立了雨水利用的示范基地。甘肃省西海固地区、山东省长岛、西沙南沙群岛等地的雨水收集利用工程也获得了良好效益。

21 世纪以来，我国雨水资源利用技术获得了长足进步，《国家中长期科学和技术发展规划纲要（2006—2020 年）》在优先主题"水资源优化配置与综合开发利用"中提出了重点研究"污水、雨洪资源化利用技术"。住房和城乡建设部《海绵城市建设技术指南—低影响开发雨水系统构建》有高达 19 处出现了"雨水资源化利用"的表述。重庆市地方标准《城市雨水利用技术标准》总则中明确提出制订该标准的主要目的是"实现城市雨水的资源化利用和管理，减轻径流排水，兼顾城市内涝"（胡庆芳 等，2022）。我国城市雨水利用由建筑、场地、小区尺度起步（潘安君 等，2010；张书函 等，2012），目前已融入海绵城市建设（张善峰 等，2012；张建云 等，2014；任南琪 等，2017），并向系统化全域方向发展（任南琪 等，2020）。

7.1.2　雨水资源化利用形式

目前，雨水资源化利用的形式众多，且有不同的分类方式。就利用过程而言，可分为就地利用和经富集及水质处理后的异地利用；就利用目标和用途而言，可面向生活饮水、农业生产、水土保持、景观生态、环境卫生等；就地域范围而言，可分为农村雨水利用和城市雨水利用。城市和农村雨水利用有相通之处，但由于空间结构、地貌特征和用水需求不同，在很多方面具有明显差异，具体见表 7.1。

7.1.2.1　农村雨水利用

农村雨水利用主要结合水土保持、农业生产、居民饮水保障等开展，在不同气候地理区域均有广泛应用。水土保持方面主要通过种树植草、梯田、沟道及坑塘等措施，将雨水滞留、拦截在地表或渗漏至地下，起到强化水源涵养、减少土壤侵蚀和恢复植被的作用。农业种植中主要通过耕作、化学、生物等措施强化田间雨水入渗、容蓄和滞留以实现就地利用，或者采用集流面、集雨器等设施收集储存雨水后进行补充灌溉。雨养农业以雨水为

表 7.1　　　　　　　　　　　农村雨水利用和城市雨水利用的比较

利用方式	主要利用目标	技术原理	具体措施	技术模式
农村雨水利用	农业生产、水土保持和居民饮水保障等	改变微地形，强化地表拦截滞留能力；改变地表覆盖性质，强化透水、容水和保水性质，就地利用；强化雨水富集、调蓄和水质处理，集蓄利用	营造梯田、垄沟等；植树种草；采用农膜、秸秆、沙石等农田覆盖；投放土壤增渗和保水制剂；建设庭院和道路等集流面和坑塘、水窖等集雨设施；开发雨水水质处理装备	与农村生态保护、农业生产和居民生活紧密结合，形成了小流域水土保持和低成本、经济型农田雨水就地利用和补充灌溉模式、居民生活饮用水雨水集蓄-净化利用模式
城市雨水利用	城市内涝防治、地表径流污染控制、景观生态、市政杂用等	优化城市用地平面和竖向控制，强化地表径流源头控制和渗滤净化；提高雨水收集能力；扩大雨水滞蓄和行泄能力	建设透水铺装、低势绿地、雨水花园等低影响开发设施；提升雨水管渠及调节池等设施标准；保护和扩大城市内河、湖泊、湿地等多功能调蓄水体；打造深层排水系统	与城市空间管控、排水防涝、景观园林、河湖治理等融合，形成了灰绿结合、源头-过程-末端相结合的全过程雨水管理模式

基本水源，而灌溉农业也在相当程度上利用雨水。农村饮水保障方面，主要是在缺乏集中式生活供水条件的地区，利用硬化路面、屋面等集流面收集雨水，经水窖、水柜、蓄水池等设施储存并净化后，供居民生活饮用。对于农村生产、生活而言，雨水利用的核心在于以低成本实现用水需求与供给的匹配，雨水利用在不少农村地区具有不可替代性。根据2007 年水利部调查评估，全国有 22 个省级行政区在不同程度上通过实施雨水集蓄利用解决了农村居民饮水问题，涉及的人口数量超过 2194 万（金彦兆 等，2017）。

7.1.2.2　城市雨水利用

随着城市及其毗邻区人类活动剧烈扰动地表环境，城市化对水文过程的影响日益显著。科学利用雨水不仅可以缓解城市水资源短缺，更重要的是能够合理调控和净化地表径流，对治理城市内涝、改善河湖水质、回补地下水均具有重要作用。雨水利用和全过程管理已成为城市健康水循环系统构建中至关重要的组成部分，与城市空间布局、排水防涝建设、景观环境改善等紧密融合。

城市中雨水有几大用处，一是为动植物所用，可将雨水作为绿化用水使用，如浇灌花草、进入河道池塘美化环境等；二是为人类生活所用，如喷洒路面、冲厕洗车等，利用其温度作热循环介质，还可以在处理干净后饮用；三是可以渗入地下，补充因人类活动而导致下降的地下水位。就利用形式而言，城市雨水利用有屋顶雨水利用、道路雨水利用、区域雨水利用等形式。

1. 屋顶雨水利用

屋顶雨水收集是指以城市建筑物屋顶作为集水面来收集雨水，是城市雨水利用中最普遍的雨水收集方式。屋顶雨水收集模式最早出现在德国，因为其收集的雨水水质比较理想，且便于直接利用，目前已经得到了很多国家的广泛应用。屋顶雨水利用的一般模式是首先将屋顶雨水通过雨漏管等设备进行收集处理，然后通过分散或集中式过滤除去径流中的颗粒污染物，再将过滤后的雨水引入蓄水池储蓄，最后通过水泵输送至用水单元，一般多用于冲洗厕所、灌溉绿地等，也可在处理合格后用于空调或者采暖系统。

2. 道路雨水利用

与屋顶雨水利用不同，道路雨水因其污染物较多，主要将其排入下水道或渗透补充地下水。例如，在德国，城市街道雨水入口多设有截污挂篮，以拦截雨水径流携带的污染物。由于机动车道的降雨径流含有较高浓度的污染物质，必须经过处理后方可排放，因此，可沿机动车道修建径流收集系统，将所收集到的径流直接送至污水处理厂处理，高速公路所收集的径流则要进入沿路修建的处理系统处理后才能排放。由于受到污染的降水径流必须经过污水处理厂处理后方能利用或排放，而通常径流量变化范围都比较大，且是随机的，为了达到理想的处理效果，可以先将多余的径流储存在储水设施中，再在污水处理厂可以处理时排入污水处理厂，以达到预期的处理效果。

3. 区域雨水利用

由于下垫面高度不透水化等因素，导致城区地表径流系数大、汇流速度快、雨水水质污染较突出，因此目前许多城市雨水利用的首要目的并非增加生活和工业用水，而是控减地表径流总量和峰值，涵养地下水，净化径流水质，以治理内涝、缓解水体污染和改善城市生态。

区域雨水利用是以小区等区域为单元开展雨水利用。例如，生态小区雨水利用系统是20 世纪 90 年代开始在德国兴起的一种综合性雨水利用技术。该技术让城市的降水自然净化后渗入地下并且不增加城市排水系统的压力。该技术利用生态学、工程学、经济学原理，通过人工设计，依赖水生植物系统或土壤的自然净化作用，将雨水利用与景观设计相结合，从而实现人类社会与生态、环境的和谐与统一。其具体做法和规模依据小区特点而不同，一般包括屋顶花园、水景、渗透、中水回用等。此外，一些小区开发出集太阳能、风能和雨水利用景观于一体的花园式生态建筑。其中一个典型的例子是德国曼海姆 Wallstadt 居民小区。Wallstadt 居民小区的雨水通过具有一定造型的地面宽浅式沟道流入明渠。明渠模仿天然河流修建，局部地段建有涌泉或造型建筑物，渠边种植水生植物。明渠底部采用防渗处理，以保持稳定的水面，若水量过大，会自动溢过防渗层补给地下水。

近年来，"洼地-渗渠系统"这种新的雨水处理系统逐渐得到应用。该系统包括各个就地设置的洼地、渗渠等组成部分，这些部分与带有孔洞的排水管道连接，形成一个分散的雨水处理系统。通过雨水在低洼草地中短期储存和在渗渠中的长期储存，保证尽可能多的雨水得以下渗。该系统代表了一种新的排水系统设计理念，即"径流零增长"，这个理念的目标是使城市范围内的水量平衡尽量接近城市化之前的降雨径流状况。系统的优点在于不仅大大减少了因城市化而增加的雨洪暴雨径流，延缓了雨洪汇流时间，对防灾减灾起到了重要的作用，同时由于及时补充了地下水，可以防止地面沉降，使城市水文生态系统形成良性循环。

7.1.3　雨水资源化利用技术

下面介绍几种常见的城市雨水利用技术。

7.1.3.1　收集、初级过滤技术

以屋顶雨水收集为例，图 7.1 为屋顶雨水利用示意图，通过特殊的收集装置对屋顶雨水进行收集，然后通过传输管道输送到地面或地下，屋顶雨水利用主要包括收集系统、处理系统、存储系统和回用系统（于晓晶 等，2008）。

降落到建筑物屋顶的雨水通过雨落管和输水管道进入到蓄水池，蓄水池分为两层，上部蓄水池接纳输水管道中的雨水，经过大孔隙混凝土层后进入下部的蓄水池，大孔隙混凝土层主要起到过滤和净化的作用。屋顶雨水利用的设计简单且造价不高，但雨水收集量可观，收集到的雨水经过简单的处理后便可以用于道路喷洒、厕所冲洗、绿化浇灌等，也可以输送到周围的洗车场，用来洗车等。在德国，城市通过小区屋顶集蓄的雨水基本能够满足每家每户浇花、冲厕、洗衣等庭院杂用水需求。目前，屋顶绿化已经成为很多城市的一种新型的雨水利用方式，在居民小区或者商业建筑物的屋顶种植一些以景观类为主的绿色植物，既能就地拦截屋面雨水，又能增加城市的绿化面积，美化城市环境。

屋顶雨水的截污措施有很多种方法，图7.2为雨水管上常用的活动式截污滤网装置（邵兆凤，2012），安装在雨水斗、排水立管或排水横管上，雨水管内设置金属或塑料材质的滤网，滤网需要进行定期清理。

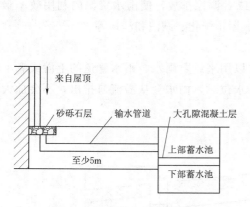
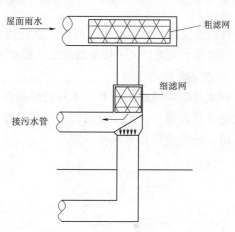

图7.1　屋顶雨水利用示意图　　　　　图7.2　屋顶雨水管上设置的截污
　　　（于晓晶 等，2008）　　　　　　　　　滤网装置

随着城市化的快速发展，硬化地面的面积不断增加，道路、房屋、公共设施等的修建使得自然状态下的土壤都变成了不透水地面，硬化地面容易形成地面雨水径流，成为城市良好的雨水收集面，通过在路面修建一些简单的雨水收集和蓄存工程，就可将雨水收集回用。在城市规划时，应将地面设置一定的坡度，利于雨水径流通过雨水口进入排水管或者蓄水池。雨水口的设置，必须能够保证不同设计频率的径流量，雨水口一般设置在路面的低洼处或者道路两侧的下凹处。

城市道路和广场收集的雨水径流的水质明显要比屋顶要差，因此，通常在雨水口设置截污装置或者安装初期雨水弃流装置。初期雨水的弃流装置是提高雨水径流水质的重要技术方法，一次降雨过程中60%以上的污染物集中在初期的雨水径流中（邵兆凤，2012）。根据城市不同功能分区的雨水水质情况，确定初期雨水的弃流量，能够有效去除大部分的悬浮物以及可溶解的污染物。图7.3为一种初期雨水弃流池的构造图（许静，2009）。

7.1.3.2　调蓄技术

雨水调蓄是指对雨水资源的调节和存蓄。降雨和径流均具有时效性，收集到的雨水不可能在短时间内得到有效的处理或利用，雨水调蓄的原理就是通过天然或者人工构筑的存储空

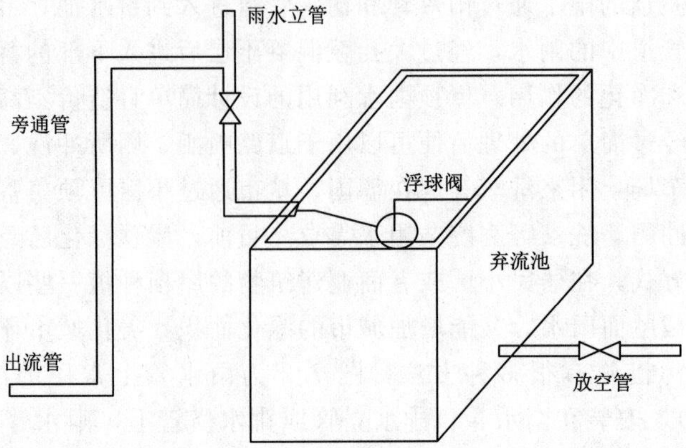

图 7.3　初期雨水弃流池的构造图（许静，2009）

间，将雨水资源先蓄存起来，对雨水进行回用或者调控排放，使雨水资源的利用效率最大化。城市雨水调蓄空间一般包括管道、蓄水池、屋顶绿化、湖泊和洼地等。

1. 雨水管道

雨水管道除输水功能外，本身的空间就可以用来调蓄雨水，雨水管道的上游或者下游通常会设置溢流口，当管道内的水位超过设计水位时，雨水会从溢流口排出，不会加大调蓄管道上游管道的排水风险（图 7.4）。

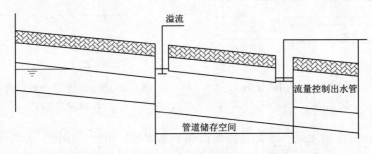

图 7.4　雨水管道调蓄

2. 雨水桶

雨水桶也称雨水罐，一种封闭简易的雨水收集装置，一般放置于屋顶排水管的末端，用来收集和储存屋顶的雨水（车伍 等，2012），可用塑料、木材或金属等材料制成，适用于单体建筑屋顶雨水的收集利用（图 7.5），雨水桶多为成型产品，施工安装方便，便于维护，雨水桶能临时性的储存雨水，减少雨水的直接排放，也在一定意义上削减了场地径流。其缺点是容量较小，且自身不具有雨水净化能力。

3. 蓄水池

在条件允许时可以人工修建地下蓄水池来调蓄雨水径流，地下蓄水池对雨水调控更为灵活，但施工复杂且成本较高。单个地下蓄水池结构剖面图如图 7.6 所示，蓄水池一般采用钢筋混凝土结构，由池壁、检查井、供水管、泵坑、进水口和出水口等构成。降雨径流经过沉淀、过滤等初步处理后进入蓄水池，供水时通过水泵提水。

图 7.5　雨水桶相关示意图

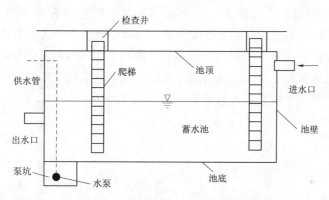

图 7.6　地下蓄水池结构剖面图（潘安君等，2010）

　　对于雨水调蓄池容积的计算方法，日本、美国、中国都有不同的计算公式。中国调蓄池容积的确定主要参考《给水排水设计手册》和《给水排水管网统》。

　　4. 屋顶绿化系统

　　绿色屋顶也称种植屋顶、屋顶绿化等，是用植物材料代替裸露的屋顶材料，植物覆盖能够滞留和蒸发雨水，其主要功能是减少雨水径流。绿色屋顶按照不同的种植基质深度和景观复杂程度，又可以分为简单式和花园式，基质深度主要由植物需求及屋顶荷载来确定。简单式绿色屋顶的基质深度一般不大于 15cm，花园式绿色屋顶在种植乔木时基质深度可超过 60cm。绿色屋顶的构造主要包含植物层、基质层、过滤层、排水层、保护层和防水层（图 7.7），并且在其末端设置排水口，然后再通过收集管道进入雨水调蓄

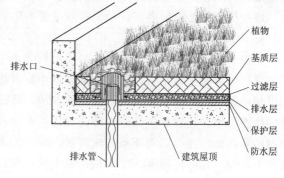

图 7.7　绿色屋顶结构示意图

池、雨水桶或者直接在周边绿地进行下渗（刘葆华，2008）。

与传统的屋顶雨水收集不同，绿色屋顶具有一定的保水能力，其通过雨水的收集，加之绿色植物和排水介质的净化作用，不仅可以有效减少屋顶雨水径流量，减缓雨水排放的排放速度，减小城市公园在遭遇强降雨天气下的地表径流和雨水管网压力，还能在很大程度上净化和过滤雨水，避免雨水污染。有研究表明，屋顶绿化系统可使屋顶径流系数减小到非屋顶绿化的 0.3（魏道江 等，2012）。无论是从解决雨水带来的雨洪问题，还是节水、减少雨水污染角度出发，绿色屋顶的雨水利用都具有重要意义。因此，城市公园中的关于建筑的雨水利用，可优先推荐绿色屋顶的使用。但要注意的是绿色屋顶的使用也需要满足一定的条件，绿色屋顶的造价、屋顶的坡度、屋顶面积都是影响是否选用绿色屋顶的因素。如建设造价不能达到雨水利用的节约成本、屋顶坡度大于 15° 或屋顶面积过小都将不被建议使用绿色屋顶。

5. 植被缓冲带

一般认为，植被缓冲带是位于陆地生态系统与水生生态系统之间，能够起到屏障保护、拦截污染物等作用的，由草本、灌木和乔木中一种或多种植物组成的植被缓冲区域（王荣嘉 等，2022）。雨水在源头形成径流，经过植被缓冲带的拦截作用，可以很大程度上减少径流速度和径流量，同时植被缓冲带的植物土壤本身具有的净化过滤作用，也使得最后进入水体的雨水污染较少。植被缓冲带坡度设计一般不高于 6%，宽度一般大于 2m，低坡度的植被缓冲带也可防止暴雨天气形成强径流（图 7.8）。

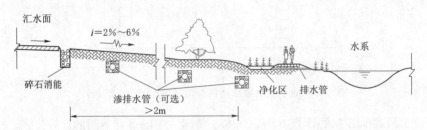

图 7.8　植被缓冲带结构示意图

植被缓冲带可以应用于公园绿地、小区居住区、停车场等不透水面周边，可作为雨水利用的预处理设施，也可作为公园水系前的绿化景观带。植被缓冲带优点在于建设成本和后期维护费用相对较低，对土壤的渗透性也没有太高的要求，缺点主要在于对场地竖向条件、坡度等条件要求较高，且径流控制效果有限。

6. 湖泊、洼地改造

湖泊、洼地、湿地等城市水体是雨水调蓄的主要场所，具有成本低、空间大的特点，不但可以增加城市蓄水量，还可以减轻城市防洪负担。对湖泊、洼地进行简单的改造，并配以相应的设施，洪水来临时，分流至湖泊、洼地或者湿地，这部分雨水径流可以满足自身的生态需水，还能承担部分市政公共用水和绿化用水。与此同时，对于底层透水性较强的湖泊和洼地，还可以将雨水径流直接引渗，回补地下水，并通过地下引流的方式补充城区地下水源，在一定程度上缓解城区地下水位下降的趋势。

7.1.3.3 下渗技术

雨水渗透是一种多元化的雨水利用技术，其目的是将雨水渗透或者回灌到地下，一方面减少城市雨水管道网所需的容量，减轻城市防洪压力；另一方面补充城市地下水资源。雨水渗入地下主要是通过地面来实现的，这些地面也被称为渗透性地面，渗透性地面可以分为天然渗透地面和人工渗透地面两种，天然渗透地面在城市主要是指绿地，因为富含植物根系的土壤具有很好的保水和净化功能，雨水降落到绿地往往不易形成地表径流，而是渗透到土壤包气带或者补给潜水含水层。城市绿地资源可以增加雨水的入渗量。人工渗透地面是指在保证道路的正常使用用途的前提下，对路面采用特殊的结构和材料，使雨水降落到地面后能够快速的渗透到路基或者垫层中，补给地下水。

1. 人工渗透地面

人工渗透地面主要分为两类：一类是与外部连通的多孔结构形成的渗透性沥青或混凝土地面；图 7.9 为多孔沥青透水地面结构示意图，表面沥青的铺装一般使用中、粗骨料，沥青质比在 $5.5\% \sim 6.0\%$ 之间，孔隙率范围在 $12\% \sim 16\%$ 之间，厚度为 $6 \sim 7 \mathrm{cm}$；沥青层下设滤层和蓄水层，滤层和蓄水层的透水系数均应大于 0.5 $\mathrm{m/s}$，使雨水能够直接入渗，其厚度由设计的蓄水量而定（井村秀文，1999）。另一类是使用镂空地砖（俗称草皮砖）铺砌的地面，如图 7.10 所示。

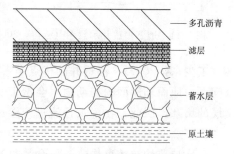

多孔沥青
滤层
蓄水层
原土壤

图 7.9 多孔沥青透水地面结构
示意图（丁跃元 等，2003）

图 7.10 人工渗透地面

渗透管和渗透井也是构建人工渗透地面的有效方法。渗透管是在传统输水管道的基础上改造而成，由带孔的 PVC 管或者其他渗透性材料加工成，在周边用砾石覆盖，屋面、道路的雨水径流进入渗透管后，通过带孔的 PVC 管向周边土壤层渗透扩散。渗透管优点是占用空间少，适合在城区或者居民小区埋设，缺点是施工相对复杂，运行维护困难。渗透管可以单独使用，也可以和雨水管道或者其他渗透设施联合使用。进入渗透管的雨水径流必须经过前期的处理，去除雨水中的杂质和悬浮物，防止渗透管的穿孔发生堵塞或者造成渗透能力下降，一旦发生这种情况，很难进行清洗。在实际使用中，通常采用带有盖板的渗透暗渠，一方面便于地下渗透管的运行维护，另一方面可以减少挖深和土方量。

当地表下浅层土质渗透性较好时可采用雨水集中入渗的渗透井,渗透井打穿地下透水层,汇集的雨水通过管道排入渗透井,渗透到地下。渗水井采用混凝土制品,形状和构造为直径小于 1m 的圆形坚固构造,井的深度由水文地质条件以及雨水收集规模决定,但是井底离地下水位的距离至少为 1.5m(吕森,2009)。渗透井通常设置在雨水收集系统的末端、排水系统的起点,根据收集的位置和雨水水质等的不同,选用不同类型的渗水井。图 7.11 为一种渗透井的示意图,在井底设置过滤层,在过滤层以下的井壁开孔,雨水通过过滤层进入地下水,大部分杂质和污染物被截留在过滤层,过滤层的滤料一般采用渗透系数小于 0.001m/s 的石英砂,且滤料应定期更

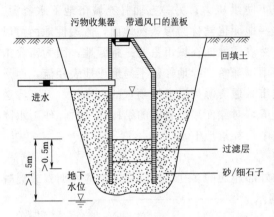

图 7.11　地下渗透井示意图(程涛,2008)

换(王少东,2007)。渗透井的优点是占用空间小,便于管理控制,缺点是不可避免的堵塞问题,地面和屋面的初期雨水会携带一部分的悬浮物和杂质,可能会造成渗透装置和土壤层的堵塞,因此,在雨水径流进入渗透池前必须进行前期处理。

2. 天然渗透地面

(1)植草沟。植草沟这一概念最早起源于西方,又叫作植被浅沟或者生物沟,是以种植大量的植物来延缓地表径流速度的沟渠,同时利用土壤和植物的净化过滤作用,对汇入沟中的雨水进行前期过滤,随后再引入其他雨水管渠,这种生态的雨水沟渠也很好的替代了传统的排水沟(胡倩 等,2007)。

植草沟主要以减缓地表雨水径流速度和削减雨水径流污染为目标,所以在植物的选择方面,多采用根系较浅、抗性能力强的乡土植物,以低矮灌木和植被为主。在雨水径流量大的地方,还应该考虑到植物根系对于土壤的固着力;在降雨量年内分配不均的地方,还应该考虑到植物的耐湿耐旱能力。植草沟主要适用于建筑周边、小区活动区、公园广场、停车场、公园园路等不透水铺装的周边,生态植草沟可以作为雨水的前期处理,末端与雨水管渠直接相连接,在场地竖向条件允许的情况下并且不影响场地整体情况下,植草沟可以完美的代替雨水管渠。

植草沟的优点在于其建设成本和后期维护费用低,同时也可以很好地与景观结合,但在建设饱和开发强度过大的区域使用较容易受到场地资源的限制。

(2)下凹式绿地。随着城市生态文明理念的提出,城市绿化面积已经作为衡量一座城市生态环境的一项重要指标。城市建设中绿地面积比率逐年提高,为城市雨水的调蓄和利用创造了有利条件。下凹式绿地既有调蓄功能也有下渗能力,与传统的草坪相比,下凹式绿地的蓄水空间和蓄水能力更大,既能够增加雨水的渗透量,又可以有效的容纳雨水径流,削减城市洪峰流量。下凹式绿地作为城市雨水利用的一种新兴模式,在国内外已得到广泛应用,并且取得了显著效益。

下凹式绿地又称低势绿地,是一种区别与植草沟的绿地雨水调蓄设施,相比于植草沟

的线性，下凹式绿地主要讲的是面。利用公园中的竖向条件创造出下凹空间，当雨水径流过大时，雨水自然汇集进入下凹式绿地中，也可以充分地进行下渗和吸收，从而减轻径流量和减少雨水对于场地的污染，是一种生态性的雨水渗透设施。在城市公园中设计下凹式绿地可以使得铺装上的雨水快速汇入绿地中，公园因为有大面积绿地的需要，设置下凹式绿地可避免形成大面积径流现象，防止强径流的产生，也可以更好地达到雨水利用的目的。

下凹式绿地的设计要求上主要是对于下凹深度和绿地面积的研究。下凹深度也决定了一个下凹式绿地的蓄水量，在满足植物生长需要的同时，也要考虑植物的耐淹性，一般来说深度控制在 5~25cm 是较合适的。其次是下凹式绿地的面积，对于雨量较大的区域设置下凹式绿地的面积过小可能还是会导致部分径流会溢出。有研究表明，在一个大的集水区域，下凹式绿地占比在 20% 左右时，基本可以实现雨水的无外排（李佳，2014；邱巧玲，2014）。

下凹式绿地的植物选择上，应该选用一些耐湿耐淹、具有一定抗性的、兼具净化功能、美观等要求的植物，常用的有莎草科植物，灯芯草属植物等（聂发辉 等，2008）。目前下凹式绿地在城市公园的使用相对来说较少，很多城市公园在设计之初忽视了下凹式绿地的作用，竖向设计上多以造山为主，缺乏考虑多坡度的下凹式绿地的构建；园路、广场的设计标高基本都是低于周边绿地。这样在雨季到来时，雨水径流很容易流入道路和铺装，加之道路铺装原有的雨水径流，排水管道的压力会很大，同时也浪费了大量的雨水资源。所以，城市公园在雨水设计的时候，就要求设计者能够充分考虑到下凹式绿地的运用。

（3）雨水花园。雨水花园既有调蓄功能又有下渗能力，主要建造在地势较低的地方，通过植物和土层来完成对雨水的过滤和净化，从而减少雨水径流量，也减少径流造成的污染。雨水花园的构造成分主要有：蓄水层、覆盖层、种植土层、人工填料层和砾石层（图7.12）。

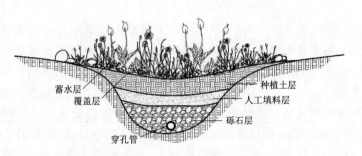

图 7.12　雨水花园结构示意图

雨水花园的设计要满足以下要求，首先在蓄水层要满足一定的蓄水能力，种植的植物必须具有一定的耐湿耐淹性；滞留在蓄水层的雨水可以起到初步的雨水净化功能；其次，覆盖层的主要作用是为了防止暴雨时期雨水量过大而形成较大的地表径流，它能够有效地保水和保护地表不被冲刷破坏；种植土层因为主要承担起净化雨水的作用，所以需要其土壤微生物不仅适宜植物的生长也要有一定的净化作用；人工填料层对透水性的要求高，从而可保证雨水的快速下渗；砾石层要有一定的蓄水能力，同时在其中可以加以配置排水管道，对净化的雨水可以直接收集并利用（白洁，2014）。雨水花园的主要优点是建设技术简单，后期管理容易和经济环保等，其在城市公园中的使用也不受地域限制。广场、道路、绿地周边均可构建雨水花园。雨水花园既可以降低地表径流、收集并临时储存雨水，又可以提供一定的景观效果，可以使得城市在建设景观的基础上更加生态环保，有效的实现雨水资源的合理利用和管理调控。

【延伸阅读】
海绵城市

7.2　再生水利用

再生水由中水演化而来。"中水"之名源于日本，通常人们把自来水叫作"上水"，把污水叫作"下水"，而中水的水质介于上水和下水之间，故名"中水"。近年来，为了统一用词，也为了表达更严谨、更准确，在新的规范、学术刊物和书籍中，"中水"这个名词正逐渐被"再生水"所替代。

再生水是指废水或雨水经适当处理后，达到一定的水质指标，满足某种使用要求，可以进行有益使用的水，属于非常规水资源的范畴，其特点是经过处理后可以再生利用，在一定程度上可以替代常规水资源。从经济的角度看，再生水的成本低；从环保的角度看，再生水利用有助于改善生态环境，实现水生态的良性循环。联合国在《2017 年世界水资源发展报告》（教科文组织，2017）中强调废水是一种待开发的资源；在《2030 年可持续发展议程》中共设立了 17 个可持续发展目标，其中第 6 个可持续发展目标中，清洁引水和卫生设施，就与废水管理、再生水利用密切相关。我国水安全战略中也在大力推进再生水的使用。

7.2.1　再生水利用的发展历程

虽然再生水这个名词近些年来才出现，但实际上人类对废水的再利用可以追溯到遥远的史前时期。

史前时期（约公元前 3200—前 1000 年），米诺斯人（爱琴海地区的古代文明，出现于古希腊）开发了污水处理系统，将废水排入河流、大海或用于灌溉和施肥的农田。图 7.13（a）显示的是希腊费斯托斯丘宫殿的污水和雨水收集系统的末端，将污水和雨水分流到农田；图 7.13（b）显示的是 Hagia Triada 别墅的蓄水池用来收集和储存农业用水的废水和排水。在印度河流域，类似的污水和排水系统早在公元前 2600 年也已经被使用。公元前 1100 年的殷朝时期，我国各地也已经开始将人们使用后的废水用于水产养殖。

历史时期（约公元前 1000 年—公元 330 年），从公元前 5 世纪开始，蓄水池被广泛用于为灌溉渠道网络提供水源 [图 7.14（a）]。也有许多小蓄水池被作为沉淀池使用 [图 7.14（b）]。罗马时期（约公元前 100 年至 330 年），连接到房屋的污水管网排出的废水用于作物灌溉和施肥。

中世纪（约 330—1400 年）的欧洲，有关水的技术和知识几乎没有进步。污水处理与再利用并没有得到足够重视。

现代早期和中期（约 1400—1900 年），在世界多个地区的大流行病发生之后，卫生措

（a）希腊费斯托斯丘宫殿的水　　　　　　　　（b）Hagia Triada的一处别墅蓄水池
　　　和废水运输设施

图 7.13　史前时期废水再利用的设施（Angelakis et al.，2018）

（a）收集储存雨水的蓄水池　　　　　　　（b）主蓄水池前面的预蓄水池，
　　　　　　　　　　　　　　　　　　　　　　用于沉淀大型垃圾

图 7.14　用于储水的蓄水池（Angelakis et al.，2018）

施重新得到重视。这一时期，许多政府认识到卫生设施的必要性，于是发展了污水处理和再利用的方法，称之为污水农场，以保护公众健康和控制水污染。现代污水处理方法的发展可以追溯到 19 世纪中期的英国和德国，处理方法包括大型化粪池、接触床和滴滤等。在有足够土地的情况下，也使用间歇式砂过滤器。

20 世纪以来（1900 年至今），各领域重大技术和科学创新使得污水处理厂的应用显著增加，它可以处理大量废水并直接排放到河道和海洋。从 20 世纪下半叶开始，由于人口增长、城市化、特大城市的增长、气候变化、各种用途对水的日益增长的需求，加之水再生技术的快速发展能够生产出质量几乎等于或高于饮用水的再生水，再生水的回用又流行起来（Angelakis et al.，2018）。

下面对近些年来国内外再生水利用的发展及现状进行阐述。美国、新加坡、澳大利亚、日本、以色列等国家在再生水利用技术上处于全球领先地位（范冬庆 等，2016）。

7.2.1.1　日本

1955 年日本就开始了再生水利用，并从 20 世纪 80 年代开始进入高速发展阶段，当时，日本成立了一个专门从事污水再生利用的技术开发和推广机构——财团法人造水促进中心。

日本大城市双管供水系统比较普遍，一个是饮用水系统，一个是再生水系统，该系统也被称为独特的"中水道"系统，对其他地区城市生活用水起到了重要的借鉴和引导作用。"中水道"系统以输送再生水供生活杂用著称，约占再生水回用量的 40%；日本再生水主要用于城市杂用、工业、农业灌溉等；在日本南部地区，甚至直接作为饮用水。2009年，日本公布《下水道白皮书》，强调对再生水利用的重要性，积极进行再生水相关信息的公开，严格控制再生水的水质，定期向公众公开监测结果，以实现安全利用再生水的目的。

目前，日本已形成一套完整的再生水利用政策标准体系，包括《污水处理水循环利用技术方针》《冲厕用水、绿化用水：污水处理水循环利用指南》《再生水利用事业条例》《污水处理水循环利用技术指南》《污水处理水中景观、亲水用水水质指南》等再生水水质标准。

7.2.1.2　美国

美国虽然水资源丰富，但加利福尼亚、得克萨斯、佛罗里达、亚利桑那等州仍属于水资源短缺、地下水超采严重的地区，因此再生水被广泛用于这些地区的城市市政、工业设备冷却、农业灌溉、河湖景观娱乐、地下水补给等方面。

美国再生水利用模式的主要特点是处理回用，主要用于农业灌溉、景观灌溉、工业回用、地下水回灌以及娱乐环境用水，其中，灌溉用水占总回用量的 60%，工业用水占30% 左右，城市生活等其他方面占大约 10%（范冬庆 等，2016）。美国加利福尼亚州在1912 年就先于各州开始了再治污水用于农业灌溉方面的实践；加利福尼亚圣罗莎亚区其再生水系统从 20 世纪 60 年代开始便为牧场提供再生水用于草地灌溉；Irvine Ranch 地区将再生水用于高层建筑卫生间冲洗，这使得高层建筑饮用水的消耗量减少约 75%；70 年代，美国开始使用再生水补给地下水，以防止海水入侵和地下水位的下降；1991 年美国加州约有 14% 的再生水被回灌至地下，到 1995 年，该比例增加到 27%（何星海 等，2004）。

7.2.1.3　新加坡

新加坡由于本地水源的匮乏，长期需要从马来西亚进口水资源来满足本国的需求。为了摆脱依靠进口水源的困境，新加坡采取的措施之一就是发展高品质回用水。2003 年，新加坡将高品质回用水确定为"新生水"这一名称，正式启动新生水推广活动；新生水被作为工业用水和间接饮用水源的补给，通过将新生水输送到水库中后，与自然水体混合后，再经过自来水厂传统工艺的进一步净化，最终进入自来水管道。目前新加坡共有五座新生水厂，所生产的新生水基本能够满足全岛 30% 的用水需求。新加坡的再生水和饮用水执行同一标准，既包含了世界卫生组织《饮用水水质指引》，又考虑了新加坡的供水安全。

新加坡制定了新生水利用的 2060 年长远规划，政府每年投入大量资金，进行新生水的处理工艺研究，同时兴建污水处理厂；污水经过先进工艺处理后，各项指标均超过一般的自来水，高于世界卫生组织规定的国际饮用水一般标准。

7.2.1.4 以色列

以色列对再生水的认识比较早。20世纪60年代，该国政府就将水列入国家的战略资源，明确水为公有资源配额制使用，把污水回用列为一项国家政策；以色列是最早使用再生水进行农业灌溉的国家之一，目前全国1/3的农业灌溉使用再生水。以色列再生水约有42%用于灌溉，30%用于回灌地下水，其余用于工业和城市杂用等方面。2010年，以色列污水排放量约5亿m^3/a，再生水利用量达到大约3.5亿m^3/a；2020年，以色列100%的生活污水要实现再生利用。

以色列将污水再生利用以法律的形式给予保障，明晰的法律体系、严格的用水配额制和阶梯式水价，经过长期实践，以色列人民树立了牢固的节水意识，成为世界上再生水利用程度最高的国家。

7.2.1.5 中国

我国再生水利用可以划分为四个阶段。

1. 起步阶段（1976—1985年）

我国再生水利用始于"六五"期间，最先由建设部在"六五"专项科技计划中列入了城市污水回用方面的课题，分别在大连、青岛两地做试点工作（李燕群 等，2011）。1984年，投资建成了天津市纪庄子大型污水处理厂，这是我国当时规模最大的综合性污水处理工程，自此，我国污水处理厂的建设速度提升（马涛 等，2020）。

2. 探索阶段（1986—2000年）

20世纪80年代末，许多北方城市频频出现水危机，再生水利用的相关研究和技术开始真正得到广泛关注。"七五"到"九五"期间是再生水利用的技术储备和示范工程引领阶段。这期间开展了一系列污水处理和资源化利用的科技攻关工作，包括"水污染防治及城市污水资源化技术""污水净化与资源化技术""污水处理与水工业关键技术研究"等研究课题，开展了一些重大实践项目，包括"天津纪庄子污水厂回用工程"以及"北京市一批建筑（小区）中水工程"等。

再生水利用在我国北方城市开展较早。1987年以来北京市先后制定了一系列再生水设施建设管理的相关政策和再生水利用的相关标准（李燕群 等，2011），为再生水的利用提供了政策和技术依据。但总体来说，该阶段再生水利用推进较为缓慢。

3. 发展阶段（2001—2015年）

2001年以后我国开始着力建设污水再生利用示范工程和再生水集中利用工程，并在"十五"期间首次将污水资源化利用纳入国民经济和社会发展计划。

2002年，《中华人民共和国水法》修订后，明确要求"鼓励使用再生水，提高污水再生利用率"；2006年，相关部门印发了《城市污水再生利用技术政策》（建科〔2006〕100号），指导各地开展污水再生利用规划、建设、运营管理、技术研究开发和推广应用。同时，国家相继印发实施了《建筑中水设计规范》（GB 50336—2002）、《城市污水再生利用分类》（GB/T 18919—2002）、《城市污水再生利用 城市杂用水水质》（GB/T 18920—2002）、《城市污水再生利用 农田灌溉用水水质》（GB 20922—2007）、《城市污水再生利用 绿地灌溉水质》（GB/T 25499—2010）等国家标准，水利部颁布水利行业标准《再生水水质标准》（SL 368—2006），极大促进了我国再生水的发展。

"十二五"期间，再生水利用发展迅速；国家首次将再生水设施建设列入"十二五"规划中的水资源开发利用工程范畴；2009—2012 年，我国再生水利用量从 21.5 亿 m^3 上升至 44.3 亿 m^3，复合年增长率 27%。2015 年，《水污染防治行动计划》"水十条"，进一步明确提出"到 2020 年，缺水城市再生水利用率达到 20% 以上，京津冀区域达到 30% 以上"。

在缺水现实倒逼和国家政策引导下，我国城市再生水利用工作全面启动，利用再生水的地区从北京、天津、大连、青岛等北方城市，扩大到重庆、西安、合肥、昆明等中北部和南方城市。该阶段我国再生水利用的主要特点是全国污水资源化利用面迅速扩大，利用技术和效果研究不断深入，利用范围进一步拓展到灌溉用水、工业用水、景观环境用水、城市杂用、地下水回灌等领域。

4. 绿色发展阶段（2016 年至今）

党的十八大以来，生态文明建设进入了新的历史发展时期。在生态文明建设的时代背景下，再生水利用取得了更大进展。2012 年起，《国务院关于实行最严格水资源管理制度的意见》（国发〔2012〕3 号）、《国务院关于印发水污染防治行动计划的通知》（国发〔2015〕17 号）、《水利部关于非常规水源纳入水资源统一配置的指导意见》（水资源〔2017〕274 号）、《国家发展改革委水利部关于印发〈国家节水行动方案〉的通知》（发改环资规〔2019〕695 号）等文件中，均明确要求将非常规水资源纳入水资源统一配置。对于缺水地区，主张完善激励政策，发挥市场作用，加快推进非常规水源的开发利用，并把非常规水源利用纳入最严格水资源管理制度考核。

根据《中国城市建设统计年鉴》（2002—2018 年）统计数据，我国再生水利用量增长迅速，尤其是 2017 年和 2018 年。2018 年全国再生水利用量达 86 亿 m^3，较 2015 年增加了 92%；再生水利用率也显著提高，2018 年达到 16.4%（图 7.15）。再生水利用主要分布在华北和东北地区，其中北京市再生水利用规模最大，从 2002 年到 2018 年，北京市再生水供水量由 0.7 亿 m^3 提高到 10.8 亿 m^3，占供水总量的比例由 2% 增加至 27.4%，再生水利用率由 7.7% 提高到 60%；北京市再生水利用率居全国第一（图 7.16 和图 7.17）。

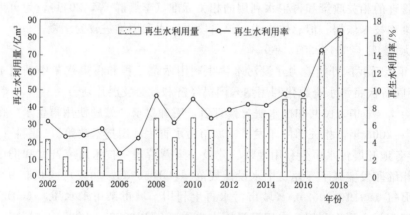

图 7.15 2002—2018 年我国再生水利用量与再生水利用率情况
[数据来自《中国城市建设统计年鉴》（2002—2018 年）]

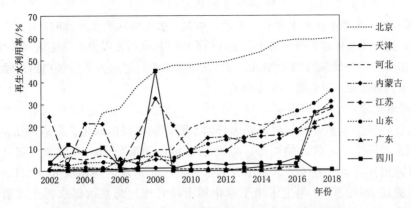

图 7.16　2002—2018 年我国部分省市再生水利用率情况

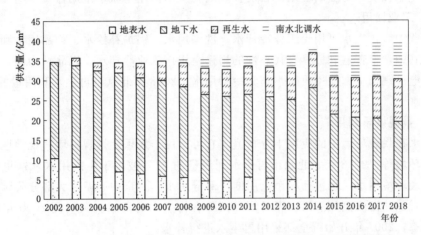

图 7.17　2002—2018 年北京市供水量及供水结构（数据来自北京统计年鉴）

随着我国经济社会发展进入新的阶段，再生水的巨大潜力将进一步释放。2018 年，我国首个城市污水处理概念厂在江苏宜兴奠基，相对于传统的污水处理厂，概念厂的核心思想是扎实践行"低碳绿色"发展理念，提出了水质永续、能源自给、资源回收、环境友好的 4 个建设目标，对寻求我国污水资源化利用创新突破进行了有益尝试（马涛 等，2020）。

7.2.2　再生水利用形式

再生水利用形式主要包括农、林、牧、渔业利用，城市杂用，工业回用，景观娱乐利用和地下水补给等方面。

7.2.2.1　农、林、牧、渔业利用

再生水可以用于农田灌溉、造林育苗及渔业养殖等。再生水用于农田灌溉始于 20 世纪初的美国加利福尼亚州，当时该地区再生水回用总量的 70% 用于农业和城市绿地灌溉；以色列是另一个再生水灌溉水平较高的代表国家，现阶段近 50% 的再生水直接用于农田灌溉；欧洲南部相对缺水地区超过 45% 的再生水被用于农业灌溉。我国约 30% 的再生水水量用于灌溉，与多数发达国家相比仍有差距。北京在再生水回用方面一直走在全国前

列，据 2014 年统计数据显示，当年再生水回用量达到 8.6 亿 m^3，其中 44％用于灌溉京郊的约 60 万亩农田。再生水回用于湖泊、河流、池塘、水库等地表水水体时，水中常放养或野生各种鱼类，这使得水体亦有渔业功能。北京稻香湖园林水系是以由酒店生活污水处理得到的再生水为补给水源，补给规模约为 510m^3/d。在该水系里，通过人工投加白鲢、鳙鱼、鲫鱼、鲤鱼等鱼苗来发展渔业（李荣旗 等，2008）。

7.2.2.2　城市杂用

再生水已经成为很多市政杂用优先选择的水源，例如城市绿化、街道冲刷清扫、车辆冲洗、建筑施工降尘、消防、冲厕等。以北京为例，朝阳公园、大观园、陶然亭、万泉河、南护城河以及奥运中心区等都使用再生水浇灌；北京城区还建成 67 个自动中水加水机，每年可提供 2000 万 m^3 再生水用于绿化和市政管理。北京市要求再生水管网覆盖区域内洗车站点必须使用再生水洗车；同时，通过提高自来水洗车价格降低再生水洗车价格来推动再生水在洗车行业的应用。目前，我国再生水回用中城市杂用占 12％左右。

7.2.2.3　工业回用

在工业中，再生水可用于工业冷却水、洗涤用水、锅炉补给水、产品用水和工艺用水等领域，其中，最普遍和最具有代表性的用途是用作工业冷却水。以北京为例，北京城区的 9 个火电厂现在全部使用再生水作为冷却用水。2018 年北京市再生水利用量的 6％被用于工业用水。

7.2.2.4　景观娱乐利用

再生水在景观环境中的应用十分普遍，它可以用于娱乐性景观环境、观赏性景观环境以及湿地环境等。2018 年，北京市再生水利用量的 92％被用于生态用水，这里生态用水既包括景观环境用水，也包括城市杂用的一部分用水。北京中心城区大部分公园里的水体景观，还有一些河流例如清河、亮马河等，都有再生水的贡献。圆明园 2000 年前后就陷入缺水状态，2007 年开始就全部采用再生水进行补水。

《北京市节约用水办法》中也提出，北京市生态环境用水应当优先使用雨水和再生水，禁止使用地下水和自来水。当然，北京也有一些区域，如颐和园、后海，这些区域的水体仍然是自然水补给。

7.2.2.5　地下水补给

再生水通过井孔、沟、渠、塘等水工构筑物从地面渗入或注入地下的方式补给地下水，可用于地下水源补给、增加地下水资源、防止海水入侵、防治地面沉降。

美国在 20 世纪 70 年代就开始使用再生水补给地下水，以防止海水入侵和地下水位下降。1972 年，加州橙县建造了"21 世纪水厂"，这是当时世界上最大的污水深度处理厂。在回灌前，将再生水与深层含水层的井水以 2∶1 比例混合；然后回灌注入 4 个蓄水层；1991 年，加州 14％再生水回灌至地下；1995 年，该比例增加到 27％。2008 年，加州再生水地下水回灌系统（GWRS）开始正式运营，可生产出符合甚至优于州及联邦饮用水标准的优质水，这些水通过自然渗透，补给当地的地下水系统。

以色列是全球再生水利用方面的领跑者。一般情况下，以色列不将再生水作为直接饮用水，而是将再生水回灌地下，通过土壤层的净化后再抽取到管网使用。以色列大概有 30％的再生水用于回灌地下。

德国是欧洲开展再生水回灌较早的国家。德国的地下水回灌有两种方法：一种是采用天然河滩渗漏，另一种是修建渗渠、渗水井等渗漏工程。20世纪60年代德国就通过天然河床渗漏的方式把被污染的水回灌到地下，然后通过自然的净化以后，再通过水井取用循环后的地下水，这个水井一般来说需要和河道相隔一定的距离。这个取水量占总供水量的大概14%。20世纪70年代，德国开始了一些回灌地下水的示范工程。主要做法是修建渗水池、渗渠、渗水井等渗漏工程，将受到污染的河水经过深度处理，然后通过渗漏工程将处理后的水回灌地下；在柏林，再生水回灌地下以后，经过土壤的净化作用，然后再抽取出来作为饮用水；在德国Langen市用再生水回灌地下的目的是解决当地地下水位下降的问题。

目前，我国再生水回用中回灌地下水占到总用水量的2%。"九五"期间，清华大学承担的"城市污水地下回灌技术研究"攻关任务为我国地下水回灌示范工程的建立奠定了技术基础。相对于南方城市来说，北方城市在再生水补给地下水方面处于实践前列。例如，北京市高碑店污水处理厂建立了再生水补给涵养地下水的中试模拟系统和再生水涵养地下水示范工程（郭宇杰 等，2013）。2018年9月，河北省在滹沱河安平段、献县段沿线开展再生水回补试点工作，补水后安平县区域地下水位回升明显，预计整体工作完成后，地下水位将提升2～3m（王林红，2018）。

附录中的案例5以北京市为例，详述了再生水利用的现状及潜力（徐傲 等，2021）。

7.2.3　与再生水利用有关的政策规范

7.2.3.1　政策

国家层面上，《中华人民共和国水法》第五十二条指出，加强城市污水集中处理，鼓励使用再生水，提高污水再生利用率。

2006年，《城市污水再生利用技术政策》（建科〔2006〕100号）对城市再生水利用的规划、建设、运营管理、技术发展给予指导，推动了再生水利用。

2009年，《关于加强城市污水处理回用促进水资源节约与保护的通知》（水资源〔2009〕289号），明确要求具备条件的用户优先使用再生水，原则上不批准使用新水。

2013年，《城镇排水与污水处理条例》（2013年国务院令第641号）明确，国家鼓励城镇污水处理再生利用，工业生产、城市绿化、道理清扫、建筑施工以及生态景观等，应该优先使用再生水；县级以上地方人民政府应该根据当地水资源和水环境状况，合理确定再生水利用的规模，制定促进再生水利用的保障措施；再生水纳入水资源统一配置。

2014年，《计划用水管理办法》（水资源〔2014〕360号）第十五条明确指出，用水单位具备利用雨水、再生水等非常规水源条件而不利用的，管理机关应当核减其年计划用水总量。

2015年，《国务院关于印发水污染防治行动计划的通知》（国发〔2015〕17号）明确规定，要促进再生水利用，以缺水及水污染严重地区城市为重点，完善再生水利用设施，工业生产、城市绿化、道路清扫、车辆冲洗、建筑施工以及生态景观等用水，要优先使用再生水；推进高速公路服务区污水处理和利用。

2016年，《全民节水行动计划》（发改环资〔2016〕2259号）通知中要求，在建设城市污水处理设施时，应预留再生处理设施空间，根据再生水用户布局配套再生储存和输送设施；加快污水处理及再生利用设施提标改造，增加高品质再生水利用规模；应在城市绿化、道路清扫、车辆冲洗、建筑施工、生态景观等领域优先使用再生水。对于新建产业园区，需要提升园区污水处理和再生利用率。对于养殖业，要开展废水适度再生利用试点；对于高耗水服务业，要推进节水技术改造，在安全合理的前提下，积极采用中水和循环用水技术、设备；加强公园绿地再生水等非常规水源利用设施的建设。同年，《水资源税改革试点暂行办法》（财税〔2016〕55号）中指出，在河北省实施对取用污水处理回用水、再生水等非常规水源免征水资源税等试点工作；2017年该试点工作推广至北京、天津、山西、内蒙古、山东、河南、四川、陕西、宁夏等9个省（自治区、直辖市）。

2018年《关于创新和完善促进绿色发展价格机制的意见》（发改价格规〔2018〕943号）中明确，建立有利于再生水利用的价格政策。同年，《国家节水型城市申报与考核办法》和《国家节水型城市考核标准》中明确了城市污水再生利用率方面的指标要求；《关于水资源有偿使用制度改革的意见水资源》（水资源〔2018〕60号）中指出对取用污水处理再生水的企业免征水资源费，进一步推进水资源有偿使用制度改革。

2019年4月，《国家节水行动方案》（发改办环资〔2019〕754号）中提出，统筹利用好再生水、雨水、微咸水等用于农业灌溉和生态景观；具备使用非常规水条件但未充分利用的建设项目不得批准其新增取水许可；在缺水地区加强再生水等非常规水多元、梯级和安全利用。

7.2.3.2　标准与规范

为规范再生水的使用，国家出台了一系列国家和行业标准。2006年制定的水利行业标准《再生水水质标准》中，根据再生水利用的用途，再生水水质标准分为农林牧业用水标准、城市非饮用水标准、工业用水标准、景观环境用水标准和地下水回灌用水标准。再生水水质分类标准对应的分类细目及范围见表7.2。不同用途的再生水水质标准类别（地下水回灌用水、工业用水、农林牧用水、城市非饮用水和景观环境用水）的控制项目和指标限值可查阅相关标准。

表7.2　　　　　　　　　　　　再生水水质标准分类

序号	标准类别	分类细目	范围
1	地下水回灌用水	补充地下水	地下水源补给、防止海水入侵、防治地面沉降
2	工业用水	冷却用水	直流式、循环式
		洗涤用水	冲渣、冲灰、消烟除尘、清洗
		锅炉用水	中压、低压锅炉
3	农业、林业、牧业用水	农业用水	粮食作物、经济作物的灌溉、种植与育苗
		林业用水	林木、观赏植物的灌溉、种植与育苗
		牧业用水	家畜、家禽用水
4	城市非饮用水	冲厕	厕所便器冲洗
		街道清扫、消防	城市道路的冲洗及喷洒、消防用水
		城市绿化	公共绿地、住宅小区绿化
		车辆冲洗	各种车辆冲洗
		建筑施工	施工场地清扫、浇洒、灰尘抑制、混凝土养护与制备、施工中的混凝土构件和建筑物冲洗

序号	标准类别	分类细目	范　　围
5	景观环境用水	娱乐性景观环境用水	娱乐性景观河道、景观湖泊及水景
		观赏性景观环境用水	观赏性景观河道、景观湖泊及水景
		湿地环境用水	恢复自然湿地、营造人工湿地

此外，还包括《污水再生利用工程设计规范》（GB 50335—2002）、《城市污水再生利用分类》（GB/T 18919—2002）、《城市污水再生利用　城市杂用水水质》（GB/T 18920—2002）、《城市污水再生利用　地下水回灌水质》（GB/T 19972—2005）、《城市污水再生利用工业用水水质》（GB/T 19923—2005）、《城市污水再生利用　农田灌溉用水水质》（GB/T 20922—2007）、《城市污水再生利用　绿地灌溉水质》（GB/T 25499—2010）、《城市污水再生回灌农田安全技术规范》（GB/T 22103—2008）、《城镇污水再生利用工程设计规范》（GB 50335—2016）、《建筑中水设计标准》（GB 50336—2018）、《再生水水质标准》（SL 368—2006）、《城镇再生水利用规划编制指南》（SL 760—2018）等。

很多地方政府也相继出台了一系列再生水利用的标准和规范。例如，《再生水灌溉绿地技术规范》（DB11/T 672—2009）、深圳经济特区技术规范《再生水、雨水利用水质规范》（SZJG 32—2010）、《合肥市再生水利用管理办法》、《甘肃省再生水灌溉绿地技术规范》（DB62/T 2573—2015）、《河北省再生水灌溉工程技术规范》（DB13/T 2691—2018）、《天津市再生水设计标准》（DB/T 29-167—2019）、《天津市城镇再生水供水服务管理规范》（DB12/T 470—2020）等。

总体来说，国家和地方政府政策上的导向和扶持、标准和规范的补充和完善，对于推广和加快再生水利用起到了积极的推动作用，缺水城市"第二水源"的重要作用进一步增强。

7.2.4　再生水利用技术

通常，城镇污水再生利用技术是在生物处理的基础上对二级出水进一步处理，以达到再生利用的目的，主要包括深度处理技术和消毒技术两部分。深度处理技术包括混凝沉淀、介质过滤、膜处理和氧化；消毒技术分为氯消毒和紫外消毒。

下面对污水深度处理技术和消毒技术进行介绍（符家瑞 等，2021）。

7.2.4.1　深度处理技术

深度处理的目的是进一步去除生物处理过程中未能完全去除的有机污染物、悬浮物、色度、嗅和味、矿物质等。

1. 混凝沉淀技术

混凝沉淀技术通过外加混凝药剂改变胶体颗粒的表面特性，使分散的胶体颗粒聚集形成大颗粒沉淀完成对污水的处理，可以快速有效去除水中的悬浮物、胶体、部分有机物以及藻类等杂质。选取高效的混凝剂是该技术的关键。

无机混凝剂中，铝盐和铁盐是最常用的混凝剂。作为铝盐混凝剂的代表，聚氯化铝（PAC）的适用范围广，可处理各种浊度的原水，是一种广泛使用的无机高分子混凝剂。聚合硫酸铁（PFS）和聚硅硫酸铁（PFSS）等聚铁类混凝剂在净水过程中生成的絮体强度高、沉降快，对某些重金属离子、COD、色度和恶臭等指标去除效果良好，在水处理应用中也具有较好的应用前景。

2. 介质过滤技术

介质过滤技术包括砂滤、滤布滤池、生物滤池等。砂滤是滤料过滤截留悬浮物、胶体物质的方法，一般以石英砂、锰砂和无烟煤等无机介质作为滤料。砂滤与其他技术联用是城镇污水二级处理/强化常见的深度处理方式。滤布滤池将过滤截留和沉淀两大功能集中于同一滤池内，同步完成来水处理。该技术采用带有孔洞的滤布过滤去除总悬浮固体。生物滤池通常由池体、滤料、布水装置和排水系统四部分组成。该技术通过滤料及表面附着的生物膜去除 COD、含氮污染物和悬浮物，主要有曝气生物滤池和反硝化生物滤池两类。曝气生物滤池和反硝化生物滤池均对来水 COD 和 BOD_5 有良好的去除效果。曝气生物滤池还能同时去除氨氮，而反硝化滤池则具有良好的去除硝态氮的能力。外加甲醇作为反硝化生物滤池碳源的研究表明，甲醇投加量最优时，生物滤池出水总氮去除率大于 88%，可同时实现总磷的部分去除。

3. 膜处理技术

膜处理技术的基本原理是在分子水平实现不同粒径的混合物通过膜进行选择性分离，因此，膜处理技术又称为膜分离技术。应用较广的膜有微滤膜、超滤膜、纳滤膜和反渗透膜。

膜处理的基本功能分为两类：一类是基于微滤和超滤技术实现固液分离；另一类是基于反渗透技术实现脱盐和去除溶解性污染物。微滤、超滤或纳滤技术主要利用膜的小孔径去除水中的悬浮物和胶体颗粒，同时脱除水中部分细菌，适用于城镇污水二级处理/强化处理出水的深度处理。膜处理技术具有对悬浮物和胶体颗粒的去除率高、占地面积小和自动化水平高等优点。反渗透技术是当今最先进和最节能有效的膜处理技术，其原理是在高于溶液渗透压的外压作用下，利用反渗透膜对水中溶解性物质进行去除。反渗透膜的孔径远小于微滤、超滤和纳滤膜，孔径单位可达 10^{-9} m，只能透过水而不能透过溶质，具有出水水质高、有机质和盐透过率低等特点，广泛用于污水脱盐回用工艺中。

4. 氧化技术

氧化技术是利用强氧化剂（臭氧、过氧化氢或复合氧化剂）对水中色度、嗅和味、生物难降解的有毒有害有机物等进一步去除的技术。臭氧是一种强氧化剂，其氧化能力在常见的氧化剂中最强。利用臭氧对北京市高碑店污水处理厂二沉池出水进行深度处理的研究表明，在最佳臭氧投加条件下，色度的去除率能提高 70% 左右。臭氧氧化具有选择性，往往在处理化学结构十分稳定的难降解有机污染物时效果不理想，还可能生成毒性更大的中间产物，因此，需要使用复合氧化技术对二级处理来水进行深度处理。Fenton 氧化是一种由过氧化氢和亚铁离子反应生成羟基自由基的复合氧化技术。羟基自由基的氧化能力比臭氧更强，而且没有选择性，可以彻底氧化难降解有机污染物。

7.2.4.2　消毒技术

消毒过程是再生水回用的必备单元，其目的在于灭活水中的病原微生物。消毒技术可分为化学消毒和物理消毒两类。化学消毒中加氯消毒技术在各行各业中应用得最为普遍，紫外消毒技术则是最常用的物理消毒技术。

1. 氯消毒

氯消毒是利用含氯消毒剂灭活致病细菌和病毒的技术，常用的含氯消毒剂有液氯、次氯酸钠、次氯酸钙或二氧化氯等。再生水厂常使用液氯消毒，其原理是液氯溶于水生成的次氯酸可以起到杀菌作用。目前最安全的氯系消毒剂是二氧化氯，由于其具有广谱的微生物灭活效果，且不产生致畸、致癌、致突变的消毒副产物，因此，在再生水杀菌过程中逐渐得到重视。二氧化氯和液氯这两种氯系消毒剂对某城市污水再生水的消毒效果比较结果表明，两种消毒剂在各自最优投加条件下，各项水质指标均满足《城市污水再生利用　城市杂用水水质》（GB/T 18920—2002）的要求，但采用二氧化氯对城市污水再生水进行消毒，生成的氯代消毒副产物明显少于液氯消毒。

2. 紫外线消毒技术

紫外线消毒是利用低压或中压紫外线灯发出的光子能量来灭活水中各类病毒、细菌及其他病原体的 DNA 结构。紫外线对城市污水再生水消毒的试验表明，在合适的试验条件下，消毒后再生水的总大肠菌群指标能够满足《城市污水再生利用　城市杂用水水质》（GB/T 18920—2002）要求，延长紫外线照射时间，总大肠菌群的光复活和暗复活能力都丧失。

上述污水再生利用技术去除的主要指标以及优缺点见表 7.3。

表 7.3　　污水再生利用主要单元技术、去除指标及其优缺点（符家瑞 等，2021）

技　术		主要去除指标	优　点	缺　点
深度处理技术	混凝沉淀	SS、TP、COD、胶体颗粒、色度	经济、简便、适用范围广；去除浊度和色度效果较好	处理效果与混凝剂相关性较大；铝盐混凝剂的混凝体沉降速度慢，对含油废水和某些高悬浮物高浓度有机废水处理的能力有限
	砂滤	TP、SS	简单、经济、实用，运行稳定可靠；具有一定的除磷效果	占地面积和水头损失较大
	滤布滤池	TSS	节省能耗，一般是常规反冲滤池能耗的 1/3；过滤水头小、占地面积小，维护使用简便	滤布易发生污染和堵塞
	生物过滤	COD、TN、NH_3-N	占地面积小，可同步除氮和有机物	对碳源投加控制要求高，供应不足时会产生亚硝酸盐积累；可能出现生物堵塞滤床问题
	微滤/超滤	COD、SS、胶体颗粒	高效去除 SS 和胶体颗粒，占地面积小，出水水质好，自动化程度高	成本较高，膜组件需要清洗更换
	反渗透	COD、盐类	出水水质好，有机质和无机盐含量远低于其他膜处理技术	对进水水质要求高，能耗较高；产生大量高无机盐和有机质的浓水；反渗透膜易污染，需定期清洗更换
	臭氧	COD、色度、嗅和味	有效去除色度、嗅和味、部分有毒有害有机物以及病原微生物；现场制备，操作简便	强氧化性，接触设施需耐氧化；有毒，须防泄漏

续表

技术		主要去除指标	优　点	缺　点
深度处理技术	臭氧-过氧化氢	COD、色度、嗅和味	比臭氧具有更强的氧化能力；不受浊度影响，反应时间短	高温下易分解，储存管理难度较大
	紫外-过氧化氢	COD、色度、嗅和味	比臭氧具有更强的氧化能力；具有一定的除色除嗅效果	紫外灯管表面的积垢易降低紫外线消毒效率；紫外灯管寿命有限，会产生含重金属的废弃灯管
消毒技术	氯	细菌、病毒	持续杀菌、技术成熟，成本低，剂量控制灵活可变	易产生卤代消毒副产物；对病原性原虫灭活效果差
	二氧化氯	细菌、病毒	一定的持续杀菌作用	需现场制备，产生亚氯酸盐等消毒副产物
	紫外线	细菌、病毒、原虫	消毒接触时间短，基本上不产生消毒副产物；有效灭活细菌、病毒和原虫	需现场制备，浊度对消毒效果的影响较大，无持续消毒效果
	臭氧	细菌、病毒、原虫	同时具有去除色度、嗅和味、部分有毒有害有机物的作用；有效灭活细菌、病毒和原虫	需现场制备，无持续消毒效果

　　由于单一技术往往无法满足再生水利用的相关标准，因此，目前我国大多采用物化处理或物化生化处理相结合的技术对二级出水进行处理。"混凝沉淀-介质过滤-消毒"组合工艺生产的再生水可满足基本应用要求，成为主流工艺。深度处理环节的生物滤池由于其能够进一步去除氨氮、总氮以及部分有机污染物，因此应用较为广泛。近年来，随着膜成本的降低，膜技术因其优越的去污性能越来越受到对再生水质量要求较高工程的青睐。北京市清河污水处理厂再生水回用工程采用的就是浸没式膜处理系统。该工艺是当前国际上先进的水处理工艺之一。清河污水厂再生水回用工程是北京污水处理和资源化的重要工程项目，也是奥运的配套工程。该再生水厂的工艺流程为：清河再生水水源为清河污水处理厂二沉池出水，通过 DN1200 进水管线进入集水池，经提升泵提升后进入预处理车间内的自清洗过滤器进行过滤，以保证后续膜处理设备的正常使用，经过自清洗过滤器的过滤水进入膜处理系统，采用化学除磷工艺；膜处理后的出水经活性炭滤池后进入清水池，在进入清水池之前采用二氧化氯消毒，以保证管网内的余氯要求；最后通过配水泵房提升送至厂外再生水利用管网向用户供水（图 7.18）。

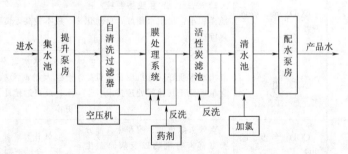

图 7.18　北京市清河污水处理厂再生水回用工艺流程图（罗敏，2008）

鼓励使用再生水，是实施国家节水行动、大力建设水生态文明、创建节水型城市、资源节约型和环境友好型社会的重要内容。目前很多城市已经陆续探索、推广使用再生水，虽然还存在各种问题，例如再生水价格、配套设施、法律法规、管理体制等方面建设落后，但随着新技术、新理论在再生水回用体系方面的应用，加上政策法规的完善，再生水将在我国获得长足发展，再生水未来增量空间值得期待。

7.3 海 水 利 用

海洋是生命的摇篮、资源的宝库，是人类赖以生存的蓝色家园。随着社会的发展，陆地上的资源日益减少，对海洋中的宝贵资源进行开发利用成为人类发展的需求。对海水资源的利用，特别是海水淡化，已成为解决我国水资源供需矛盾乃至全球水危机的重要措施之一。2019 年 10 月 5 日，习近平总书记在致 2019 中国海洋经济博览会的贺信中指出，"海洋是高质量发展战略要地，要加快海洋科技创新步伐，提高海洋资源开发能力，培育壮大海洋战略性新兴产业"，"要高度重视海洋生态文明建设，加强海洋环境污染防治，保护海洋生物多样性，实现海洋资源有序开发利用"。

7.3.1 海水资源概述

海水 pH 值一般在 7.5～8.4 之间，呈弱碱性。温度处于 $-2～30℃$，一般随着海水的深度的增加而呈不均匀递减，大洋表面平均温度 17.4℃。海水具有很大的渗透压，水中溶解氧含量一般随海水温度、盐度的升高而降低。海水冰点比纯水低，沸点比纯水高。海水中的盐分主要取决于海洋中各种自然因素和水量平衡的过程，水分在蒸发、降水、入渗、径流等水文过程中循环交替，影响着海水中的成分。海水中富含各种化学资源，包含氯化钠、氧化镁、氧化钙、氧化钾、溴素、氧化锶、硼酸等营养盐。

7.3.2 海水资源利用形式及现状

目前海水资源的综合利用主要包括海水直接利用、海水淡化利用、海水化学资源利用三个方面。

7.3.2.1 海水直接利用

海水直接利用指的是将海水进行简单的处理或不经过处理直接代替淡水而用于工农业生产和人民生活之中。

对于海水直接利用，国际上主要是用于工业冷却用水、海水对工业废气进行处理（脱硫）等方面，其中应用最广泛的是在冷却利用方面。截至 2012 年，全球海水冷却水用量已经超过 7000 亿 m^3。我国对海水的直接利用也主要包括海水直流冷却、海水循环冷却、海水脱硫等方面。我国海水综合利用 95% 的海水都是用于间接直流冷却用水，2011 年直接利用海水总量近 600 亿 m^3，被广泛应用于天津、青岛等沿海城市的电力、石化、钢铁等企业。截至 2020 年，我国沿海核电、火电、钢铁及石化等产业运用海水冷却用水日益增长，趋于成熟，已建成 22 个海水循环冷却工程，总循环量为 192.48 万 t/h。全国包括天津、河北在内等 11 个省份及直辖市均有海水冷却工程的分布（曹悦妮，2021）。

我国海水循环冷却技术与直流冷却技术相比还有不小的差距，海水循环冷却技术是在海水直流冷却技术和淡水循环冷却技术上提出的，技术要点是以海水为冷却介质，经换热设备完成一次冷却后，再经过冷却塔冷却并循环使用的冷却水处理技术（王维珍 等，2017）。

与同等规模的海水直流冷却系统相比，海水循环冷却工程系统由于循环使用海水资源，对海水资源利用效率更高而且污染更小，优势较为明显。但是海水循环冷却工程系统也存在一定问题，由于其相对直流冷却系统增加了海水冷却塔，因此会引发一系列的新问题，例如尘雾飞溅等，这些问题已经受到了一些国内外环境学者的关注。与淡水循环冷却技术相比，海水循环冷却技术由于使用海水替代淡水，在运营成本上占有优势；特别是在缺乏淡水但拥有丰沛的海水资源的部分沿海地区，未来这一技术占有的优势还是非常可期的。

我国从 20 世纪末开始推行海水脱硫技术，主要应用于燃煤电厂。主要建成的海水脱硫工程如 1999 年投产的深圳西部电厂海水脱硫工程、2003 年投产的福建后石海水脱硫工程，2009 年投产的广东海门电厂海水脱硫工程等。

另外，海水直接利用在生活中也有具体体现，例如海水冲厕。最具代表性的是我国香港地区，香港地区是目前世界上唯一大规模使用海水冲厕的城市，每年被运用于海水冲厕的海水资源量高达 2.7 亿 t，解决了香港 80% 的人口的冲厕用水问题，节省了大量的淡水资源。海水资源也可作为农业用水，海水农业开发研究工作被列入我国沿海部分省市重大科技攻关专项计划中，例如国家 "863" 计划耐海水蔬菜项目中，10 余种海水蔬菜试验成功和大量 "盐生植物" 培植生长，并取得可观的经济效益和生态效益，这表明我国利用海水资源发展农业生产的潜力也十分巨大（李亚红，2016）。

7.3.2.2　海水淡化利用

海水淡化利用就是将海水进行脱盐处理，满足人们日常生活和生产。海水淡化作为新生水源，可以增加地球淡水资源总量，而且不受时空、季节和气候的影响。

国际上，以世界上著名的水资源强国以色列为代表的中东国家的淡水资源中 70% 都是来自海水淡化；发达国家如美国、日本等也都竞相发展其海水淡化产业。一些国家已经将海水淡化作为核心产业。截至 2018 年，全球已建成 16000 家左右海水淡化厂，每天估计可生产 8.75 亿 m^3 的淡水供给近 3 亿人使用。

我国海水淡化市场发展速度较快，海水淡化产业的装置规模和设备安装发展呈大型化、资源循环利用等趋向，海水淡化技术也已经较为成熟。截至 2021 年底，我国已经拥有海水淡化工程 135 个，万吨级以上工程 40 个，工程规模高达 165.1 万 t/d，主要分布于天津、山东、江苏等沿海地区。未来海水资源综合利用发展趋势还是以海水淡化为主，大型化以及海水淡化技术的能耗比等因素将成为未来市场海水淡化技术竞争的关键（高小玲等，2012；胡晓瑜 等，2013）。

7.3.2.3　海水化学资源利用

海水化学资源利用指的是从海水中提取各种化学元素及其深加工方式的统称。

对于海洋化学资源的开发利用，发达国家十分重视。美国、英国、法国、西班牙、以色列等都积极发展海水化学元素提取技术，部分国家已经实现了海水提溴的批量化生产，满足国家生产需要。例如，美国从海水中提取的溴系列产品就达 100 多种（曹悦妮，2021）。

我国经过长期的科技攻关，在天然沸石法海水和卤水直接提取钾盐、制盐卤水提取系列镁肥、高效低毒农药二溴磷研制、含溴精细化工产品及无机功能材料硼酸镁晶须研制等技术取得突破性进展。例如，在"十五"期间开展了海水直接提取钾盐的产业化技术、气态膜法海水卤水提取溴素及有关深加工技术的研究与开发。截至2020年，我国海水化学资源利用产品包括溴素、氯化钾、硫酸镁、硫酸钾等多种产品，主要分布于我国天津、上海、江苏等沿海省份及直辖市（曹悦妮，2021）。经过多年的发展，在山东、河北、天津等地建成了数家大规模的浓卤水制取硫酸钾厂。另外，作为传统化学资源综合利用产业，2016年我国海水制盐量约为2700.46万t，2021年约为2201.16万t，2022上半年约为1052.92t，位于世界前列。

7.3.3　海水淡化技术

常见的海水淡化技术主要包括多效蒸馏法、多级闪蒸法、反渗透法、冷冻法和电渗析法等。目前，国际上的主要海水淡化技术以多效蒸馏、多级闪蒸和反渗透海水淡化技术为主。

7.3.3.1　多效蒸馏海水淡化技术

多效蒸馏海水淡化技术是最早的海水淡化技术，早在19世纪初就有相关专利申请和学术报告出现。20世纪60年代初，多效蒸馏海水淡化是当时最主要的海水淡化技术。但由于当时技术条件的限制，产生了一些严重的问题，比如结垢问题等。在60年代以后出现了多级闪蒸海水淡化利用，解决了多效蒸馏技术存在的一些问题，使其占据了市场优势地位。60年代末期，以色列IDE公司开发了低温多效蒸馏技术，使得结垢的问题得到了很好的解决，多效蒸馏海水淡化技术又重新得到了发展（王默晗 等，2006）。

多效蒸馏技术按流程可分为顺流、逆流、平流等。顺流的特点是原料液从高压效流向低压效；逆流用于浓缩比较高的生产过程中，浓缩液低温下黏度较大而传热系数小，可采用逆流来均衡各效的传热系数；平流适用于在蒸馏过程中有结晶析出的情况。蒸馏技术按照操作温度可分为低温多效蒸馏和高温多效蒸馏。高温多效蒸馏是指最高蒸发温度高于90℃的多效蒸馏技术，该技术方法的优点是热效率较高，缺点是由于蒸发温度较高，传热管表面容易结垢，腐蚀速度很快。相应的低温多效蒸馏技术的蒸发温度不高于70℃，可以有效避免上述多温高效蒸馏技术的缺点，有效减缓甚至避免设备的腐蚀与结垢，大大减少了运营成本。

低温多效蒸馏海水淡化技术是目前主流的蒸馏海水淡化技术。该技术的原理是将一系列的蒸发器串联起来分成若干效组，用一定的蒸汽输入通过多次蒸发和冷凝，从而得到多倍于加热蒸汽量的蒸馏水的海水淡化技术。低温多效蒸馏海水淡化技术示意图如图7.19所示。

首先加热蒸汽进入第一效蒸发器内，与管外的海水热交换后，被冷凝成水；管外的海水被蒸发，产生二次蒸汽并进入第二效蒸发器内作为加热蒸汽，加热产生蒸汽被输入到第一效蒸发管内并在管内冷凝，管外海水产生与冷凝量基本等量的二次蒸汽，二次蒸汽再经过汽液分离，进入下一效传热管。这一过程一直重复到最后一效，从而连续产生淡化水。低温多效蒸馏海水淡化技术双侧相变，传热系数高；系统操作弹性大，对原海水的要求低，系统可靠性高，产品水质好，操作温度低，不易结垢和腐蚀设备，动力消耗小，产水

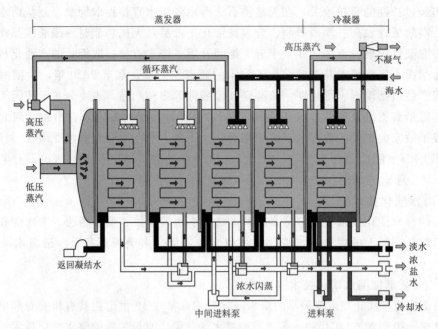

图 7.19　低温多效蒸馏海水淡化技术示意图（张胜梅，2022）

过程电耗低。缺点是与反渗透海水淡化技术相比，运行成本较高；与多级闪蒸技术相比，单机规模有差距，且操作较为复杂。

　　20 世纪 80 年代以来，低温多效蒸馏海水淡化技术的装机容量不断增加；80 年代后期，越来越多的海水淡化装置采用了低温多效蒸馏海水淡化技术，工程数目甚至超越了多级闪蒸海水淡化，达到其 2～3 倍。"十一五"期间，低温多效蒸馏海水淡化技术研究列入国家科技攻关计划"水安全保障技术研究"重大项目。2003 年天津市某公司引进了法国先进的低温多效海水淡化装置，2004 年正式启动。同年，我国实现了具有完全自主知识产权的日处理能力为 3000t 的低温多效蒸馏海水淡化装置的投资运行。装置采用简单的设备，集有多效蒸发、多级闪蒸、蒸汽热压缩等技术优点于一身，造水比高达 10.3，吨水耗电达到 1.65 kW·h，装置总投资低于国外同类设备 30%。截至 2012 年，全国已经建设了 7 个低温多效蒸馏海水淡化工程，包括 14 套主要设备，淡化海水量可以达到每天 19.6×10^4 t。

7.3.3.2　多级闪蒸海水淡化技术

　　多级闪蒸海水淡化是指将海水加热到一定温度后，引入到一个闪蒸室，室内的压力被控制低于热海水所对应的饱和蒸汽压，部分热盐水进入闪蒸室后迅速挥发汽化，温度迅速下降，从而使自身温度降低，所产生蒸汽冷却凝结成水，即为所需淡水（图 7.20）。多级闪蒸海水淡化就是以此原理为基础，使海水在流经若干个压力逐渐降低的闪蒸室进行蒸发，最终产出淡水。技术主要设备包括盐水加热器、多级闪蒸装置热回收段、排热段、海水前处理装置、排不凝气装置真空系统、盐水循环泵和进出水泵等（赵子豪 等，2017）。

　　多级闪蒸技术的优点是操作简单、装备可靠性高、产生水垢少，比较适用于大型或特大型海水淡化企业。多级闪蒸装置的使用寿命很长，一般可达 30 年，并且具有对前期海

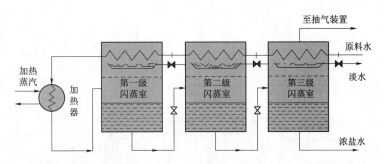

图 7.20 多级闪蒸海水淡化技术（张胜梅，2022）

水预处理要求不高、产生的水质较好、单机容量大等优点。另外，多级闪蒸海水淡化技术不只是可以应用于海水淡化中，在火力发电、石油化工厂中的锅炉水供给中也可采用；此方法的缺点是操作温度高（约为 110℃），需要采用耐腐蚀材料并且加缓蚀剂，动力消耗也相应较大，投资成本较高等。

多级闪蒸海水淡化技术是针对多效蒸馏海水淡化腐蚀等较为严重的缺点而兴起的一项技术。该技术起步于 20 世纪 60 年代初，经过长期发展，目前该技术成熟度较高，已成功运用于许多大型海水淡化工厂，在缺水地区特别是中东地区应用广泛，市场占有率很高。但由于其能耗较高等问题仍然存在，尚需要针对如何降低能耗费问题开展进一步研究，包括如何增大单机规模技术研究等。另有研究表明，该技术中影响淡水产量的因素主要有海水过热度、闪蒸室压力以及闪蒸室液位高度等。其中，海水过热度对于淡水产量的影响最为明显，当闪蒸室压力以及闪蒸室液位高度确定，过热度激活水中的活化分子，进而产生气泡，气泡在产生上升过程中又加大了水体的扰动，进而促进闪蒸的进行。当海水过热度以及闪蒸室压力一定时，闪蒸液位高度越高，海水在闪蒸室中停留的时间愈长，会导致闪蒸室内部底部受到的压力升高，使得有效过热度被削减，所以多级闪蒸海水淡化技术中的闪蒸室内液位不能过高。随着社会的进步和学者的努力，许多研究对此技术进行了改进，在未来该技术仍然具有进一步发展的空间。

7.3.3.3 反渗透海水淡化技术

反渗透海水淡化技术是一种常用的海水淡化方法。反渗透本质上是一种膜分离过程。反渗透海水淡化技术就是将经过预处理的海水注入"半透膜"处理系统，运用"半透膜"只允许纯水通过的性质，在海水的一侧施加压力，将海水中的淡水穿过"半透膜"进入淡水的一侧，从而将海水中的淡水分离出来，实现海水资源的淡化利用。如图 7.21 所示，反渗透海水淡化装置主要由预处理设备、反渗透膜组设备、电气控制设备、清洗设备和加药设备组成。装置运行时，首先通过海水供水泵提取海水进入预处理装置进行预处理，经过加药装置调整后，海水再通过高压泵将其送入反渗透膜组装置，将得到的淡水储存，盐水分离。

反渗透海水淡化具有能耗较低的优点，在运用"半透膜"作为处理核心时，对有热敏感性的各种物质具有很好的分离效果。而且"半透膜"的孔径非常小，能够将细菌、病毒等微生物从纯水中分离出来，对于水中的绝大多数有机物以及微小颗粒都有着很好的分离效果。反渗透海水淡化的适用范围比蒸馏法、电渗析法更广。经过反渗透法处理后得到的

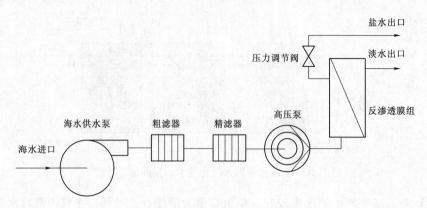

图 7.21　反渗透海水淡化

淡水的水质很高，甚至可达到饮用水的水质要求。在给海水一侧提供压力进行反渗透的过程中，对于设备的要求相对较为简单。反渗透海水淡化的设备体积较小，由于各组成部分排列紧密，使其能够占用较小的空间，而在相同体积内产出水的数量相对于其他方法也较多。反渗透设备的灵活运用能力较强，对于管理运营的要求也较低，易于操作也方便维修，且具有较高的自动化能力和较强的自控能力，为产业化生产提供了便利。

该技术的缺点是产水受季节影响大，冬季如果没有可利用的热源加热海水，制水成本大幅度提高；由于"半透膜"的孔径较小，因此对于经由"半透膜"处理的原水水质的要求就较高，进入渗透膜的原水需要经过一定程度的预处理，在达到渗透膜要求后方可进行海水淡化处理，否则容易造成渗透膜的污染和膜孔堵塞，使处理设备处于瘫痪状态。另外，反渗透海水淡化过程中会产生较大的噪声污染，其运行组件也易受损，因此对设备的维护和保养要求也比较高。

在利用反渗透技术进行海水淡化处理方面，我国与国外相比起步较晚。反渗透装置的设计和应用以及"半透膜"材质的研究等都还在进一步探索和研发阶段。反渗透装置的核心技术还需要进一步国产化，例如反渗透海水淡化关键设备中的海水膜组器、高压泵、能量回收装置等尚需提高国产化水平，掌握反渗透海水淡化技术的工程公司数量还有待于增加。目前，我国沿海地区的海水淡化规模依然有限。反渗透技术虽然已得到较多发展，但仍不属于完全成熟的技术，未来还需要研制新的膜元件，进一步优化预处理工艺（梁承红等，2007；潘菲 等，2015；陈林，2022）。

7.3.3.4　冷冻法

冷冻法就是通过冻结海水，使其完全结冰，当液体海水变为固体冰时，盐类将被分离出来，从而得到淡水。传统的冷冻法包括直接接触法、真空冷冻法和间接冷冻法。

直接接触法使用的冷冻剂通常是正丁烷、异丁烷等物质。这些冷冻剂不溶于海水但其沸点接近海水。在整个过程中，冷冻室内气温稳定保持在 $-3℃$ 上下轻微波动，让冷冻剂和冰直接接触，从而建立了一种水、冷冻剂彼此不溶的体系，而水和冷冻剂的密度差异使二者实现分离。淡水流出后，冷冻剂可继续使用。

真空冷冻法首先利用海水的三相点，使海水蒸发和结冰过程同步完成，随后使冰晶融化和水蒸气凝结分开进行，由此获得淡水。

间接冷冻法是指采用界面渐进原理，连续进行海水淡化，该方法主要用于大规模生产，费用较低，所得淡水的盐量基本可控（张胜梅，2022）。

7.3.3.5 电渗析法

电渗析法是借助离子交换技术，利用直流电场的作用，利用阴离子交换膜（阴膜）和阳离子交换膜（阳膜）的选择性，对海水中的阴阳离子进行选择性渗透，从而分离出淡水与盐水。该技术方法利用外部直流电场使海水中阳离子透过阳膜，而无法透过的阴离子被截留下来。同样，阴离子可以透过阴膜，而无法透过的阳离子，从而被截留下来。清除盐分后，海水就变为淡水。制约电渗析法应用的瓶颈是新型离子交换膜的研发和制造，其难度较大，其厚度一般为 0.5～1.0mm，对制作工艺要求较高（张胜梅，2022）。

7.3.3.6 新能源海水淡化技术

除了上述传统具有大规模商业化应用的海水淡化技术外，采用核能、风能、太阳能等新能源也可实现海水淡化利用。随着"碳中和"等发展目标的提出，这些技术未来可能会得到较快发展。

1. 核能海水淡化技术

核能海水淡化技术是指将核能作为海水淡化装置所需能源的一种技术。核能与海水淡化的耦合是核能海水淡化技术的关键。核能海水淡化一般有两种方案：一种是"水—电联产"，核电站在发电的同时与海水淡化装置耦合，生产淡水；另一种是为海水淡化提供热源的核供热堆，此类堆芯不发电，只为海水淡化提供蒸汽，运行压力温度低，安全性能高，投资较小，比高温核反应堆更具有优势。核电站与海水淡化的耦合方式比较灵活（李亚红，2016）。核电站可以为海水淡化工程提供淡化需要的廉价能源，如蒸汽和电力；另外，海水淡化装置可以使用核电站的海水取水、排水设施及其他公用设施，从而降低海水淡化厂的造价。由于核电站同时提供电能和蒸汽，将蒸馏法与反渗透海水淡化结合起来，将更加降低造水成本。蒸馏法中的多级闪蒸与低温多效蒸馏都可以与核电站耦合。反渗透法对海水淡化与核电站进行耦合时，需要核电站提供淡化过程所需的电能。由于电厂自用电的价格优势，与使用电网电相比，其造水成本更低（王文林 等，2011）。

2. 风能海水淡化

风能海水淡化指的是以风能作为海水淡化装置能源的一种淡化技术。风能海水淡化技术主要有两种形式，风电海水淡化和风力驱动海水淡化技术，目前主要以前者为主。

风能海水淡化适用的环境条件有两个：风速和具有淡化需求。风能的海水淡化首先是风能的利用，要求修建地点要拥有足够的风能资源，年平均风速要达到 5 m/s 以上；再有就是淡水资源缺乏，有建设海水淡化或苦咸水淡化的需求。符合这两个条件的地区多为滨海地区或岛屿。对于脱离大陆的岛屿，更需要建设风能海水淡化，可以同时供水供电。风能具有间歇性、波动性，发电输出的电流和电压不是很稳定，会对反渗透系统造成一些影响。针对风能不稳定的特点，在电网覆盖地区，可以将风力发电并入电网，再利用电网电力供给反渗透；在电网不覆盖的地区，可采用风力柴油机发电联合系统，同时辅以风电蓄能措施就可以保证持续稳定供电。

3. 太阳能海水淡化

太阳能海水淡化主要借助太阳所产生的热能或电力，使具有一定浓度的海水重新组合。太阳能海水淡化系统分为两类：一类是利用太阳所产生的热能驱动海水发生相变并进行分离，对分离的水蒸气进行冷凝，产生淡水；另一类是利用太阳能产生的直流电场使海水中的离子定向迁移，通过离子交换膜实现溶质和溶剂的分离，达到海水淡化的目的；也可以利用太阳能独立光伏发电系统或并网光伏发电系统产生的电力驱动高压泵，利用反渗析原理实现海水淡化的目的。

利用太阳产生的热能驱动海水发生相变并进行淡水分离的方法又分为直接法和间接法：直接法是在太阳能集热器中将收集到的热能用于海水淡化；间接法是将太阳能集热器与海水淡化系统分开，海水吸收热量蒸发，蒸汽在海水淡化系统中生成淡水。太阳能蒸馏系统还可以分为主动式和被动式两类，主动式太阳能蒸馏系统是通过外部太阳能集热系统将热能输入到系统中提高蒸馏器的蒸发作用。如果没有外部热能输入的则为被动式太阳能蒸馏系统。主动式太阳能蒸馏系统可以使用聚光集热装置，使得运行温度得到提高，在海水淡化系统中蒸汽的汽化潜热得到了利用、回热装置的使用和传热传质的强化使得系统整体效率得到了提升，是目前太阳能海水淡化技术研究的重点方向（常泽辉 等，2013）。

7.3.3.7　海水淡化技术未来展望

作为21世纪最具潜力的一种淡水资源获得手段之一，海水淡化技术已经受到了各国科研、政府人员的高度关注，是未来解决水资源危机的重要途径。目前，传统海水淡化技术在实际工程应用中占据主流，新兴的海水淡化技术则更突出了低能源、低污染等特征，但其在国内应用发展尚处于探索阶段。未来各类新兴海水淡化技术仍需要在降低能耗的前提下改善其可靠性与稳定性（刘承芳 等，2019）。

未来我国海水淡化技术的发展方向主要集中在以下几个方面：

（1）对于已经广泛应用的传统海水淡化技术，进一步降低其能耗与运行成本。

（2）对各种相关工艺进行优势互补，形成更为高效的集成海水淡化技术。

（3）进一步探索核能、太阳能、风能等新能源作为海水淡化工艺驱动力的可行性。

（4）提高能源回收器、蒸汽喷射泵、超滤膜材料等一系列关键零部件的国产化率。

（5）提出新的技术原理，研发出更为先进的海水淡化技术。

随着现代科学技术的不断进步，海水淡化技术将逐步发展成为我国的战略性产业（徐政涛 等，2020）。在全球性淡水资源匮乏、水体污染加重等多重环境问题的挑战下，海水淡化是最具发展前景的淡水取用技术之一。

【思　考　题】

1. 谈谈我国大力发展非常规水资源开发利用的必要性和重要性。

2. 在推进非常规水资源开发利用过程中都采取了哪些措施，取得了哪些进展？

3. 什么是海绵城市？查阅资料，了解近年来我国在海绵城市建设中取得的成效以及存在的问题。

4. 结合实际，谈谈我国再生水利用的现状及发展前景。

5. 海水利用的形式有哪些？查阅资料，谈谈我国海水综合利用的现状及发展前景。

第8章

节水理论与技术

[课程思政]

　　党的十九大报告明确提出，推进绿色发展，推进资源全面节约和循环利用。党的十九届五中全会要求全面提高资源利用效率，实施国家节水行动，建立水资源刚性约束制度，从而促进经济社会的绿色发展、高质量发展。这就要求，在宏观上，要促进区域建立节水型产业结构和发展模式，建立以水定城、定地、定人、定产的机制，发挥好水资源刚性约束作用，以水倒逼经济发展方式转变、用水结构调整，促进人口规模、产业结构、增长速度与水资源承载能力和水环境承载能力相协调，推动创新型、集约型发展模式加快形成；在微观上，要促进每个用水主体尤其是高耗水领域、用水大户，采用适用节水设备、节水技术、节水工艺和节水产品，降低水的消耗，提高水的利用效率和效益；建立健全节水制度政策，完善政府引导、市场调节、社会协同的节水工作机制，发挥好价格杠杆作用，健全节水技术转化推广，加强节水宣传力度，建立健全监督、考核措施，促进节水手段的自觉采用，促进社会形成良好的节水风尚（于琪洋，2021）。

8.1　节水内涵与用水定额

8.1.1　节水内涵

　　国内外对节水的理解，均强调要提高用水效率和用水效益，减少对水的无效、低效消耗和用水浪费，但对节水范畴的界定尚有差异。对"节水"比较有代表性的定义见表 8.1。国际上对节水的表述大多为 Water Conservation，节水即节约水资源，强调包括取水—供水—用水—耗水—排水—回用等全过程、各环节中水的节约与保护，其要义是对水的维护、保护和持续利用；我国原来则常从 Water Saving 的角度认知节水，从用水端理解节水，即节约用水，更多强调用水户在用水过程中对水的节约利用和高效利用（陈莹 等，2004）。前者可以称为广义节水，后者可以称为狭义节水（陈莹等，2005）。

　　广义节水即强调要从水资源开发利用全过程、各环节的节水，包括水资源有序开发、合理配置和减少无效、低效和不合理用水，同时，积极利用非常规水源，并要加强生态环境保护和水资源保护。狭义节水认为节水就是减少用水和高效用水，其特点是将单位用水量降至标准水平以下或将单位用水量产出效果高于标准水平以上。

表 8.1　　　　　　　　　　　　国际上对"节水"比较有代表性的定义

	出　处	定　义
国外	《美国环境保护署水资源保护计划指南》（U.S. Environmental Protection Agency water conservation plan guidelines）	为水的损失、浪费、使用的任何有益减少。在公用事业规划的语境中，"有益的"一词通常是指一项活动的益处超过成本
	《科罗拉多州立大学水知识术语表》（Glossary | Colorado Water Knowledge | Colorado State University）	在农场、家庭及工业上采取更有效的方法，通过蓄水或保护工程收集用水，合理使用水资源
	《欧洲环境局术语表》（Glossary – European Environment Agency）	以有益的目的保护、开发和有效管理水资源
	《水效联盟术语表》（Glossary – The Alliance for Water Efficiency）	减少对水的需求，提高用水效率，减少水资源的损失和浪费，改善土地管理以节约水
	《欧盟节约用水潜力》（EU Water saving potential）	减少流域内的总供水需求
国内	《水资源术语》（GB/T 30943—2014）	提高用水效率而科学合理地减少供水、用水量
	《钢铁企业节水设计规范》（GB 50506—2009）	采用技术和管理手段，减少用水量、节约水资源、提高水资源的利用效率，减少排污、保护水资源，保持水资源的可持续利用
	《电力名词（第二版）》	提高水的利用效率、减少水的使用量、增加废水的处理回用量、防止和杜绝水的浪费
	《节水型城市目标导则》（建设部，1996）	通过行政、技术、经济等管理手段加强用水管理，调整用水结构，改进用水工艺，实行计划用水
	《全国节水规划纲要（2001—2010）》	在不降低人民生活质量和社会经济发展能力的前提下，采取综合措施，减少取用水过程的损失、消耗和污染，杜绝浪费，提高水的利用效率，科学合理和高效利用水资源

8.1.2　用水定额

用水定额是管理部门衡量考核单位用水情况及合理评价其用水水平的依据，是节水工作必备的量化标尺，被广泛应用于涉水规划、水资源论证、取水许可、计划用水、节水评价、节水载体建设和监督考核等各项工作，是指导各行业开展节水工作的重要技术指标。

8.1.2.1　用水定额管理制度

国外率先对水资源供需管理进行分析和研究的国家是以色列，以色列于 20 世纪 60 年代开始实行用水定额制度，对城市供水进行管理。对于超过定额的部分用水，以色列制订了比较高的水费标准，比如农业用水中，超过定额的用水要按三倍的基础价格收取费用。20 世纪 80 年代初，美国亚利桑那州菲尼克斯因水资源高度紧缺，制定了定额管理规定。对居民、商业和工业等不同性质用水实行差异水价，并制订了阶梯水价政策，规定了水量与水价的增量关系，利用价格因素促进节约用水。美国、日本等国家还通过建立水权市场制度等方式，对水资源进行优化配置。实行用水定额管理，被认为是节约用水、水资源管理现代化的必然要求。这些国家对供水需求管理进行了广泛深入的调查研究，制订出了许多用水定额，对合理用水起到了积极的促进作用。目前世界上许多发达国家把用水定额作为用水考核的参考指标，并通过完善水权市场制度建设，运用政策和市场等多种手段实现用水的综合管理。

我国用水定额的提出是在 20 世纪 70 年代后期。在此之前，水资源开采量较小，城市供水并未出现紧缺，水资源也并未被纳入国民经济核算指标。随着改革开放及国民经济的发展，用水量尤其是工业用水量激增，北方部分地区开始逐渐出现水资源短缺问题。为了缓解水资源的供需矛盾，同时更加合理有效的利用水资源，用水管理部门对当时用水量较大的用水单位实行限额供水，提出了用水定额的理念，水资源的优化配置利用才开始引起人们重视，定额管理开始得到人们关注。近年来，随着城市生活及公共用水量的逐渐增加，国内许多学者分别对不同行业定额的编制进行了研究（陆克，2008；王甜甜，2013；张彬，2021）。

《中华人民共和国水法》和《取水许可和水资源费征收管理条例》明确了总量控制与定额管理是我国水资源管理的基本制度。2011 年中央一号文件和中央水利工作会议明确提出实行最严格水资源管理制度，总量控制制度得到贯彻实施，并在实践中不断完善。然而，用水定额管理制度的贯彻实施一直面临困境，进展较缓。

2013 年水利部印发《水利部关于严格用水定额管理的通知》（水资源〔2013〕268号），开始推动用水定额管理工作。2014 年 3 月，习近平总书记提出"节水优先、空间均衡、系统治理、两手发力"治水思路，指明了新时代治水方向。2015 年水利部印发《水利部办公厅关于做好用水定额评估工作的通知》（水资源〔2015〕820号），流域机构开展用水定额评估，推动各省进行用水定额修订工作，对推进用水定额管理工作起到了重要作用。2015 年至今，我国各省（自治区、直辖市）的用水定额标准已经开始进行全面修订（刘强 等，2020）。

8.1.2.2 用水定额的定义及分类

用水定额指的是单位时间内、单位产品、单位面积或人均生活所需要的用水量。按用水主体，用水定额一般可分为工业用水定额、农业灌溉用水定额和生活用水定额三部分。

1. 工业用水定额

工业用水定额为提供单位数量的工业产品而规定的必要的用水量，即在工业生产中，每完成单位产品所需要的用水量。不同行业、不同产品所需的用水定额相差很大，即使是同一产品，因设备状况、工艺水平等因素的影响，用水定额也会有较大差异，有时也称为工业企业产品取水定额。产品指最终产品或初期产品，对某些行业或工艺（工序），可用单位原料加工量为核算单元。

2. 农业灌溉用水定额

农业灌溉用水定额是指某一种作物在单位面积上各次灌溉定额的总和，即在播种前以及全生育期内单位面积的总灌水量，通常以 m^3/hm^2 来表示。灌水时间和灌水次数根据作物需水要求和土壤水分状况来确定，以达到适时适量灌溉。灌溉用水定额是指导农田灌溉工作的重要依据，也是制定灌区水利规划、设计灌溉工程、制定灌区用水计划的基本资料。

3. 生活用水定额

生活用水定额包括居民在日常生活中每天需消耗的水量，如饮用、洗涤、洗澡、冲厕等家庭用水，还包括各种公共建筑用水和消防浇洒道路、绿地、环保等市政用水，在农村还应包括大小牲畜用水量。

现行的用水定额体系与分类还很不完善，尚未形成统一的分类标准，习惯上按用水主体划分为工业用水定额、农业灌溉用水定额、生活用水定额三大类，但由于工业的发展主要集中于城市，因此有时也将工业用水定额和城镇生活用水定额统称为城市用水定额。

用水定额是随社会、科技进步和经济发展而逐渐变化的。例如，随着科技水平的进步，工业用水定额和农业用水定额会逐渐降低，而生活用水定额会逐渐提高。尤其是农业用水定额，即使是同一地区，因干旱年、丰水年的降水、蒸发等气候上的差异，同一种作物的灌溉定额也是不同的；另外，灌溉技术的改变也会使作物灌溉定额发生变化。因此，《水利部关于严格用水定额管理的通知》（水资源〔2013〕268 号）中要求，各省级水行政主管部门要根据区域经济社会发展、产业结构变化、产品技术进步等情况，及时组织修订有关产品或服务的用水定额。用水定额原则上每 5 年至少修订 1 次。

8.1.2.3   用水定额体系

截至 2021 年底，水利部已陆续发布 105 项用水定额，基本建立了全面、系统的用水定额体系，具体包括农业 14 项、工业 70 项、建筑业 3 项、服务业 18 项。

农业用水占我国用水总量的 60% 以上，农业节水管理是提高我国整体用水水平的关键。针对水稻、小麦、玉米、棉花、油菜、马铃薯、苹果、柑橘等主要粮食和经济作物，目前水利部已制定 14 项农业用水定额，涉及 88% 以上的粮食和 85% 以上的油料作物播种面积。

近年来，我国工业用水总量总体虽呈下降趋势，但工业领域仍存在较大的节水潜力，目前，已制修订了 70 项工业用水定额，对用水效率提出了更高要求，所涉行业的用水量占工业总用水量的 80% 以上，涵盖火力发电、钢铁、纺织、造纸、石油炼制、味精、罐头食品、酵母制造等。

随着城镇化的推进，建筑用水受到社会广泛关注，水利部发布了住宅房屋建设、体育场馆建设和建筑装饰等三项建筑业用水定额，逐步推动建筑领域的节约用水工作。

服务业方面，重点关注并制定了重要的城镇生活用水户和高耗水服务行业的用水定额，包括机关、学校、医院、洗浴、洗车、高尔夫球场、室外人工滑雪场等，涉及行业的用水量占我国服务业用水总量的 90% 以上。

以上各项用水定额的详细指标值可查阅相关资料。

8.2　农　业　节　水

8.2.1　农业用水现状

我国是传统的农业大国，农业用水量很大，我国每年淡水资源 60% 以上都被用于农业。农业用水主要用于农业灌溉、林业、牧业、渔业以及相关辅助性活动等，其中农业灌溉用水大约占农业用水的 90% 以上，是农业用水的主体（张献锋 等，2015）。影响农业灌溉用水的因素有很多，如气候、土壤、作物、耕作方法、灌溉技术以及渠系利用系数等，并且存在较为明显的地域差异（叶云雪，2015）。

我国 75% 的粮食产于灌溉农田，有效灌溉面积达到 10.37 亿亩，面积总量居世界首位，占全国耕地面积的 50%，灌溉用水量为 $3.4\times10^{11}\,m^3$，占全国总用水量的 60% 左右[1]。1980 年以前，我国农业灌溉水有效利用系数约为 0.3，2010 年该系数上升到 0.51 左右。近年来，我国加快了农业节水灌溉技术的发展和推广，灌溉水利用效率和效益得到了提高。但整体来看，我国农业用水效率仍相对较低，各地用水效率差异较大，农业生产中水资源不足与浪费严重、利用效率低下等矛盾突出，所以发展节水农业更为紧迫。

8.2.2 农业节水现状

2010—2021 年，我国有效灌溉总面积增加 878 万 hm^2，呈稳步微增态势。随着东北节水增粮、华北节水压采、西北节水增效等高效节水灌溉项目的实施，全国节水灌溉面积和高效节水灌溉面积均呈快速增长趋势。与 2010 年相比，2021 年全国节水灌溉面积增加 41%，高效节水灌溉面积增加 97%。2021 年，全国有效灌溉面积为 6913 万 hm^2，其中节水灌溉面积占总灌溉面积的 56%；高效节水灌溉面积占总灌溉面积的 34%（李慧 等，2019；北京日报，2021）（表 8.2）。

表 8.2　　　　　　全国灌溉面积及灌溉率统计

年份	有效灌溉面积 /万 hm^2	节水灌溉面积 /万 hm^2	节水灌溉率 /%	高效节水灌溉面积 /万 hm^2	高效节水灌溉率 /%
2010	6035	2731	45	1182	19
2016	6714	3285	49	1941	29
2021	6913	3840	56	2333	34

注　数据来源于中国水资源公报。

与国外相比，我国高效节水灌溉面积发展仍有较大潜力。以喷灌、微灌面积占总灌溉面积的比例为例，发达国家喷、微灌溉面积占比很大，德国、英国、芬兰、以色列等国家接近 100%，巴西、南非等国达到 2/3 以上（李慧 等，2019）。我国喷、微灌面积占总灌溉面积的比例为 34%。

2010—2021 年，全国灌溉水有效利用系数由 0.51 提高至 0.568；灌溉亩均用水量由 $421m^3$ 下降到 $355m^3$，下降 15%（表 8.3）。国外节水灌溉先进国家，如以色列灌溉水有效利用系数达到了 0.7~0.8，高于我国平均灌溉水有效利用系数，也高于国内领先的华北地区，因此，我国大部分地区农业节水灌溉仍有较大的发展潜力（朱厚华 等，2017）。

表 8.3　　　　　　2010—2016 年全国农业节水指标变化

指　标	2010 年	2011 年	2012 年	2013 年	2014 年	2015 年	2016 年	2017 年	2018 年	2019 年	2020 年	2021 年
灌溉水有效利用系数	0.51	0.51	0.52	0.52	0.53	0.54	0.54	0.548	0.554	0.559	0.565	0.568
灌溉亩均用水量/m^3	421	415	404	418	402	394	380	377	365	368	356	355

注　数据来源于中国水资源公报。

以山东省临沂市为例，附录中的案例 6 给出了临沂市的节水发展模式和取得的成效。

---

[1]　新华网，2021 年。

8.2.3　农业节水评价

大力发展农业节水灌溉是促进农业生产、推动我国农业可持续发展的战略选择。节水灌溉是以最低限度的用水量获得最大的产量或收益，也就是最大限度地提高单位灌溉水量的农作物产量和产值的灌溉措施。

本节主要关注农业节水灌溉的评价。

8.2.3.1　节水灌溉指标体系

构建合适的指标体系、制定科学合理的评价方法，可为节水政策、方案和措施等的制定、实施提供科学依据。

国内对节水农业的研究开展得相对较晚，但对评价体系的研究发展较为迅速。在评价指标体系建立的过程中，从最初的定量数据比较或定性描述说明，逐步深入发展到定量与定性相结合、多层次、多目标和较全面的综合评价指标体系。其中，朱美玲（2012）在水资源高效利用概念的基础上，构建了田间尺度农业高效用水评价指标体系，包括高效节水技术效率类指标、节水技术经济合理性类指标、节水经济效果和社会效果类指标，为田间高效节水技术应用效果的评价提供了计量工具；阳眉剑等（2016）将节水灌溉过程中所涉及的各种指标按性质归纳为六大类，分别是政策类指标、环境类指标、经济类指标、资源类指标、技术类指标、社会类指标；范习超等（2021）从工程节水、田间节水、用水管理、水资源保护及用水效益 5 个方面，优选了 23 个节水评价指标，建立了大型灌区节水水平评价指标体系，并进行了实证研究。

灌区是节水灌溉的主战场。因此，很多地区根据当地实际情况建立了灌区节水灌溉评价等地方标准。如 2017 年宁夏出台了《节水型灌区评价标准》（DB64/T 1536—2017）；2021 年山东省出台了《灌区节水评价规范》（DB37/T 4423—2021）等。

下面对《节水型灌区评价标准》（DB64/T 1536—2017）中的节水灌溉指标体系进行介绍。

《节水型灌区评价标准》（DB64/T 1536—2017）中，节水型灌区评价项目分为基本要求、管理指标、技术指标、鼓励性指标，其中管理指标 50 分，技术指标 50 分，鼓励性指标 10 分，总分 110 分。满足所有基本要求、总得分 90 分以上（含 90 分）的灌区，即可评为节水型灌区。

评价项目中的基本要求是总量控制，即灌区农业用水总量不超过水行政主管部门下达的计划用水总量指标，基本要求为一票否决制。管理指标包括节水管理机构、制度建设、节水资金投入、用水管理、用水统计、水价管理、工程管理、节水宣传。技术指标包括农田灌溉水有效利用系数、高效节水灌溉工程控制面积比例、主要作物灌溉亩均用水达标率、灌溉设备完好率、取水计量率。鼓励性指标即新技术推广应用。

各项技术指标的计算如下：

（1）农田灌溉水有效利用系数。

$$\eta_g = \frac{W_n}{W_g} \times 100$$

式中　η_g——农田灌溉水有效利用系数；

　　　W_n——评价年内灌溉农作物灌溉需水量，等于作物需水量扣除生长期内有效降水量，m^3；

W_g——评价年灌溉用水总量，按取水口灌溉取水量计算，m^3。

（2）高效节水灌溉工程控制面积比例。

$$k_{gj} = \frac{A_{gj}}{A_g} \times 100$$

式中　k_{gj}——高效节水灌溉工程控制面积比例，%；

A_{gj}——评价年灌区投入使用的高效节水灌溉工程控制面积，即低压管灌、喷灌微灌工程控制面积之和（同一灌溉面积不能重复计算），按水利统计年鉴口径统计，$10^3\,hm^2$；

A_g——评价年灌区有效灌溉面积，按水利统计年鉴口径统计，$10^3\,hm^2$。

（3）主要作物灌溉亩均用水达标率。

$$\eta_{mg} = \frac{k_m \times W_{mg}}{W_{mt}} \times 100$$

$$W_{mt} = \sum (A_{it} \times W_{it})$$

$$k_m = \frac{A_{mt}}{A_t} \times 100$$

式中　η_{mg}——主要作物亩均灌溉用水达标率，%；

k_m——主要作物种植面积比；

W_{mg}——田间用水总量，m^3；

W_{mt}——主要作物定额用水量，m^3；

A_{it}——主要作物面积，m^2；

W_{it}——灌溉定额，$m^3/10^3\,hm^2$；

A_{mt}——主要作物种植面积之和，$10^3\,hm^2$；

A_t——灌区总种植面积，$10^3\,hm^2$。

（4）灌溉设施完好率。

$$\eta_{sg} = \frac{N_{sg}}{N_{tg}} \times 100$$

式中　η_{sg}——灌溉设施完好率，%；

N_{sg}——评价年灌区完好的用水设施和建筑物数量，个；

N_{tg}——评价年灌区用水设施与建筑物总数，个。

（5）取水计量率。

$$\eta_{qs} = \frac{N_{qs}}{N_{ts}} \times 100$$

式中　η_{qs}——取水计量率，%；

N_{qs}——支斗渠（直开口）量水设施数，个；

N_{ts}——支斗渠（直开口）总数量，个。

8.2.3.2　节水灌溉水平评价

除了规范、行业标准中规定的评价方法外，对农业节水灌溉水平进行综合评价的方法还有很多,如层次分析法、主成分分析法、人工神经网络法、灰色关联评价法、模糊评价法等方法,其基本原理见第 5 章。

上述方法各有特色,层次分析法能在定量和定性两方面对被分解的要素进行评价,专家评分法能减少对数据资料的依赖性,主成分分析法能直接找出最关键的评价成分,人工神经网络法能大大降低不确定性,灰色关联分析法能避免主观因素对评价对象的影响,模糊评价法能处理大量定性的评价对象的问题。在进行实际评价时,应结合具体情况选择最适宜的评价方法,或采取多种方法相结合的方式来全面衡量农业节水灌溉的水平(阳眉剑等,2016)。

8.2.4 农业节水技术与措施

常见的农业节水技术包括工程化节水技术、农艺节水技术、生物节水技术、管理节水技术等类型。同时,国家及地方颁布实施的有关节水灌溉行业的各种政策、法规、标准等也为农业节水的推广提供了重要支撑。

8.2.4.1 工程化节水技术

工程化节水技术是以提高灌区渠系水利用系数为目标。常用的工程化节水技术有渠道防渗、管道输水灌溉、喷灌、微灌、渗灌、痕灌等。工程化节水技术近几年发展迅速,利用这样的方式可实现水分上的控制及农业的规模化(窦密芳,2019)。

1. 渠道防渗

渠道输水是我国目前农田灌溉的主要输水方式,这种模式尽管会满足农业的灌溉需求,但经常会发生渗漏现象。传统的土渠输水利用系数只有 0.4~0.5,较差的只有 0.3 左右。渠道渗漏是农田灌溉用水损失的主要原因,所以应该对渠道进行防渗处理,这样才能提高渠道输水效果。据测算统计证明:对渠道进行混凝土防渗改造后,可使渠道利用系数提高到 0.6~0.9,比原来的土渠提高 65% 左右。

2. 管道输水灌溉

管道输水灌溉是利用水管将水直接送到田间灌溉,减少水在明渠输送过程中的渗漏和蒸发损失。在一些发达国家早已大量采用管道输水,常用的管材有混凝土管、塑料硬(软)管及金属管等。管道输水与渠道输水相比,具有输水迅速、节水、省地、增产等优点,水的利用系数可提高到 95%,节电 25%、省地 2.5%、增产 10%。在我国有条件的地方应结合实际大力发展管道输水,不断推动现代农业的可持续发展。为了实现高效用水,还可以采取配套喷灌、滴灌、微灌等田间节水措施,用于更大范围的农业灌溉(周世明 等,2017)。

3. 喷灌技术

与传统的灌溉手段相比,喷灌技术能够有效提高农业灌溉的节水量,提高生产效率,降低成本支出。其工作原理是以管道为基础,通过加压的方式将水资源与农田进行连接,而后利用喷头装置来对水流进行分化处理,依照现场实际情况对喷洒状态加以控制,比如说转变为细小的水流或者是直接以水滴的方式加以灌溉,这样不但能够实现有效灌溉,同时还能够防止水资源的浪费问题,对农田生产的后续发展也会产生重要的促进作用。随着社会的发展,有关喷灌技术的机械化水平也发生了转变,设备性能越来越高,所起到的节水效果也能够满足正常状态下的工作需求。

4.滴灌技术

与其他技术相比,滴灌技术更偏向于稳定状态下的农作物灌溉工作。在应用过程中,农业人员会根据土地状态进行塑料管道的选择,并合理铺设管网,将整个农业地区进行范围性覆盖,而在农作物的根部结构则会与水管产生密切联系,完成打孔工作后便能够利用水滴的方式开展相应的灌溉工作,这样不但能够有效提高农作物的整体产量,在水资源利用率方面也能够满足我国节能环保的战略需求。通常,滴灌技术会被应用在干旱地区。干旱地区土地的含水量较低,雨水补充不及时,很容易会出现农作物生产受损的情况,而滴灌技术本身在地形的适应力上具有较强的优势,借助其本身独特的应用模式,能够在特定区域内完成水量的补充,同时还能够避免水资源浪费的情况。不过,就目前来看,这种技术本身对于材料的选用较为严格,所涉及的成本也比较高,在使用过程中极易发生堵塞的情况,为了避免类似的情况出现,相关人员在采用滴灌技术时,应当以大棚结构或者是室内种植为主,这样能够避免材料性能受损,在灌溉效果方面也能够满足正常的生产需求。

5.渗灌技术

渗灌是一种新型的节水灌溉技术,是继喷灌、滴灌之后的又一节水灌溉技术。渗灌即地下灌溉,是利用地下管道将灌溉水输入田间埋于地下一定深度的渗水管道或鼠洞内,借助土壤毛细管作用湿润土壤的灌水方法。在低压条件下,通过埋于作物根系活动层的灌水器,根据作物的生长需水量定时定量地向土壤中渗水供给作物。渗灌系统全部采用管道输水,灌溉水是通过渗灌管直接供给作物根部,地表及作物叶面均保持干燥,作物棵间蒸发减至最小,计划湿润层土壤含水率均低于饱和含水率,因此,渗灌技术的利用率是目前所有灌溉技术中最高的,渗灌主要适用于地下水较深、地下水及土壤含盐量较低、灌溉水质较好、湿润土层透水性适中的地区❶。

6.痕灌技术

作为我国新时代背景下所研发的技术手段,痕灌技术的出现改变了传统灌溉模式所带来的不利影响,在实际操作过程中,依照当前农作物的实际生存状态进行水量的补充。痕灌技术涉及信息化手段,因而在进行操作时会将水头装置和互联网进行连接,利用信号传输来开展相应的输水工作。与传统的工作模式相比,痕灌技术具有更强的自动性,不需要过多的人力资源进行协同处理,只需要在系统上进行实时管控与管理即可完成,这样不但能够有效降低水资源的消耗,同时还能够确保农作物的产量不受影响(陈林,2022)。

表8.4列出了几种主要的节水灌溉措施、节水效率及其局限性(阳眉剑 等,2016)。

8.2.4.2　农艺节水技术

农艺节水是提高农田水分效率的重要措施,它通过选择适当的作物种类、品种和种植方式,以及采用合理的灌水、施肥、耕作、覆盖和化学控制调节等措施减少水分消耗,提高作物的产量,最终达到节水效果(周世明,2017)。

---

❶ 中国智慧农业网,2018年。

表 8.4   节水灌溉主要工程措施

主要措施	具 体 方 法	节水效率	局 限 性
渠道防渗	通过改变原渠床土壤渗透性能或设置防渗层来减少渠道输水渗漏损失	50%~90%	受温度影响大，易出现冻胀变形破坏渠道
管道输水	通过各种输水管道直接将灌溉水从水源地输至田间，减少沿程损失	20%~30%	工期较长，对人力及机械设备要求高，施工难度大
喷灌	利用喷头等专用设备把有压水喷洒到空中，形成水滴落到地喷灌面和作物表面	40%~50%	投资较高，受风和空气湿度影响大，耗能大
滴灌	用管道将水通过直径约 10mm 毛管上的孔口或滴头直接送到作物根部进行局部灌溉	70%~80%	易引起堵塞，可能引起盐分积累，可能限制根系的生长
渗灌	通过地下管道将灌溉水量输入田间地下渗水管道或鼠洞内，利用土壤毛细管作用湿润土壤	70%	投资高，施工复杂，管理维修困难，易造成表层土壤湿度较差，易产生深层渗漏

1. 种植耐旱作物品种

种植耐旱作物品种是实施节水工程最直接和最有效的措施。据试验统计证明：过去在田间种植传统小麦和玉米，全生育期需灌水 7 次，每亩累计灌水量 $280m^3$；而现在在田间种植杂交一代小麦和玉米，全生育期需灌水 4 次，每亩累计灌水量 $160m^3$，现在比传统种植每亩累计节水 $120m^3$。在我国张掖市杂交玉米良种繁育基地，杂交玉米制种面积占全国总面积的 21.4%，每年生产杂交玉米种子 42 万 t，占全国种植玉米面积用种量的 42%，如果在全国广泛推广杂交耐旱玉米品种，每年节水效果是非常可观的。

2. 精细整地和蓄水保墒

精细整地和蓄水保墒是夺取农作物全苗且保证丰收的关键。因此，在前茬作物收获后，要及时做好精细整地和蓄水保墒工作。播种后保墒，可以减少土壤水分蒸发、减少灌溉单元。保墒方法即由大水漫灌改为小单元灌溉，由 $2000m^2$ 为 1 个灌溉单元改为 $350m^2$ 为 1 个灌溉单元，这样可以有效减少灌水中的渗漏量，达到节水的目的。据测量统计证明：通过减小玉米灌溉单元面积的方法，在玉米整个生育期内，每亩可节水 $48m^3$。

3. 推广使用抗旱保水剂

抗旱保水剂被人们称为微型水库，是一种三维网状结构的有机高分子聚合物，可将土壤中的雨水迅速吸收并保存，变为固态水而不流动、不渗失，长期保持恒湿，天旱时会缓慢释放供给作物利用。抗旱保水剂特有的吸水、储水、保水性能，在农作物种植、园林绿化等抗旱中显现出较大威力，是全世界公认的抗旱保墒最有效的微水灌溉用品，可以节省大量的灌溉用水和浇灌养护劳动力。

4. 地膜覆盖

地膜覆盖可使蒸发的水分在膜内形成水珠后再落入地表浇灌作物和湿润土壤，从而减少土壤水分损失；还可保蓄土壤水分，提高土壤水分利用率；同时也可提高地温，促进农作物正常生长发育。据测量统计证明：推广垄膜沟灌技术，可有效利用自然降水，减少灌溉水量，每亩可节水 $95m^3$。

5. 秸秆粉碎还田

大力推广秸秆粉碎还田技术，可使土壤中的微生物增加 18.9%，接触酶活性增加 33%，转化酶活性增加 47%，尿酶活性增加 17%，土壤溶重降低 $1.5g/cm^3$，孔隙度增加 5%，含水量增加 1.5%；还可增加土壤中水、肥、气、热的协调能力，以提高土壤保水能力，延迟作物灌水周期，减少作物灌水量。

6. 坡地综合治理

将坡地改造成水平等高台地，实行水平等高耕作，使土壤有效积蓄相当雨水，减少水土流失。作物在水平台地上采取沟垄或穴窝种植，即农作物种在沟底或穴内，相当于抗旱深种。沟底或穴内可积蓄雨水，减少雨水地表径流，待作物抽穗扬花时，结合追肥培土，将原土垄培向作物根部，防止作物倒伏。在台地路边、沟边种植果树，梯岸梯壁种植牧草，不但可以发展农业经济，还可提高耕地土壤水分涵养率。

8.2.4.3 生物节水技术

生物节水技术是指利用基因工程等现代生物技术和手段，研发和推广节水、高产、优质的农作物新品种，提高农作物的抗旱性，从而达到节水灌溉的目的（龚晓水，2020）。1999 年和 2003 年我国政府相继启动了国家重点基础研究发展计划（973）项目"作物抗逆性与水分、养分高效利用的生理及分子生物学基础"和"作物高效抗旱的分子生物学和遗传学基础"，2002 年启动了"863"重大专项"现代节水农业技术体系及新产品研究与开发"，研究作物抗旱、节水的生理、遗传学基础及实用技术，为作物抗旱节水性状的遗传改良提供理论依据和应用技术（陈兆波，2007）。

8.2.4.4 管理节水技术

管理节水技术是指通过提高灌溉管理水平，采用科学的灌溉方式，达到节水的目的。包括通过对作物需水量和对土壤墒情的监测，进行适时适量的科学灌溉；对灌溉用水进行科学合理的调度；通过调整水价，改革用水管理体制，让农民参与管理，提高农民节水意识（河南省水利厅，2019）；通过用水监测，逐级落实节水控制目标，尝试建立水市场机制，对节约用水进行有偿转让（杨永辉 等，2012）等；实现灌溉用水管理技术和手段的信息化、自动化和智能化。

8.2.4.5 国家层面节水灌溉行业相关政策

为了促进节水灌溉行业规范发展，近些年我国陆续发布了许多政策，如 2021 年农业农村部发布的《关于加快农业全产业链培育发展的指导意见》，提升基地设施装备数字化水平，加强田间路渠管网建设，配套高效机械设施和智能化生产，有效运用物联网、大数据、节水灌溉、测土配方、生物防治等新技术。2015—2022 年国家层面上节水灌溉行业的相关政策详见表 8.5。

表 8.5 **2015—2022 年国家层面节水灌溉行业政策汇总**

发布年份	发布部门	政策名称	重点内容
2015	国务院办公厅	国务院办公厅关于加快转变农业发展方式的意见	大力发展节水灌溉，全面实施区域规范化高效节水灌溉行动，分区开展节水农业示范，改善田间节水设施设备，积极推广抗旱节水产品和喷灌滴管、水肥一体化、深耕深松、循环水养殖等技术

发布年份	发布部门	政策名称	重点内容
2016	中共中央 国务院	中共中央 国务院关于落实发展新理念加快农业现代化实现全面小康目标的若干意见	加强农村河塘清淤整治、山丘区"五小水利"、田间渠系配套雨水集蓄利用、牧区节水灌溉、饲草料地建设。大力开展区域规模化高效节水灌溉行动。积极推广先进适用节水灌溉技术
2017	中共中央 国务院	中共中央 国务院关于深入推进农业供给侧结构性改革加快培育农业农村发展新动能的若干意见	大力实施区域规模化高效行动,集中建成一批高效节水灌溉工程。稳步推进牧区高效节水灌溉饲草料地建设,严格限制生态脆弱地区抽取地下水灌溉人工草场。建立健全农业节水技术产品标准体系,加快开发种类齐全、系列配套、性能可靠的节水灌溉技术和产品,大力普及喷灌、滴灌等节水灌溉技术,加大水肥一体化等农艺节水推广力度
2018	中共中央 国务院	中共中央 国务院关于实施乡村振兴战略的意见	实施国家农业节水行动,加快灌区续配套与现代化改造,推进小型农田水利设施达标提质,建设一批重大节水高效灌溉工程
2019	中共中央 国务院	中共中央 国务院关于坚持农业农村优先发展做好"三农"工作的若干意见	实施区域化整体建设,推进田水林路电综合配套,同步发展高效节水灌溉
2021	国务院	"十四五"推进农业农村现代化规划	加大农业水利设施建设力度,因地制宜推进高效节水灌溉建设,支持已建高标准农田改造提升
2021	农业农村部	农业农村部关于加快农业全产业链培育发展的指导意见	提升基地设施装备数字化水平,加强田间路渠管网建设,配套高效机械设施和智能化生产,有效运用物联网、大数据、节水灌溉、测土配方、生物防治等新技术
2021	农业农村部	农业生产"三品一标"提升行动实施方案	集成推广技术模式,研发创制高端农机装备和适宜丘陵山区、果菜茶生产、畜禽水产养殖的农机装备,集成创新一批土壤改良培肥、节水灌溉、精准施肥用药、废弃物循环利用、农产品收储和加工等绿色生产技术模式
2022	中共中央 国务院	中共中央 国务院关于做好2022年全面推进乡村振兴重点工作的意见	多渠道增加投入,2022年建设高标准农田1亿亩,累计建成高效节水灌溉面积4亿亩,统筹规划、同步实施高效节水灌溉与高标准农田建设

注 资料来源:中国节水灌溉行业发展趋势分析与投资前景研究报告(2022—2029 年)。

8.2.4.6 农业节水技术发展趋势

随着农业改革与社会科技的进步,节水灌溉技术将朝着智能化、精细化等方向发展(孙华岩,2020)。

1. 智能化节水灌溉技术

人工智能:主要利用先进的科学技术,比如自动灌溉技术、数据训练技术、数据处理技术等,使用人工智能代替劳动力的工作,利用大数据精准判断灌溉时间,能够有效地满足农作物对于水的需求,并且营造适合农作物生长的环境,推动农业经济的发展。

自动化节水灌溉:在原有灌溉设备的基础上,加上无线控制终端、无线采集终端。根据采集终端获取的农业环境参数,结合作物生长不同阶段的需水量、用水规律,设定灌溉时间、灌溉量,交给系统自行运行,完成灌溉作业。

2. 精细化灌溉技术

只有充分了解农作物的实际灌溉需求,才能科学开展农业节水灌溉,进而提升农业节水灌溉质量与准确性。全球卫星定位系统(GPS)、地理信息系统(GIS)、遥感技术(RS)等为精细化灌溉提供了可能。通过计算机来控制3S系统进行农作物生长信息搜集,并结合农作物生长规律对采集的信息进行分析,进而根据农作物的实际生长需求开展精细化灌溉,可在很大程度上提升水资源的利用效率。

8.3 工 业 节 水

8.3.1 工业用水现状

新中国成立以来,我国走出了一条中国特色的工业化发展道路。目前,我国工业发展开始由高速增长阶段转向高质量发展阶段,正处于转变发展方式、优化产业结构、转换增长动力的攻关期。

水资源是工业的血液,直接影响着工业的生产与发展。2010—2021 年,我国工业用水量由 1447.3 亿 m^3 下降到 1049.6 亿 m^3,下降了 27%;万元工业增加值用水量由 90m^3 降到 28.2m^3(水利部,2021),工业用水效率显著提高。工业用水效率的提高主要因为:一是产业结构的调整,即低水耗产业增速高于高水耗产业部门,产生了替代效应;二是通过加强节水管理、实施节水技术改造、推广应用节水技术工艺、推动废水循环利用、加大非常规水资源利用规模等途径实现了工业领域各产业部门的水效提升。但同时也可以发现,不同地区、不同行业的工业用水效率差异很大。例如,万元工业增加值用水量排名前十的北京、天津、山东、陕西、河北、浙江、山西、辽宁、广东、河南,其万元工业增加值用水量均低于 25m^3;而排在后面的西藏、广西、安徽、上海,则高于 50m^3。2021 年,我国各省(自治区、直辖市)万元工业增加值用水量最低值为 5.2m^3(北京),最高值为 62.7m^3(安徽),二者相差 12 倍以上。

钢铁、石油化工、纺织、造纸、食品是我国五大高用水行业,五大行业用水量占制造业用水量的比重超过 70%(郭丰源 等,2021),2020 年五大行业用水情况见表 8.6。高耗水行业节水技术改造是提高工业用水效率、减少用水量的重要措施,是工业节水的重点。

表 8.6   2020 年五大高用水行业用水情况

行业	用水量及水效指标	
	行业用水量占制造业用水量比重/%	单位产品用水定额/(m^3/t)
钢铁	13.2	2.7
石油化工	30.0	合成氨 12~22
		乙烯 10
纺织	12.3	针织物 100
造纸	6.3	新闻纸 10
		生活用纸 11.2
		包装用纸 18
		瓦楞纸 7.9

续表

行业	用水量及水效指标	
	行业用水量占制造业用水量比重/%	单位产品用水定额/(m³/t)
食品	9.5	啤酒 4.96
		酒精 20
		味精 21.5

8.3.2　工业节水现状

2010—2021 年，全国万元工业增加值用水量由 90m³ 降为 28.2m³，下降显著，降幅为 68.6%（表 8.7）。但与工业节水先进国家对比仍存在一些差距。如德国现状万美元工业增加值用水量为 250m³；日本现状万美元工业增加值用水量仅为 77m³；新加坡与英国现状万美元工业增加值用水量更低，分别为 54m³ 和 28m³。2020 年，我国万美元工业增加值用水量折合约 200m³，是日本的将近 2.6 倍，新加坡的 3.7 倍，英国的 7.1 倍。

表 8.7　　　　　　　　　2010—2021 年全国工业节水指标变化

指　标	2010 年	2011 年	2012 年	2013 年	2014 年	2015 年	2016 年	2017 年	2018 年	2019 年	2020 年	2021 年
万元工业增加值用水量/m³	90.0	79.8	69.8	65.9	59.4	55.2	51.0	45.6	41.3	38.4	32.9	28.2
工业用水重复利用率/%	85.8	89.6	88.4	87.5	88.3	89.2	88.3	88.7	89.1	89.7	92.5	92.9

注　数据来源于中国水资源公报。

2010—2021 年，全国工业用水重复利用率从 2010 年的 85.8% 增长到 92.9%，说明我国工业废水循环利用水平进一步提高，工业用水效率明显提升，但要达到《工业水效提升行动计划》中提到的"到 2025 年，力争全国规模以上工业用水重复利用率达 94% 左右"的目标，还需要进一步努力。

8.3.3　工业用水定义及分类

工业用水是指工、矿企业的各部门，在工业生产过程（或期间）中，制造、加工、冷却、空调、洗涤、锅炉等方面使用的水及厂内职工生活用水的总称［《工业用水分类及定义》（CJ 40—1999）］。

在工业企业内部，不同工厂、不同设备需要的水量、水质是不同的，工业用水的种类繁多。关于工业用水的分类，由于涉及企业、工艺面广，涉及的问题复杂，至今尚未得到统一的看法。

若按行业分类，可以按照《国民经济行业分类和代码》（GB/T 4754—94）中规定并结合工业行业实际情况进行分类，如钢铁行业用水、医药行业用水、造纸行业用水、火力发电行业用水、食品行业用水等。

若按用水的过程分类，工业用水可分为总用水、取用水、排放水、耗用水、重复用水。

若按水的用途分类，工业用水分为生产用水和生活用水［《工业用水分类及定义》（CJ 40—1999）］。生产用水即直接用于工业生产的水，包括冷却水、工艺用水、锅炉用水。生活用水指的是厂区和车间内职工生活用水及其他用途的杂用水，统称为生活用水。

　　冷却水又分为间接冷却水和直接冷却水。间接冷却水是指在工业生产过程中，为保证生产设备能在正常温度下工作，用来吸收或转移生产设备的多余热量，所使用的冷却水。而直接冷却水指的是在生产过程中，为满足工艺过程的需要，使产品或半成品冷却所用与之直接接触的冷却水（包括调温、调湿使用的直流喷雾水），属于工艺用水的一部分（图8.1）。

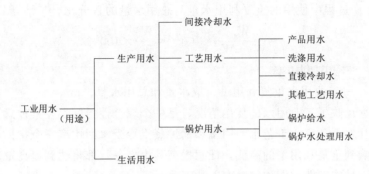

图8.1　工业用水按用途分类示意图

　　工艺用水指的是在工业生产中，用来制造、加工产品以及与制造、加工工艺过程有关的这部分用水，工艺用水中又包括产品用水、洗涤用水、直接冷却水和其他工艺用水。产品用水是在生产过程中，作为产品的生产原料的那部分水（此水或为产品的组成部分，或参加化学反应）。洗涤用水指的是在生产过程中，对原材料、物料、半成品进行洗涤处理的水。其他工艺用水指的是产品用水、洗涤用水、直接冷却水之外的其他工艺用水。

　　锅炉用水指为工艺或采暖、发电需要产汽的锅炉用水及锅炉水处理用水，统称为锅炉用水，具体包括锅炉给水、锅炉水处理用水。锅炉给水是直接用于产生工业蒸汽进入锅炉的水，锅炉给水由两部分组成：一部分是回收由蒸汽冷却得到的冷凝水，另一部分是补充的软化水。锅炉水处理用水是指为锅炉制备软化水时，所需要的再生、冲洗等项目用水。

8.3.4　工业节水评价

8.3.4.1　工业节水特点

　　工业节水具有系统性、全面性和复杂性的特点。所谓系统性，是指工业节水是一个庞大的系统。以城市工业节水为例，它存在于城市工业的各个行业、各个环节，它既包括了工业上的节约用水，又包括了有关工业节水的一些相关活动。其全面性体现在工业节水不仅局限在工业行业本身，还注重其对城市生态环境、社会经济发展、水资源可持续利用等的影响；另外，工业节水已不是单纯意义上的技术方面的节约用水，而是包括了一系列相关的技术、政策、法规、管理等层面的内容，是全面的、综合的节约用水。其复杂性主要表现在各个行业产品结构不同、用水情况不同，因此对工业节水有很大的影响，即行业及产品结构的多样性决定了工业节水的复杂性。

8.3.4.2 常用的评价指标

选取合适的评价指标、构建评价指标体系，是进行节水评价的前提和基础。工业用水的重复利用率和工业万元产值取水量，是两个最具代表性和最常使用的工业节水评价指标。

1. 工业用水重复利用率

工业用水重复利用率能综合反映工业用水的重复利用程度，是评价某地区用水水平及节水水平的重要指标之一，提高重复利用率是节约用水的重要途径。它是指在一定的计量时间（年），生产过程中使用的重复利用水量与总用水量的百分比。其计算公式如下：

$$\eta = \frac{W_c}{W_q + W_c} \times 100\% = \frac{W_c}{W_z} \times 100\%$$

式中　　　　η——重复利用率，%；

W_c、W_q、W_z——工业用水重复利用量、取水量和总用水量，m^3。

重复利用率反映了工业用水的复用情况，是一个综合性指标。在某种意义上，重复利用率涵盖了冷却水循环率、工艺水回用率和锅炉蒸汽冷凝水回用率三个指标。三个指标的高低可直接影响到重复利用率的高低，任意提高其中之一，都将达到提高重复利用率的目的。对于一个区域或行业它们之间存在着如下关系：

$$\eta = P_1 \cdot \eta_1 + P_2 \cdot \eta_2 + P_3 \cdot \eta_3 + P_4 \cdot \eta_4 = \sum_{i=1}^{4} (P_i \cdot \eta_i)$$

式中　　　　η——区域或行业工业用水重复利用率，%；

P_1、P_2、P_3、P_4——冷却、工艺、锅炉水、其他工业用水占工业用水总量的比例，%；

η_1、η_2、η_3、η_4——冷却、工艺、锅炉水、其他工业用水复用率，%。

目前，冷却水循环率、工艺水回用率和锅炉蒸汽冷凝水回用率一般只是个别企业有较准确的统计数据，而整个城市综合性的指标数据很难获取。

2. 工业万元产值取水量

工业万元产值取水量是指平均创造万元工业产值所实际取用的水量，是综合反映在一定的经济实力下工业宏观用水水平的指标，是城市工业节水水平评价中最具代表性的评价指标之一。其计算公式如下：

$$W_w = \frac{W_q}{V_g} \times 100\%$$

式中　W_w——评价期内工业万元产值取水量，m^3/万元；

　　　W_g——评价期内工业取水量，m^3；

　　　V_g——评价期内工业产值，万元。

如果将 W 和 V 分别取工业不同行业的取水量和产值，则可得到一组行业的工业万元产值取水量，就能较好地反映工业分行业节水水平。该指标既可以从纵向（当年与上年或历年）也可以从横向（城市、省份、国家）来评价工业用水水平的变化程度。

除工业万元产值取水量指标外，万元增加值取水量也能在一定程度上反映工业的节水潜力。它是指一个地区（或城市）中，在特定区间（一年）内工业每增加万元产值所取用的水量 W_{wz}，计算公式为

$$W_{wz} = \frac{W_z - W_c}{V_{gz}}$$

式中　W_z——评价期内工业用水总量，$m^3/$万元；

W_c——评价期内工业重复用水量，$m^3/$万元；

V_{gz}——评价期内工业增加值，$m^3/$万元。

万元增加值取水量是表示工业产值增长与用水量增长关系的一个指标，可以动态评价一个城市在工业发展过程中的用水情况。从某种程度上来说，工业万元增值取水量越少，表明该工业在用水方面的改进情况越好，当然这也是与工业整体发展水平息息相关的。

以上指标简单易用，但由于各地区、各行业、各企业的产品结构不同，因而不能科学和全面地反映一个工业企业或城市的工业用水效率与节水潜力。例如重复利用率没有考虑工业用水的用水效率和节水效率，而万元产值取水量横向可比性较差（赵静静，2015）。

8.3.4.3　评价指标体系

在特定企业进行节水评价时，往往选取相应的行业标准作为依据。不同工业企业产品的结构不同，其对应的行业标准有所差异。另外，不同学者构建的指标体系也有所侧重。

下面以《节水型企业评价导则》（GB/T 7119—2018）为例，对工业节水指标体系进行介绍。该导则适用于工业企业的节水评价工作。导则中提出我国节水型企业评价指标体系主要包括基本要求、管理指标和技术指标三大类，具体见表8.8。

表 8.8　　　　　　　　　　　　节水型企业评价指标体系

指标类别	指标名称及要求
基本要求	生活用水和生产用水分别计量付费
	自制蒸汽单位应将供汽锅炉蒸汽冷凝水回收至锅炉水补水，外购蒸汽单位应当充分利用蒸汽冷凝水，严禁直接排放
	工艺用水及直接冷却水不直排，应回用或重复利用
	水计量器具的配备与管理符合《用水单位水计量器具配备和管理通则》（GB/T 24789—2022）的要求
	按规定周期开展过水平衡测试或用水审计
	企业废水排放符合标准要求
	不使用国家明令淘汰的用水设备和器具
	取用水手续齐全
	近三年无超计划超定额用水
	新建、改建、扩建项目时，节水设施应与主体工程同时设计、同时施工、同时投入运行，做到用水计划到位、节水目标到位、管水制度到位、节水措施到位
管理指标	管理制度：有科学合理的节约用水管理制度，实行用水计划管理，制订节水规划和年度用水计划并分解到各主要用水部门，有健全的节水统计制度，应定期向相关管理部门报送节水统计报表
	管理机构：节水管理组织机构健全，有主要领导负责用水、节水工作，有用水节水管理部门和专（兼）职用水节水管理人员、岗位职责明确
	管网（设备）管理：用水情况清楚，有详细的供排水管网和计量网络图，有日常巡查和保修检修制度，定期对管道和设备进行检修
	水计量管理：原始记录和统计台账完整规范并定期进行分析，内部实行定额管理，节奖超罚

续表

指标类别	指标名称及要求		
管理指标	水平衡测试：依据《企业水平衡测试通则》（GB/T 12452—2008）进行水平衡测试，保存有完整的水平衡测试报告书及有关文件		
	节水技术改造及投入：企业注重节水资金投入，每年列支一定资金用于节水工程建设、节水技术改造，所采用的生产工艺与装备，应符合国家产业政策、技术政策和发展方向，采用节水型设备		
	节水宣传：经常性开展节水宣传教育，职工有节水意识		
技术指标	取水	单位产品取水量，m³/单位产品	
		化学水制取系数	
	重复利用	重复利用率，%	
		直接冷却水循环率，%	
		循环水浓缩倍数	
		蒸汽冷凝水回收率，%	
		蒸汽冷凝水回用率，%	
		废水回用率，%	
	用水漏损	用水综合漏失率，%	
	计量	水表计量率，%	
		水计量器具配备率，%	
	排水	单位产品排水量，m³/单位产品	
		达标排放率，%	
	非常规水源利用	非常规水源替代率，%	
		非常规水源利用率，%	

技术指标包括企业用水、重复利用、计量、排水以及非常规水源利用等方面。在具体评价工作中，要根据不同行业取水、用水和排水的特点，在技术指标中有针对性地选择。

各项技术指标的计算方法如下：

（1）单位产品取水量。

$$W_{\mu i} = \frac{W_i}{Q}$$

式中　$W_{\mu i}$——单位产品取水量，m³/单位产品；

　　　W_i——在一定计量时间内，企业用于生产该产品的取水量，m³；

　　　Q——在一定计量时间内的产品产量。

（2）化学水制取系数。

$$k_1 = \frac{W_{cin}}{W_{ch}}$$

式中　k_1——化学水制取系数；

　　　W_{cin}——制取化学水所用的取水量（软化水量、除盐水量折算成的水量），m³；

　　　W_{ch}——化学水水量（软化水量、除盐水量），m³。

注：无计算资料（外购折算）时，其折算系数可取 1.10。

（3）重复利用率。

$$R = \frac{W_C}{W_C + W_i} \times 100\%$$

式中　R——重复利用率，%；

$\quad W_C$——在一定的计量时间内，企业的重复利用水量，m^3；

$\quad W_i$——在一定的计量时间内，企业的取水量，m^3。

（4）直接冷却水循环率。

$$R_d = \frac{W_{d\tau}}{W_{d\tau} + W_{df}} \times 100\%$$

式中　R_d——直接冷却水循环率，%；

$\quad W_{d\tau}$——直接冷却水循环量，m^3/h；

$\quad W_{df}$——直接冷却水循环系统补充水量，m^3/h。

（5）循环水浓缩倍数。

$$N = \frac{C_{cy}}{C_f}$$

式中　N——浓缩倍数；

$\quad C_{cy}$——间接冷却循环冷却水实测某离子浓度，mg/L；

$\quad C_f$——间接冷却循环系统补充水实测某离子浓度，mg/L。

（6）蒸汽冷凝水回收率。

$$R_b = \frac{W_{b\tau}}{D} \times \rho_b \times 100\%$$

式中　R_b——蒸汽冷凝水回收率，%；

$\quad W_{b\tau}$——在统计期内，蒸汽冷凝水回收量（应包括外供量，特指外供给有效使用不

降低能损的用户），m^3/h；

$\quad D$——在统计期间，生产过程中，产汽设备的产汽量＋进入装置的蒸汽量－外供

出装置的蒸汽量，t/h；

$\quad \rho_b$——冷凝水体积质量，t/m^3。

（7）蒸汽冷凝水回用率。

$$R_b = \frac{W_{br}}{D} \times \rho \times 100\%$$

式中　R_b——蒸汽冷凝水回用率，%；

$\quad W_{br}$——蒸汽冷凝水回用量，m^3/h；

$\quad D$——产气设备的产气量，t/h；

$\quad \rho$——蒸汽体积质量，t/m^3。

（8）废水回用率。

$$K_w = \frac{W_w}{W_d + W_w} \times 100\%$$

式中　K_w——废水回用率，%；

W_w——在一定的计量时间内，企业对外排废水自行处理后的回用水量，m^3；

W_d——在一定的计量时间内，企业的排水量，m^3。

（9）用水综合漏失率。

$$K_l = \frac{W_l}{W_i} \times 100\%$$

式中 K_l——用水综合漏失率，%；

W_l——在一定的计量时间内，企业的漏失水量，m^3；

W_i——在一定的计量时间内，企业的取水量，m^3。

（10）水表计量率。

$$K_m = \frac{W_{mi}}{W_i} \times 100\%$$

式中 K_m——水表计量率，%；

W_{mi}——在一定的计量时间内，企业或企业内各层次用水单元的水表计量的用（或取）水量，m^3；

W_i——在一定的计量时间内，企业或企业内各层次用水单元的用（或取）水量，m^3。

（11）水计量器具配备率。

$$R_p = (N_S / N_I) \times 100\%$$

式中 R_p——水计量器具配备率；

N_S——实际安装配备的水计量器具数量；

N_I——测量全部水量所需配备的水计量器具数量。

（12）单位产品排水量。

$$W_{ud} = \frac{W_d}{Q}$$

式中 W_{ud}——单位产品排水量，m^3/单位产品；

W_d——在统计期内装置的排水量，m^3；

Q——在统计期内的产品产量。

（13）达标排放率。

$$K_d = \frac{W_{d'}}{W_d} \times 100\%$$

式中 K_d——排放达标率，%；

$W_{d'}$——在一定的计量时间内，企业达到排放标准的排放水量，m^3；

W_d——在一定的计量时间内，企业的排水量，m^3。

（14）非常规水源替代率。

$$K_h = \frac{W_{ih}}{W_i + W_{ih}} \times 100\%$$

式中 K_h——非常规水源替代率，%；

W_{ih}——在一定的计量时间内，非常规水源所替代的取水量，m^3；

W_i——在一定的计量时间内，企业的取水量，m^3。

（15）非常规水源利用率。

$$K_u = \frac{W_{iu}}{W} \times 100\%$$

式中　K_u——非常规水源利用率，%；

　　　W_{iu}——在一定的计量时间内，非常规水源的利用量，m^3；

　　　W——在一定的计量时间内，非常规水源的总量，m^3。

8.3.4.4　工业节水水平评价

在进行评价时，对于基本要求，节水型工业企业应全部满足；对于管理指标，专家评审小组需要通过查看报告、统计报表、原始记录、座谈、实地调查、抽样调查等评价方法，根据实际情况，进行打分；管理指标的计分满分为60分，得分在52分以上（含52分），且序号1、2、4、5四项评分不低于34分（含34分）的企业达到"节水型企业管理指标"的要求；对于管理指标，节水型工业企业应达到本行业的先进水平。

如果企业满足所有要求，则企业被认定是节水型企业。

8.3.5　工业节水技术与措施

工业节水包括技术性节水和管理型节水两类。其中技术性节水措施包括大力推广新工艺、采用新技术、新装备等手段；管理型节水措施包括采用法律、经济、行政等手段达到节水及减污的目的。

8.3.5.1　大力推广工业节水新工艺

大力推广节水新工艺，包括改变生产原料、生产工艺和设备以及用水方式，采用无水生产工艺等内容。不同行业的节水工艺有所不同。例如，对于石油炼制，节水工艺有加氢精制工艺、常减压蒸馏装置干式蒸馏、催化裂化提升管中用干气代替部分蒸汽汽提；纺织生产行业，节水工艺有生物酶处理技术、高效短流程前处理工艺、冷轧堆一步法前处理工艺、染色一浴法新工艺、低水位逆流漂洗工艺等。

8.3.5.2　积极采用工业节水新技术、新装备

通过技术、工艺改造和升级，减少水资源的消耗定额，以尽可能少的水资源消耗获得经济与环境的可持续发展的目的。工业节水新技术包括：

（1）采用工业外排废水回收再利用技术。采用废水回收再利用技术，对外排废水进行适当深度处理，使其水质达到回用水标准。

（2）采用"零排放"技术。"零排放"是指工业废水达到微排放，该技术是近年来工业企业为提高用水效率，最大限度减少因污水排放造成环境污染而采取的一种先进技术。其实质是通过采用先进的工艺和设备、改善和加强管理、综合利用等措施，减少水的用量以及全面提高水的利用效率，从而达到经济效益和社会效益"双赢"的目标。

（3）采用高效换热技术。物料高效换热技术是一项重要的节水技术，在生产过程中温度较低的进料与温度较高的出料进行热交换，达到加热进料与冷却出料的双重目的，一方面可达到节水的目的，另一方面可以达到节能的要求。

（4）采用空气冷却替代水冷的技术。采用该技术是节约冷却水的重要措施，间接空气冷却可以节水90%，直接空气冷却可不用水。该技术又包括汽化冷却技术和冷凝水回收

再利用技术。汽化冷却是利用水汽化吸热，带走被冷却对象热量的一种冷却工艺。对于同一冷却系统，用汽化冷却所需的水量仅有温度为 10℃ 时水冷却水量的 2%，且减少 90% 的补充水量，汽化冷却所产生的蒸汽还可以被回收利用（闫佳伟 等，2021）。

（5）发展工业用水重复利用技术。节约用水必须发展重复用水技术，淘汰直流用水技术。发展重复用水技术的关键是水的处理技术和回用技术。发展水闭路循环工艺，分工序或区域，按不同工艺对水质的要求，采取不同的水处理技术，分系统形成用水逐级闭路循环。

为加快推广应用先进适用的节水工艺、技术和装备，提升工业用水效率，我国相关部门编制了《国家鼓励的工业节水工艺、技术和装备目录》（2021 年）。目录涉及共性通用技术、钢铁行业、石化化工行业等 14 大行业 152 项技术。不同行业的关键技术和主要技术指标可查阅相关资料。

对于高耗水行业，节水的重点见表 8.9。

表 8.9　　　　　　　　　　　　　　　　　高耗水行业节水的重点

行　业	节　水　重　点
火力发电行业	（1）加强对中小容量电厂主、辅设备的节水技术改造，继续关停小电厂，建立闭路循环用水方式，减少耗水量，提高重复利用率。 （2）加强汽机循环冷却水浓缩倍率的研究、开发新型药剂。 （3）根据分质供水的原则，将工业废水和化学废水分别处理回用于间接冷却水系统及冲灰系统。 （4）对冲灰水系统尽可能实施干式除灰、浓缩输灰、利用劣质水输灰或实现冲灰水的闭路循环。 （5）在缺水严重的北方地区，应尽可能采用空冷机组；建设节水型火电厂
造纸行业	（1）取缔设备落后、污染严重、经济效益差的小型企业，新建和改造大中型企业，降低万元产值取水量。 （2）研发和完善低卡值蒸煮、氧脱木素后洗涤、无元素氯漂白及全无氯漂白、高得率浆和二次纤维、碱回收的蒸发污冷凝水清浊两级回收、中浓筛选等先进的节水制浆工艺技术；研制和推广造纸黑液治理技术、白水回收技术及设备，提高造纸白水的回收利用率，并尽可能采用废纸做造纸原料，压缩取水量，降低成本。 （3）推广高压冲洗技术，建设制纸机的冲洗用水；推广制浆洗涤封闭循环、中浓操作及中浓泵的应用、纸机用水封闭循环系统。 （4）推行污水处理回用技术，提高水的重复利用率和工序间的串联利用量
纺织行业	（1）加强行业内部产业结构调整，对经济效益差或无经济效益的小纺织企业实行关停并转，变小纺织为大型或集中纺织生产企业，逐步实行集团化管理，以便于能源和水资源的合理分配和使用，便于废水的集中处理和回用。 （2）对于印染业，进一步推广使用一水多用、逆流漂洗工艺和海水印染技术等节水型新工艺、新技术；研究开发和完善超临界一氧化碳染色、生物酶整理、天然纤维转移印花和无版喷墨印花等技术；推广棉织物前处理冷轧堆、低水位逆流漂洗、合成纤维转移印花、光化学催化氧化脱色等技术。 （3）以企业为节水系统、开展工序节水，提高工序间的串联利用量
石油化工	（1）提高生产系统的用水效率，主要是开发新型药剂，增加循环冷却水的浓缩倍数，推行废污水处理回用和海水利用技术；提高生产用水循环利用率和水的回用率；推广应用节能型人工制冷低温冷却技术，开发应用高效节能换热技术；对严重缺水地区推广空冷技术。 （2）推行清洁生产战略，提高工艺节水水平。 （3）加强化学工业水处理技术和设备的研究开发。 （4）继续推行化学工业可持续发展战略和实行清洁生产战略，改变化学工业原料政策与原料路线，改进生产工艺，调整产品结构，发展经济生产规模以及加强管理等，使工艺节水水平有所提高，降低万元产值取水量及单位产品取水量

续表

行　业	节　水　重　点
冶金行业	（1）开发新型药剂，增加循环冷却水的浓缩倍数，减低运行成本，提高循环率。 （2）推广耐高温无水冷却装置，减少加热炉的用水量。 （3）推广干熄焦工艺，减少炼焦用水。研究开发和完善外排污水回用、轧钢废水除油、轧钢酸洗废液回用等技术；推广干熄焦和干式除尘技术以及串接供水系统。 （4）以企业为节水系统，开展工序节水，推行一水多用、串用、回用技术和水—气热交换的密闭循环水系统

8.3.5.3 管理方面的措施

在管理措施方面，一方面充分发挥市场配置资源的作用，运用经济杠杆激发工业企业开展节水的积极性和创造性；另一方面，完善法律法规，调整相关政策，加强宏观调控，强化激励和监督机制。具体包括：

（1）健全节水法规体系，加强法制管理。

（2）加强计划用水管理，制定和实行科学合理的用水定额制度；实行节水奖励、浪费惩罚制；加强用水考核。

（3）合理调整水价，运用经济手段促进节水发展。

【延伸阅读】
工业水效提
升行动计划

（4）寻求新水源，缓解用水紧张，大力推广再生水、雨水、海水、矿井水等非常规水资源利用，研究制定非常规水源开发利用政策、法规、标准等，加速推进非常规水资源利用的进程，实施工业用水的多元化。

8.4　城　市　节　水

8.4.1　城市用水现状

2020年全国城市人口达8.2亿人，占全国人口总数的58%。城市作为人口、工业生产和生活消费的聚集区，是工业和生活用水的主体单元，也是实施工业用水效率控制红线管理、优化居民用水方式、推进系统节水管理和节水技术改造的重要着力点。

2001年以来，我国城市用水量总体上呈缓慢增长趋势，年均增长1.5%；其中，城市生产运营用水量呈下降趋势，年均减少1.6%；城市公共服务用水量和城市居民家庭用水量呈上升趋势，年均增长分别为1.6%和3.5%。在城市用水结构方面，居民家庭用水已成为我国城市最主要的用水类型。居民家庭用水占比明显上升，达49%；公共服务用水占比小幅上升，达16%；生产运营用水占比累计下降20个百分点，至29%。从人均用水指标来看，2010年，人均居民家庭用水量首次超过人均生产运营用水量，成为用水结构中的最大组分，之后比重不断提高；2010年后人均公共服务用水量基本稳定在46L/（人·d）左右，占人均用水量的17%；2020年，人均用水量为275L/（人·d），人均生产运营用水量为80L/（人·d），人均居民家庭用水量为133L/（人·d），分别占人均用水量的29%和48%（程小文，2022）。

近20年来，我国城市用水量进入了低速增长期，增速放缓，进而趋稳。城市用水增量主要来自居民家庭用水增长，居民家庭用水已成为我国城市最主要的用水类型。生产运营用水已进入稳态，公共服务用水将保持较快增长趋势。我国城市人均用水量指标仍将维持下降趋势，但进一步下降空间不大；人均生产运营用水指标继续下降，人均公共服务用水指标基本稳定，人均居民家庭用水指标稳中有升。

总体来说我国城市用水量已经逐步趋稳，但不同城市间存在较大差异。如东部和西部地区的城市用水量占比上升、中部地区的城市用水量占比明显下降；南方城市用水量占比增速较快、北方城市（东北除外）用水量占比增速相对较慢；省会城市（含计划单列市）用水保持快速增长，直辖城市相对较快，地级城市、县级城市维持低速增长（程小文，2022）。

8.4.2　城市节水现状

近年来，我国全面系统推进城市节水工作。城市节水重点为以创建节水型城市为依托，推进城镇供水管网改造，推广节水型用水器具，完善城镇居民用水阶梯价格制度，推行非居民用水超定额累进加价制度，推动了一大批公共机构节水型单位、节水型居民小区等载体建设。截至 2021 年底，已建成国家级节水型城市 130 个。

2010—2020 年，全国城镇公共供水管网漏损率基本维持在 14.7% 左右（表 8.10）。与国外供水管网漏损控制良好的国家相比，我国管网漏损率相对较高。根据《全球主要城市供水管网漏损率调研结果汇编》对亚洲、欧洲、非洲、大洋洲和美洲共 102 个城市和地区 2010—2020 年的供水管网漏损情况进行的调研，日本东京供水管网漏损率约 3%，新西兰汉密尔顿供水管网漏损率低于 4%，荷兰阿姆斯特丹、德国柏林和汉堡等城市供水管网漏损率控制在 5% 以下，美国洛杉矶、芝加哥、旧金山、达拉斯等城市供水管网漏损率在 5% 左右。与国内供水管网漏损控制规范相比，我国管网漏损率控制也有较大差距。《城镇供水管网漏损控制及评定标准》（CJJ 92—2016）规定：城镇供水管网基本漏损率分为两级，一级为 10%，二级为 12%。目前各地区城镇供水管网漏损率均高于该标准规定（刘阔 等，2017）。由此可见，我国供水管网漏损率控制还有较大提升空间。

表 8.10　　　　　　　　2010—2020 年全国城镇节水指标变化

指　标	2010 年	2011 年	2012 年	2013 年	2014 年	2015 年	2016 年	2017 年	2018 年	2019 年	2020 年
城镇公共供水管网漏损率/%	14.6	15.2	15.3	15.2	15.0	15.2	15.2	14.7	14.6	14.1	13.4

注　数据来源于中国水资源公报。

目前，我国城市节水仍存在不平衡不充分、部分城市空间布局和规模与水资源、水生态、水环境承载能力不相适应等问题，城市水系统建设的整体性仍有待提高，全社会的节水意识还需要进一步提升。加强城市节水工作，是进入新发展阶段推进城市绿色低碳发展的必然要求。

8.4.3　城市用水定义和分类

根据《城市用水分类标准》（CJ/T 3070—1999），按照不同的用水性质，城市用水的类别主要包括居民家庭用水、公共服务用水、生产运营用水、消防及其他特殊用水四类。

居民家庭用水是指城市范围内所有居民家庭的日常生活用水；公共服务用水指的是为城市社会公共生活服务的用水；生产运营用水指的是在城市范围内生产、运营的农、林、牧、渔业、工业、建筑业、交通运输业等单位在生产、运营过程中的用水；消防及其他特殊用水指的是城市灭火以及除居民家庭、公共服务、生产运营用水范围以外的各种特殊用水。每一类里面又具体包含很多项，详见表8.11。

表 8.11　　　　　　　　　　城 市 用 水 的 分 类

分类	类别名称	包 括 范 围
居民家庭用水	城市居民家庭用水	城市范围内居住的非农民家庭日常生活用水
	农民家庭用水	城市范围内居住的农民家庭日常生活用水
	公共供水站用水	城市范围内由公共给水站出售的家庭日常生活用水
公共服务用水	公共设施服务用水	城市内的公共交通业、园林绿化业、环境卫生业、市政工程管理业和其他公共服务业用水
	社会服务业用水	理发美容业、沐浴业、洗染业、摄影扩印业、日用品修理业、殡葬业以及其他社会服务业的用水
	批发和零售贸易业用水	各类批发业、零售业和商业经纪等的用水
	餐饮业、旅馆业用水	宾馆、酒家、饭店、旅馆、餐厅、饮食店、招待所等的用水
	卫生事业用水	医院、疗养院、专科防治所、卫生防疫站、药品检查所以及其他卫生事业用水
	文娱体育事业、文艺广电业用水	各类娱乐场所和体育事业单位、体育场（馆）、艺术、新闻、出版、广播、电视和影视拍摄等事业单位的用水
	教育事业用水	所有教育事业单位的用水（不含其附属的生产、运营单位用水）
	社会福利保障业用水	社会福利、社会保险和救济业以及其他福利保障业的用水
	科学研究和综合技术服务业用水	科学研究、气象、地震、测绘、环保、工程设计等单位的用水
	金融、保险、房地产业用水	银行、信托、证券、典当、房地产开发、经营、管理等单位的用水
	机关、企事业管理机构和社会团体用水	党政机关、军警部队、社会团体、基层群众自治组织、企事业管理机构和境外非经营单位的驻华办事机构、驻华外国使领馆等的用水
	其他公共服务用水	除以上外所有其他公共服务用水
生产运营用水	农、林、牧、渔业用	农业、林业、畜牧业、渔业的用水
	采掘业用水	煤炭采选业、石油和天然气开采业、金属矿和非金属矿以及其他矿和木材、竹材采选业的用水
	食品加工、饮料、酿酒、烟草加工业用水	粮食、饲料、植物油加工业、制糖业、屠宰及肉类禽蛋加工业、水产品加工业、盐加工业和糕点、糖果、乳制品、罐头食品等其他食品加工业、酒精及饮料酒制造业、软饮料制造业、制茶业和其他饮料制造业、烟草加工业的用水

续表

分类	类别名称	包括范围
生产运营用水	纺织印染服装业用水	棉、毛、麻、丝绢纺织、针织品业、印染业、服装制造业、制帽业、制鞋业和其他纤维制品制造业的用水
	皮、毛、羽绒制品业用水	皮革制品制造业、毛皮鞣制及制品业、羽毛（绒）制品加工业的用水
	木材加工、家具制造业用水	木材加工业、木制品业和竹、藤、金属、塑料家具制造业的用水
	造纸、印刷业用水	造纸业和纸制品业、印刷业的用水
	文体用品制造业用水	文化用品制造业、体育健身用品制造业、乐器及其他文娱用品制造业、玩具制造业、游艺器材制造业和其他文教体育用品制造业的用水
	石油加工及炼焦业用水	原油加工业、石油制品业和炼焦业的用水
	化学原料及化学制品业用水	基本化学原料、化学肥料、有机化学产品、合成材料、精细化工、专用化学产品和日用化学产品制造业的用水
	医学制造业用水	化学药品原药、化学药剂制造业、中药材及中成药加工业、动物药品、化学农药制造业和生物制品业的用水
	化学纤维制造业用水	纤维素纤维制造业、合成纤维制造业、渔具及渔具材料制造业的用水
	橡胶制品业用水	轮胎、再生胶、橡胶制品业的用水
	塑料制品业用水	塑料膜、板、管、棒、丝、绳及编织品、泡沫塑料以及合成革、塑料器具制造业和其他塑料制品业的用水
	非金属矿物制品、建材业用水	水泥、砖瓦、石灰和轻质建筑材料制造业、玻璃及玻璃制品、陶瓷制品、耐火材料制品、石墨及碳素制品、矿物纤维及其制品和其他非金属矿物制品业的用水
	金属冶炼制品业用水	黑色金属、有色金属冶炼、加工、制品业的用水
	机电制造业用水	机械制造业、各类专用设备制造业、交通运输设备制造业、武器弹药制造业和电机、输配电控制设备、电工器材制造业以及有关修理业的用水
	电子、仪表制造业用水	通信设备、广播电视设备、电子元器件制造业、仪器仪表、计量器具、钟表和其他仪器仪表制造业及其修理业的用水
	其他制造业用水	除以上外的工艺美术品、日用杂品和其他生产、生活用品等制造业的用水
	电力、煤气和水生产供应业用水	电力、蒸汽、热水生产供应业，煤气、液化气生产供应业、水生产供应业的用水
	地质勘查、建筑业用水	地质勘查、土木工程建筑业、线路管道和设备安装业等工程的用水
	交通运输业、仓储、邮电通信业用水	除城市内公共交通以外的铁路、公路、水上、航空运输及其相应的辅助业、仓储、邮政、电信业等单位的用水
	其他生产运营用水	除以上的其他生产运营用水
消防及其他特殊用水	消防用水	城市道路消水栓以及其他市内公共场所、企事业单位内部和各种建筑物的灭火用水
	深井回灌用水	为防止地面沉降通过深井回灌到地下的用水
	其他用水	除以上的其他的特殊用水

8.4.4 城市节水评价

节水评价是根据节水法规、标准等，对各级水行政主管部门和流域管理机构职能管辖范围内的规划和建设项目及涉及区域的节水水平、节水潜力、取用水必要性及规模合理性等进行评价，提出结论和建议的过程（韩旭，2020）。构建城市节水评价指标体系、确定指标权重、建立评价模型、确立科学合理的评估方法，对于规范城市节约用水，正确引导城市健康发展，具有重要意义。

8.4.4.1 城市节水指标体系

城市用水类别较多，用水过程中涉及工业生产过程、近郊农业生产过程、居民生活、公共建筑及道路、绿化浇洒等，在取水和排水过程中涉及城市水资源和环境保护问题，在用水与排水系统运行中，涉及节水管理和经济性问题等。因此，理论上城市节水指标项数应涵盖上述各种因素，但这样的城市节水指标体系将十分复杂。

为了简化问题，增强节水指标的可操作性，一般将城市节水指标归纳为总体指标和分体指标两个层面。其中总体指标又分为两类共 12 项，前 6 项为水量指标，后 6 项为率度指标（图 8.2），宏观考核城市节约用水工作。分体指标以具体的用水对象和管理类别为基础划分，分成工业节水类、城市农业节水类、生活节水类、环境保护类、节水管理类和节水经济类六类，每一类中也可分为水量指标和率度指标（表 8.12），分别从不同的侧面考核城市节约用水工作（李广贺，2020）。本节将重点介绍城市节水总体指标。

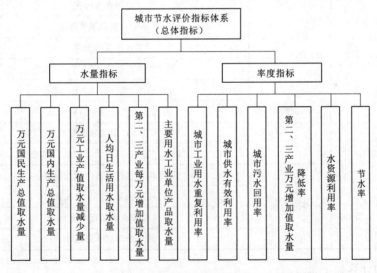

图 8.2 城市节约用水评价指标体系（总体指标）

表 8.12　　　　　　　　　城市节约用水评价指标体系（分体指标）

分体指标	指标类别	序号	指 标 名 称	单位
工业节水类指标	水量指标	1	万元工业产值取水量	m^3/万元
		2	工业用水量定额	—
	率度指标	3	工业用水循环利用率	%
		4	新水利用系数	—

续表

分体指标	指标类别	序号	指 标 名 称	单位
工业节水类指标	率度指标	5	水的损耗率	%
		6	循环比	—
		7	回用率	%
		8	重复利用率	%
		9	比差率	%
城市农业节水类指标	水量指标	1	万元农业产值取水量减少量	m³/单位产品
	率度指标	2	节水灌溉率	%
生活节水类指标	率度指标	1	城市人均日生活用水取水量	L/(人·d)
		2	生活用水复用系数	—
环境保护类指标	率度指标	1	水资源污染率	%
		2	城市污水处理率	%
		3	城市污水处理达标率	%
节水管理类指标	率度指标	1	节水率	%
		2	漏损率	%
		3	节水器具普及率	%
		4	计划用水实施率	%
		5	产品用水量定额管理率	%
		6	节水体制健全率	%
节水经济类指标	水量指标	1	万元国民生产总值（GNP）取水量	m³/万元
		2	万元国内生产总值（GNP）取水量	m³/万元
		3	万元工业产值增加值取水量	m³/万元
		4	万元农业产值增加值取水量	m³/万元
		5	第二、三产业每万元增加值取水量	m³/万元
	率度指标	6	城市取水相对经济年增长指数	—
		7	城市用水相对经济年增长指数	—
		8	自来水价格成本比	—
		9	污水处理成本降低率	%

各指标的计算如下：

（1）万元国民生产总值取水量。万元国民生产总值取水量是指产生每万元国民生产品所取用的新水量，它是综合反应在一定经济实力下城市的宏观用水水平的指标。计算公式为

$$W_{GNP} = \frac{W_{CT}}{C_{GNP}}$$

式中 W_{GNP}——万元国民生产总值取水量，m³/万元；

W_{CT}——报告期取水总量，m³；

C_{GNP}——报告期国民生产总值，万元。

报告期一般为一年。该指标淡化了城市经济结构的影响，适用于城市间的横向对比。

（2）万元国内生产总值取水量。万元国内生产总值取水量是指产生每万元国内生产总值所取用的新水量，也是综合反映在一定的经济实力下城市的宏观用水水平的指标。计算公式为

$$W_{\text{GDP}}=\frac{W_{CT}}{C_{\text{GDP}}}$$

式中　W_{GDP}——万元国内生产总值取水量，$\text{m}^3/$万元；

　　　W_{CT}——报告期取水总量，m^3；

　　　C_{GDP}——报告期国内（一般为一年）生产总值，万元。

该指标淡化了城市经济结构的影响，多用于城市间的横向比较。

（3）万元工业产值取水量减少量。万元工业产值取水量减少量是指基期与报告期万元工业产值取水量的差值。计算公式为

$$W_P=W_b-W_r$$

式中　W_P——万元工业产值取水量减少量，$\text{m}^3/$万元；

　　　W_b——基期万元工业产值取水量，$\text{m}^3/$万元；

　　　W_r——报告期万元工业产值取水量，$\text{m}^3/$万元。

该指标克服了"万元工业产值取水量"受产品结构、产业结构、产品价格、产品加工深度等因素影响的缺点，淡化了城市工业内部行业结构等因素的影响，适用于城市间、行业间的横向对比，但它不反映城市、行业的节水水平。

（4）人均日生活用水取水量。城市人均日生活取水量是每一用水人口平均每天的生活用水量。计算公式为

$$W_L=\frac{W_{lt}}{NT}\times 1000$$

式中　W_L——人均日生活取水量，$\text{L}/(人\cdot\text{d})$；

　　　W_{lt}——报告期生活用水总量，m^3；

　　　N——报告期用水人数，人；

　　　T——报告期日历天数，d。

人均日生活用水取水量从侧面反映城市居民生活水平及卫生、环境质量。但并不是越高越好，它要与城市水资源状况、经济发展、城市居民生活水平、居住条件、卫生条件和社会环境条件等相适应，因此不同城市应有不同的合理生活用水标准。目前我国城市居民生活用水的许多方面还存在着浪费现象，因此单纯以城市人均日生活用水量考查，还不能正确地反映城市用水或节水水平。

（5）第二、三产业每万元增加值取水量。第二产业是指除农业外的工业、建筑业，第三产业是指除农业、工业、建筑业外的其他各业。显然第二、三产业是城市经济的主体。第二、三产业每万元增加值取水量是指在报告期内城市行政区划取水总量与该行政区第二、三产业增加值之和的比值。计算公式为

$$W_A = \frac{W_{ct}}{a}$$

式中　W_A——第二、三产业每万元增加值取水量，$\mathrm{m^3}$/万元；

　　　W_{ct}——报告期市区取水总量，$\mathrm{m^3}$；

　　　a——报告期市区第二、三产业增加值之和，万元。

（6）主要用水工业单位产品取水量。工业用水在城市用水中占绝大部分，用水量较大的工业具有代表性。因此，一般以用水量大的部分主要工业产品的工业单位产品取水量作为城市水量指标中的专项指标。主要用水工业单位产品取水量是指在一定的计量时间（年）内主要工业单位产品的取水量，计算公式为

$$W_m = \frac{W_{it}}{P_m}$$

式中　W_m——主要用水工业单位产品取水量，$\mathrm{m^3}$/单位产品；

　　　W_{it}——主要用水工业取水总量，$\mathrm{m^3}$；

　　　P_m——主要工业年产品总量，产品量。

该指标可用于本市自身纵向的对比，也可用于同类城市之间的比较。

（7）城市工业用水重复利用率。城市工业用水重复利用率是指工业重复用水量（指工业企业内部生产及生活用水中，循环利用的水量和直接或经过处理后回用水量的总和）与工业总用水量（新水量与重复用水量之和）之比。计算公式为

$$R_r = \frac{W_{ur}}{W_{ut}} \times 100\%$$

式中　R_r——城市工业用水重复利用率，%；

　　　W_{ur}——工业重复用水量，$\mathrm{m^3}$；

　　　W_{ut}——工业总用水量，$\mathrm{m^3}$。

城市用水中工业用水占主导地位，因此城市工业用水重复利用率是从宏观上评价城市用水水平及节水水平的重要指标。由于火力发电业、矿业及盐业的用水特殊性，为了便于城市间横向对比，在计算城市工业重复利用率时一般不包括这三个工业部门。

（8）城市供水有效利用率。城市供水有效利用率是指报告期内城市用水户的总取水量（有效供水量）与城市净水厂或配水厂（包括工业自备水源）供水总量的比值。计算公式为

$$R_e = \frac{W_{ct}}{W_{st}} \times 100\%$$

式中　R_e——城市供水有效利用率，%；

　　　W_{ct}——报告期城市用水户的取水总量，$\mathrm{m^3}$；

　　　W_{st}——报告期供水总量，$\mathrm{m^3}$。

由净水厂（或配水厂）供出的总水量与用户实际接收到的总水量在数量上往往存在差额，其大小因城市供水管网的长短和管网的新旧程度而异。查明漏损原因，及时采取防治措施，有效降低漏失率，提高供水有效利用率，是城市供水行业的重要工作，也是城市节水工作的重要内容。

（9）城市污水回用率。城市污水回用可有效缓解城市特别是工业生产等对新鲜水的依赖，并能极大地减轻城市污水和工业废水对环境的污染，具有开源节流和控制污染的双重功效，可获得显著的经济效益、社会效益和环境效益。

城市污水回用率是评价城市污水再生回用的重要指标，它是指报告期内城市污水回收利用总量与城市污水总量之比。计算公式为

$$R_w = \frac{W_{wcy}}{W_{wt}} \times 100\%$$

式中　R_w——城市污水回用率，%；

　　　W_{wcy}——报告期城市污水回收利用总量，m^3；

　　　W_{wt}——报告期同一城市的城市污水总量，m^3。

（10）第二、三产业每万元增加值取水量降低率。第二、三产业每万元增加值取水量降低率是指基期与报告期第二、三产业每万元增加取水量的差值与基期第二、三产业每万元增加值取水量之比。计算公式为

$$R_d = \left(1 - \frac{W_{Ar}}{W_{Ab}}\right) \times 100\%$$

式中　R_d——第二、三产业每万元增加值取水量降低率，%；

　　　W_{Ar}——报告期第二、三产业每万元增加值取水量，m^3；

　　　W_{Ab}——基期第二、三产业每万元增加值取水量，m^3。

该指标与"第二、三产业每万元增加值取水量"指标不同的是，它排除了城市间产业结构不同的影响，具有城市间的可比性。通过该指标能清楚地表明城市节约用水、计划用水的开展程度，也可以从宏观上评价国家节约用水与计划用水的执行情况。

（11）水资源利用率。水资源利用率是指现状 $P = 75\%$ 保证率下的城市供水量与城市水资源总量之比。计算公式为

$$R_u = \frac{W_{pt}}{W_{rt}} \times 100\%$$

式中　R_u——水资源利用率，%；

　　　W_{pt}——现状 $P = 75\%$ 保证率下的城市供水量，m^3；

　　　W_{rt}——城市水资源总量，m^3。

城市水资源总量是指城市可利用的淡水资源量，包括地表水和地下水，广义上还应包括海水和可再生利用水。水资源利用率是反映城市水资源合理开发和利用程度的指标，由于城市水资源总是制约城市用水总量，对城市产业结构也会有很大的影响，因此一方面要保持一定的水资源利用率，做到合理开发和使用；另一方面必须加强节约用水的力度，建立节水型城市，力求保持水资源的供需平衡。

（12）节水率。节水率是指报告期内城市节约用水总量与城市取水总量之比，计算公式为

$$R_C = \frac{W_{et}}{W_{ct}} \times 100\%$$

式中　R_C——节水率，%；

W_{et}——报告期内城市实际节约的总水量，m^3；

W_{ct}——报告期内城市取水总量，m^3。

该指标不受计划的影响，直接与节水量相关，最能直接体现城市节水工作的成效。

8.4.4.2　城市节水水平评价

节水水平评价就是通过对特定用水对象的用水状况、排水情况、环境与生态影响管理水平经济效益等方面的考证了解其用水（节水）程度，或者通过区域、行业确定其所处的先进性水平的过程。评价指标选取与评价指标体系的建立是首先进行的工作。

建立节水评价指标体系后，要结合不同的评判方法量化或者计算指标值，然后比对考核对象是否达到这些标准的指标值，从而实现节水水平评价。具体评价方法有目标考核法、指标比较法、模型评判法等。

目标考核法就是合理选择评价指标后，将这些指标作为评价考核的依据，然后根据评价的任务与目标规定这些指标的量化值。将考核对象相应指标的量化值与各项指标的标准值相比较，凡符合标准值要求的，可以得到相应的分值。将所有的量化指标得分进行汇总后便是该评判对象的最终得分。

指标比较法是对各节水指标进行分析计算，然后利用一定方法对指标的评判标准值进行标定，再利用这些标定的指标标准值去计算对象的得分，然后通过最后得分确定节水水平。指标的标定方法是对考核对象或者参考样本的指标量化值进行统计处理，从而确定这些指标值的中等或者以上的先进的水平值。评判方法有单一指标评判法和综合评判法两种。单一指标评判模型为

$$R_i = \frac{W_i}{W_{si}} \times 100\%$$

式中　R_i——考核指标 i 的得分；

W_i——考核指标 i 的量化值；

W_{si}——标定的考核指标 i 的标准值。

综合评判法主要是考虑到考核指标较多时，需要给出一个综合评判结果时采用。由于不同的考核指标可能具有不同的重要程度，因而应给出相应的权重。综合评判模型为

$$R_T = \sum_{i=1}^{n} R_i W_i$$

式中　R_T——指标体系中 n 个考核指标的总共得分；

R_i——考核指标 i 的单指标得分；

W_i——考核指标 i 的权重。

模型评判法是综合考虑节水指标间的相互关系，分析城市水资源分布、用水条件、环境生态、用水（节水）效率、经济效益等基础上，建立评价指标值与相关节水指标的数学方程，从而形成一种综合的数学模型形式，通过这种数学模型可以方便地计算出城市或者企业的节水综合指标值，但由于这种综合指标的评判标准值难以确定，往往采用相对比较法进行评判。

8.4.5　城市节水技术与措施

城市节水可以通过一系列软、硬措施的实施来实现城市节水的目的。软措施主要包括

经济、行政、法规等非工程性措施，硬措施主要包括用水工艺改造等工程性或技术性措施。具体包括：

（1）加大宣传教育。公民节水意识是在全社会推行节约用水的软环境，增强节水意识可对其他具体节水措施起到事半功倍的作用；提高公民的节水意识是其他节水措施的先决条件，也是一切行政手段的基础。所以，需要通过电视、报刊、网络等媒体，广泛做好宣传工作。结合世界水日、中国水周、全国城市节约用水宣传周等主题宣传，利用电视、报纸、网络等媒体，加大节水公益性宣传力度，普及节水知识，倡导绿色消费。建设节水教育社会实践基地，发挥水博物馆、水科技馆、水文化馆、重点水利工程等平台作用，组织开展各具特色的宣传实践。将节水纳入国民素质教育和中小学教育活动，推进节水教育进校园、进社区、进企业、进机关，引导广大群众增强节约保护水资源的思想认识和行动自觉。做好用水主体工作人员和基层管理人员的节水培训。

（2）完善水价机制。建立合理的水价体系，以价格杠杆对城市用水进行调节是调节用水量、实现城市节水的有益措施。因此，要建立健全反映水资源稀缺程度和供水成本，有利于促进节约用水、产业结构调整和生态补偿的水价形成机制，充分发挥市场机制和价格杠杆在水资源配置、节约保护方面的作用。完善居民生活用水阶梯水价制度，适度拉大阶梯价格级差。科学制定用水定额，有序推进城镇非居民用水超定额累进加价制度，合理确定分档水量和加价标准。放开再生水、海水淡化水政府定价，推进按照优质优价原则供需双方自主协商确定。鼓励以政府购买服务方式推动公共生态环境领域污水资源化利用与沿海地区海水淡化规模化利用。

（3）健全法规标准。城市节水建设的法律化和规范化，是推进城市节水工作的必要前提。因此，要不断完善节约用水法律体系，推动节约用水条例出台，推进地方节水法规建设。健全节水标准体系，制修订重要节水标准，及时更新水效标准、用水定额，做好标准宣传和实施工作。持续推进节水认证工作，将节水认证纳入统一绿色产品认证标识体系，完善绿色结果采信机制。

（4）配齐计量监测设施。实施城市用户智能水表替代，提高高校、宾馆等公共场所智能计量水平。推进城市河湖湿地新鲜水生态补水全面监测计量。推动工业园区、规模以上工业企业用水计量监测全覆盖，鼓励工业企业配全三级水计量设备，推广重点取用水企业水量在线采集、实时监测。

（5）实施城镇供水管网漏损治理。结合老旧小区改造、二次供水设施改造和一户一表改造等，优先对使用年限超过50年、材质落后和受损失修的供水管网进行更新改造，降低管网漏损率。因地制宜采用先进适用、质量可靠的供水管网管材。新城区高起点规划、高标准建设供水管网。按需选择分区计量实施路线，建设分区计量工程，逐步实现供水管网的网格化、精细化管理，积极推进管网改造、供水管网压力调控工程。

（6）推广节水型器具与设备。节水器具设备是指低流量或超低流量的卫生器具设备，与同类器具与设备相比具有显著节水功能。对于公共机构，新改扩建公共建筑需要采用节水器具，限期淘汰不符合水效标准要求的用水器具；实施公共机构节水改造，提高用水效率。对于居民生活用水，加大推广生活用水节水型器具与设备的使用。对于工业企业，推广应用先进适用节水技术装备，实施企业节水改造，推进企业内部用水梯级、循环利用，提高重复利用率。

（7）开展节水型工业园区建设。推动印染、造纸等高耗水行业在工业园区集聚发展，鼓励企业间串联用水、分质用水，实现一水多用和梯级利用，推行废水资源化利用。推广示范产城融合用水新模式，有条件的工业园区与市政再生水生产运营单位合作，建立企业点对点串联用水系统。鼓励园区建设智慧水管理平台，优化供用水管理。实施国家高新技术产业开发区废水近零排放试点工程。

（8）加大非常规水源的利用。将再生水、海水、雨水、微咸水、矿井水等非常规水源纳入水资源统一配置，逐年扩大利用规模和比例。缺水地区严格控制具备使用非常规水源条件但未有效利用的高耗水行业项目新增取水许可。缺水地区坚持以需定供，分质、分对象用水，推进再生水优先用于工业生产、市政杂用、生态用水；实施区域再生水循环利用工程；将海绵城市建设理念融入城市规划建设管理各环节，提升雨水资源涵养能力和综合利用水平；在城市公园、绿地、建筑、道路广场等新改扩建过程中推广透水铺装，合理建设屋顶绿化、植草沟、下凹式绿地、地下调蓄池等设施，减少雨水地表径流外排；农村地区结合地形地貌建设水池、水窖和坑塘等设施集蓄雨水，用于农业灌溉、牲畜用水等；沿海缺水地区将海水淡化水作为生活补充水源、市政新增供水及重要应急备用水源，规划建设海水淡化工程；探索在具备条件地区将海水淡化水向非沿海地区输配。

【延伸阅读】
"十四五"
我国全面建
设节水型社会

【思 考 题】

1. 什么是节水型城市，你对建设节水型城市有什么看法？

2. 查阅资料，了解农业节水技术的最新进展。

3. 查阅资料，了解国内外生活用水的水价政策。

4. 通过学习，你对农业、工业、城市节约用水及水资源的可持续利用有哪些新的认识？

第9章

水 资 源 保 护

[课程思政]

随着国民经济的发展和城市化进程的加快，水资源短缺、旱涝灾害频发、水环境恶化等问题日趋严重。加强水资源管理，合理开发、利用和保护水资源，实现水资源的可持续利用，已成为我国经济和社会发展的战略问题。

党的十八大以来，党中央先后提出"节水优先、空间均衡、系统治理、两手发力"治水思路和山水林田湖草沙生命共同体思想，全面推行河长制、湖长制，强调水资源-水环境-水生态"三水融合"。长江大保护、黄河流域生态保护和高质量发展先后上升为国家战略。水资源保护不断向流域化、系统化、生态化方向发展（王浩 等，2021）。新时期水资源保护工作的内容也已经由原来的水量水质并重，拓展为水量、水质、水生态、水空间"四位一体"的统一保护（郭孟卓，2022）。

统筹规划，科学有效保护水资源，保障水资源的可持续利用，是全面建成小康社会、实现中华民族伟大复兴中国梦的重要任务，也是生态文明建设需要着力解决的重大课题之一。

9.1 水资源保护概述

9.1.1 水资源保护的定义及内涵

20 世纪 80 年代出版的《水资源保护手册》是我国第一部水资源保护方面的手册，主要关注的是水质保护。2000 年出版的《中国资源科学百科全书》，对"水资源保护规划"的定义是"保护区域内水资源达到一定目标或水质标准的事先安排。其目的在于保护水质，合理利用水资源。通过规划提出各种措施与途径，从而使水体质量符合要求，水源免于枯竭，充分发挥水资源的多功能效益"。可见，此时水资源保护的内涵从单纯水质保护向水质和水量双重保护转变。2004 年出版的《中国水利百科全书》指出"水资源保护"是"保持水资源可持续利用状态所采取的行政、法律、经济、技术等保护措施"，包含"水资源合理开发和水质保护"两个方面，但从具体内容上，仍然主要局限于水质保护方面。国家标准《水资源术语》（GB/T 30943—2014）虽然是 2014 年发布的，但其关于"水资源保护"的定义仍然延续了《水文基本术语和符号标准》（GB/T 50095—1998）的内容，反映的仍是"防止水污染与可用水量日益减少"。直到 2013 年，《水资源保护规划编制规程》（SL 613—2013）才对"水资源保护"有了更为清晰和全面的定义，指出水资源保护是"为维护江河湖库及地下水体的水质、水量、水生态的功能与资源属性，防止水源枯竭、水体污染和水生态系统恶化所采取的技术、经济、法律、行政等措施的总和"。该定义一方面明确将地下水纳入水资源保护的范畴，另外，也是首次将防止水生态系统恶化纳入水资源保护的内涵。在具体内容上，除了常规的水质保护和点源面源污染控制外，还专门加入了水生态系统保护和修复、地下水资源保护、饮用水水源地保护等内容。但相比于水质保护，水生态系统保护和修复的相关内容仍然较为单薄，且大部分内容只进行了原则性的规定，缺乏定量化的管控指标（王浩 等，2021）。

党的十八大以来，先后提出"节水优先、空间均衡、系统治理、两手发力"治水思路和山水林田湖草沙生命共同体思想，全面推行河长制、湖长制，强调水资源-水环境-水生态"三水融合"，长江大保护、黄河流域生态保护和高质量发展先后上升为国家战略。对于水资源保护的需求不断向流域化、系统化、生态化方向发展（王浩 等，2021）。

2017年，水利部印发了《全国水资源保护规划》（2016—2030年）。规划实施以来，水资源保护工作取得了积极进展。通过水生态文明城市试点建设、饮用水水源地保护和安全评估、生态流量保障目标制定与管控、地下水超采综合治理、河湖水系连通和河湖生态补水等措施，我国江河水生态系统功能得以改善，水环境质量状况发生了较大变化。2018年，中共中央办公厅、国务院办公厅印发《水利部职能配置、内设机构和人员编制规定》，对水利部承担的职能进行了优化，对水利部过去承担的水资源保护职责做出了较大的调整，同时又赋予了水利部很多新的职责，水资源保护的工作内容进一步得以拓展。水资源保护工作由水量水质并重，拓展为水量、水质、水生态、水空间"四位一体"的统一保护，即不仅要保护水资源的数量、质量、生态服务功能的基本属性，还要加强江河湖库"载体"的空间保护与管控（郭孟卓，2022）。

相较于传统水资源保护，新时期水资源保护的最大特征是强调流域整体的系统治理，因此有学者称为"流域水资源保护"（王浩 等，2021）。所谓流域水资源保护，就是采取一系列保护和修复措施，使人类活动对流域水资源系统的干扰维持在水资源系统可承载范围之内，实现水资源的可持续利用。流域水资源保护强调的是须站在流域整体视角上进行水资源的保护。

2021年颁发实施的《地下水管理条例》，完善了地下水节约与保护的各项措施，明确了水行政主管部门负责地下水统一监督管理，聚焦地下水超采、污染等突出问题，规范地下水管理坚持统筹规划、节水优先、高效利用、系统治理的原则，从强化地下水节约保护、超采治理和污染防治等六个方面，对地下水保护管理作出重要制度安排。

9.1.2 水资源保护的原则

水资源保护应遵循以下原则：

（1）开发利用与保护并重的原则。这主要是从水资源的经济属性确定的原则。因为水资源是人类和一切生命不可缺少的物质基础，是人类赖以生存的必要条件，人类需要不断地对水资源进行开发利用，也就需要不断地保护水资源。人类在水资源的开发利用过程中必然对水资源形成影响，那么就必须重视对水资源的保护，保护的目的是更好地开发利用。只注重开发利用而忽视了保护，必然会付出沉重的代价；相反，在开发利用的同时注重保护，就不会出现水资源遭受严重破坏的问题。

在2021年颁布的《地下水管理条例》中，我国以行政区划为单位，通过地下水取水总量控制指标、地下水水位控制指标以及科学分析，测算地下水需求量和用水结构，制订地下水年度取水计划，对区域内地下水的取用实行总量控制，兼顾地下水的开发与保护。

（2）维护水资源多功能性的原则。这是由水的多功能性所决定的。水既能用于灌溉、人畜饮用、工业，还可以用于渔业、航运、发电等。从经济学角度来分析，应充分发挥水资源的使用价值。开发利用水资源的某一种功能时，应注意对水资源其他功能的保护。这一原则可以确定水资源开发利用的顺序和优先保护对象。

（3）流域管理与行政区域管理相结合的原则。这是由水的流动性和我国以行政区划管理为主的体制现状决定的。一方面，水的流动性决定了水以流域为单元进行汇集、排泄。整个流域水资源是一个完整的系统，这就从客观上决定了需要对水资源实行流域层面上的统一管理和保护。在水量上，应在流域内统筹安排和合理分配；在水质方面，排污应充分考虑对下游的影响，支流保护目标应符合干流的需要。另一方面，我国目前实行的是以行政区域为主的管理体制，对水资源的开发利用是地方部门的合理需要，但现存体制不可避免地造成地方政府过分强调本地的需要，而忽略了流域整体上的需要及流域其他地方的需要，造成水资源的分割利用。另一个原因是地方政府一般只对本行政区的水资源熟悉，从而容易导致资源开发利用的随意性。水资源保护的理论与实践都需要流域管理，但流域管理也需要地方部门来组织实施。因此，流域管理与区域管理相结合是构建水资源保护管理体制的根本原则。

（4）水资源保护的经济原则。水资源是一种公开资源，在水资源保护时经费分担的原则是"谁开发，谁保护"，"谁利用，谁补偿"，以及"污染者付费"。这一原则是公平原则的体现，它分清了水资源保护中不同主体承担的不同责任。《地下水管理条例》中明确根据当地地下水资源状况、取用水类型和经济发展等情况，对取用地下水的单位和个人试点征收水资源税。

（5）取、用、排水全过程管理原则。一个完整的用水过程包括取水、用水、排水，这三个过程互相联系、互相影响。同时无论取水、用水、排水都与水体有关，都要服从水资源保护这一目标。从水资源保护的角度出发，考虑对水资源的取、用、排全过程进行统一管理，并最好有一个部门进行管理。这一原则符合水资源统一管理的目标，是客观的需要。

9.2 水功能区划

9.2.1 水功能区划的目的

水功能区是指为满足水资源合理开发、利用、节约和保护的需求，根据水资源的自然条件和开发利用现状，按照流域综合规划、水资源与水生态系统保护和经济社会发展要求，依其主导功能划定范围并执行相应的水环境质量标准的水域。

根据我国水资源的自然条件和属性，按照流域综合规划、水资源保护规划及经济社会发展要求，协调水资源开发利用和保护、整体和局部的关系，合理划分水功能区，突出主体功能，实现分类指导，是水资源开发利用与保护，水环境综合治理和水污染防治等工作的重要基础。通过划分水功能区，从严核定水域纳污容量，提出限制排污总量意见，可为建立水功能区限制纳污制度，确立水功能区限制纳污红线提供重要支撑，有利于合理制定水资源开发利用与保护政策，调控开发强度，优化空间布局；有利于引导经济布局与水资源和水环境承载能力相适应；有利于统筹河流上下游、左右岸、省界间的水资源开发利用和保护。

9.2.2　水功能区划分体系

根据《水功能区划分标准》（GB/T 50594—2010），水功能区划分采用两级体系，即一级区划和二级区划。一级区划分为保护区、保留区、开发利用区、缓冲区四类，旨在从宏观上调整水资源开发利用与保护的关系，主要协调地区间的用水关系，同时考虑区域可持续发展对水资源的需求；二级区划将一级区划中的开发利用区细化为饮用水源区、工业用水区、农业用水区、渔业用水区、景观娱乐用水区、过渡区、排污控制区七类，主要协调不同用水行业间的关系。水功能区划分级分类系统如图 9.1 所示。

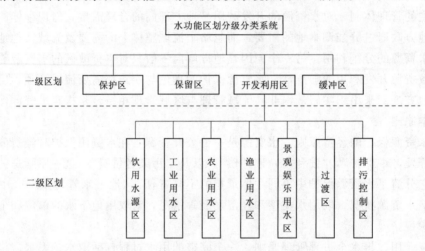

图 9.1　水功能区划分级分类系统

9.2.2.1　一级区划

1. 保护区

保护区指对水资源保护、自然生态及珍稀濒危物种的保护有重要意义的水域。该区内严格禁止进行其他开发活动，且不能进行二级区划。主要包括：①源头水保护区（指以保护源头水为目的，在重要的河段划出专门保护的区域）；②国家级和省级自然保护区范围内的水域；③对典型生态、自然环境保护具有重要意义的水域；④跨流域、跨省及省内大型调水工程水源地（主要指已建调水工程的水源区）。

功能区水质标准：执行《地表水环境质量标准》中的 Ⅰ 类或 Ⅱ 类水质标准，当由于自然、地质等原因不满足 Ⅰ 类或 Ⅱ 类水质标准时，应维持水质现状。

2. 保留区

保留区指目前开发利用程度不高和为今后开发利用和保护水资源而预留的水域。主要包括：①受人类活动影响较少，水资源开发利用程度较低的水域；②目前不具备开发条件的水域；③考虑到可持续发展的需要，为今后的发展预留的水域。

功能区水质标准：应不低于《地表水环境质量标准》中规定的Ⅲ类水质标准或按现状水质类别控制。

3. 开发利用区

开发利用区指具有满足工农业生产、城镇生活、渔业、娱乐和净化水体污染等多种功能要求的水域和水污染控制、治理的重点水域。其区划条件为取（排）水口较集中，取（排）水量较大的水域，如流域内重要城市河段、具有一定灌溉用水量和渔业用水要求的水域等。

功能区水质标准：按二级区划分别执行相应的水质标准。

4. 缓冲区

指为协调省际间、矛盾突出的地区间的用水关系，以及在保护区与开发利用区相衔接时，为了满足保护区水质要求而划定的水域。未经流域机构批准，不能在该区内进行对水质有影响的开发利用活动。主要包括：①省际边界河流附近的水域；②用水矛盾突出的地区之间的水域；③保护区和开发利用区紧密相连的水域。缓冲区的长度可根据行政区划协商划定，省界之间的功能区水质目标差异较大时，缓冲区应划长一些，反之可划短一些。

功能区水质标准：按实际需要执行相关水质标准或按现状水质类别控制。

9.2.2.2　二级区划

1. 饮用水源区

饮用水源区指为满足城镇生活用水需要而保留的水域。其划区条件为：现有城镇综合生活用水取水口分布较集中的水域；或在规划水平年内为城镇发展需设置的综合生活供水水域；用水户的取水量符合取水许可管理的有关规定。

功能区水质标准：应符合《地表水环境质量标准》（GB 3838—2002）中Ⅱ类或Ⅲ类水质标准，经省级人民政府批准的饮用水源一级保护区执行Ⅱ类标准。

2. 工业用水区

工业用水区指为满足工业用水需求而划定的水域。其划区条件为：现有工业用水取水口分布较集中的水域，或在规划水平年内需设置的工业用水供水水域；供水水量满足取水许可管理的有关规定。

功能区水质标准：应符合《地表水环境质量标准》（GB 3838—2002）中Ⅳ类水质标准。

3. 农业用水区

农业用水区指为满足农业灌溉用水而划定的水域。其划区条件为：现有的农业灌溉用水取水口分布较集中的水域，或在规划水平年内需设置的农业灌溉用水供水水域；供水量满足取水许可管理的有关规定。

功能区水质标准：符合《地表水环境质量标准》（GB 3838—2002）中Ⅴ类水质标准，或按《农田灌溉水质标准》（GB 5084—2014）的规定确定。

4. 渔业用水区

渔业用水区指为水生生物自然繁育以及水产养殖而划定的水域。其划区条件为：天然的或天然水域中人工营造的水生生物养殖用水的水域；天然的水生生物的重要产卵场、索饵场、越冬场及主要洄游通道涉及的水域或为水生生物养护、生态修复所开展的增殖水域。

功能区水质标准：应符合《渔业水质标准》（GB 11607—1989）的规定，也可按《地表水环境质量标准》（GB 3838—2002）中Ⅱ类或Ⅲ类水质标准确定。

5. 景观娱乐用水区

景观娱乐用水区指以满足景观、疗养、度假和娱乐需要为目的的江河湖库等水域。其划区条件为：休闲、娱乐、度假所涉及的水域和水上运动场需要的水域；风景名胜区所涉及的水域。

功能区水质标准：应根据具体使用功能符合《地表水环境质量标准》（GB 3838—2002）中相应的水质标准。

6. 过渡区

过渡区指为满足水质目标有较大差异的相邻水功能区间水质要求而划定的过渡衔接水域。其区划条件为：下游水质要求高于上游水质要求的相邻功能区之间的水域；有双向水流，且水质要求不同的相邻功能区之间的水域。

功能区水质标准：应按出流断面水质达到相邻功能区的水质目标要求选择相应的控制标准。

7. 排污控制区

排污控制区指生产、生活废污水排污口比较集中的水域，且所接纳的废污水不对下游水环境保护目标产生重大不利影响。其划区条件为：接纳废污水中污染物为可稀释降解的；水域稀释自净能力较强，其水文、生态特性适宜作为排污区。

功能区水质标准：应按其出流断面的水质状况达到相邻水功能区的水质控制标准确定。

9.2.3　重要江河湖泊水功能区划分

9.2.3.1　一级水功能区

我国重要江河湖泊一级水功能区共 2888 个，区划河长 177977km，区划湖库面积 43333km²。其中，保护区 618 个，占总数的 21.4%；保留区 679 个，占比 23.5%；开发利用区 1133 个，占比 39.2%；缓冲区 458 个，占比 15.9%。在 177977km 区划河长中，保护区共 36861km，占区划总河长的 20.7%；保留区 55651km，占 31.3%；开发利用区 71865km，占 40.4%；缓冲区 13600km，占 7.6%。在 43333km² 区划湖库面积中，其中保护区总面积 33358km²，占区划总面积的 77.0%；保留区 2685km²，占 6.2%；开发利用区 6792km²，占 15.7%；缓冲区 498km²，占 1.1%。我国重要江河湖泊一级水功能区划成果详见表 9.1。

表 9.1　　　　　我国重要江河湖泊一级水功能区划成果表

水资源分区	一级水功能区总计			保护区			保留区			开发利用区			缓冲区		
	个数	河长/km	面积/km²	个数	河长/km	面积/km²	个数	河长/km	面积/km²	个数	河长/km	面积/km²	个数	河长/km	面积/km²
全国	2888	177977	43333	618	36861	33358	679	55651	2685	1133	71865	6792	458	13600	498
松花江区	289	25097	6771	101	7451	6766	42	3964	0	102	11925	5	44	1757	0

水资源分区	一级水功能区总计			保护区			保留区			开发利用区			缓冲区		
	个数	河长/km	面积/km²	个数	河长/km	面积/km²	个数	河长/km	面积/km²	个数	河长/km	面积/km²	个数	河长/km	面积/km²
辽河区	149	11294	92	42	1353	0	4	202	0	78	9092	92	25	647	0
海河区	168	9542	1415	27	1145	1115	9	600	0	85	5917	292	47	1880	8
黄河区	171	16883	456	36	2240	448	16	2966	0	59	9836	8	60	1841	0
淮河区	226	12306	6434	64	1811	5987	16	888	0	107	8331	447	39	1006	0
长江区（含太湖流域）	1181	52660	13610	187	9109	9120	407	28698	2039	416	10878	1961	171	3975	490
东南诸河区	126	4836	1202	25	679	471	17	787	0	71	3208	731	13	162	0
珠江区	339	16607	1213	52	1912	995	90	5967	0	143	6608	218	54	2120	0
西南诸河区	159	16876	1482	48	5025	888	69	10627	568	37	1012	26	5	212	0
西北诸河区	80	12146	10658	36	6136	7568	9	952	78	35	5058	3012	0	0	0

1. 保护区

全国一级水功能区中，保护区共计 618 个，区划河长 36861km，区划湖库面积 33358km²，主要分布在长江区、松花江区、西北诸河区、西南诸河区和淮河区等（表 9.1）。保护区的分布与各水资源分区的自然地理条件、水资源及生态环境状况密切相关，各水资源分区中保护区的分布和数量存在明显差异。保护区分源头水保护区、重要水源地和自然保护区及重要生境等类型。各水资源分区中一级水功能区的保护区分类统计结果见表 9.2。

表 9.2　各水资源分区中一级水功能区的保护区分类统计表

水资源分区	保护区总计			源头水保护区			重要水源地			自然保护区及重要生境		
	个数	河长/km	面积/km²	个数	河长/km	面积/km²	个数	河长/km	面积/km²	个数	河长/km	面积/km²
全国	618	36861	33358	359	22161	856	117	3884	8829	142	10816	23673
松花江区	101	7451	6766	70	4754	0	3	186	0	28	2511	6766
辽河区	42	1353	0	40	1295	0	1	47	0	1	11	0
海河区	27	1145	1115	8	287	0	18	858	755	1	0	360
黄河区	36	2240	448	29	1978	0	1	73	0	6	189	448
淮河区	64	1811	5987	8	268	64	48	1499	5184	8	44	739
长江区（含太湖流域）	187	9109	9120	92	5211	202	34	581	2226	61	3317	6692
东南诸河区	25	679	471	21	540	51	3	122	420	1	17	0
珠江区	52	1912	995	37	1221	539	7	459	244	8	232	212
西南诸河区	48	5025	888	35	3288	0	0	0	0	13	1737	888
西北诸河区	36	6136	7568	19	3319	0	2	59	0	15	2758	7568

源头水保护区主要位于人烟稀少、人类活动影响较小的河源地区，水资源基本保持在天然、良好状态。源头水保护区的数量、区划长度与流域河源数量及地理条件有关。该类型保护区累计河长较长的是长江区、松花江区等。

在人口稠密，经济发达的地区，集中式饮用水水源地是城市生活不可缺少的基础设施，如密云水库等。大型区域调水水源地及输水线路是通过区域调水措施，在不同水资源分区之间实施水资源优化配置。该类型保护区主要分布在淮河区、长江区、海河区等。

自然保护区及重要生境保护区主要为重要涉水国家级及省级自然保护区、国际重要湿地、重要国家级水产种质资源保护区以及具有典型生态保护意义的自然生境内的水域。该类型保护区主要分布在长江区、松花江区、西北诸河区等。

2. 保留区

全国一级水功能区中，保留区共计 679 个，区划河长 55651km，区划湖库面积 2685km^2。由于水资源条件不同，因而保留区在各水资源区中分布特点也不同。其中，长江区的保留区数量最多，其次是西南诸河区和珠江区。水功能区中的保留区是我国水资源的主要储备区，维持水资源的良好状态，对我国水资源可持续利用意义重大。

3. 开发利用区

全国一级水功能区中，开发利用区共计 1133 个，区划河长 71865km，占一级水功能区总河长的 40.4%。全国湖库型开发利用区面积 6792km^2，累计河长较长的是西北诸河区、长江区等。

开发利用区涉及河流长度占本水资源分区一级水功能区总河长比例超过 50% 的有辽河区、海河区、淮河区、黄河区、东南诸河区等，其中辽河区最大为 80.5%。开发利用区的分布基本反映了水资源开发利用程度和经济社会发展状况，如辽河区水资源供需矛盾相对突出，其开发利用区长度比例最大；而西南诸河区，水资源开发利用程度低、经济欠发达，开发利用区长度比例较低。

4. 缓冲区

全国一级水功能区中，缓冲区共计 458 个，区划河长 13600km，区划湖库面积 498km^2。缓冲区是协调省际间或用水矛盾突出的地区间用水关系而划定的重要水资源管理和保护的水域。缓冲区主要由流域管理机构根据省际（界）的用水需求和水质管理需要来划定。

9.2.3.2　二级水功能区

在 1133 个开发利用区中，划分二级水功能区共 2738 个，区划长度 72018km，区划面积 6792km^2，区划成果可查阅相关资料。二级水功能区的分布及长度与我国水资源开发利用状况总体一致，其中松花江区、长江区、黄河区、辽河区位于前四位，东南诸河区和西南诸河区居后两位。其中，农业用水区、工业用水区和饮用水源区累计河长分别占二级水功能区划总河长的 45%、21% 和 18%，比例较大；其次是过渡、景观娱乐用水区；渔业用水区和排污控制区最短，各占 3%。

1. 饮用水源区

除重要的流域性集中式饮用水水源地或大中型区域调水水源地已划为保护区外，其他饮用水水源地划为饮用水源区。以饮用水为主导功能的二级水功能区共 687 个，区划河长

13160km，区划湖库面积 2015km²。饮用水源区一般位于大中城市、县级城市上游水域和规划饮用水取水水域，其分布与城镇密集度、生活用水量和水污染状况等有关。河流型饮用水源区主要分布在长江区、珠江区、辽河区、黄河区等；湖泊型饮用水源区主要分布在长江区、东南诸河区、海河区等。

2. 工业用水区

以工业用水为主导功能的二级水功能区共 553 个，区划河长 14999km，区划湖库面积 179km²。工业用水区总体分布特点是南方多于北方，沿海地区多于内陆地区，与工业生产的发达程度基本吻合。其中，长江、珠江区、东南诸河区工业用水区长度占本区区划总长度的比例均在 30％以上。

3. 农业用水区

以农业用水为主导功能的二级水功能区共 625 个，区划河长 32166km，区划湖库面积 450km²。其中，松花江区、淮河区、辽河区、黄河区和西北诸河区农业用水区长度居前五位。农业用水区总体分布特点是北方多于南方，与我国水土资源组合和灌区分布状况吻合。我国北方地区土地资源丰富，在灌区的分布上，北方灌区一般位于河谷平原地带，多以农业用水为主导功能。南方河道河网用水一般为多功能，农业用水为主导功能的水域相对较少。

4. 渔业用水区

以渔业用水为主导功能的二级水功能区共 90 个，区划河长 2075km，区划湖库面积 2335km²。区划累计河长居前六位的是珠江区、黄河区、淮河区、辽河区、长江区和松花江区。湖泊型渔业用水区主要分布在西北诸河区和长江区。除主导功能为渔业用水的二级区外，另有 136 个二级水功能区将渔业用水功能作为第二或第三主导功能。具有渔业用水功能的二级区总计 225 个，区划河长 6094km，区划湖库面积 3311km²，分别占全国二级水功能区总数的 8.2％、8.5％和 48.7％。

5. 景观娱乐用水区

以景观娱乐用水为主导功能的二级水功能区共 243 个，区划河长 3502km，区划湖库面积 1803km²。景观娱乐用水区总体上南方多于北方，区划河长较长的有长江区、东南诸河区、珠江区等。

6. 过渡区

全国共划分过渡区 309 个，区划河长 4116km，区划湖库面积 10km²。过渡区分布及长度取决于相邻功能区的水质差别、水量、流速大小等。

7. 排污控制区

全国重要江河湖泊水功能区中共划分排污控制区 231 个，区划河长 2000km，全部为河流型。排污控制区长度占二级水功能区河长的 2.8％，所占比例较小，符合严格控制的原则。

我国北方地区水资源开发利用程度高、水资源相对短缺，水污染较严重，划分排污控制区数量多、长度长；南方地区水资源开发利用程度相对较低，水资源相对充沛，水污染程度较轻，划分排污控制区的数量较少。

9.2.3.3　水功能区水质目标

按照水体使用功能的要求，根据《水功能区划分标准》（GB/T 50594—2010）、《地表水环境质量标准》（GB 3838—2002）、《农田灌溉水质标准》（GB 5084—2021）、《渔业水质标准》（GB 11607—1989）等，结合水资源开发利用和水质现状，合理确定各类型水功能区的水质目标。本区划实现水功能区主要目标的时间是 2030 年，实施中可根据形势变化和评估结果适时调整修订。

全国重要江河湖泊水功能一、二级区合计 4493 个，有 3631 个水功能区的水质目标确定为Ⅲ类或优于Ⅲ类，占水功能一、二级区总数的 80.8%。各水资源分区水功能区水质目标统计见表 9.3。

表 9.3　　　　　　　　　各水资源分区水功能区水质目标统计表

水资源分区	水功能一、二级区合计/个	不同类别的水功能区数量/个		Ⅲ类或优于Ⅲ类的个数比例/%
		Ⅲ类或优于Ⅲ类	Ⅳ类或劣于Ⅳ类	
总计	4493	3631	862	80.8
松花江区	406	318	88	78.3
辽河区	333	231	102	69.4
海河区	230	117	113	50.9
黄河区	346	219	127	63.3
淮河区	394	256	138	65.0
长江区（含太湖流域）	1743	1506	237	86.4
东南诸河区	234	211	23	90.2
珠江区	519	496	23	95.6
西南诸河区	181	180	1	99.4
西北诸河区	107	97	10	90.7

总体上，南方地区的水功能区水质目标优于北方地区；西南诸河区、珠江区、东南诸河区、西北诸河区及长江区中水功能区水质目标确定为Ⅲ类或优于Ⅲ类的个数比例均在 85% 以上，西南诸河的比例最高达 99.4%；而松花江区、辽河区、淮河区、黄河区及海河区的比例均在 80% 以下，海河区的比例最低，为 50.9%。

9.3　水资源保护规划

科学编制水资源保护规划，对于坚持"绿水青山就是金山银山"、坚持山水林田湖草沙系统治理的发展理念具有重要意义。2012 年水利部启动全国、七大流域及省级水资源保护规划编制工作，2017 年水利部印发了《全国水资源保护规划（2016—2030 年）》。该规划全面开展了水资源保护的现状评价，分析了存在的问题和面临的形势与需求，提出了全国水资源保护的目标、重点任务和保障措施，包括水功能区水质保护、城市集中式饮用水水源地保护、入河排污口布局与整治、地下水保护、河湖水系系统保护及完善水资源质量监测体系等方面内容，是当前水资源保护工作的重要依据。

9.3.1 规划目标

《全国水资源保护规划（2016—2030 年）》规划现状水平年为 2015 年，规划近期水平年为 2020 年，规划远期水平年为 2030 年。规划中指出，到 2030 年，全国江河湖泊水功能区基本达标，重要江河湖泊水功能区水质达标率提高到 95％以上，城市基本消除黑臭水体，湖库水体富营养化状况得到显著改善，重要城市集中式饮用水水源地水质基本达标，规模以上入河排污口布局合理、得到有效整治和监控，地下水水质明显改善，受损的重要地表水和地下水生态系统得到基本修复，江河湖泊水生态系统得到有效改善。

表 9.4 统计了不同水资源分区 2020 年和 2021 年河流断面的水质情况。其中长江区（含太湖流域）、东南诸河区、珠江区、西南诸河区、西北诸河区Ⅰ～Ⅲ类河流断面的比例均达到 90％以上，海河区达到 60％以上，辽河、淮河区达到 70％以上，黄河区达到 80％以上。比较不同水资源分区 2030 年水质目标以及水资源保护规划中的近期和远期目标，2020 年和 2021 年辽河区、海河区、黄河区、淮河区、长江区（含太湖流域）、东南诸河区、西北诸河区河流断面的水质情况均达到了相应的水质目标，珠江区、西南诸河区河流断面的水质还有进一步提升的空间。

表 9.4　　　　　2020 年和 2021 年各水资源分区水质类别比例统计表

水资源分区	2020 年		2021 年	
	断面比例（Ⅰ～Ⅲ类）	断面比例（劣Ⅴ类）	断面比例（Ⅰ～Ⅲ类）	断面比例（劣Ⅴ类）
松花江区	82.4％	0	61.2％	4.1％
辽河区	71.2％	0	81.3％	0
海河区	63.7％	1.25％	67.9％	0.4％
黄河区	84.9％	0	82.5％	3.9％
淮河区	78.8％	0	81.0％	0
长江区（含太湖流域）	97.2％	0	97.3％	0.4％
东南诸河区	97.3％	0	95.2％	0
珠江区	92.9％	0	92.6％	1.2％
西南诸河区	95.3％	0.7％	96.5％	1.5％
西北诸河区	98.8％	0	96.5％	0

注　数据来源于水资源公报。

9.3.2 规划重点任务

9.3.2.1 水功能区水质保护

落实最严格水资源管理制度和《水污染防治行动计划》，加强水功能区限制纳污红线管理，从严核定纳污能力，提出分流域、分区域、分阶段的水功能区限制排污总量控制方案，严格控制入河湖排污总量，指导陆域污染物科学减排。

根据水功能区水质达标管理要求和纳污红线要求，结合当地经济技术条件和社会发展水平，以水功能区为功能控制单元、流域为统筹管理单元、区域为行政考核单元，实施分阶段限制排污总量控制，加大超载水功能区限排力度，有序推进江河湖泊水质改善。

2030 年，规划范围内水功能区 COD、氨氮限制排污总量分别控制在 658.59 万 t/a 和 59.38 万 t/a 以下，COD、氨氮入河总量较 2015 年分别削减 28％和 39％以上，符合水功能区限制纳污红线主要控制指标要求的水功能区比例提高至 95％以上（表 9.5）。10 个水资源一级区均须在 2020 年限制排污总量的基础上进行削减。松花江区、辽河区、海河区、黄河区、淮河区、太湖流域限制排污总量控制任务仍然较重，珠江区仍要加大氨氮限排力度。

表 9.5　　　　　　水资源一级区 2030 年限制排污总量

水资源一级区	2015 年入河量/（万 t/a）		2030 年限制排污总量/（万 t/a）	
	COD	氨氮	COD	氨氮
松花江区	44.67	5.24	27.27	2.64
辽河区	30.64	4.63	17.8	1.63
海河区	47.68	5.2	22.74	1.58
黄河区	75.95	8.88	31.95	2.44
淮河区	57.06	6.27	26.6	1.9
长江区	411.11	46.75	330.5	37.14
东南诸河区	91.37	6.67	77.65	4.6
珠江区	138.46	12.69	105.13	5.99
西南诸河区	12.88	1.2	11.37	1.01
西北诸河区	7.81	0.74	7.58	0.45
合计	917.63	98.27	658.59	59.38

北京、天津、山西等省（自治区、直辖市），2030 年主要污染物限制排污总量较 2015 年入河量降幅均在 60％以上，氨氮污染削减任务繁重。为实现水功能区水质逐步好转，必要时应分区域制定更加严格的污染物排放限值，减少入河湖排污总量。

9.3.2.2　城市集中式饮用水水源地保护

重点从水源保护区隔离防护、污染源综合整治、生态保护与修复等方面开展县级及以上 4748 个城市饮用水水源地安全达标建设，在松花江区、辽河区、海河区、黄河区、淮河区、长江区、东南诸河区、珠江区、西南诸河区、西北诸河区划定保护区、隔离防护宣传警示等（表 9.6），加快 618 个全国重要饮用水水源地安全达标建设巩固提升，提高饮用水水源地水质安全保障能力。

表 9.6　　　　　　水资源一级区城市集中式饮用水水源地保护

松花江区	367 个饮用水水源地中，划定保护区 146 个、隔离防护宣传警示 367 个、污染综合整治 62 个、滨岸带湿地建设 15 个、涵养林隔离带建设 73 个、生物净化 8 个
辽河区	254 个饮用水水源地中，划定保护区 68 个、隔离防护宣传警示 254 个、污染综合整治 18 个、滨岸带湿地建设 48 个、涵养林隔离带建设 54 个、生物净化 39 个
海河区	349 个饮用水水源地中，划定保护区 164 个、隔离防护宣传警示 349 个、污染综合整治 33 个、滨岸带湿地建设 26 个、涵养林隔离带建设 67 个、生物净化 14 个
黄河区	592 个饮用水水源地中，划定保护区 152 个、隔离防护宣传警示 592 个、污染综合整治 85 个、滨岸带湿地建设 168 个、涵养林隔离带建设 154 个、生物净化 54 个

淮河区	430 个饮用水水源地中，划定保护区 112 个、隔离防护宣传警示 302 个、污染综合整治 64 个、滨岸带湿地建设 65 个，涵养林隔离带建设 137 个，生物净化 56 个
长江区	1419 个饮用水水源地中，划定保护区 579 个、隔离防护宣传警示 1394 个、污染综合整治 113 个，滨岸带湿地建设 550 个，涵养林隔离带建设 946 个，生物净化 433 个；其中太湖流域：37 个饮用水水源地中，划定保护区 4 个、隔离防护宣传警示 12 个、污染综合整治 8 个，滨岸带湿地建设 5 个，涵养林隔离带建设 9 个，生物净化 4 个
东南诸河区	244 个饮用水水源地中，划定保护区 40 个、隔离防护宣传警示 100 个、污染综合整治 13 个，滨岸带湿地建设 69 个，涵养林隔离带建设 66 个，生物净化 20 个
珠江区	555 个饮用水水源地中，划定保护区 71 个、隔离防护宣传警示 555 个、污染综合整治 74 个，滨岸带湿地建设 98 个，涵养林隔离带建设 170 个，生物净化 60 个
西南诸河区	237 个饮用水水源地中，划定保护区 208 个、隔离防护宣传警示 176 个、污染综合整治 10 个，滨岸带湿地建设 93 个，涵养林隔离带建设 120 个，生物净化 61 个
西北诸河区	301 个饮用水水源地中，划定保护区 141 个、隔离防护宣传警示 301 个、污染综合整治 37 个，滨岸带湿地建设 64 个，涵养林隔离带建设 23 个，生物净化 12 个

9.3.2.3　入河排污口布局与整治

以水功能区划及其纳污限排总量要求为依据，合理规划入河排污口的空间布局，全面整治已有入河排污口，着力加强排污口监督管理，用 5～10 年左右的时间逐步实现科学合理的入河排污口布局，实现与江河湖泊水功能区纳污能力相适应的污染物排放格局。明确不同行业、不同规模排污口的整治要求，严禁直接向江河湖库排放超标工业和生活废污水，取缔饮用水水源保护区内的入河排污口。重点针对京津冀、长江三角洲、珠江三角洲等入河排污口布局问题突出、威胁饮水安全或水质严重超标区域的排污口，实施截污导流、湿地生态处理等综合整治措施。

9.3.2.4　地下水保护

结合《全国地下水污染防治规划》，重点加强黄淮海平原、内蒙古高原、松嫩平原、长江中下游平原、珠江三角洲、成都平原、西北内陆盆地等地区水质保护。同时需要完善地下水管理，防治地下水超采和污染，保障地下水质量，让地下水资源可持续利用。

结合《地下水管理条例》（2021 年），应根据相应行政区域内地下水污染防治需要，划定地下水污染防治重点区。统筹考虑地下水超采区划定、地下水利用情况以及地质环境条件等因素，组织划定地下水禁止开采区、限制开采区。严格控制流域与区域地下水开采总量，全面治理地下水超采，大幅退减超采区地下水开采量，减少地下水开发利用程度较高和生态环境脆弱地区的地下水开采量，提高地下水涵养保护能力。通过加大海绵城市建设力度、调整种植结构、推广节水农业、加强工业节水、实施河湖地下水回补等措施，逐步实现地下水采补平衡。到 2030 年，全国规划退减地下水开采量 260.0 亿 m^3。根据水利部公布的数据，全国地下水年开采量自 2012 年达到最高 1134 亿 m^3 后，2020 年已回落至 892 亿 m^3，减少了 242 亿 m^3。

9.3.2.5　河湖水系系统保护

坚持山水林田湖草沙系统治理的理念，按照自然恢复为主、人工修复相结合的原则，以流域为单元，开展河湖水系系统保护，在松花江区、辽河区、海河区、黄河区、淮河

区、长江区、东南诸河区、珠江区、西南诸河区、西北诸河区开展系统保护措施。至
2030 年，全国重点实施水源涵养、江河湖库水系连通、湿地生态保护与修复、河岸带及
湖滨带保护与修复、重要生境保护与水生生物资源养护、河湖综合治理等六大类型系统保
护工程 1629 处。

9.3.2.6　完善水资源质量监测体系

1. 监测站网布局

合理规划监测站网布局，完善监测站网体系，建设人工与自动监测相结合的水资源质
量监测体系。至 2030 年，在 2020 年基础上规划新增监测的水功能区 684 个、城市集中式
饮用水水源地 927 个、规模以上入河排污口 8243 个，水生态监测站 221 个。相关内容纳
入国家水资源监控能力建设。

2. 监测机构达标建设

逐步开展各级监测机构的达标建设，合理规划新建实验室，完善各级监测机构监测仪
器设备，建设流域中心、分中心及各省级中心建设实验室信息管理系统、水质分析评价系
统等，在省（国）界、城市集中式饮用水水源地建设水质自动站，提高水质监测预警能
力、信息化和现代化水平，积极开展监测机构人才队伍建设，全面提升水资源质量监测
能力。

规划实施以来，水资源保护工作取得了积极的进展。通过水生态文明城市试点建设、
饮用水水源地保护和安全评估、生态流量保障目标制定与管控、地下水超采综合治理、河
湖水系连通和河湖生态补水等措施，我国江河水生态系统功能得以改善，水环境质量状况
发生了较大变化（郭孟卓，2022）。

2019 年，习近平总书记在黄河流域生态保护和高质量发展座谈会上指出"抓好大保
护，推进大治理，让黄河成为造福人民的幸福河"；2020 年，在全面推进长江经济带发展
座谈会上强调，"统筹考虑水环境、水生态、水资源、水安全、水文化和岸线等多方面的
有机联系，推进长江上中下游、江河湖库、左右岸、干支流协同治理，改善长江生态环境
和水域生态功能，提升生态系统质量和稳定性"。习近平总书记从生态系统整体性和流域
系统性出发，提出了新阶段系统治水和全面护水新方略（王晓红 等，2021）。

9.4　新时期下的水资源保护

9.4.1　水资源保护新理念

当前，我国社会主要矛盾已经转化为人民日益增长的美好生活需要与发展不平衡、
不充分之间的矛盾。为人民群众提供优质水资源、健康水生态、宜居水环境、优美水空间
等，建设幸福河湖就是满足人民对美好环境的需求。新时期水资源保护要贯彻生态优先、
绿色发展理念，遵循习近平总书记"节水优先、空间均衡、系统治理、两手发力"治水思
路，把提升河湖生态系统质量和稳定性，建设美丽幸福河湖作为水资源保护的最终目标，
强化河湖水生态空间的协调和管控要求，由具体的工程措施逐步向调整和纠正人的涉水错
误行为转变，将水资源保护处于末端补救的被动局面转变为经济社会发展的刚性约束条件
的主动保护局面。

　　王晓红等（2021）在系统分析当前我国水资源保护面临的新形势的基础上，提出了"水量、水质、水生态、水空间"四位一体的水资源保护新理念；王浩等（2021）在定量评价人类活动对于我国水资源系统在水量消耗、水污染排放、水空间挤占、水通道阻隔等方面干扰，并进而造成水生生物多样性降低的基础上，提出了以"量、质、域、流、生"协同保护修复为核心的流域水资源保护新理念。

9.4.1.1　"水量、水质、水生态、水空间"四位一体的水资源保护理念

　　我国水资源短缺、水环境污染、水生态损害、水空间萎缩等问题相互交织、相互影响，使得水资源保护工作涉及面广、任务艰巨。要破解这一难题，需要充分认识到良好的水质状况、适宜的生态水量和良性循环的水生态空间是水资源环境和经济功能正常发挥的前提；水量、水质、水生态、水空间是水资源属性的四个重要元素，缺一不可。水资源保护要运用系统论方法，将维护流域生态系统质量和稳定性作为基本出发点，充分认识水资源各要素间相互依存、相互影响的内在规律，实施"水量、水质、水生态、水空间"四位一体系统保护措施，从根本上实现水资源的有效保护。

　　在水量方面，按照水资源节约集约利用总体要求，加强河湖生态流量保障、持续加强地下水压采综合治理。通过节约用水、水资源优化配置、地下水监测与管理、生态流量水量监测与管理、水资源承载能力监测预警机制建设等措施，建立水资源节约集约利用体系。

　　在水质方面，联合相关部门推进废污水资源化利用，并与节水型社会建设相协调，开展入河排污量控制和预警工作、全国重要饮用水水源地安全保障达标建设、应急备用水源地建设，建立健全流域水环境保护和协同治理体系。

　　在水生态方面，按照山水林田湖草沙系统治理要求，明确重要河湖生态流量（水量）指标，建立生态流量保障机制；建设重要河流生态廊道，强化河湖综合保护和系统治理，建立河湖水生态保护与修复体系；有关部门应采取相应措施防止地下工程建设对地下水补给、径流、排泄等造成重大不利影响。

　　在水空间方面，按照国土空间规划要求，加强河湖确权划界，明确河湖保护管理范围，严格实施水空间分区分类用途管制，完善管控体制机制，制定水空间分区准入制度、流域生态环境损害制度，逐步建立健全河湖水域岸线空间分区管控体系。

9.4.1.2　"量、质、域、流、生"流域水资源保护理念

　　王浩等（2021）认为，人类活动对水资源系统的干扰主要体现在量（水资源的消耗）、质（水污染的排放）、域（水域空间的侵占）、流（水流连通性的破坏）四个方面，并进而造成水生生物多样性的衰退。传统水资源保护工作集中在水质保护和水源涵养方面。随着水利工作的改革发展，有必要站在流域的视角，秉承系统治理的理念，并进一步重视水生态系统结构和功能的整体恢复，从人类活动对水资源系统的多维干扰出发，重新定义水资源保护内涵。相较于传统水资源保护，新时期水资源保护的最大特征是强调流域整体的系统治理，因此将其称为"流域水资源保护"，即采取一系列保护和修复措施，使人类活动对流域水资源系统的干扰维持在水资源系统可承载范围之内，实现水资源的可持续利用。水资源可再生性、水环境质量、水生态系统健康是检验水资源保护成效的三个方面的表征。流域水资源保护需开展的重点工作主要包括：

（1）水量方面。水量方面主要体现在加强水源涵养、河湖生态流量保障、地下水采补平衡等方面。

水源涵养措施主要包括治理水土流失、保护自然植被、开展林草种植、减少源区人为活动等，一般集中在江河源头区和主要产水区。开展水源涵养的目的不是为了增加总径流量，而是为了增加源区林草植被和土壤层的水资源调蓄能力，坦化径流的极值过程，使源区起到"天然水库"的作用，从而增加枯水期基流量，降低汛期洪峰流量和流域水资源开发利用难度。研究表明，植被覆盖度每增加 1%，区域洪峰流量可被削减 5%～10%，枯水期流量可增加 1%以上。

加强河湖生态流量保障的主要措施包括：全面开展河湖生态流量目标制定与分级考核；完善水利工程生态流量泄放设施，建立生态调度机制；实行流域与区域相结合的用水总量控制，加强江河水量分配和分季节用水总量控制；开展重点河湖湿地的生态补水，建立长效机制；开展生态流量的实时监测预警与调控保障。

在地下水方面，重点是开展超采区的综合治理，逐步实现地下水采补平衡和水位恢复；同时加强对地下水水量-水位的双控管理，维持地下水在合理水位，在干旱区支撑地带性植被生长，在滨海区域控制海水入侵，在灌区维护人工绿洲，同时避免土壤次生盐碱化。

（2）水质方面。水质保护是传统水资源保护的核心内容，在传统水质保护工作之外，新时期水资源保护还需要强调几个方面的转变。

1）从纳污总量控制向"清水入河"转变。河湖水体本身具有一定的纳污能力，但若严格按照纳污能力来进行入河污染控制，由于面源污染等不可控因素的影响，往往水质并不能达到预期目标。从流域水资源保护角度，应尽可能实现污染物的源头减排和过程阻断，最大程度避免污染物入河。主要措施包括工业园区"零排放"技术推广、废污水再生利用、种植业化肥农药减施和节水减排、畜禽养殖废弃物综合利用、入河前的湿地和缓冲带净化等。通过流域内各区域各子流域的"守土有责"和污染物"就地消纳和处理"，实现"清水入河"。

2）从化学指标为主向水温、DO、水质指示物种等理化生指标并重转变。以往对河湖水质的保护集中在 COD、氨氮等化学指标上，水温、DO 等与水生生物栖息繁衍密切相关的指标虽然纳入了《地表水环境质量标准》（GB 3838—2002），但未作为考核评价的重点。水温在鱼类繁殖过程中具有重要的信号指示、产卵刺激和积温发育功能，水利工程导致的下泄水温滞后、冷却用水造成的温排水热污染均会导致鱼类正常繁殖过程被打乱，影响鱼类繁殖和越冬成功率，需要采取措施减缓其影响。DO 浓度与水生生物的生存密切相关，其受污染程度、水体流动性等多方面因素的影响，是水体质量和生态友好性的重要表征指标，需要加强监测评价和控制。而利用水质敏感性指示物种对水体质量进行快速检测，也成为近年来水质监测评价的发展方向。

3）从水质提升向宜居水环境打造转变。水质保护的终极目的是不影响水体综合功能的发挥，传统水质保护重视各项评价指标的达标，而在新时期生态文明和"幸福河湖"建设背景下，增强城乡居民对河湖水体的满意度和亲近率，通过良好水环境为公众提供更多优质生态产品成为水资源保护新的内涵。

（3）水域方面。水域方面保护的重点是维持水域空间的数量、结构和功能的稳定。

在数量方面，要科学划定水域空间保护边界，制定分区水域空间总面积目标指标。以水域空间保护边界为依据，对未经批准围垦湖泊河道、非法侵占水域滩地、乱扔乱堆垃圾、弃置堆放物体等违规行为进行稽查、整治和清退，恢复被侵占水域，并综合利用卫星遥感、地面监测巡查等手段，建立动态监管体系，确保水域空间面积不减少。

在结构和功能方面，要加强对流域/区域水域空间组成进行调查评价和控制管理，包括天然-人工比例、永久性-季节性比例、河-湖-库-沼-滩结构、大-中-小斑块比例、纳入保护地体系空间占比等，以维持水域生境的多样性，同时对水域空间的最大斑块指数、景观连接度等指标进行评价和管控，确保水域行洪蓄洪、水源供给、净化水体、生物栖息、物质能量通道、文化娱乐等综合功能的发挥。此外，要通过设立禁采区、禁航区和禁航时段、限制通航强度等手段，降低采砂、航运等水域单一功能对其他功能，特别是水生生物生境功能的影响。

（4）水流方面。水流连通性的保护主要体现在两个方面：一是加强已有阻隔的功能连通和恢复，二是对未来规划建设和运行的管控。

在已有阻隔的功能连通方面，重点是加强河湖水系连通和水利工程过鱼设施的建设。要着力恢复河湖天然水力联系，通过水系连通、灌江纳苗、生态调度等形式，恢复河湖健康有序的生物流、物质流、信息流。对未开展过鱼设施建设的大中型工程，要因地制宜，选择适宜的形式进行改造和补建。对已建的大中型水利工程过鱼设施，要配套建设诱导设施或拦截设施，创造诱鱼适宜水流条件，满足鱼类行为习性和生理机能的基本需求，同时减轻水轮机或水泵等机械对鱼类卷吸的影响，提升过鱼效力。对量大面广的小型闸坝，要推广开展仿自然通道过鱼设施的建设，对有重大生态影响或经济效益低下的小型水电站，在科学论证的情况下予以拆除。

在新增阻隔管控方面，一方面要突破河流尺度纵向连通性评价存在的不足，开展流域层面水系连通性的整体评价，并基于鱼类资源分布和栖息洄游路线的调查，编制流域水系连通性保护整体规划，确定重点保护河段和支流；另一方面，对新建拦河建筑物要因地制宜规划建设过鱼设施，对大江大河干流上确需建设的水利工程，要做好生态影响评价，科学论证支流替代生境，并对相应支流进行保护修复，确保替代成效。

（5）水生生物方面。量、质、域、流四个方面构成了水生生物的生境，而决定水生生物多样性或受威胁程度的因素，还有过度捕捞、物种进化等，这些因素在目前体制下已超过了水资源保护的内涵和范围。因此，从流域水资源保护的角度，水生生物层面重点是做好两方面工作：一方面加强重点保护物种的生态习性调查，包括鱼类"三场（产卵场、育肥场和越冬场）—通道"分布、不同生命阶段适宜水文水质条件等，建立并完善相应的数据库，不断扩大数据覆盖范围，以便更有针对性地为水生生物提供适宜生境，协调水资源开发利用与生态环境保护的矛盾。另一方面，要以生物完整性评价为主导，大力加强水生态监测，并优先在我国大江大河及主要支流、重点湖泊建立水生态监测网络。通过系统的水生态监测评价，评估各项水资源保护措施的生态响应，及时调整保护策略和控制指标，促进水生态系统健康稳定。

9.4.2　水资源保护目标要求和具体措施

根据新时期生态文明建设对水资源管理和保护工作提出的新要求，坚持生态优先，更加重视水生态的保护，充分考虑将水资源水生态承载能力、涉水空间范围作为重要约束指标，与经济社会发展布局、水生态保护要素相结合，分析水与经济社会发展布局空间的适宜性，郭孟卓（2022）提出了水资源保护、修复、治理、管控的目标要求和具体措施。具体内容如下。

9.4.2.1　继续加大水资源保护工作的力度

要保护好盛水的"盆"和盆里的"水"，为保障国家水安全提供支撑和基础。要加强水源地的保护，好的不能变差，差的要逐步变好。要保护好江河源头，以自然修复为主，减少人为干扰，涵养住水源。要保护好江河的尾闾，运用自然规律、工程调配、管理措施等综合手段维持好河口生态系统，保持河流血脉畅通。要保护好江河控制断面的基本生态流量、疏通静脉血管，维护江河健康生命。

9.4.2.2　加快水生态保护与修复

要强化水资源刚性约束作用，发挥国家水网重大工程的互济调配优势，修复过度开发的河流、严重超采的地下水以及水质变差的湖泊及水库。要发挥水利工程调蓄和调度作用，工程措施和非工程措施并用，增水与减水并重，工程技术和生物技术并举，修复断流的江河，修复萎缩的湖面，修复超采的地下水，修复水质变差的水库，修复富营养化的湖泊。有关部门应当加强地下水水源补给保护，充分利用自然条件补充地下水，有效涵养地下水水源。

9.4.2.3　全面提升江河生态保护治理能力

当前我国水资源水环境水生态矛盾日趋严重，解决这些问题已经进入到矛盾的深水区，需要发挥系统治理的功效。要突出对饮用水水源地的保护治理，建立重要饮用水水源地名录管理制度，健全水源地安全评估与分级管理，划分好饮用水水源地管控区与饮用水水源地保护区之间的职责边界，与相关部门共同建立分工明确、信息共享、联防联治的工作机制。要加大对水质变差饮用水水源地，特别是水库型水源地的治理力度，通过采取防止岸上外污染源进入、水体内污染物治理、生态清淤与恢复、微生物原位修复、生物多样性的建立等措施，全面提升大江大河大湖生态保护治理能力，切实保障供水安全。

9.4.2.4　加强水资源管理和保护管控

水资源保护工作不仅要在保护上发力，更要在涉水空间管控上发挥作用，要落实各级河长湖长的职责，贯彻执行好涉水空间管控的要求。涉水空间管控是水资源管理和保护的基础体系，包括管控指标、空间布局和管控措施。水资源保护工作的管控指标主要涉及水功能区水质达标、饮用水水源水质保护目标、河湖基本生态流量（水量、水位）、地下水取水总量和水位双控指标等。空间布局重点关注水生态特殊保留区及河段空间，以及为涵养水源和保持水土所需的部分陆域空间等，明确涉水空间范围、原则和管控措施，为水资源保护和水生态保护提供单元支撑。管控措施就是提出水资源保护、水资源利用和涉水生态空间管控要求，严格实施水生态空间分区分类用途管制，建立水资源承载能力监测预警长效机制，逐步健全水生态空间管控体系。

9.4.2.5 加强江河生物处理技术的研究

随着我国生态文明建设不断推进，水污染防治和治理力度的加大，外源污染问题已经得到有效的遏制，但还要继续严格控制点面污染源的增量。当前，内源污染问题是江河湖库生态环境治理面临的棘手问题，也直接关系到供水安全保障。针对内源污染问题，国内主要采取植物处理工艺、生态清淤、底泥疏浚等措施，有些处理方式存在很多问题和风险。因此，要组织社会各方力量开展科学研究，对江河湖库内源污染问题进行科技攻关，利用比较成熟的底泥覆盖、原位快速修复、还原水体自净能力等生物处理技术，辅之植物措施等，加大内源污染的修复力度。要通过建设进入江河水体缓冲滞留区等措施，在加大污水处理再生回用量的前提下，将剩余的再生水先放入缓冲滞留区，采取曝气增氧技术、生物处理技术、植物处理工艺等措施，防止再生水直接入河，影响江河水质，运用综合措施保护好江河水资源，保护好饮用水水源地，保障好国家水安全。

水资源保护工作已由最初的水量水质并重，拓展为"水量、水质、水生态、水空间"四位一体的统一保护（王晓红 等，2021；郭孟卓，2022）以及"量-质-域-流-生"协同保护修复为核心的流域水资源保护（王浩 等，2021）。新时期水资源保护是传统水资源保护工作的升级，并将大力支撑生态文明、美丽中国建设等国家重大战略。但是相关研究和实践工作依然任重而道远，因此，需要不同领域、不同行业、不同专业人员的共同努力。

【思 考 题】

1. 如何平衡水资源保护与水资源开发利用之间的关系？
2. 结合所学知识，谈谈你对我国现阶段水资源保护内涵的认识。
3. 查阅资料，了解我国现阶段水资源保护的现状以及面临的问题和挑战。
4. 查阅资料，谈谈你对"流域水资源保护"的理解和认识。

附　录

【案例1】 地表水资源可利用量计算——以滦河水系为例

【思考】

1. 如何理解地表水资源可利用量的定义及内涵？再生水是否属于地表水资源可利用量的范畴？为什么？

2. 估算地表水资源可利用量时，需要获取哪些资料？如何对数据资料进行质量检查？

3. 如何选择地表水资源可利用量评估方法？其适用条件是什么？

4. 如何理解生态环境需水量？

《全国水资源综合规划》中"水资源可利用量估算方法（试行）"及《地表水资源可利用量计算补充技术细则》中把全国水资源可利用量计算分为94个流域、水系或区间进行，这里以滦河流域的滦河水系为例，给出实例计算过程。

1. 基本情况

滦河流域面积 4.48 万 km^2，多年平均年降水量 556mm，年径流量 42.1062 亿 m^3。滦河的控制站为滦县站，控制全流域面积的 98%，自 1929 年开始有径流资料。滦河上游地处内蒙古高原，植被良好，汛期雨量不大，径流比较平稳。滦河中下游燕山迎风区是主要产水区，产水量较大的支流柳河、瀑河、洒河、青龙河等均在此区。滦河现有潘家口、大黑汀、桃林口 3 座大型控制性工程。现状地表水供水量 19.3 亿 m^3，用水消耗水量约为 13.3 亿 m^3，地表水资源消耗利用率 32%。

2. 计算方法

滦河水系地表水可利用量的计算采用倒算法。

首先计算河道内生态环境需水量和多年平均下泄洪水量，最后用多年平均地表水资源量减去以上两项，得出多年平均情况下的地表水资源可利用量。

滦河河道内生态环境需水主要为维持河道基本功能的生态环境需水，其他如湿地保护等河道内需水量都较小，在维持河道基本功能的需水得到满足的情况下，其他河道内用水也能满足。

3. 河道内生态环境需水量计算

滦河河道内生态环境需水主要为维持河道基本功能的生态环境需水。对于维持河道基本功能的生态环境需水，采用下列方法计算：

（1）多年平均年径流量百分数。以多年平均径流量的百分数作为河流最小生态环境需水量。滦河控制站滦县站 1956—2000 年系列天然年径流的多年平均值为 42.1062 亿 m^3，根据滦河的情况，多年平均河流最小生态需水量取年径流量的 $10\%\sim15\%$。$W_{生1}$ 与 $W_{生2}$ 分别取年径流量的 10% 与 15% 得出计算成果。

年径流量的 10%：$W_{生1}=42.1062\times0.10=4.21$（亿 m^3）

年径流量的 15%：$W_{生2}=42.1062\times0.15=6.32$（亿 m^3）

（2）最小月径流系列。在滦县站 1956—2000 年天然月径流系列中，挑选每年最小的月径流量，组成 45 年最小月径流量系列，对此系列进行统计分析，取其 $P=90\%$ 频率的特征值，作为年河道最小生态需水量的月平均值，计算多年平均河道最小生态的年需水量。

据滦县最小月径流量系列分析，$P=90\%$ 频率情况下的月径流量为 0.366 亿 m^3。据此计算多年平均河道最小生态的年需水量 $W_{生3}$ 为

$$W_{生3}=0.366\times12=4.40（亿\ m^3）$$

（3）近 10 年月径流量。以滦县站 1991—2000 年天然月径流系列进行统计分析，选择最小月径流量，作为年河道最小生态需水量的月平均值，计算多年平均河道最小生态的年需水量。

滦县站 1991—2000 年天然月径流系列中，最小的月径流量出现在 1997 年 5 月，为 0.3583 亿 m^3。据此计算多年平均河道最小生态的年需水量 $W_{生4}$ 为

$$W_{生4}=0.3583\times12=4.23（亿\ m^3）$$

（4）典型年最小月径流量。在滦县站 1956—2000 年天然月径流系列中，选择能满足河道基本功能、未断流，又未出现较大生态环境问题的最枯月平均流量，作为年河道最小生态需水量的月平均值。由于 20 世纪 80 年代以来滦河出现持续枯水年，存在较严重的缺水，出现挤占生态环境用水的现象，不宜选为典型。在 20 世纪 70 年代的月径流系列中选择典型比较合适。最好选择的典型年径流量与多年平均年径流量比较接近，以典型年中最小月径流量，作为年河道最小生态需水量的月平均值，计算多年平均河道最小生态的年需水量。

选择 1973 年为典型年：1973 年年径流量为 47.47 亿 m^3，该年 1 月径流量为 0.4961 亿 m^3。据此计算多年平均河道最小生态的年需水量 $W_{生5}$ 为

$$W_{生4}=0.4961\times12=5.47（亿\ m^3）$$

4. 汛期下泄洪水量计算

滦河下游滦县站有较完整可靠的天然径流量和实测径流量系列资料，且滦河水资源开发利用程度相对较高，采用近 10 年中汛期最大的一次性供水量或用水消耗量，作为控制滦河汛期洪水下泄的水量 W_m。一次性供水量或用水消耗量可采用滦县站汛期的天然径流量减去同期的入海水量得出。滦县站下游有岩山渠，从滦河滦县以下河道中引水到下游灌区，滦河入海水量应为滦县站实测径流量减去同期岩山渠引水量。滦河汛期一般出现在 6—9 月，但绝大部分年份的 6 月尚未出现大雨，该月的供水大部分为前一年汛末水库的蓄水，因而分析计算汛期下泄洪水量应将 6 月排除在外，按 7—9 月统计分析汛期洪水量。具体计算步骤如下：

（1）计算各年汛期的用水消耗量。根据滦县站 1991—2000 年 7—9 月天然径流、实测径流量和岩山渠引水量资料（岩山渠 1991—2000 年只有年引水量资料，采用该引水渠

1980—1988 年 7—9 月引水量占全年引水量的比例系数的多年平均值，推算岩山渠 1991—2000 年 7—9 月的引水量），计算各年汛期的用水消耗量。

$$W_{用} = W_{天} - W_{实} + W_{岩}$$

式中　　$W_{用}$——滦河用水消耗量，m^3；

　　　　$W_{天}$——滦县站天然径流量，m^3；

　　　　$W_{实}$——滦县站实测径流量，m^3；

　　　　$W_{岩}$——岩山渠引水量，m^3。

（2）确定控制汛期洪水下泄的水量。从计算的 $W_{用}$ 中选择最大的。在计算的各年汛期用水消耗量中，1994 年最大，为 17.3754 亿 m^3，经分析该年汛期洪水量较大，实际供用水量正常合理，可以将该年汛期用水消耗量作为控制滦河汛期洪水下泄的水量 W_m。

（3）计算多年平均汛期下泄洪水量。根据以上确定的控制滦河汛期洪水下泄的水量 W_m，采用滦县站 1956—2000 年 45 年汛期洪水量（天然）系列，逐年计算汛期下泄洪水量。汛期洪水量中大于 W_m 的部分作为下泄洪水量，汛期洪水量小于或等于 W_m，则下泄洪水量为 0。

经对滦县站 45 年汛期（7—9 月）的计算，计算得出滦河多年平均汛期的下泄洪水量为 13.87 亿 m^3。

5. 可利用量计算成果

根据以上计算的滦河多年平均最小生态环境需水量和汛期下泄洪水量，计算得出滦河多年平均地表水资源量的可利用量。

上面采用不同方法计算出 5 组最小生态环境需水量成果。根据各种方法计算的结果，结合滦河的具体情况分析，滦河最小生态需水量建议采用年径流量百分数法计算的成果，设立两个方案，需水低方案取 $W_{生1}$ 4.21 亿 m^3，高方案取 $W_{生2}$ 6.32 亿 m^3。

滦河流域多年平均汛期下泄洪水量计算成果为 13.87 亿 m^3。

用滦河多年平均地表水资源量 42.11 亿 m^3，减去最小生态需水量和下泄洪水量，计算出滦河多年平均情况下地表水资源可利用量。

根据以上计算结果，在河道内生态环境需水量采用低方案时，地表水可利用量为 24.03 亿 m^3；生态需水采用高方案时，地表水可利用量为 21.92 亿 m^3。多年平均地表水可利用量与地表水资源量相除，得出的地表水资源可利用率分别为 57% 和 52%。

【案例 2】　地下水资源评价——以鲁西北平原为例

【思考】

开展某地区地下水资源评价工作时：

1. 需要获取哪些资料？

2. 如何选择评价方法？

3. 如何确定水文地质参数？

4. 如何判断评价结果的合理性和可靠性？

5. 对于地下水资源处于负均衡的地区，对当地地下水开采有哪些建议？

合理评价、分析区域地下水资源，是保证区域地下水可持续利用的研究基础，也是指导区域合理规划、配置水资源的理论基础。为研究山东省鲁西北平原地下水资源情况，为地下水资源的可持续利用提供合理化建议，周锡博等（2022）采用水量均衡法对研究区地下水资源进行了评价。

1. 研究区概况

鲁西北平原是华北平原的组成部分，包含海河流域、黄河流域与淮河流域三大流域。海拔大多在 50m 以下，面积约 $5.21 \times 10^4 km^2$，占山东省总面积的 34%，属于暖温带半湿润季风气候区，西部受大陆季风气候制约，冬冷夏热。平均气温在 $11.7 \sim 14.5$℃ 之间，由西南向东北气温逐渐递减；多年平均降水量为 $500 \sim 700mm$，是全省年均降水量最小的地区。

该区水文地质条件较为复杂。地下水除大气降水补给外，可得到黄河水的大量侧渗补给，形成古河道浅层淡水的富水带。鲁西北平原的地下水类型较为单一，主要为松散岩类孔隙水含水岩组，而且含水层厚度大，水量丰富，单井涌水量大于 $500m^3/d$，属于富水地段。

2. 研究方法

研究采用水量均衡法对鲁西北平原地下水资源量进行评价，均衡期为 2000—2019 年。

3. 地下水资源量

地下水资源量计算涉及水文地质参数确定、地下水补给量和排泄量计算；地下水开采潜力计算包括富水地段地下水可开采量和现状开采量计算。

（1）水文地质参数。研究区水文地质参数是根据综合分析 2002 年山东省地下水资源评价报告与鲁西北平原地区野外调查获取的数据资料以及前人调查研究该区域所得到的水文地质资料确定。

（2）地下水补给量、排泄量和可开采量的计算。鲁西北平原地下水的补给量主要来自大气降水入渗补给、地表水体补给、渠灌和井灌田间入渗补给以及侧向流入补给，其中占比最高的是降水入渗。地下水补给量及排泄量、可开采量的均衡期为 2019 年。

经过计算平原区在 2019 年 6 月至 2020 年 5 月的大气降水入渗量为 $104.97 \times 10^8 m^3$。

根据水文站径流量测量资料和渠首计量资料，采用水文分析法对境内主要河道、渠系等进行水文均衡分析。经过计算平原区地表水体补给量为 $6.13 \times 10^8 m^3$。

渠灌田间入渗补给量是地表水通过农渠、毛渠灌溉时经过包气带入渗补给地下水的量。井灌田间回归补给量是指抽取地下水灌溉后经过包气带入渗补给地下水的量。经过计算平原区渠灌田间入渗补给量为 $3.88 \times 10^8 m^3$，井灌回归补给量为 $2.24 \times 10^8 m^3$。

山前冲洪积平原上游的含水层多由粗砂、卵砾石组成，渗透性好，而且水力坡度较大，具有接收山区侧向补给的良好条件。侧向径流补给主要来源于山前地区的非河谷潜流（包括水库侧渗）和部分地段的岩溶水，另外，在平原区的边界处也有侧向流入。经过计算鲁西北平原区侧向流入量为 $2.36 \times 10^8 m^3$。

浅层地下水的开采以农业开采和生态用水为主，其他用途还包括局部的工业开采和生活开采。本次开采量的数据主要参考 2015—2018 年各地市水资源公报提供的县区浅层地下水开采量数据。鲁西北平原区地下水开采量为 $65.56 \times 10^8 m^3$。经过计算得到鲁西北平原潜水蒸发量为 $46.96 \times 10^8 m^3$。侧向流出量包括河流侧向流出和边界处的侧向流出，采用断面法计算，经过计算可知鲁西北平原侧向流出量为 $6.23 \times 10^8 \, \mathrm{m}^3$。

鲁西北平原区潜水含水层厚度较大，地下水位埋藏较浅，存储量调节能力强，富含充足的浅层地下水，并且含水砂层厚，颗粒较粗，为深层孔隙水的富水地带。故开采系数取0.85。经计算，鲁西北平原可开采量为 $104.08 \times 10^8 \, \mathrm{m}^3/\mathrm{a}$。

按照流域建立地下水均衡方程式进行计算，地下水资源量计算结果见表1。

表1   地下水均衡计算表   单位：$\times 10^4 \, \mathrm{m}^3/\mathrm{a}$

分区名称	补给项					排泄项			均衡差
	$Q_{降雨}$	$Q_{表补}$	$Q_{渠灌}$	$Q_{井灌}$	$Q_{侧向}$	$Q_{开采}$	$Q_{蒸发}$	$Q_{侧向}$	ΔQ
海河流域	406549.00	5538.00	0	3445.00	10128.00	150992.00	352196.00	4417.00	−81945.00
黄河流域	72667.76	37912.92	4506.15	5074.04	21779.92	85841.29	52256.53	21612.32	−17769.34
淮河流域	570469.01	24837.38	34320.35	13838.68	13345.68	418716.97	65122.43	36257.98	147094.81
总计	1049685.77	68288.30	38826.50	22357.72	45253.60	655550.26	469574.96	62287.30	47380.47

鲁西北平原的三个地下水资源区中，海河地下水资源区和黄河地下水资源区在均衡期内均属于负均衡，且两个地下水资源区的均衡差相差较大，表明两个区域的地下水均呈现下降趋势，而且海河流域的地下水位下降更为明显。海河流域的地下水开采和蒸发排泄是导致负均衡的主要因素。补给量的主要影响因素是降雨入渗，占总补给量的95.51%，表明该区域的补给量主要取决于降雨入渗量。对于黄河流域，降雨入渗量占总补给量的51.2%，地表水补给和侧向径流补给共同占总补给量的42.05%，因此地表水补给和侧向径流补给对于黄河流域的地下水位动态影响与降雨入渗产生的影响同样重要。从排泄项可以看出，地下水开采和蒸发排泄是影响排泄量的主要因素。淮河流域属于正均衡，表明这个区域地下水位呈上升趋势，影响该流域补给量的主要因素是降雨入渗，影响排泄量的主要因素是人为开采。

整体上看，研究区在均衡期内总补给量为 $122.44 \times 10^8 \, \mathrm{m}^3/\mathrm{a}$，其中大气降水入渗量占85.73%；总排泄量为 $118.74 \times 10^8 \, \mathrm{m}^3/\mathrm{a}$，其中开采量和蒸发量两项占主导地位，占94.75%，侧向径流排泄量仅占总排泄量的5.25%。补排差为 $4.74 \times 10^8 \, \mathrm{m}^3/\mathrm{a}$，即计算区地下水资源呈正均衡。说明多年来整体地下水处于缓慢上升状态。

4. 结论

研究区地下水资源处于正均衡状态，但是均衡差较小。海河流域和黄河流域处于负均衡状态，人工开采和蒸发是两个区域呈现负均衡的主要因素，尤其海河流域人工开采量对于地下水的影响非常大。淮河流域呈正均衡状态。

【案例3】   基流分割——以黑河流域为例

【思考】

1. 为何开展基流分割工作，有哪些水文意义和现实意义？

2. 数字滤波法进行基流分割有哪些优势和局限性？

3. 基于非物理机制方法分割出来的基流结果的合理性该如何评价？

基流是地下水补给河流的水量,对维持河川径流和流域水量平衡、开展流域水资源规划等方面都具有重要作用。基流分割的方法有很多。源于信号处理技术的数字滤波法,虽然参数物理意义不明确,但由其计算得到的基流量值满足基流所具备的基本特征,并且该方法具有客观、可重复、易操作的特点,因此在实践中大量应用并得到认可。赵韦等(2016)运用该方法对黑河上游山区径流量进行了基流分割,并对该区基流量的变化特征进行了探讨。

1. 研究区概况和数据资料

黑河是我国西北地区第二大内陆河,地处干旱、半干旱区。发源于祁连山北麓,干流全长 821km,流域面积 14.29 万 km²。黑河出山口莺落峡水文站以上为上游地区,是流域的产流区,集水面积约 1.0 万 km²。年降水量 350mm,多年平均气温不足 2℃;降水量随高程的增加而增加,气温随高程的增加而递减。春季上游山区径流以积雪融水和地下补给为主;夏、秋季以降水补给为主,同时随气温升高,少量冰川融水加入;秋末、冬季部分降水则以固态形式存储在流域内。根据地下水形成条件、储存特点和分布规律,黑河上游地下水分为多年冻土水和基岩裂隙水,是该流域基流的主要来源。

数据资料主要包括流域上游莺落峡水文站($38°48'$N, $100°11'$E, 高程 1710m)1954—2011 年月径流资料。

2. 研究方法

Nathan 和 McMahon 提出的基流分割方程 F1:

$$Q_{dt} = f_1 Q_{d(t-1)} + \frac{1+f_1}{2} [Q_t - Q_{(t-1)}]$$

$$Q_{bt} = Q_t - Q_{dt}$$

式中 Q_{dt} 和 $Q_{d(t-1)}$ ——第 t 和 $t-1$ 时刻的地表径流,m³/s;

Q_t 和 $Q_{(t-1)}$ ——第 t 和 $t-1$ 时刻的径流,m³/s;

Q_{bt} ——第 t 时刻的基流,m³/s;

f_1 ——滤波系数,通常取值为 0.95。

Chapman 改进后的基流分割方程 F2:

$$Q_{dt} = \frac{3f_1 - 1}{3 - f_1} Q_{d(t-1)} + \frac{2}{3 - f_1} (Q_t - f_1 Q_{t-1})$$

$$Q_{bt} = Q_t - Q_{dt}$$

Chapman 和 Maxwell 提出的基流分割方程 F3:

$$Q_{bt} = \frac{f_1}{2 - f_1} Q_{b(t-1)} + \frac{1 - f_1}{2 - f_1} Q_t$$

Chapman 对方程 F3 进行改进后的基流分割方程 F4:

$$Q_{bt} = \frac{f_1}{1 + f_2} Q_{b(t-1)} + \frac{f_2}{1 + f_2} Q_t$$

式中 f_2 ——固定值,文中取 0.15。

3. 结果分析与讨论

(1)基于数字滤波法的基流分割。四个滤波方程每次正反滤波得到的研究区多年平均

基流量如图 1 所示。F1 方程第四次反向滤波得到研究区多年平均基流量 14.97m^3/s，F4
方程第二次反向滤波得到多年平均基流量 15.76m^3/s，F2 和 F3 滤波方程经过一次反向滤
波即可得到较小的基流量（10.74m^3/s 和 12.41m^3/s）。可见，F2 和 F3 滤波方程可以更
加快速、高效地从总流量序列中分割出基流量。

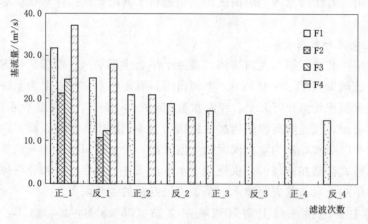

图 1　基于数字滤波法四种滤波方程不同滤波次数的黑河上游山区多年平均基流量

　　表 2 给出了由数字滤波法以及传统方法确定的研究区基流量。近 10 年最小月平均流
量法得到的研究区基流量是 13.29m^3/s，90％保证率最小月平均流量法得到的基流量是
12.95m^3/s。数字滤波法得到的基流量最小值 12.56m^3/s，出现在 1 月；最大值 13.92m^3/s，
出现在 7 月，全年平均月基流量 13.47m^3/s。

表 2　　　　　　　　　　　　　黑河上游多年平均月基流量　　　　　　　　　　　　单位：m^3/s

月份	数字滤波法	近 10 年最小月平均流量法	90％保证率最小月平均流量法
1	12.56	13.29	12.95
2	12.91	13.29	12.95
3	13.37	13.29	12.95
4	13.61	13.29	12.95
5	13.73	13.29	12.95
6	13.85	13.29	12.95
7	13.92	13.29	12.95
8	13.89	13.29	12.95
9	13.75	13.29	12.95
10	13.55	13.29	12.95
11	13.37	13.29	12.95
12	13.16	13.29	12.95

（2）基流量和 *BFI* 年内变化特征。研究区基流量在年内表现为先微小增加、然后微小减小的过程；夏季基流量最大，其次是春季和秋季，冬季基流量最小（图2）。相比径流量的年内变化，基流量的年内变化更为平稳。*BFI* 是流量序列中的基流量与总径流量的比值，它可以反应河流的水源补给特性；*BFI* 大说明河流受地下水和壤中流的补给量大。研究区 *BFI* 的年内变化过程是先减小后增加；冬季 *BFI* 最大，其次是春季和秋季，夏季最小；表明冬季基流量对径流总量的贡献大，河流受地下水和壤中流的补给量大，受降水影响相对较小。

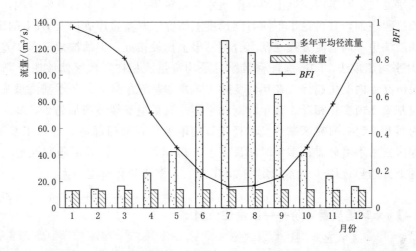

图2　基于数字滤波法的黑河上游地区多年平均月基流量和 *BFI* 的年内变化

（3）基流量和 *BFI* 年际变化特征。研究区基流量的年际变化呈现缓慢增长趋势。相对于径流量，基流量的变化幅度较小。这是由于径流对外界条件的变化比较敏感，而基流主要受包气带调蓄作用和地下水补给的影响，对外界条件的变化相对不敏感。通过计算得到研究区基流量序列和径流量序列的离差系数分别为0.10和0.16，不稳定系数分别为1.58和2.12。这说明虽然基流量序列和径流量序列在年际变化上均呈上升趋势，但基流量的年际变化相对缓和，且比较平稳。研究区基流量和径流量序列呈上升趋势与我国西部地区降水增加密不可分。除了降水，气温升高也对径流变化有着重要影响。一方面，气温升高加速黑河上游冰川消融，从而形成更多融雪径流；另一方面，气温升高还会导致黑河上游冻土活动层增厚，从而增加土壤蓄水容量，进一步影响流域的径流量和基流量变化。研究区多年平均 *BFI* 为0.27，变幅为0.20～0.31，变化相对稳定，表明在年际尺度上，基流量对径流总量的贡献变化不大。

（4）基流量和 *BFI* 多年变化特征。从年代变化上，20世纪60年代和70年代研究区径流量和基流量偏少，其余年代偏多。除90年代外，70年代以后研究区径流量和基流量的年代际均值总体呈现上升趋势。2000—2009年径流量和基流量比多年平均值增加了9%和10%；21世纪10年代径流量和基流量比多年平均值增加了11%和16%，达到了历史最高值。*BFI* 在20世纪50年代偏小，其余年代比较接近且较为稳定；在多年变化中，*BFI* 基本维持在0.27左右，表明基流对径流的贡献变化幅度不大（表3）。

表3   黑河上游径流量、基流量以及 *BFI* 的年代变化特征

要　素	1950 年	1960 年	1970 年	1980 年	1990 年	2000 年	2010 年
年均径流量/(m³/s)	52.83	46.37	44.00	50.67	49.93	55.66	56.54
年均基流量/(m³/s)	12.67	12.53	12.13	13.99	13.64	15.15	15.96
BFI	0.24	0.27	0.28	0.28	0.27	0.27	0.28

4. 结论

选用数字滤波法对黑河流域上游莺落峡水文站多年月径流量进行基流分割，得到了莺落峡站基流过程序列，并讨论了不同时间尺度上研究区基流量序列以及 *BFI* 的变化特征。

数字滤波法中不同滤波方程在基流分割结果上比较接近，但滤波效率存在差异。与近10年最小月平均流量法、90%保证率最小月平均流量法相比，数字滤波法分割的基流能更好地反映出其年内变化趋势。在年内变化上，夏季基流量最大，冬季基流量最小；*BFI* 年内变化与基流年内变化相反。在年际变化上，基流量呈现缓慢增加趋势，基流量变化比径流量更为缓和平稳。研究区基流量和径流量的增加与我国西部地区近些年来降水增多、气温升高等因素密不可分。在多年时间尺度上，20 世纪 70 年代以后研究区基流量的年代际均值呈现上升趋势；*BFI* 基本稳定在 0.27 左右，多年变化幅度不大。

【案例 4】　水环境质量评价——以沱江为例

【思考】

1. 单因子评价法用于流域水质评价的优势和局限性有哪些？
2. 流域或断面实测水质监测数据哪里可以获取？
3. 如何确定流域水质评价因子以及评价标准？

沱江是长江上游重要的支流干流，全长 627.4km，水资源总量 99 亿 m³，流域面积 2.78 万 km²。沱江流域是四川省人口密度最大、城市分布最密集，经济社会发展最好、工农业生产最发达的地区，承载了全省 30.8% 的经济总量和 26.2% 的人口。流域内工业、城镇生活、禽畜养殖、农业种植等各类污染源众多，使得沱江流域成为了长江流域较为典型的污染较重的支流。该区域的地表水环境质量评价已成为长江流域管理机构和地方政府关注的重点。许静等（2020）根据 2010—2017 年沱江流域 36 个监测断面水质监测数据，采用单因子评价法对该流域水质状况进行了评价。

1. 数据与方法

以 2010—2017 年间沱江流域 36 个监测断面的实测水质监测数据为基础数据，选用 COD、BOD₅、NH₃-N 和 TP 等四项因子作为评价指标，按年度、月份、季度和水期（6—10 月为丰水期、2—4 月为枯水期、其余月份为平水期）等四个时间尺度进行评价。

河流断面水质类别评价依据《地表水环境质量标准》（GB 3838—2002）对不同时间尺度每个监测断面的水质类别做出判定，并确定河流水质主要污染因子。

流域水质评价采用监测断面水质类别比例法。采用单因子评价法，计算不同时间段各污染因子浓度的算术平均值，评价时段内参评的指标包括单项水质指标类别评价和单项水

质指标超标倍数评价。水质类别通过将评价指标的检测值与《地表水环境质量标准》（GB 3838—2002）中的标准值进行比较，以确定单项指标的水质类别，按参评项目中水质类别最差项目的类别确定。单项水质指标浓度超过Ⅲ类标准限值的称为超标指标。

2. 结果与讨论

（1）水质指标的变化特征。2010—2017年，沱江流域超过Ⅲ类水质标准的指标为 TP 和 NH_3-N。TP 浓度在 8 年间持续超标；NH_3-N 浓度从Ⅳ类向Ⅲ类水质标准变化，自 2015 年逐渐达标；BOD_5 和 COD 浓度保持在Ⅲ类水质标准范围内。整体来看，沱江流域近年来水质呈现向好发展趋势。

"十一五"期间，COD 正式纳入国家水体污染物总量控制约束性指标，"十二五"期间又增加了 NH_4^+ 指标，农业源也被纳入控制领域。在以 COD、NH_4^+ 控制为导向的水污染防治政策体系下，沿江省市对生活污水和工业废水污染治理的投资大幅增加，污水处理基础设施建设大幅度提高，NH_3-N 治理效果显著。磷元素在调节水环境质量中扮演重要角色，但由于对 TP 的排放监管不到位，使得 TP 污染物的主要来源、排放总量、空间分布等不清晰，TP 现已成为沱江流域的主要污染物。长江流域磷化工产业发达，据统计沱江流域磷矿企业近 20 家，磷矿开采、磷化工和露天堆放的磷石膏对流域水环境产生显著影响。另外，沱江流域污染成因复杂，污染源点多面广，如农业种植和畜禽养殖带来的面源污染、农业生产带来的化肥农药以及农村生活产生的有机污染物随径流进入水体，在温度和微生物的作用下产生氮磷化合物，并在土壤和水体中降解缓慢，容易造成磷的富集。TP 问题已成为当前和未来沱江流域水环境整治的核心问题。

受流域降水、径流等水文要素年内变化和点面源排放特征的影响，沱江流域不同水质指标年内各月表现出较大的差异性，总体表现出下半年的浓度明显低于上半年的特征。下半年雨季时因降雨量大，对污染物起稀释作用，沱江水质较好，11 月和 12 月降雨量虽相对减少，但水土流失造成土壤中的有机污染物进入水中也随之减少，水质也较好。

从季节来看，COD、BOD_5、NH_3-N 和 TP 浓度均在春季最高，秋季污染物浓度均最低。多年水期污染物浓度表现出枯水期＞平水期＞丰水期的特征。这主要是因为水文和气象等条件的变化，沱江流域春季降水量、径流量及流速较低，而春耕活动用水量较大，加剧了流域水资源供用矛盾，导致水体对污染物稀释能力弱，水质污染物浓度高。流域径流年内分配不均匀，汛期 6—10 月水量占全年的 80％以上，枯水期 2—4 月水量仅占全年的 2.5％～4.0％，从而加剧了流域污染物浓度在不同水期的差异。

（2）水质类别的变化特征。沱江流域 2010—2017 年所有监测断面水质类别和达标率年际对比结果如图 3 所示。就断面水质类别总数而言（图 3），沱江流域断面水质以Ⅳ类为主（116 个，占 42.18％），Ⅳ、Ⅴ类断面共 145 个（占 53.45％），为Ⅰ～Ⅲ类断面数的 2.44 倍，劣Ⅴ类断面 48 个（占 17.45％）。从不同年份来看，沱江流域Ⅰ～Ⅲ类水质断面比例呈先上升后降低趋势，2010—2013 年达到（或优于）Ⅲ类断面比重逐年增加，流域水环境质量逐渐改善，进入 2014 年后显著下降。劣Ⅴ类水质断面比例 2017 年下降明显，表明针对污染严重区域的治理举措效果明显。但是，沱江全流域的水质状况总体上仍处于污染状态，其中，2014—2016 年为中度污染，其他年份为轻度污染，流域断面达标率提高进程仍任重道远。

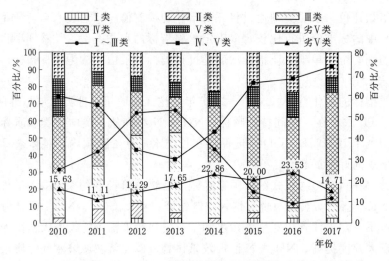

图 3　沱江流域 2010—2017 年监测断面水质类别和达标率年际变化

2010—2017 年，沱江支流断面达标率在 15.00％～52.63％之间，表现出先上升后下降复上升的趋势，2015 年以来支流断面达标率均超过干流，且呈增长趋势；劣 V 类水质断面比例在 2014 年达到峰值（42.11％），当年支流状况为中度污染，其他年份均为轻度污染，比例逐渐下降（图 4），表明近年来针对沱江流域污染的相关防治举措渐渐取得成效。沱江干流水质持续处于轻度污染状况，然而，断面水质达标率却先上升后下降到为0，2015 年以来，沱江干流污染区域扩大，应引起重视。

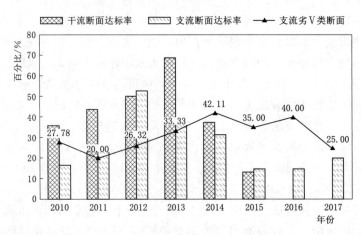

图 4　沱江干流和支流 2010—2017 年监测断面达标率和劣 V 类比例年际变化

沱江流域 2010—2017 年各断面水质类别变化如图 5 所示。沱江流域水质轻度污染，水质以 Ⅳ 类为主（19 个断面，占 52.78％），其次是劣 V 类和 Ⅲ 类（均为 6 个断面，占16.67％），断面达标率仅为 19.44％。2010—2017 年，干流的监测断面水质类别好于支流。这些支流是沱江流域的重点治理区域。

3. 结论

通过分析 2010—2017 年沱江流域 36 个水质断面的地表水监测数据，结果表明：

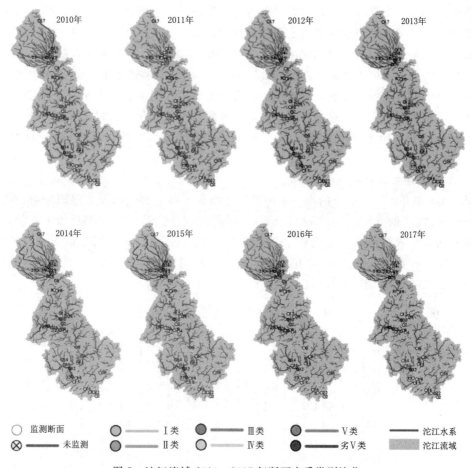

图 5   沱江流域 2010—2017 年断面水质类别演化

（1）沱江流域首要污染因子为 TP，其次为 NH_3-N，TP 已经上升为沱江流域乃至长江流域的主要污染物，未来的流域水质管理应集中在 TP 的消减与综合治理上。

（2）沱江流域近年来水质持续处于污染状态，但在向好发展；1—5 月水质较差，其余月份水质较好；4 项水质指标浓度均在春季最高，秋季最低；丰水期水质指标浓度达到最小值，枯水期达到最大值。

（3）空间分布上，沱江流域多年平均水质为轻度污染，多年平均水质类别以Ⅳ类为主，其次是劣Ⅴ类和Ⅲ类，断面达标率仅为 19.44%；沱江上游支流水质类别明显差于沱江干流，毗河、九曲江、威远河和釜溪河水质污染最为严重。

【案例 5】   再生水利用案例分析——以北京市为例

【思考】

1. 现阶段限制我国再生水利用的因素有哪些？

2. 利用再生水进行农业灌溉需要注意哪些问题？

3. 我国再生水利用的潜力及前景如何？

再生水利用是支撑城市可持续发展和生态文明建设的重要途径和必然选择。以下将以北京市为例，简述北京市污水再生水利用的现状及潜力（徐傲 等，2021）。

北京市是华北地区严重缺水的城市，截至 2018 年末，北京市常住人口为 2154.2 万，全市人均水资源量仅为 164m³，按照联合国的分类属于极度缺水地区。近年来，北京市逐渐向和谐宜居的生态城市发展，用水结构也逐渐改变。在用水总量不发生显著增长的前提下，为了改善水环境质量，重塑京城水系，未来北京市仍然存在巨大的清水补给缺口。再生水利用是改善城市水环境、保障城市水生态、缓解北京市的水资源短缺问题的关键措施。

1. 北京市再生水利用现状

从 2003 年开始，北京市的再生水用量逐年增加，再生水配套设施逐渐完善。再生水利用量由 2003 年的 2.15 亿 m³ 增长至 2018 年的 10.8 亿 m³，15 年间增加了 4 倍。2018 年，北京市再生水利用量占全市供水总量的 27.4%（图 6），成为城市第二水源。其中，市辖区再生水用量为 5.5 亿 m³，其余各区再生水利用量为 5.2 亿 m³。2018 年再生水管网长度达到 1719km，其中市辖区再生水管网长度为 909km。

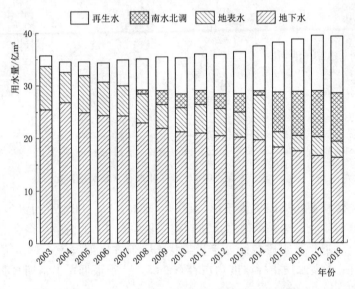

图 6 2003—2018 年北京市供水量与供水结构

再生水作为北京市第二水源，其用途主要包括以下 3 个方面：

（1）生产用水。生产用水占比为 6.0%，主要用于电厂冷却水。城区 9 座热电厂全部利用再生水替代了自来水。此外，部分城市污水处理厂出水经过超滤-反渗透双膜法处理后，生产的高品质再生水供给北京市经济开发区企业作为生产用水。

（2）生态用水。生态用水占比 92.1%。其中圆明园、龙潭湖等公园湖泊以及清河、土城沟等河道，均已全部使用再生水补水。再生水生态利用量逐年增大，有效改善了城市河湖景观和生态环境。同时，再生水的生态利用还节约了优质水源，一定程度上缓解北京市水资源紧缺的压力。北京市奥林匹克公园内的人工湿地和湖泊兼具再生水生态环境储存和景观环境娱乐功能。公园区域内再生水主要来自清河再生水厂，处理过程包括超滤、臭氧和氯消毒。部分再生水通过湿地和室内生态系统实现净化,进一步提升水质。

(3) 城市杂用。城市杂用占比 2.0%。再生水还广泛应用于北京市的绿化灌溉、道路喷洒、施工压尘、洗车、建筑冲厕等市政杂用。

2. 北京市污水再生利用潜力

北京市作为华北地区的经济中心,对水资源需求量大,水资源难以自足。2018 年北京市用水量达 39.30 亿 m^3,其中 23.5% 依靠南水北调工程提供。随着北京市经济发展和人口增长,水资源供需矛盾不断突出。除此之外,补充城市基流、恢复城市湿地、治理黑臭水体、涵养地下水源均需要大量新鲜水源补充,城市水生态系统维系对于新鲜水源需求巨大。

城市污水量大质稳,是城市稳定的第二水源。城市污水如经过适当处理,科学合理地再生利用,可有效缓解城市用水压力。2018 年北京市污水总排放量为 20.4 亿 m^3,处理量达到 19.0 亿 m^3,污水处理率为 93.4%。按照北京市统计局公布的数据,污水处理能力较大的污水厂主要分布在人口密度较大的市辖区,可有效收集处理城区污水。北京市市辖区污水处理率为 99%,经济技术开发区污水处理率为 100%。其余区域污水处理率82.85%,有进一步提升的空间。随着北京市经济社会的进一步发展,污水排放量与处理量将进一步增大。北京市经过城镇污水处理厂处理后的尾水水质良好,具有显著的再生利用潜力。

污水再生利用被认为是有效的解决水资源短缺问题的方法。北京市的污水再生利用量达到 10.7 亿 m^3,年污水处理量为 19.0 亿 m^3,污水再生利用率达到 56.3%(污水再生利用率=再生水利用量/污水处理量)。目前北京市污水再生利用率位居全国前列,但同国际先进水平相比,仍有进一步发展的潜力。以 2018 年北京市的污水处理量为基准,参考发达国家以色列的污水再生利用率 82%(国际先进水平),未来北京市的再生利用量将超过15.6 亿 m^3。与目前的再生水利用量相比,仍然有 4.9 亿 m^3 的增长空间,相当于 2018 年南水北调供水量的 3%、全市生态用水量的 37%。

北京市目前再生水主要利用途径为城市内河流、湖泊补给等生态利用和以热电厂冷却用水为主的工业利用。结合北京市用水情况来看,北京市再生水工业、农业和生活利用途径存在巨大的利用潜力,生态利用途径也存在巨大的增长空间。

【案例 6】 农业节水案例分析——以山东临沂市为例

【思考】

1. 现阶段我国大力推广农业节水面临的困境有哪些?

2. 在农业节水方面,如何提高农民的参与度?

3. 该案例给了我们哪些启发?

山东省临沂市人均占有水资源量仅为全国人均占有水资源量的 26.2%,属于严重的资源型缺水地区。随着经济社会的发展,水资源供需矛盾越来越突出,建设节水型社会是解决临沂市水资源短缺、保障经济社会发展的战略性和根本性措施(王丽芹,2022)。

临沂市地处鲁东南部,总面积 1.72 万 km^2,山丘区面积达 1.24 万 km^2,占全市总面积的 72% 以上。多年来,全市上下各级政府高度重视农业节水灌溉工作,把农业节水灌溉工作列入农村重要工作来抓,深入贯彻"节水优先、空间均衡、系统治理、两手发力"治水思路,节水技术得到快速推广应用。2009 年以来,以小型农田水利重点县项目、灌区续建配套与节水改造项目为平台,大力建设节水工程,截至目前,全市节水灌溉工程面积达到 315.74 万亩,其中,渠道防渗灌溉面积 199.81 万亩,管道灌溉面积 136.94 万亩,喷灌面积 31.20 万亩,微灌面积 6.28 万亩,其他节水灌溉面积 21.51 万亩,全市农业灌溉水利用系数为 0.6369。以下将对临沂市的节水发展模式和取得的成效进行简单介绍(王丽芹,2022)。

1. 节水发展模式

在节水模式的选择上,临沂市不断地在实践中总结经验,坚持从实际出发,因地制宜、科学合理地确定适宜地形特点和农民易于接受的节水方式。

(1)在大中型自流灌区,广泛推行渠道防渗。大中型灌区渠系老化、失修、渗漏量较大,针对有水引不出、引出送不远、用不上的现象,以渠道衬砌为主要的节水方式,提高水的利用率,确保水引得出、输得远,在具备条件的地方采取以管代渠,既可节省土地,又可提高用水保证率。

(2)在机井和扬水站灌区,大力推广管道灌溉。这些地区水源有保证,采用管道灌溉的成本低、占地少、易操作、好管理,水量几乎没有损失。

(3)在丘陵、山区,大力建设水窖、水池和塘坝等拦蓄工程。利用地理优势和特点,大量建设水窖、水池、小塘坝等拦蓄工程,利用自然落差采用小孔径塑料管进行微滴灌,或是配上风力提水设备,以小型喷灌机为主要节水设备,进行灌溉。由于小型喷灌机轻便灵活、操作简单、浇地辐射半径大、费用低,特别适宜一家一户小块土地的点种和浇灌,因此在实践中积极推广使用小型喷灌机。

(4)在高经济价值瓜果、桑茶、蔬菜园区,发展喷灌、微喷、滴灌"三灌"工程。在产出效益好、回报率高的优质、高产、高效作物分布区,亦大力发展喷灌、微喷、滴灌工程。从临沂市实地调研情况看,大棚草莓、樱桃采用喷灌后,可提前 10～30 天上市,由于打了时间差,价格可提高 5～10 倍,效益十分显著。

(5)在山丘极度贫水区,拦蓄水源的同时,积极推广应用旱作农业。实践中提倡采用地膜、生物覆盖、保墒性耕作、坐水种等技术及抗旱保水剂、抗旱种衣剂等蓄水保墒措施。地膜覆盖,具有节水、保温、保墒的作用,且铺设简单、成本低。另外,在坡度较大的山丘地带,深翻整平困难,可采用穴种穴浇的节水种植方式。

2. 取得的成效

(1)提高了水的有效利用率。截至 2021 年底,全市灌区渠系水利用系数提高到 0.80,灌溉水利用系数提高到 0.6387,全市亩均灌溉用水量降到 $187m^3$,水分生产率提高到 $1.5kg/m^3$。

(2)促进了农业结构调整。"十三五"以来经济林果每年增加近 20 万亩,新增经济作物有近 2/3 的面积实行了节水灌溉,有效地提高了产品质量,截至 2020 年底,全市粮经作物比达到 6:5,农业结构得到调整。

(3)提高了农业生产效益。调研分析表明,采取节水灌溉,既减少了生产成本,又提高了生产效益。渠道防渗每亩每年节水 $80m^3$、节地 2%;管道灌溉工程,每亩每年节水

10m³、节地 8%；喷灌每亩每年节水 155m³、节地 8%；微灌每亩每年节水 180m³、节地 8%。按种植粮油作物计算，全市 315.74 万亩节水灌溉面积，平均每年节约灌溉用水 2.21 亿 m³，产生直接经济效益 2.4 亿元。节约的水量再配置到工业和居民生活中，直接减少了地下水的开采量，减缓了地下水位的下降，保护了生态环境。

参 考 文 献

白洁. 北京地区雨水花园设计研究 [D]. 北京：北京建筑大学，2014.

蔡晔，林怡雯，李月娥，等. 利用改进的内梅罗指数法模型评价苏州市内外城河水质 [J]. 化学分析计量，2015，24（2）：84-87.

曹悦妮.《2020 年全国海水利用报告》公布 [N]. 中国自然资源报，2021-12-07（1）.

常泽辉，侯静，温雯. 太阳能海水淡化技术研究进展 [J]. 价值工程，2013，32（6）：301-302.

车伍，赵杨，李俊奇. 城市消极空间的生态化景观改造-雨洪控制利用 [J]. 景观设计学，2012，24（4）：48-52.

陈林. 农业高效节水灌溉技术现状及发展 [J]. 智慧农业导刊，2022，2（4）：80-82.

陈佳蕾，钟平安，刘畅，等. 基于 SWAT 模型的径流还原方法研究——以大汶河流域为例 [J]. 水文，2016，36（6）：28-34.

陈艺菁，张代青，程乖梅，等. 4 种综合法在云南九大高原湖泊水质评价中的应用与比较 [J/OL]. 水力发电，2022.

陈莹，刘昌明，赵勇. 节水及节水型社会的分析和对比评价研究 [J]. 水科学进展，2005（1）：82-87.

陈莹，赵勇，刘昌明. 节水型社会的内涵及评价指标体系研究初探 [J]. 干旱区研究，2004，（2）：125-129.

陈志恺. 中国水资源的可持续利用 [J]. 中国水利，2000（8）：38-40.

陈宗宇，刘君，杨湘奎，等. 松嫩平原地下水流动模式的环境同位素标记 [J]. 2010，（6）：94-101.

陈兆波. 生物节水研究进展及发展方向 [J]. 中国农业科学，2007（7）：1456-1462.

成立，刘昌明. 水资源及其内涵的研究现状和时间维的探讨 [J]. 水科学进展，2000，11（2）：153-158.

程涛. 城市雨水资源化技术应用研究 [D]. 武汉：武汉理工大学，2008.

程卫国，李亚斌，苏燕，等. 不同赋权方法的综合水质标识指数法对比分析 [J]. 灌溉排水学报，2019，38（11）：93-99.

程小文. 21 世纪我国城市用水变化及趋势分析 [J]. 中国给水排水，2022，38（14）：47-51.

褚江东，粟晓玲，吴海江，等. 中国近 20 年陆地水储量及其组分变化分析 [J/OL]. 水资源保护，2022.

戴长雷. 地下水开发与利用 [M]. 北京：中国水利水电出版社，2015.

丁跃元，马智杰，周子昌，等. 城区雨洪利用中可渗透路面砖配合比的最优化研究 [J]. 北京水利，2003（1）：12-13.

窦密芳. 我国农业节水技术未来发展探究 [J]. 南方农业，2019，13（20）：179-180.

范冬庆，吴艳红，崔晨曦. 国外再生水利用之启示 [J]. 城市管理与科技，2016，18（6）：76-79.

范辉，肖恒，马金一，等. 基于 VIC 模型的天然径流还原研究 [J]. 华北水利水电大学学报（自然科学版），2017，38（2）：7-10.

范习超，秦京涛，徐磊，等. 大型灌区节水水平评价指标体系构建与实证 [J]. 农业工程学报，2021，37（20）：99-107.

符家瑞，周艾珈，刘勇，等. 我国城镇污水再生利用技术研究进展 [J]. 工业水处理，2021，41（1）：18-25.

甘晓娟，黄抒，胡晓玲，等. 水体中高氯酸盐的研究现状 [J]. 城镇供水，2022（3）：48-50.

高小玲，崔丽丽. 国外海水综合利用产业发展现状、趋势及对我国的启示 [J]. 现代经济探讨，

2012 (11)：88-92.

龚晓水. 农业节水技术的推广与发展 [J]. 种子科技，2020，38 (13)：118，120.

郭丰源，徐剑锋，黄宝荣，等. 实现工业高质量发展的资源综合平衡问题与对策 [J]. 环境保护，2021，49 (2)：52-56.

郭孟卓. 践行习近平生态文明思想大力推进水资源保护工作 [J]. 中国水利，2022 (1)：1-3.

郭宇杰，郭祎阁，王学超，等. 城市再生水回用途径安全性浅析 [J]. 华北水利水电学院学报，2013，(2)：5-7.

韩旭. 我国节水评估体系机制构建研究 [D]. 北京：华北电力大学，2020.

何丹，马致远，王疆霞，等. 关中盆地深部地下热水残存沉积水的同位素证据 [J]. 地球科学与环境学报，2014，36 (4)：117-126.

河南省水利厅. 十种节水技术 [EB/OL]. (2019-05-17).

何星海，马世豪. 再生水补充地下水水质指标及控制技术 [J]. 环境科学，2004 (5)：61-64.

胡宝怡，王磊. 陆地水储量变化及其归因：研究综述及展望 [J]. 水利水电技术，2021，52 (5)：13-25.

胡倩，孙静，曹礼昆. 城市雨水景观设施的建设与改造 [J]. 中国园林，2007 (10)：66-72.

胡庆芳，王银堂，邓鹏鑫，等. 对雨洪资源利用的再认识 [J/OL]. 水利水运工程学报：1-11 [2022-09-09].

胡晓瑜，王卫兴. 海水淡化及综合利用技术 [J]. 广东化工，2013，40 (15)：81-82.

黄超，万朝林. 新疆坎儿井研究及未来的发展 [J]. 产业与科技论坛，2022，21 (13)：58-61.

姜彤，孙赫敏，李修仓，等. 气候变化对水文循环的影响 [J]. 气象，2020，46 (3)：289-300.

姜文来，唐曲，雷波，等. 水资源管理学导论 [M]. 北京：化学工业出版社，2005.

金彦兆，周录文，唐小娟，等. 农村雨水集蓄利用理论技术与实践 [M]. 北京：中国水利水电出版社，2017.

井村秀文，许士国. 关于环境保护的中日比较与合作对策 [J]. 大连理工大学学报，1999，20 (4)：8-12.

李广贺. 水资源利用与保护 [M]. 北京：中国建筑工业出版社，2020.

李慧，丁跃元，李原园，等. 新形势下我国节水现状及问题分析 [J]. 南水北调与水利科技，2019，17 (1)：202-208.

李佳. 雨水控制利用系统径流系数影响因素及其选用方法研究 [J]. 河北工业科技，2014 (3)：230-233.

李荣旗，杜桂森，李慧敏，等. 北京稻香湖园林水系的浮游植物与水质变化 [J]. 世界科技研究与发展，2008，(3)：307-309.

李姗泽，包宇飞，胡明明，等. 近20年长江流域水资源及水质状况变化趋势 [C] //中国水利学会. 中国水利学会2020学术年会论文集. 北京：中国水利水电出版社，2021.

李文军，曹玲.《国家鼓励的工业节水工艺、技术和装备目录 (2021年)》解读——技术创新示范引领积极推进石化化工行业节水工作 [Z]. 中国石油和化学工业联合会，2022 (1).

李亚红. 海水循环冷却在中国的发展研究 [J]. 盐业与化工，2016，45 (6)：9-13.

李燕群，何通国，刘刚，等. 城市再生水回用现状及利用前景 [J]. 资源开发与市场，2011，(12)：1096-1100.

李占玲，徐宗学，巩同梁. 雅鲁藏布江流域径流特性变化分析 [J]. 地理研究，2008 (2)：353-361.

李子贻，许有鹏，何玉秀，等. 城市化下平原河流水系变化及空间响应 [J]. 生态学报，2021，41 (22)：8953-8964.

连海东，牟舵，张硕，等. 基于组合权TOPSIS数学模型的地表水水质评价 [J]. 人民珠江，2021，42 (8)：85-92.

梁承红，姜宏，邢红宏. 反渗透海水淡化技术的发展与应用 [J]. 海军航空工程学院学报，2007 (4)：

494－496，500.

林涛，尹静，张博，等. 改进综合水质标识指数法在珠江口水系水质评价中的应用 [J]. 水资源保护，2022，38 (4)：166－173.

刘葆华. 屋顶绿化的环境与节能效益研究 [D]. 重庆：重庆大学，2008.

刘承芳，李梅，王永强，等. 海水淡化技术的进展及应用 [J]. 城镇供水，2019 (2)：54－58，62.

刘福臣. 水资源开发利用工程 [M]. 北京：化学工业出版社，2005.

刘君，陈宗宇，王莹，等. 大规模开采条件下我国北方区域地下水水化学变化特征 [J]. 地球与环境，2017，45 (4)：408－414.

刘阔，刘锁祥，赵顺萍，等.《城镇供水管网漏损控制及评定标准》CJJ 92—2016 解读 [J]. 城镇供水，2017 (2)：21－24，33.

刘玲花，吴雷祥，吴佳鹏，等. 国外地表水水质指数评价法综述 [J]. 水资源保护，2016，32 (1)：86－90.

刘强，王海伟. 关于完善用水定额管理制度体系和强化用水定额管理的设想 [J]. 中国水利，2020 (5)：6－7，56.

刘庆杰. 以水为生：水资源管理及环境政策 [J]. 国外科技新书评介，2005 (5)：5.

刘彦龙，郑易安. 黄河干流水质评价与时空变化分析 [J]. 环境科学，2022，43 (3)：1332－1345.

刘禹. 人类活动导致 500 年来黄河径流和泥沙空前减少 [J]. 科学通报，2020，65 (32)：3504－3505.

卢路，刘家宏，秦大庸. 海河流域 1469—2008 年旱涝变化趋势及演变特征分析 [J]. 水电能源科学，2011 (9)：8－11.

陆克. 天津市城市用水定额编制研究 [D]. 天津：天津大学，2008.

栾远新. 世界水资源及其分布 [J]. 东北水利水电，1994，(10)：22－24.

罗敏. Zee Weed 浸没式超滤系统在北京清河再生水厂中的应用 [J]. 中国建设信息（水工业市场），2008 (7)：58－59.

吕彩霞，韦凤年. 科学应对气候变化夯实水生态保护基础——访中国工程院院士张建云 [J]. 中国水利，2020 (6)：5－6.

吕森. 邯郸市雨水资源利用分析研究 [D]. 邯郸：河北工程大学，2009.

马涛，刘九夫，邓晰元. 我国污水资源化利用的发展历程与推进建议 [J]. 中国水利，2020 (7)：32－34.

毛小英，吕俊. 南宁市近十年主要河流及水库水质变化趋势分析 [J]. 广西水利水电，2021 (6)：1－9.

聂发辉，李田，宁静. 概率分析法计算下凹式绿地对雨水径流的截留效率 [J]. 中国给水排水，2008，24 (12)：53－56.

潘安君，张书函，陈建刚，等. 城市雨水综合利用技术研究与应用 [M]. 北京：中国水利水电出版社，2010.

潘菲. 反渗透海水淡化技术应用研究 [J]. 资源节约与环保，2015 (4)：13.

邱巧玲.“下沉式绿地”的概念、理念与实事求是原则 [J]. 中国园林，2014 (6)：51－54.

邱文婷，罗镭，刘孝富，等.“十三五”期间长江干流沿程水质变化规律 [J]. 环境影响评价，2021，43 (6)：1－9.

任伯帜，熊正为. 水资源利用与保护 [M]. 北京：机械工业出版社，2007.

任南琪，王谦，黄鸿，等. 基于“大小海绵”共存模式的体系化海绵城市绩效评估 [J]. 中国给水排水，2017，33 (14)：1－4.

任南琪，张建云，王秀蘅. 全域推进海绵城市建设，消除城市内涝，打造宜居环境 [J]. 环境科学学报，2020，40 (10)：3481－3483.

邵兆凤. 天津市雨水利用技术方案及措施研究 [D]. 天津：天津大学，2012.

孙厚云，毛启贵，卫晓锋，等. 哈密盆地地下水系统水化学特征及形成演化 [J]. 中国地质，2018，45 (6)：1128－1141.

孙华岩. 新形势下节水灌溉技术在农业生产中的应用 [J]. 乡村科技，2020 (3)：116-117.

汤玉强，李清伟，左婉璐，等. 内梅罗指数法在北戴河国家湿地公园水质评价中的适用性分析 [J]. 环境工程，2019, 37 (8)：195-199.

王道席，田世民，蒋思奇，等. 黄河源区径流演变研究进展 [J]. 人民黄河，2020, 42 (9)：90-95.

王凤艳，汤玉福. 人工神经网络法在大清河水质评价中的应用 [J]. 东北水利水电，2019, 37 (6)：25-26.

王浩，仇亚琴，贾仰文. 水资源评价的发展历程和趋势 [J]. 北京师范大学学报（自然科学版），2010, (3)：274-277.

王浩，贾仰文. 变化中的流域"自然-社会"二元水循环理论与研究方法 [J]. 水利学报，2016, 47 (10)：1219-1226.

王浩，李海红，赵勇，等. 落实新发展理念推进水资源高效利用 [J]. 中国水利，2021a, (6)：49-51.

王浩，王建华，胡鹏. 水资源保护的新内涵："量-质-域-流-生"协同保护和修复 [J]. 水资源保护，2021b, 37 (2)：1-9.

王浩，王建华，秦大庸，等. 现代水资源评价及水资源学学科体系研究 [J]. 地球科学进展，2002, 17 (1)：12-17.

王丽芹. 山东省临沂市农业节水灌溉发展的实践与研究 [J]. 水利发展研究，2022, 22 (6)：86-90.

王林红. 河北：加快推进地下水回补试点工作 [J]. 河北水利，2018 (11)：4.

王默晗，曹志军，王孚懋，等. 多效蒸馏海水淡化技术的发展及应用 [C] //2006年石油和化工行业节能技术研讨会会议论文集，2006：180-183.

王少东. 济南市雨水利用对策研究 [D]. 济南：山东大学，2007.

王甜甜. 大连市重点行业用水定额制定研究 [D]. 大连：大连理工大学，2013.

王维珍，侯纯扬，武杰. 海水循环冷却系统腐蚀结垢在线监测技术 [J]. 中国给水排水，2013, 29 (13)：69-71, 74.

王文林，韩东. 核能海水淡化 [J]. 科技创新导报，2011 (21)：119.

王荣嘉，张建锋. 植被缓冲带在水源地面源污染治理中的作用 [J]. 2022, 53 (4)：981-988.

王晓红，张建永，史晓新. 新时期水资源保护规划框架体系研究 [J]. 水利规划与设计，2021 (6)：1-3, 61.

王延贵，王莹. 我国四大水问题的发展与变异特征 [J]. 水利水电科技进展，2015, 35 (6)：1-6.

魏道江，叶建军，李恒威. 屋顶绿化的SWOT分析及发展建议 [J]. 科技与产业，2012 (14)：40-45.

魏茹生. 径流还原计算技术方法及其应用研究 [D]. 西安：西安理工大学，2009.

吴岳玲. 水质综合评价及预测研究进展 [J]. 安徽农业科学，2020 (2)：23-26.

吴智诚，张江山，陈盛. TOPSIS法在水环境质量综合评价中的应用 [J]. 水资源保护，2007 (2)：10-13.

夏军，左其亭. 中国水资源利用与保护40年（1978—2018年）[J]. 城市与环境研究，2018 (2)：18-32.

向梦玲，姚建. 改进TOPSIS模型在沱江流域水质评价中的应用 [J]. 人民长江，2021, 52 (5)：25-29.

邢会，狄艳松，胡元君. 河南省邓州市地下水环境质量评价 [J]. 城市地质，2019, 14 (2)：61-66.

徐傲，巫寅虎，陈卓，等. 北京市城镇污水再生利用现状与潜力分析 [J]. 环境工程，2021, 39 (9)：1-6.

徐德龙，张翔，吕孙云，等. 地表水资源可利用量研究现状及发展趋势 [J]. 人民长江，2007 (11)：110-112.

徐恒力. 水资源开发与保护 [M]. 北京：地质出版社，2005.

徐政涛，谢应明，孙嘉颖，等. 水合物法海水淡化技术研究进展及展望 [J]. 热动力工程，2020, 35 (7)：1-11.

徐宗学，姜瑶. 变化环境下的径流演变与影响研究：回顾与展望 [J]. 水利水运工程学报，2022 (1)：9-18.

许传坤，翟亚男. 地下水环境质量评价方法研究 [J]. 水利技术监督，2021 (6)：144-148.

许静. 屋面雨水水质监测与生态处理 [D]. 西安：西安建筑科技大学，2009.

许静，王永桂，陈岩，等. 长江上游沱江流域地表水环境质量时空变化特征 [J]. 地球科学，2020，45（6）：1937 - 1947.

闫佳伟，王红瑞，赵伟静，等. 我国矿井水资源化利用现状及前景展望 [J]. 水资源保护，2021，37（5）：117 - 123.

严登华，王坤，李相南，等. 全球陆地地表水资源演变特征 [J]. 水科学进展，2020（5）：703 - 712.

阳眉剑，吴深，于赢东，等. 农业节水灌溉评价研究历程及展望 [J]. 中国水利水电科学研究院学报，2016，14（3）：210 - 218.

杨会峰，王贵玲，张翼龙. 中国北方地下水系统划分方案研究 [J]. 地学前缘，2014（4）：74 - 82.

杨俊斌. 截潜流取水在山区农水工程中的应用 [J]. 山西水利，2019，35（3）：47 - 50.

杨永辉，胡玉昆，张喜英. 农业节水研究进展及未来发展战略 [J]. 中国科学院院刊，2012，27（4）：455 - 461.

叶云雪. 我国农业用水及节水农业发展现状 [J]. 现代农业，2015（12）：75.

奕永庆. 雨水利用的历史现状和前景 [J]. 中国农村水利水电，2004（9）：48 - 50.

殷秀兰，李圣品. 基于监测数据的全国地下水质动态变化特征 [J]. 地质学报，2021，95（5）：1356 - 1365.

余铭婧. 城镇化背景下水系特征及水文过程变化研究——以甬江流域鄞奉平原为例 [D]. 南京：南京大学，2013.

于琪洋. 对水资源集约节约安全利用的思考 [J]. 中国水利，2021（21）：34 - 37.

于晓晶，李梅，陈淑芬. 城市雨水利用模式探讨 [J]. 节能与环保，2008（5）：21 - 23.

于志勇，金芬，李红岩，等. 我国重点城市水源及水厂出水中乙草胺的残留水平 [J]. 环境科学，2014，35（5）：1694 - 1697.

袁翠. 基于多源卫星测高数据的全球湖泊动态监测（1992—2020）[D]. 北京：清华大学，2021.

张彬. 行业用水定额修订——以水稻为例 [J]. 水利技术监督，2021（4）：3 - 6，76.

张国庆，王蒙蒙，周陶，等. 青藏高原湖泊面积、水位与水量变化遥感监测研究进展 [J]. 遥感学报，2022，26（1）：115 - 125.

张健，李同昇，张俊辉，等. 1933—2012 年无定河径流突变与周期特征诊断 [J]. 地理科学，2016，36（3）：475 - 480.

张建云，宋晓猛，王国庆，等. 变化环境下城市水文学的发展与挑战：I. 城市水文效应 [J]. 水科学进展，2014，25（4）：594 - 605.

张善峰，宋绍杭，王剑云. 低影响开发——城市雨水问题解决的景观学方法 [J]. 华中建筑，2012（5）：83 - 88.

张胜梅. 海水淡化技术的分类及成本分析 [J]. 中国资源综合利用，2022，40（6）：57 - 59.

张书函，丁跃元，陈建刚. 城市雨水利用工程设计中的若干关键技术 [J]. 水利学报，2012（3）：308 - 314.

张文鸽，李会安，蔡大应. 水质评价的人工神经网络方法 [J]. 东北水利水电，2004（10）：42 - 45.

张献锋，张瑞美，张昆，等. 新形势下农业用水保障的思考 [J]. 水利发展研究，2015，15（10）：69 - 72.

赵华秋，王欣，赵轩茹，等. 2008—2018 年中国冰川变化分析 [J]. 冰川冻土，2021，43（4）：976 - 986.

赵晶，吴迪，回晓莹，等. 我国火力发电行业用耗水情况与节水潜力分析 [J]. 华北水利水电大学学报（自然科学版），2021，42（2）：95 - 103.

赵静静. 我国工业节水评价指标体系构建及其测算 [J]. 经营与管理，2015（1）：84 - 87.

赵韦，李占玲，王月华. 黑河流域上游山区基流量分割及其变化 [J]. 南水北调与水利科技，2016，14（5）：26 - 31.

赵子豪，袁益超，陈昱，等. 多级闪蒸海水淡化技术浅析 [J]. 科技广场，2017（8）：46 - 49.

赵宗慈，罗勇，黄建斌. 全球变暖和海平面上升 [J]. 气候变化研究进展，2019，15（6）：700 - 703.

中国地质调查局. 水文地质手册 [M]. 2 版. 北京：地质出版社，2014.

中华人民共和国水利部. 2022 中国水利统计年鉴［M］. 北京：中国水利水电出版社，2022.

周敬彪，唐睿. 浅谈海绵城市的发展及挑战［J］. 清洗世界，2022，38（8）：103 - 105.

周明华，胡波. 对水资源过度开发的一些思考［J］. 科技资讯，2019，17（26）：56 - 57.

周世明，周雄. 农业节水措施［J］. 科学种养，2017，（2）：54 - 55.

周锡博，王晓玮，崔吉瑞. 鲁西北平原地下水资源评价与可开采潜力分析［J］. 地下水，2022，44（2）：75 - 78.

朱厚华，艾现伟，朱丽会，等. 节水型社会建设模式、经验和困难分析［J］. 水利发展研究，2017，17（4）：33 - 35.

朱美玲. 干旱绿洲灌区农业田间高效用水评价指标体系研究——基于田间高效节水灌溉技术应用［J］. 节水灌溉，2012（11）：58 - 60，63.

ANGELAKIS A N，ASANO T，BAHRI A，et al. Water Reuse：From Ancient to Modern Times and the Future［J］. Frontiers in Environmental Science，2018，6.

DENG H J，CHEN Y N. Influences of recent climate change and human activities on water storage variations in Central Asia［J］. Journal of Hydrology，2017，544：46 - 57.